普通高等学校计算机科学与技术专业规划教材

嵌入式系统导论

徐 成　凌纯清　刘 彦　杨志邦　编著

中国铁道出版社有限公司
CHINA RAILWAY PUBLISHING HOUSE CO., LTD.

内 容 简 介

嵌入式系统是“完全嵌入受控器件内部，为特定应用而设计的专用计算机系统”，它以应用为中心、计算机技术为基础，软/硬件可裁剪，适用于对功能、可靠性、成本、体积、功耗有严格要求的专用应用系统。本书以嵌入式系统的基本概念与主要设计流程为出发点，分别介绍了嵌入式处理器、嵌入式存储器、嵌入式设备接口技术、嵌入式操作系统等嵌入式系统设计的核心内容，并结合全书内容详细阐述了一个典型的嵌入式系统应用设计实例。

本书所选内容和实例具有实用性与代表性，是系统学习嵌入式系统原理与应用的入门教材。

本书适合作为高等院校计算机、电子、机械控制及自动化等相关专业的教材，也可供工程技术人员参考。

图书在版编目（CIP）数据

嵌入式系统导论/徐成等编著. —北京：中国铁道出版社，2011.1（2024.1重印）

普通高等学校计算机科学与技术专业规划教材

ISBN 978-7-113-11911-9

Ⅰ.①嵌… Ⅱ.①徐… Ⅲ.①微型计算机-系统设计-高等学校-教材 Ⅳ.①TP360.21

中国版本图书馆 CIP 数据核字（2010）第 186762 号

书　　名：嵌入式系统导论

作　　者：徐　成　凌纯清　刘　彦　杨志邦

策划编辑：严晓舟　杨　勇

责任编辑：秦绪好　　　**编辑部电话**：(010)51873202

特邀编辑：韩玉彬　　　**编辑助理**：包　宁

封面设计：付　巍　　　**封面制作**：李　路

责任印制：樊启鹏

出版发行：中国铁道出版社有限公司(北京市西城区右安门西街 8 号　　邮政编码：100054)

印　　刷：北京联兴盛业印刷股份有限公司

版　　次：2011 年 1 月第 1 版　　2024 年 1 月第 6 次印刷

开　　本：787mm×1092mm　1/16　**印张**：20　**字数**：476 千

书　　号：ISBN 978-7-113-11911-9

定　　价：38.00 元

普通高等学校计算机科学与技术专业规划教材

PREFACE

计算学科虽然是一门年轻的学科，但它已经成为一门基础技术学科，在各个学科发展中扮演着重要的角色，并使得社会产生了对计算机科学与技术专业人才的巨大需求。目前，计算机科学与技术专业已成为我国理工类专业中规模最大的专业，在高等教育发展中做出了巨大贡献。近些年来，随着国家信息化建设的推进，作为核心技术的计算机技术，更是占有重要的地位。信息化建设不仅需要更先进、更便于使用的先进计算技术，同时也需要大批的建设人才。瞄准社会需求准确定位、培养计算机人才，是计算机科学与技术专业及其相关专业的历史使命，也是实现专业教育从劳动就业供给导向型向劳动就业需求导向型转变的关键，从而也就成为了高等教育质量提高的关键。

教材在人才培养中占有重要地位，承担着“重要的责任”，这就确定了“教材必须高质量”这一基本要求。社会对计算机专业人才需求的多样性和特色，决定了教材建设的针对性，从而也造就了百花齐放、百家争鸣的局面。

关于建设高质量的教材，教育部在提高本科教育质量的文件中都提出了明确要求。教高〔2005〕1号（2005年1月7日）文件指出，“加强教材建设，确保高质量教材进课堂。要大力锤炼精品教材，并把精品教材作为教材选用的主要目标。”“要健全、完善教材评审、评价和选用机制，严把教材质量关。”为了更好地落实教育部的这些要求，我们按照教育部高等学校计算机科学与技术教学指导委员会发布的《高等学校计算机科学与技术专业发展战略研究报告暨专业规范（试行）》所构建的计算机科学与技术专业本科教育的要求，组织了这套教材。

作为优秀教材的基础，第一要坚持高标准，以对教育负责的精神去鼓励、发现、动员、选拔优秀作者，并且有意识地培育优秀作者。优秀作者保证了“理论准确到位，既有然，更有所以然；实践要求到位、指导到位”等要求的实现。

第二是按照人才培养的需要适当强调学科形态内容。粗略地讲，计算机科学的根本问题是“什么能被有效地自动计算”，科学型人才强调学科抽象和理论形态的内容；计算机系统工程的根本问题应该是“如何低成本、高效地实现自动计算”，工程型人才强调学科抽象和设计形态的内容；计算机应用的根本问题是“如何方便、有效地利用计算机系统进行计算”，应用型人才的培养偏重于技术层面的内容，强调学科设计形态的内容，在进一步开发基本计算机系统应用的层面上体现学科技术为主的特征。教材针对不同类型人才的培养，在满足基本知识要求的前提下，强调不同形态的内容。

第三是重视知识的载体作用，促进能力培养。在教材内容的组织上，体现大学教育的学科性和专业性特征，参考《高等学校计算机科学与技术专业发展战略研究报告暨专业规范（试行）》示范性课程大纲，覆盖其要求的基本知识单元。叙述上力争引导读者进行深入分析，努力使读者在知其然的基础上，探究其所以然。通过加强对练习和实践的引导，进一步培养学生的能力，促使相应课程在专业教育总目标的实现中发挥作用。

第四是瞄准教学需要，提供更多支持。近些年来，随着计算机技术、网络技术等在教学上的应用，教学手段、教学方式不断丰富，教材的立体化建设对丰富教学资源发挥了重要作用。通常，除主教材外，还要配套教学参考书、实验指导书、电子讲稿，有的还提供网络教学服务，等等。

第五是面向主要读者，强调教材的写作特征，努力做到叙述清晰易懂，语言流畅，深入浅出，有吸引力而不晦涩；追求描述的准确性，强调用词和描述的一致性；语言表达的清晰性和叙述的完整性；分散难点，循序渐进，防止多难点、多新概念的局部堆积。

我们相信，这套教材一定能够在培养社会需要的计算机专业人才上发挥重要作用，希望大家广为选用，并在使用中提出宝贵建议，使其内容不断丰富。

普通高等学校计算机科学与技术专业规划教材编审委员会

2008 年 1 月

FOREWORD

前言

简单地说，嵌入式系统就是“嵌入到对象体系中的专用计算机系统”，它是随着电子和通信等技术的迅速发展而兴起的一门学科，已成为计算机技术和计算机应用领域的重要组成部分。生活中所接触的自动取款机、自动售货机都需要用到嵌入式系统，包括手机、掌上计算机在内的各种手持设备更是嵌入式系统的典型代表，甚至家用的微波炉、冰箱、洗衣机、空调等设备内部都有嵌入式系统在执行自动化控制操作。嵌入式系统的应用不胜枚举，已经深入到了人们生活中的每个角落。

嵌入式系统的发展经历了几个阶段，从早期的单片机系统发展到今天的功能强大的多处理器系统，其系统理念和设计方法也在逐渐改变。以前的嵌入式系统受到系统处理能力和空间的严格限制，多用于如温湿度控制、步进电动机控制等简单应用中，编程时关注更多的是存储空间和指令条数；现在的处理器系统可用于复杂系统控制，实现诸如多媒体播放及游戏等，系统在设计时更关注产品的上市时间和系统功能的多样性，将来更是朝着网络化和智能化的方向进一步发展。

本书正是在嵌入式系统迅速发展的背景下，结合实例对嵌入式系统的基本概念及相关知识进行全面介绍。本书首先介绍了嵌入式系统的概念及其发展历程，以便于大家对嵌入式系统进行初步的认识；然后介绍嵌入式系统的整体设计方法，将嵌入式系统的诞生过程完整地呈现在大家眼前；接下来分别对嵌入式系统的各个组成要素进行详细阐述，引领大家深入探索嵌入式系统的内部结构；最后给出一个嵌入式系统开发实例，展示如何运用前面的知识进行实际系统的设计。

本书的实例基于PXA255嵌入式处理器平台，它是一个典型的嵌入式处理器芯片，具备嵌入式系统中常见的各种组成单元，便于教学和实验开发。在介绍嵌入式系统各个组成部分时，我们都给出了目前具有代表性的功能部件的实例，重要的地方列出了源代码，以便读者加深对本章知识的理解。本书从理论和实践方面对嵌入式系统进行全面阐述，注重实际开发应用，旨在让读者通过阅读本书对嵌入式系统的基本理念及设计方法进行全面的掌握，为所从事或将要从事的嵌入式系统开发工作提供一定的技术参考。本书适合作为高等院校计算机、电子、机械控制及自动化等相关专业的教材，也可供工程技术人员参考。

本书共分为7章。第1章从概念入手，讲述了嵌入式系统的基本知识，包括嵌入式系统的定义、特点及应用，介绍了嵌入式系统的发展过程及其未来的发展方向。第2章从软件开发和硬件开发两方面对嵌入式系统的设计流程进行介绍，从整体上阐述了一个嵌入式系统设计的基本流程及其开发所需的工作。第3章主要对嵌入式处理器进行介绍，首先给出嵌入式处理器的分类，接下来对嵌入式处理器的架构进行详细介绍，给出嵌入式处理器的技术指标。此外，本章还系统地介绍了ARM处理器、MIPS处理器、PowerPC处理器以及两款国产的嵌入式处理器，并在最后给出了嵌入式处理器的选择原则。第4章主要讲述了嵌入式系统存储器的一些基本知识，包括分类、特点和性能指标等内容；针对PXA 255嵌入式系统详细讲解了嵌入式开发过程中存储器的选择、存储器系统的设计和配置过程。第5章首先讨论了嵌入式系统I/O接口的基本原理，并对各通用接口进行了详细介绍；针对常见的LCD接口和网络接口，结合实例对它们进行了详细的说明，并给出相应的开发实例。第6章首先从嵌入式操作系统的发展历程、特点、应用前景等出发对嵌入式操作系统进行了概括性的描述，接下来以几种常见的嵌入式操作系统为例说明了嵌入式操作系统的分类，以及如何根据实际开发需要选择操作系统，并重点介绍了嵌入式操作系统中的实时性问题。本章最后以Linux和Windows CE为例，具体描述嵌入式领域中操作系统的定制开发方法。第7章以一个嵌入式多媒体播放系统为实例，按照常用的嵌入式系统的开发流程，逐步完成系统各个设计阶段，进而完成整个嵌入式应用系统的开发，同时介绍了系统开发过程中常用的开发工具和开发方法。

本书由徐成、凌纯清、刘彦和杨志邦编著，田峥、许新达、况海斌、尹杨美、罗莎莎、田红燕、王晓栋、谭乃强、罗铁镇等几位研究生完成了书中的实验及大量的资料收集、文本输入和校对工作；湖南大学嵌入式及网络实验室各位同仁对本书提出了许多宝贵意见，李仁发教授审阅了全书并给予了大量的专业指导，在此对他们的热情帮助表示感谢。

本书在编写过程中参考了大量的文献资料，在此对原作者表示诚挚的谢意。

由于时间与水平所限，书中难免存在不妥或疏漏之处，敬请广大读者批评指正。

编　者

2010年10月

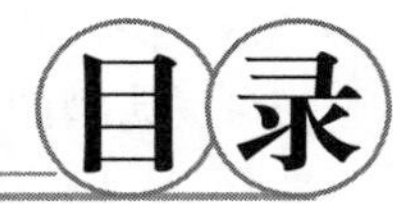

CONTENTS

第1章 嵌入式系统介绍

嵌入式系统有时也称为嵌入式计算机系统，指的是专用计算机系统。嵌入式系统应用于人们工作、生活的各个方面，可以说，随着计算机技术的发展，嵌入式系统的应用将无处不在。

本章介绍嵌入式系统的一些基础知识，包括嵌入式系统的概念、发展历程、特点、分类等。通过对本章的学习，读者将会建立起对嵌入式系统的初步认识，为以后对嵌入式系统的学习和研究打下基础。

1.1 嵌入式系统的概念

嵌入式本身是一个相对模糊的概念，人们很少会意识到自己随身携带了多个嵌入式系统——手机、手表或者智能卡中都嵌有它们，当人们与汽车、电梯、厨房设备、电视、录像机以及娱乐系统等进行交互时，往往也不能觉察其中所含的嵌入式系统。嵌入式系统在工业机器人、医疗设备、电话系统、卫星、飞行系统等应用中扮演了更为重要的角色。正是“看不见”这个特性将嵌入式计算机与通用计算机区分开。图 1-1 所示为嵌入式系统的应用示意图。

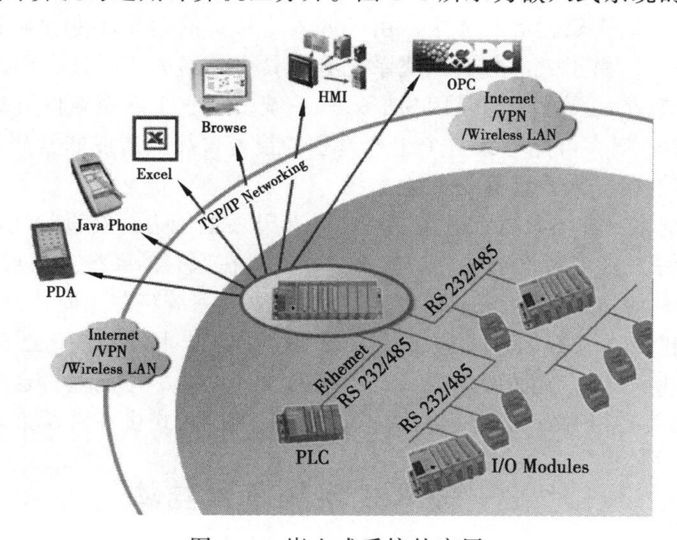

图 1-1　嵌入式系统的应用

嵌入式系统是随着计算机技术、微处理器技术、电子技术、通信技术、集成电路技术的发展而发展起来的。嵌入式系统已成为计算机技术和计算机应用领域的一个重要组成部分。但是什么是嵌入式系统？随着嵌入式系统在人们实际生活中的应用越来越广泛，这个基本问题的确切定义引发了许多争论。

目前，关于嵌入式系统的定义有很多个版本，一般有三种定义的方式：其一是从应用的角度定义；其二是从系统的组成定义；还有的是从其他方面定义。本书给出两种比较常见的定义。

电气和电子工程师协会（IEEE）从应用的角度对嵌入式系统的定义如下：嵌入式系统是用来控制、监控或者辅助操作机器、装置、工厂等大规模系统的设备。国内对其通常的理解是，嵌入式系统是以应用为中心，以计算机技术为基础，软硬件可裁剪，对功能、可靠性、成本、体积、功耗等严格要求的专用计算机系统。这些定义都突出了它的“嵌入性”和“专用性”，将其与通用计算机区分开。

1.2 嵌入式系统的特点

嵌入式系统因其和普通的计算机系统使用场合不同而有不一样的特点：

① 嵌入式系统是将先进的计算机技术、半导体技术以及电子技术与各个行业的具体应用相结合的产物，这一点决定了它必然是一个技术密集、资金密集、高度分散、不断创新的知识集成系统。

② 嵌入式系统通常是面向用户、面向产品、面向特定应用的。嵌入式系统中的 CPU 与通用型 CPU 的最大不同就是前者大多工作在为特定用户群设计的系统中。通常，嵌入式系统 CPU 都具有功耗低、体积小、集成度高等特点，能够把通用 CPU 中许多由板卡完成的任务集成在芯片内部，从而使整个系统设计趋于小型化，移动能力日益增强，与网络的关系也越来越密切。在对嵌入式系统的硬件和软件进行设计时必须重视能耗和效率。

③ 嵌入式系统和具体应用有机地结合在一起，其升级换代也是和具体产品同步进行的。因此嵌入式系统产品一旦进入市场，就具有较长的生存周期。

④ 为了提高执行速度和系统可靠性，嵌入式系统中的软件一般都固化在存储器芯片或单片机中，而不是存储于磁盘等载体中。由于嵌入式系统的运算速度和存储容量仍然存在一定程度的限制，另外，由于大部分嵌入式系统必须具有较高的实时性，因此对程序的质量，特别是可靠性有着较高的要求。这是因为嵌入式系统多用于工业企业的现场（甚至军用设备中），一旦出现故障，就有可能导致整个生产过程的混乱，甚至造成非常严重的后果，所以说嵌入式系统的可靠性是嵌入式计算机的生命线。

⑤ 嵌入式系统本身并不具备在其上进行进一步开发的能力。在设计完成以后，用户如果需要修改其中的程序功能或者增加一些功能，可以通过在原有的系统上增加或减少一些构件，或者直接加入软件就能达到目的，那么这种类型的嵌入式系统将跟上时代前进的步伐。

⑥ 由于计算机技术发展的速度非常快，现在的先进技术经过一定的时间就会落后，甚至被新技术和产品所取代，从而要求嵌入式系统的设计周期尽可能短，这样也能降低系统的成本，从而使系统具有相对较高的性价比。这是每一个嵌入式设计者所追求的目标。

1.3 嵌入式系统基本结构

嵌入式系统的基本结构一般可分为硬件和软件两部分。

1.3.1　嵌入式系统的硬件

嵌入式系统的硬件包括嵌入式核心芯片、存储器系统及外部接口。其中嵌入式核心芯片指嵌入式微处理器（EMPU）、嵌入式微控制器（EMCU）、嵌入式数字信号处理器（EDSP）、嵌入式片上系统（ESOC）。嵌入式系统的存储系统包括程序存储器（ROM、EPROM、FLASH）、数据存储器、随机存储器、参数存储器等。

1. 嵌入式处理器

嵌入式处理器是构成系统的核心部件，系统工程中的其他部件均在它的控制和调度下工作。处理器通过专用的接口获取监控对象的数据、状态等各种信息，并对这些信息进行计算、加工、分析和判断并做出相应的控制决策，再通过专用接口将控制信息传送给控制对象。根据其现状，嵌入式处理器可以分成下面几类，如图 1–2 所示。

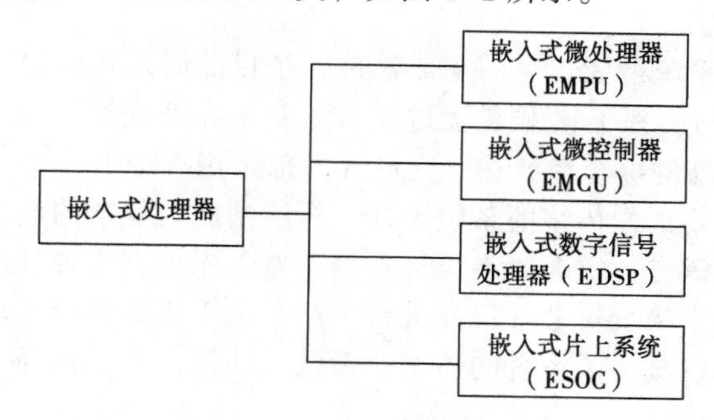

图 1–2　嵌入式处理器的分类

1）嵌入式微处理器

嵌入式微处理器是由通用计算机中的 CPU 演变而来的。它的特征是具有 32 位以上的处理能力和较高的性能，其价格也相对较高。其与计算机处理器不同的是，在实际的嵌入式应用中，只保留和嵌入式应用紧密相关的功能硬件，去除计算机处理器中其他的冗余部分，这样可以以最低的功耗和资源实现嵌入式应用的特殊要求。和工业控制计算机相比，嵌入式微处理器具有体积小、重量轻、成本低、可靠性高等优点。目前主要的嵌入式处理器有 Am186/88、386EX、SC–400、Power PC、68000、MIPS、ARM/StrongARM 系列等。其中 ARM/StrongARM 是专为手持设备开发的嵌入式微处理器，属于中档处理器。

2）嵌入式微控制器

EMCU 的典型代表是单片机。从 20 世纪 70 年代末单片机出现到今天，虽然已经经历了 30 多年，但这种 8 位的电子器件目前在嵌入式设备中仍然有着极其广泛的应用。单片机芯片内部集成 ROM/EPROM、RAM、总线、总线逻辑、定时/计数器、把关定时器（俗称看门狗）、I/O 接口、串行口、脉宽调制输出、A/D 转换、D/A 转换、Flash RAM、E^2PROM 等各种必要功能和外设。和 EMCU 相比，微控制器的最大特点是单片化，体积大大减小，从而使功耗、成本下降，可靠性提高。微控制器是目前嵌入式系统工业的主流，微控制器的片上外设资源一般比较丰富，适合于控制，因此称为微控制器。

3）嵌入式数字信号处理器

EDSP 是专用于信号处理的处理器，其在系统结构和指令算法方面进行了特殊设计，具有很高的编译效率和执行速度。在数字滤波、FFT、谱分析等各种仪器上 EDSP 获得了广泛应用。

EDSP 的理论算法在 20 世纪 70 年代就已经出现，但是由于专门的 EDSP 还未出现，所以这种理论算法只能通过 EMPU 等分立元件实现。EMPU 的处理速度无法满足 EDSP 的算法要求，其应用领域仅仅局限于一些尖端的高科技领域。随着大规模集成电路技术的发展，1982 年世界上诞生了首枚 EDSP 芯片。其运算速度比 EMPU 快了几十倍，在语音合成方面和编解码器中得到了广泛应用。到 20 世纪 80 年代中期，随着 CMOS 技术的进步与发展，第二代基于 CMOS 工艺的 EDSP 芯片应运而生，其存储容量和运算速度都得到成倍提高，成为语音处理、图像硬件处理技术的基础。到 20 世纪 80 年代后期，EDSP 的运算速度进一步提高，应用领域也从上述范围扩大到了通信和计算机方面。20 世纪 90 年代后，EDSP 发展到了第五代产品，集成度更高，使用范围也更加广泛。

目前，应用最广泛的是 TI 的 TMS320C2000/C5000 系列。另外，Intel 的 MCS-296 和 Siemens 的 TriCore 也有各自的应用范围。

4）嵌入式片上系统

ESOC 是追求产品系统最大包容的集成器件，是目前嵌入式应用领域的热门话题之一。ESOC 最大的特点是成功实现了软/硬件无缝结合，直接在处理器片内嵌入操作系统的代码模块。而且 ESOC 具有极高的综合性，在一个硅片内部运用 VHDL 等硬件描述语言，实现一个复杂的系统。用户不需要再像传统的系统设计一样绘制庞大复杂的电路板，一点点地连接焊制，只需要使用精确的语言，综合时序设计直接在器件库中调用各种通用处理器的标准，然后通过仿真之后就可以直接交付芯片厂商进行生产。由于绝大部分系统构件都在系统内部，整个系统特别简洁，不仅减小了系统的体积、降低了功耗，而且提高了系统的可靠性，提高了设计生产效率。

由于 ESOC 往往是专用的，所以大部分都不为用户所知，比较典型的 ESOC 产品是 Philips 的 Smart XA。少数通用系列如 Siemens 的 TriCore、Motorola 的 M-Core、某些 ARM 系列器件、Echelon 和 Motorola 联合研制的 Neuron 芯片等。

预计不久的将来，一些大的芯片公司将通过推出成熟的、能占领多数市场的 ESOC 芯片，一举击退竞争者。ESOC 芯片也将在声音、图像、影视、网络及系统逻辑等应用领域中发挥重要作用。

2. 嵌入式存储器

存储器的类型将决定整个嵌入式系统的操作和性能，因此存储器的选择非常重要。无论系统是采用电池供电还是由市电供电，应用需求将决定存储器的类型（易失性或非易失性）以及使用目的（存储代码、数据或者两者兼有）。另外，在选择过程中，存储器的尺寸和成本也是需要考虑的重要因素。对于较小的系统，微控制器自带的存储器就有可能满足系统要求，而较大的系统可能要求增加外部存储器。为嵌入式系统选择存储器类型时，需要考虑一些设计参数，包括微控制器的选择、电压范围、电池寿命、读/写速度、存储器尺寸、存储器的特性、擦除/写入的耐久性以及系统总成本。

按照与 CPU 的接近程度，存储器分为内存储器与外存储器，简称内存与外存。内存储器又常称为主存储器（简称主存），属于主机的组成部分；外存储器又称辅助存储器（简称辅存），属于外围设备（又称外部设备，简称外设）。CPU 不能像访问内存那样直接访问外存，外存要与 CPU 或 I/O 设备进行数据传输，必须通过内存进行。在 80386 以上的高档微机中，还配置了高速缓冲存储器（cache），这时内存包括主存与高速缓存两部分。对于低档微机，主存即为内存。根据两类存储设备的特点，计算机一般采用两级存储层次，这样的优点是：

①合理解决速度与成本的矛盾，以获取较高的性价比；②使用磁盘作为外存，不仅价格便宜，可以把存储容量做得很大，而且在断电时它所存放的信息也不丢失，可以长久保存，且复制、携带都很方便。关于存储器的更多细节将在第 4 章详细介绍。

3. 常规的外设及其接口

常规外设是指一般的计算设备不能缺少的外设。常规的外设通常包括以下 3 类：

① 输入设备：用于数据的输入。常见的输入设备有键盘、鼠标、触摸屏、扫描仪、绘图仪、数码照相机、各种各样的媒体视频捕获卡等。

② 输出设备：用于数据的输出。常见的输出设备有各种显示器、各种打印机、绘图仪、各种声卡、音箱等。

③ 外存设备：用于存储程序和数据。常见的外存设备有硬盘、软盘、光盘设备、磁带机、存储卡等。

通过接口可以将外设连接到计算机上，使外设的信息能够输入到计算机，计算机的信息能够输出到外设。

4. 专用外设及其接口

在嵌入式系统中，专用外设是指那些为完成用户要求的功能而必须使用的外设。在实际应用中，由于用户功能要求的多样性，实现这些要求的技术途径也非常灵活，使得专用外设的种类繁多，并且不同的用户系统所需要的专用外设也各不相同。在第 5 章中，将具体介绍一些最常见的外设及其使用的例子。

1.3.2　嵌入式系统的软件

嵌入式系统的软件与通用计算机一样，包含应用软件、应用编程接口、嵌入式操作系统、板级支持包（board support package，BSP），其软件层次结构如图 1-3 所示。

操作系统为上层的应用软件提供应用编程接口（application programming interface，API），BSP 负责与底层硬件交互、屏蔽硬件的差异。BSP 的存在使嵌入式操作系统的开发不再依赖于某种系统结构的嵌入式硬件，因此硬件厂商提供适合自己硬件的 BSP 即可。

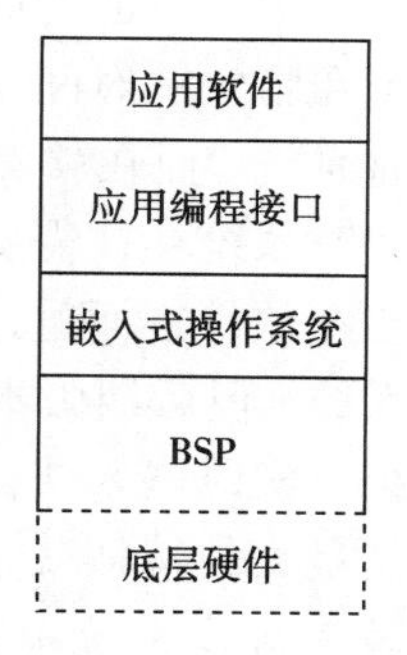

图 1-3　嵌入式系统软件层次结构

1. BSP

在嵌入式操作系统中，BSP 以嵌入式操作系统“驱动程序”的身份出现，在系统启动之初，BSP 所做的工作类似于通用计算机的 BIOS，它也负责系统加电，各种设备初始化、操作系统装入等。但是 BSP 与 BIOS 是不同的，主要区别有以下几个方面：

① BSP 是与操作系统相适应的，但是 BIOS 却是和所在的主板相适应的，也就是说 BSP 的作用是让硬件支持某种嵌入式操作系统，而 BIOS 的作用是让所有操作系统都能够在其生产的硬件上正常工作。

② 开发软件人员可以对 BSP 做一定的修改，加入自己想加入的一些东西，比如各类驱动程序，但 BIOS 一般不能修改，开发人员只能对其进行升级或者更改配置。相对来讲，嵌入式开发人员对于 BSP 的自主性更大。

③ 一个 BSP 对应一种硬件和一种嵌入式操作系统，即同一个处理器可能有多个 BSP，

同一个嵌入式操作系统针对不同的处理器也需要不同的 BSP。而一个 BIOS 是对应一种硬件和多个操作系统，也就是说 BIOS 是根据硬件在一定历史条件下设计的，与操作系统无关。

④ BSP 里可以加入非系统必需的东西，比如一些驱动程序甚至一些应用程序，但通用计算机的主板 BIOS 一般不会有这些东西。

总之，BSP 主要做的工作是系统初始化和硬件相关的设备驱动。它具有操作系统相关性和硬件相关性的特点。

2. 嵌入式操作系统

嵌入式操作系统是嵌入式系统极为重要的组成部分，是嵌入式系统的灵魂。嵌入式操作系统从一开始便在通信、交通、医疗、安全方面展现出强大的魅力和强劲的发展潜力。嵌入式操作系统伴随着嵌入式系统的发展而发展，它主要经历了 4 个比较明显的阶段：第一阶段是无操作系统的嵌入算法阶段，通过汇编语言编程对系统进行直接控制；第二阶段是以嵌入式 CPU 为基础、简单操作系统为核心的嵌入式系统；第三阶段是通用的嵌入式实时操作系统阶段，该阶段以嵌入式操作系统为核心；第四阶段是以基于 Internet 为标志的嵌入式系统，这还是一个正在发展的阶段。

嵌入式操作系统具有一定的通用性，规模较大的嵌入式系统一般都有操作系统。嵌入式操作系统一般具有体积小、实时性强、可裁剪、可靠性高、功耗低等特点，其中实时性是最典型的特点。因此实时性是嵌入式系统最重要的要求之一。

所谓实时，实质上就是“快”。实时系统是能及时响应外部发生的随机事件，并以足够快的速度完成对事件处理的计算机应用系统。系统的正确性不仅取决于计算的逻辑结果，而且还依赖于产生结果的时间。通常，实时操作系统又分为软实时和硬实时两种。在实时系统中，如果系统在指定的时间内未能实现某个确定的任务，会导致系统的全面失败，这种系统被称为硬实时系统。而在软实时系统中，虽然响应时间同样重要，但是超时却不会导致致命错误。一个硬实时系统往往需要在硬件上添加专门用于时间和优先级管理的控制芯片，而软实时系统则主要在软件方面通过编程实现时限的管理。比如，Windows CE 早期的版本就是一个多任务分时系统，但后期版本根据用户的需要增加了软实时的功能，而 μC/OS-II 则是典型的实时操作系统。实时嵌入式操作系统是为执行特定功能而设计的，可以严格地按时序执行相应的功能。其最大的特征就是程序的执行具有确定性。

在较大规模系统中，经常需要用到多任务的并行处理功能，所以嵌入式系统通常配有多任务操作系统。并且这类操作系统与一般常见的操作系统不一样，它必须对事件预先做出实时处理。而且操作系统在处理它所管理的各个事件时，必须在规定的时间内做出响应，这对嵌入式环境下工作的计算机系统非常重要；否则，可能带来严重的后果。目前，使用的嵌入式操作系统有几十种，但是常用的是 Linux 和 Windows CE，本书也主要介绍了这两类操作系统。

3. 应用软件

在传统的操作系统领域中，应用软件是指那些为了完成某些特定任务而开发的软件；在嵌入式系统领域的应用软件与通用计算机领域的应用软件从作用上讲都是类似的，也是为了解决某些特定的应用性问题而设计出来的软件，比如浏览器、播放器等。虽然嵌入式系统与通用的计算机系统分属于两个不同的领域，但二者的通用软件在某些情况下是可以通用的，当然更多数的情况是为了更好地适应嵌入式系统而做了一定的修改，比如在智能手机中，可以看到非常高效的 Office 软件，它们在有限的资源下仍然可以完成大部分任务。嵌入式系统的应用软件与通用计算机软件相比，由于嵌入式系统的资源有限，致使对应用软件有更多苛求，要求尽量做到高效、低耗。而且嵌入式系统的应用软件还存在着操作系统的依赖性，一般情况下，不同操作系统之间的软件必须进行修改才能移植，甚至需要重新编写。

嵌入式系统是面向特定应用的，因此不同的嵌入式系统的应用软件可能会完全不同，但大多数嵌入式系统的应用软件都要满足实时性要求。

4. 嵌入式开发工具

任何系统的开发都离不开开发工具，嵌入式系统也一样。嵌入式系统的硬件和软件属于嵌入式系统产品本身，开发工具独立于嵌入式系统产品之外。开发工具一般安装于开发主机，包括语言编译器、连接定位器、调试器等，这些工具一起构成了嵌入式系统的开发环境。嵌入式系统的开发语言使用得最多的是 C 语言，目前出现的嵌入式 C++将来可能会被广泛应用。当开发的系统较小或者初始化硬件以及进行与硬件相关的编程时，一般采用汇编语言，汇编语言的优点是效率高。其他常用的嵌入式开发工具还有 Keil、RealView MDK、MPLAB、Visual DSP++、Xilinx Platform Studio、Workbench、IAR EWARM、EVC、Platform Builder 等。

1.4 嵌入式系统发展历程

1.4.1 嵌入式系统发展的初始阶段

嵌入式系统的发展始于微型机时代的嵌入式应用。

电子数字计算机诞生于 1946 年，诞生初期的一段时间内计算机是实现数值计算的大型昂贵设备。直到 20 世纪 70 年代，微处理器的出现才使计算机出现了历史性的变化。以微处理器为核心的微型计算机以其小型、价廉、高可靠性等特点，迅速走向了市场；基于高速数值计算能力的微型机，表现出的智能化水平引起了控制专业人士的兴趣，要求将微型机嵌入到一个对象体系中，实现对对象体系的智能化控制。例如，将微型计算机经电气加固、机械加固，并配置各种外围接口电路，安装到大型舰船中构成自动驾驶仪或轮机状态监测系统。这样一来，计算机便失去了原来的形态与通用计算机的功能。为了区别于原有的通用计算机系统，把嵌入到对象体系中，实现对象系统智能化控制的计算机，称为嵌入式计算机系统。因此，嵌入式系统诞生于微型机时代，嵌入式系统的嵌入性本质就是将一个计算机嵌入到一个对象体系中，这些是理解嵌入式系统的基本出发点。

1.4.2 计算机技术的两大分支形成阶段

由于嵌入式计算机系统要嵌入到对象体系中，实现对对象的智能化控制，因此它有着与通用计算机系统完全不同的技术要求与技术发展方向。通用计算机系统的技术要求是高速、海量的数值计算；技术发展方向是总线速度的无限提升，存储容量的无限扩大。而嵌入式计算机系统的技术要求则是对象的智能化控制能力；技术发展方向是与对象系统密切相关的嵌入性能、控制能力与控制的可靠性。早期，人们勉为其难地将通用计算机系统进行改装，在大型设备中实现嵌入式应用。然而，对于众多的对象系统（如家用电器、仪器仪表、工控单元……），无法嵌入通用计算机系统，而且嵌入式系统与通用计算机系统的技术发展方向完全不同，因此，必须独立地发展通用计算机系统与嵌入式计算机系统，这就形成了现代计算机技术发展的两大分支。如果说微型机的出现，使计算机进入到现代计算机发展阶段，那么嵌入式计算机系统的诞生，则标志了计算机进入了通用计算机系统与嵌入式计算机系统两大分支并行发展时代，从而促使 20 世纪末计算机的高速发展。

1.4.3 嵌入式系统的发展阶段

嵌入式计算机系统走上了一条完全不同的道路，这条独立发展的道路就是单芯片化道路。它动员了原有的传统电子系统领域的厂家与专业人士，接过起源于计算机领域的嵌入式系统，承担起发展与普及嵌入式系统的历史任务，迅速地将传统的电子系统发展到智能化的现代电子系统时代。不仅形成了计算机发展的专业化分工，而且将发展计算机技术的任务扩展到传统的电子系统领域，使计算机成为人类社会进入全面智能化时代的有力工具。纵观嵌入式系统的发展过程，嵌入式系统的发展大致经历了 4 个阶段。

从嵌入式系统诞生的 20 世纪 70 年末起至今，已经历了单片微型计算机（SCM）、微控制器（MCU）、片上系统（SOC）3 个阶段和目前还在发展阶段的以 Internet 为标志的嵌入式系统。

第一阶段，单片微型计算机（single chip microcomputer，SCM）阶段，单片机开创了嵌入式系统独立的发展道路。嵌入式系统虽然起源于微型计算机，然而微型计算机的体积、价位、可靠性都无法满足广大对象系统的嵌入式应用要求，因此嵌入式系统必须走独立发展的道路。这条道路就是芯片化道路。将计算机做在一个芯片上，从而开创了嵌入式系统独立发展的单片机时代。在探索单片机的发展道路时，有过两种模式，即“Σ模式”与“创新模式”。“Σ模式”本质上是通用计算机直接芯片化的模式，它将通用计算机系统中的基本单元进行裁剪后，集成在一个芯片上，构成单片微型计算机；“创新模式”则完全按嵌入式应用要求设计全新的，满足嵌入式应用要求的体系结构、微处理器、指令系统、总线方式、管理模式等。

SCM 阶段主要是寻求最佳的单片形态、嵌入式系统的最佳体系结构。“创新模式”获得成功，奠定了 SCM 与通用计算机完全不同的发展道路。单片机是嵌入式系统的独立发展之路，要向 MCU 阶段发展，其重要因素就是寻求应用系统在芯片上的最大化解决；因此专用单片机的发展自然形成了 SOC 化趋势。随着微电子技术、IC 设计、EDA 工具的发展，基于 SOC 的单片机应用系统设计会有较大的发展。因此对单片机的理解，可以从单片微型计算机、单片微控制器延伸到单片应用系统。

这一阶段的嵌入式系统处在一种受限制的应用阶段。硬件是单片机，软件停留在无操作系统阶段，采用汇编语言实现系统的功能。因为没有操作系统的支持，这类系统大部分是用于一些专业性很强的工业控制系统中。这个阶段的主要特点是：系统结构和功能相对单一、处理效率较低、存储容量也十分有限，几乎没有用户接口。这种类型的嵌入式系统使用相对简单，价格低，以前在国内工业领域应用较为普遍，但是已经远远不能适应高效的、大容量存储的现代工业控制和新兴的家电领域。

第二阶段是微控制器（micro controller unit，MCU）阶段，主要的技术发展方向是：不断扩展对象系统要求的各种外围电路与接口电路，突显其对象的智能化控制能力。它所涉及的领域都与对象系统相关，因此发展 MCU 的重任不可避免地落在电气、电子技术厂家的肩上。Philips 公司以其在嵌入式应用方面的巨大优势，将 MCS-51 从单片微型计算机迅速发展到微控制器。这一阶段主要以嵌入式微处理器为基础、以简单操作系统为核心，主要特点是硬件使用嵌入式微处理器，微处理器的种类繁多，通用性比较弱；系统开销小，效率高；软件采用嵌入式操作系统，这类操作系统有一定的兼容性和扩展性；这个阶段的嵌入式产品的应用软件比较专业化，用户界面不够友好。

第三阶段是片上系统（system on chips，SOC），这个阶段也称为片上系统时代。主要特点是：嵌入式系统能够运行于各种不同类型的微处理器上，兼容性好，操作系统的内核小，效果好。

第四阶段是以 Internet 为标志的嵌入式系统。这是一个正在发展的阶段，目前的很多嵌入式设备还孤立于 Internet 之外，但是随着 Internet 的发展以及网络技术的进步，网络与智能化的家电，工业控制技术的关系日益密切。嵌入式设备与网络的结合是嵌入式系统的未来发展方向。嵌入式网络化主要表现在两个方面，一方面是嵌入式处理器集成了网络接口，另一方面是嵌入式设备应用于网络环境中。

现在许多的嵌入式处理器集成了基本的网络功能，如串行接口是必备的。此外，还有 HDLK 接口、以太网接口、CAN 总线接口等，基于这样的趋势，用户开发基于特定应用的嵌入式系统时，一般不要外接网络芯片，而选择具有符合功能要求的嵌入式处理器即可，所需要的只是物理层的收发器。通过嵌入式的 Web 服务器和嵌入式浏览器并通过网络技术的集成，嵌入式设备可以随时随地与网络进行连接，实现资源共享。

1.4.4　未来嵌入式系统的发展趋势

信息时代、数字时代使得嵌入式产品获得了巨大的发展契机，为嵌入式市场展现了美好的前景，同时也对嵌入式生产厂商提出了新的挑战，从中可以看出未来嵌入式系统的几大发展趋势：

① 嵌入式开发是一项系统工程，因此要求嵌入式系统厂商不仅要提供嵌入式软/硬件系统，同时还需要提供强大的硬件开发工具和软件包支持。目前，很多厂商已经充分考虑到这一点，在主推系统的同时，将开发环境也作为重点推广。例如，三星在推广 ARM 芯片的同时还提供开发板和板级支持包（BSP），而 Windows CE 在主推系统时也提供 Embedded VC 作为开发工具，还有 VxWorks 的 Tornado 开发环境、DeltaOS 的 Limda 编译环境等都是这一趋势的典型体现。当然，这也是市场竞争的结果。

② 网络化、信息化的要求随着因特网技术的成熟、带宽的提高而日益提高，使得以往功能单一的设备如电话、手机、冰箱、微波炉等功能不再单一，结构更加复杂。这就要求芯片设计厂商在芯片上集成更多的功能。为了满足应用功能的升级，设计师们一方面采用更强大的嵌入式处理器如 32 位、64 位 RISC 芯片或信号处理器 DSP 增强处理能力，同时增加功能接口（如 USB）、扩展总线类型（如 CAN-Bus），加强对多媒体、图形等的处理，逐步实现片上系统（SOC）的功能。软件方面采用实时多任务编程技术和交叉开发工具技术来控制功能的复杂性，简化应用程序设计，保障软件质量和缩短开发周期。

③ 网络互联成为必然趋势。未来的嵌入式设备为了适应网络发展的要求，必然要求硬件上提供各种网络通信接口。传统的单片机对于网络支持不足，而新一代的嵌入式处理器已经开始内嵌网络接口，除了支持 TCP/IP，还支持 IEEE1394、USB、CAN、Bluetooth 或 IrDA 通信接口中的一种或者几种，同时也需要提供相应的通信组网协议软件和物理层驱动软件。软件方面系统内核支持网络模块，甚至可以在设备上嵌入 Web 浏览器，真正实现随时随地用各种设备上网。

④ 精简系统内核、算法，降低功耗和软/硬件成本。未来的嵌入式产品是软/硬件紧密结

合的设备，为了降低功耗和成本，需要设计者尽量精简系统内核，只保留和系统功能紧密相关的软/硬件，利用最低的资源实现最适当的功能，这就要求设计者选用最佳的编程模型并不断改进算法，优化编译器性能。因此，既要求软件人员有丰富的硬件知识，又需要发展先进嵌入式软件技术，如 Java、Web 和 WAP 等。

⑤ 提供友好的多媒体人机界面。嵌入式设备能与用户亲密接触，最重要的因素就是它能提供非常友好的用户界面。这方面的要求使得嵌入式软件设计者要在图形界面、多媒体技术上下苦功。手写文字输入、语音拨号上网、收发电子邮件以及彩色图形、图像都会使使用者感到非常自由。目前，一些先进的 PDA 在显示屏幕上已实现汉字写入、短消息语音发布，但一般的嵌入式设备距离这个要求还有很长的路要走。

1.5 嵌入式系统的应用

嵌入式系统的多学科交叉特点，决定了它的用途十分广泛。随着其能更广泛地连接网络设备，特别是 Internet 设备，嵌入式系统在多个方面的应用不断增长。下面根据市场领域的划分，对嵌入式系统的应用进行说明。

1.5.1 嵌入式系统的应用领域

嵌入式系统技术具有非常广阔的应用前景，其应用领域包括以下几个方面。

1. 工业控制

基于嵌入式芯片的工业自动化设备将获得长足的发展，目前已经有大量的 8、16、32 位嵌入式微控制器在应用。网络化是提高生产效率和产品质量、减少人力资源的主要途径，如工业过程控制、数字机床、电力系统、电网安全、电网设备监测、石油化工系统都实现了网络化。就传统的工业控制设备而言，低端型采用的往往是 8 位单片机。但是随着技术的发展，32 位、64 位的处理器逐渐成为工业控制设备的核心，在未来几年内必将获得长足的发展。

2. 交通管理

在车辆导航、流量控制、信息监测与汽车服务方面，嵌入式系统技术已经获得了广泛的应用，内嵌 GPS 模块、GSM 模块的移动定位终端已经成功地应用在各种运输行业。目前，GPS 设备已经从尖端产品进入了普通百姓的家庭，可以随时随地使用它找到我们的位置。

3. 信息家电

信息家电行业这将成为嵌入式系统最大的应用领域。冰箱、空调等的网络化、智能化将引领人们的生活步入一个崭新的空间。即使不在家里，也可以通过电话线、网络进行远程控制。在这些设备中，嵌入式系统将大有用武之地。

4. 家庭智能管理系统

水、电、煤气表的远程自动抄表，安全防火、防盗系统，其中嵌有的专用控制芯片将代替传统的人工检查，并实现更高、更准确和更安全的性能。目前在服务领域，如远程点菜器等已经体现了嵌入式系统的优势。

5. POS 网络及电子商务

公共交通无接触智能卡（contactless smart card，CSC）发行系统、公共电话卡发行系统、自动售货机、各种智能 ATM 终端将全面走入人们的生活，到时手持一卡就可以行遍天下。

6．环境工程与自然

嵌入式系统还被广泛用于水文资料实时监测，防洪体系及水土质量监测、堤坝安全监测，地震监测网，实时气象信息网，水源和空气污染监测等。在很多环境恶劣、地况复杂的地区，嵌入式系统将实现无人监测。

7．机器人

嵌入式芯片的发展将使机器人在微型化、高智能方面的优势更加明显，同时会大幅度降低机器人的价格，使其在工业领域和服务领域获得更广泛的应用。20 世纪 70 年代中期之后，由于智能理论的发展和 MCU 的出现，机器人逐渐成为研究热点，并且获得了长足的发展。近来由于嵌入式处理器的高度发展，机器人从硬件到软件也呈现了新的发展趋势。火星车就是一个典型例子，这个价值 10 亿美元的技术高密集移动机器人，采用的是美国风河公司的 VxWorks 嵌入式操作系统，可以在不与地球联系的情况下自主工作。

嵌入式系统在模糊控制、智能大厦、气象检测与预报，甚至于纳米技术等领域都有应用，而且随着嵌入式系统理论研究与实际应用的不断发展，也会在现在所没有应用到的领域发挥它的功用，更好地为人类进步服务。

1.5.2　嵌入式系统的具体应用

相对于其他的领域，机电产品可以说是嵌入式系统应用最典型、最广泛的领域之一。从最初的单片机到现在的工控机、SOC 在各种机电产品中均有着巨大的市场。

工业设备是机电产品中最大的一类，在目前的工业控制设备中，工控机的使用非常广泛，这些工控机一般采用的是工业级的处理器和各种设备，其中以 x86 的 MPU 最多。工控机的要求往往较高，需要各种各样的设备接口，除了进行实时控制外，还需将设备状态、传感器的信息等在显示屏上实时显示。这些要求，8 位的单片机是无法满足的，以前多使用 16 位的处理器。随着处理器快速的发展，目前 32 位、64 位的处理器逐渐替代了 16 位处理器，进一步提升了系统性能。采用 PC104 总线的系统，体积小，稳定可靠，受到很多用户的青睐。不过这些工控机采用的往往是 DOS 或者 Windows 系统，虽然具有嵌入式的特点，却不能称作纯粹的嵌入式系统。另外，在工业控制器和设备控制器方面，则是各种嵌入式处理器的天下。这些控制器往往采用 16 位以上的处理器，各种 MCU，ARM、MIPS、68K 系列的处理器在控制器中占据核心地位。这些处理器上提供了丰富的接口总线资源，可以通过它们实现数据采集、数据处理、数据通信以及显示。最近飞利浦和 ARM 共同推出 32 位 RISC 嵌入式控制器，适用于工业控制。该控制器采用最先进的 0.18μm CMOS 嵌入式闪存处理技术，操作电压可以低至 1.2V，它还能降低 25%～30%的制造成本，在工业领域中对最终用户而言是一套极具成本效益的解决方案。美国 TERN 工业控制器基于 Am188/186ES、i386EX、NEC V25、Am586（Elan SC520），采用了 SUPERTASK 实时多任务内核，可应用于便携设备、无线控制设备、数据采集设备、工业控制与工业自动化设备以及其他需要控制处理的设备。

家电行业是嵌入式应用的另一大行业，传统的电视、电冰箱中也嵌有处理器，但是这些处理器只是在控制方面应用。而现在只有按钮、开关的电器显然已经不能满足人们的日常需求，具有用户界面、能远程控制、智能管理的电器是未来的发展趋势。据 IDG 发布的统计数据表明，未来信息家电将会增长 5～10 倍。中国的传统家电厂商向信息家电过渡时，首先面临的挑战是核心操作系统软件开发工作。硬件方面，进行智能信息控制并不是很高的要求，目前绝大多数嵌入式处理器都可以满足硬件要求，真正的难点是如何使软件操作系统占用容量小、稳定性高且易于开发。Linux 核心可以起到很好的桥梁作用，作为一个跨平台的操作系统,它可以支持二三十种 CPU ，而目前已有众多家电业的芯片都开始做 Linux 的平台移植工作。1999 年就登录中国的微软“维纳斯”计划给了国人一个数字家庭的概念，引导各大家电厂商纷纷投入到这场革命中。虽然这最终未能获得成功，却使信息家电深入人心。如今，各大厂商仍然在努力推出适用于新一代家电应用的芯片，英特尔公司已专为信息家电业研发了名为 StrongARM 的 ARM CPU 系列，这一系列 CPU 本身不像 X86 CPU 需要整合不同的芯片组,它在一颗芯片中可以包括所需要的各项功能,即硬件系统实现了 SOC 的概念。美商网虎公司已将全球最小的嵌入式操作系统——QUARK 成功移植到 StrongARM 系列芯片上，这是第一次把 Linux、图形界面和一些程序进行完整移植（QUARK 的内核只有 143KB），它将为信息家电提供功能强大的核心操作系统。相信在不久的将来，数字智能家庭必将来到我们身边。

机器人技术的发展从来都是与嵌入式系统的发展紧密联系在一起的。最早的机器人技术是 20 世纪 50 年代 MIT 提出的数控技术，即简单的与非门逻辑电路。之后由于处理器和智能控制理论发展缓慢，从 20 世纪 50 年代到 20 世纪 70 年代初期，机器人技术一直未能获得充分的发展。20 世纪 70 年代中期之后，由于智能理论的发展和 MCU 的出现，机器人逐渐成为研究热点，并且获得了长足的发展。近来由于嵌入式处理器的高度发展，机器人从硬件到软件也呈现了新的发展趋势。1997 年，美国发射的“索杰纳”火星车带有机械手，可以采集火星上的各种地理状况信息，并且通过摄像头把火星上的图像发回地面指挥中心。这台火星车在火星上自主工作了 3 个月，充分体现了嵌入式系统的高可靠性及其功能的强大性。以索尼为代表的智能机器宠物生产厂家，仅仅使用 8 位的 AVR、51 单片机或者 16 位的 DSP 来控制舵机进行图像处理，就能制造出一些人见人爱的玩具。这让人不能不惊叹嵌入式处理器强大的功能。近来 32 位处理器、Windows CE 等 32 位嵌入式操作系统的盛行，使得操控一个机器人只需要在手持 PDA 上获取远程机器人的信息，并且通过无线通信控制机器人的运行。与传统的工控机相比，这要轻巧便捷得多。随着嵌入式控制器越来越微型化、功能化，微型机器人、特种机器人等也将获得更大的发展机遇。

小　结

本章从概念入手，讲述了嵌入式系统的基本知识，包括嵌入式系统的定义、概念、发展历程、特点及其应用。

习　题

1. 嵌入式系统的概念是什么？
2. 简述嵌入式系统的发展历程和发展阶段。
3. 简述嵌入式系统的特点。
4. 简述嵌入式系统的基本构成。
5. 举例说明嵌入式系统的应用。
6. 嵌入式系统的发展趋势会如何？

第2章 嵌入式系统设计

嵌入式系统具有两个鲜明的特征：首先，任何嵌入式产品都需要软件和硬件的共同支持，是一种软/硬件相结合的产品；另外，一旦嵌入式产品研制完成，软件就固化到硬件环境中，这时，软件是针对相应的嵌入式硬件开发的，即专用的，与特定的硬件平台有关。嵌入式系统的这两个特征决定了它的应用开发方法不同于传统的软件工程方法，需要对软/硬件进行综合考虑。虽然自计算机诞生不久就出现了嵌入式系统，但对于嵌入式系统设计方法的研究并不多，大部分工程师都是基于自己以往的开发经验，对系统进行开发设计的。本章首先对嵌入式系统的设计方法进行简单介绍，然后给出普遍采用的系统设计方法，最后按照嵌入式系统生存周期分阶段对设计过程进行详细介绍。

2.1 嵌入式系统的系统级设计方法概述

嵌入式系统必须满足具体的应用要求，因此，在选择嵌入式系统时，必须考虑到功耗、成本、体积、可靠性、处理能力等性能指标。这些性能指标由硬件和软件共同决定，所以设计时必须对软/硬件进行综合考虑，才能发挥最好的系统性能。由于软/硬件具有很大的相关性，所以对于具体的嵌入式系统，采用不同的设计方法将产生不同的设计结果。例如，先设计软件和先设计硬件两种不同方法，一般会导致最终生成的系统存在差异，同时系统的完成进度也会受到影响，这也体现了设计方法的重要性，从而产生了对嵌入式系统设计方法的研究。早前由于受到设计工具的限制，设计过程基本都是采用直观易理解的“先硬件后软件”的设计方法。其基本过程是系统分析人员根据需求分析先进行硬件设计，完成硬件设计之后，再在已有的硬件平台上进行相应的软件设计。这样设计是线性进行的，显然会延长系统设计时间。现阶段，产品上市时间很大程度上决定了产品是否成功，以上的设计方法显然很不适应。随着仿真工具及嵌入式系统设计技术的进步，越来越多的系统采用软/硬件同时设计的方法，即首先对系统进行软/硬件划分，然后分别对软件和硬件进行设计，在设计过程中通过仿真模拟来检查设计过程中的错误，使得软/硬件设计尽可能同时完成，这样可以大大缩短产品开发周期，增强产品竞争力。

2.1.1 先硬件后软件的设计方法

在使用先硬件后软件的设计方法时，常见的有针对单片机的开发流程和针对嵌入式处理器的开发流程。这两种系统开发流程很相似，只是因为各自复杂程度不同，在具体设计过程中略有差别。单片机是把所有核心单元集成在一块芯片上面，并且外围接口一般比较简单，所以针对单片机的设计，只要设计人员在核心单片机的外围再加入一些接口电路就可以构成整个系统，相对比较简单；它的软件部分一般也不需要嵌入式操作系统的支持，只需编写针对特定应用的程序即可。它的开发流程如图 2–1 所示，包括用户需求分析、选择处理器设计硬件平台、按照设计的硬件平台编写软件、软件测试、系统测试等几个阶段。在单片机最后测试阶段，如果出现了任何问题，都不能立即确定是硬件错误还是软件错误，可能需要重新对系统硬件和软件进行重新设计，这将大大延误系统进度。所以，此设计流程只是针对比较简单的系统，并且在很大程度上依赖于设计人员自身的经验。

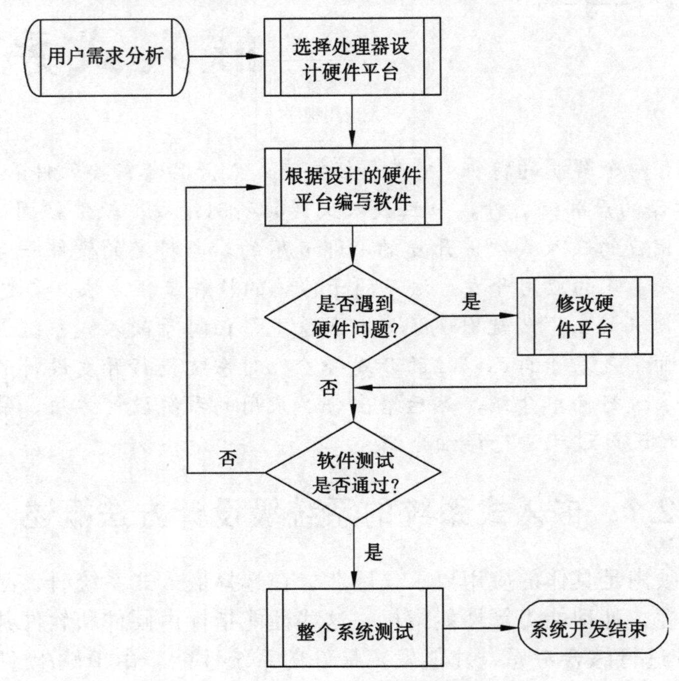

图 2–1 单片机系统的开发流程

嵌入式处理器开发流程与单片机设计流程有很多相似点，只是相对于单片机来说，它的系统更加复杂。从系统的构成元器件上来说，嵌入式处理器系统更像一台 PC，需要有 CPU、内存单元、永久性存储器、外部接口等。所以针对嵌入式处理器的系统设计，不论是软件设计还是硬件设计，它都远比单片机复杂。它的软件一般包含有操作系统，用来管理整个系统的硬件资源，在操作系统之上还有接口驱动及应用程序，用来完成特定的应用需求。它的整个开发流程如图 2–2 所示，具体包括需求分析、选择嵌入式处理器及硬件平台、选择合适的嵌入式操作系统、在操作系统上开发应用程序、对应用程序进行测试，系统的集成测试这几个阶段。对于嵌入式处理器系统设计，选择处理器及硬件平台是非常关键的一步。硬件平台一旦确定，对它进行更改就会显得很困难。因为硬件平台更改就意味着否定了整个设计方案，得从头进行设计，这无论是从开发成本来说还是从开发周期来说，都是让人难以接受的。其他的（如应用程序等）出现问题可以有针对性地进行修改，只需对有问题部分进行重新设计，而不会影响到太多的相关内容。

总体来说，先硬件后软件的设计方法是一种串行的方法，它在思路上容易被人理解，也很早就被嵌入式工程师们所采用。但这里面存在的问题是软件始终要等到硬件平台出来以后才能进行编写测试；而且硬件平台也很难保证其设计的正确性，如果出现硬件平台的错误，软件还得等待新的硬件完成之后再进行测试，这势必影响到系统开发的进度，因此就有了下面将要介绍的软/硬件协同开发的方法。

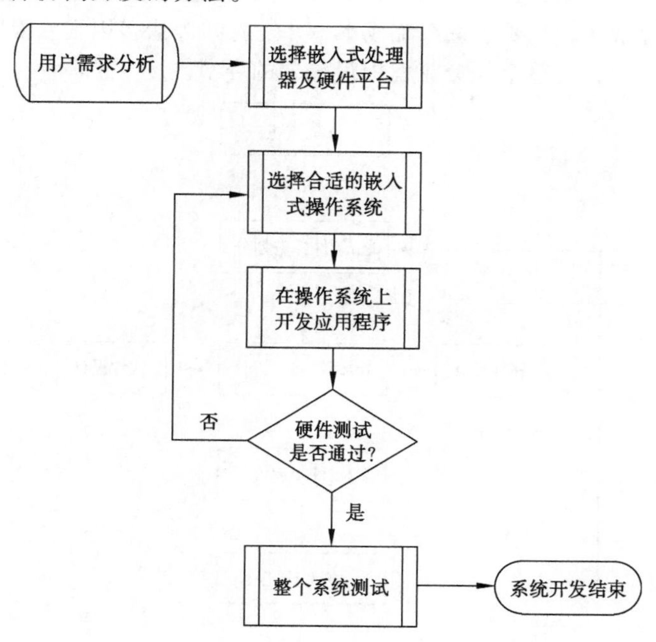

图 2-2　嵌入式处理器系统开发流程

2.1.2　软/硬件协同设计

传统的先硬件后软件的嵌入式系统设计模式需要反复修改、反复试验，整个设计过程在很大程度上依赖于设计者的经验，设计周期长、开发成本高，在反复修改过程中，常常会在某些方面背离原始设计的要求。

软/硬件协同设计是为解决上述问题而提出的一种全新的系统设计思想。它依据系统目标要求，通过综合分析系统软/硬件功能及现有资源，最大限度地挖掘系统软/硬件之间的并发性，协同设计软/硬件体系结构，以便系统工作在最佳状态。与传统的嵌入式系统设计相比，软/硬件协同设计的主要不同是“在系统设计的每一步都将硬件与软件一起协同考虑”。这种设计方法，可以充分利用现有的软/硬件资源，缩短系统开发周期、降低开发成本、提高系统性能，避免由于独立设计软/硬件体系结构而带来的弊端。

总的来说，软/硬件协同设计的系统设计过程可以分为系统描述、系统设计、仿真验证与综合实现 4 个阶段，其流程如图 2-3 所示。

系统描述是用一种或多种系统级描述语言对所要设计的嵌入式系统的功能和性能进行全面描述，建立系统的软/硬件模型的过程。系统建模可以由设计者用非正式语言，甚至是自然语言来手工完成，也可以借助 EDA 工具实现。手工完成容易导致系统描述不准确，在后续过程中需要修改系统模型，从而使系统设计复杂化等问题，而优秀的 EDA 工具可以克服这些弊端。

对于嵌入式系统来说，系统设计可以分为软/硬件功能分配和系统映射两个阶段。软/硬件功能分配就是要确定哪些系统功能由硬件模块来实现，哪些系统功能由软件模块来实现。

硬件一般能够提供更好的性能，而软件更容易开发和修改，成本相对较低。由于硬件模块的可配置性、可编程性以及某些软件功能的硬件化、固件化，某些功能既能用软件实现，又能用硬件实现，软/硬件的界限已经不十分明显。此外，在进行软/硬件功能分配时，既要考虑市场可以提供的资源状况，又要考虑系统成本、开发时间等诸多因素。因此，软/硬件的功能划分是一个复杂的过程，是整个任务流程中最重要的环节。

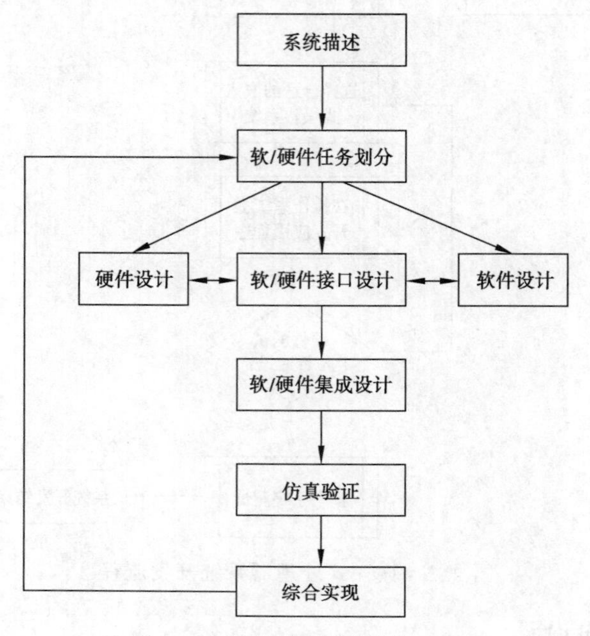

图 2-3 软/硬件协同设计流程

系统映射是根据系统描述和软/硬件任务划分的结果，分别选择系统的软/硬件模块以及其接口的具体实现方法，并将其集成，最终确定系统的体系结构。具体地说，这一过程就是要确定系统将采用哪些硬件模块（如全定制芯片、MCU、DSP、FPGA、存储器、I/O 接口部件等）、软件模块（如嵌入式操作系统、驱动程序、功能模块等）和软/硬件模块之间的通信方法（如总线、共享存储器、数据通道等）以及这些模块的具体实现方法。

仿真验证是检验系统设计正确性的过程。它对设计结果的正确性进行评估，以达到避免在系统实现过程中发现问题时再进行反复修改的目的。在系统仿真验证过程中，模拟的工作环境和实际使用时差异很大，软/硬件之间相互作用的方式及作用效果也就不同，这也使得难以保证系统在真实环境下工作的可靠性。因此，系统模拟的有效性是有限的。

软/硬件综合就是软件、硬件系统的具体制作。设计结果经过仿真验证后，可按系统设计的要求进行系统制作，即按照前述工作的要求设计硬、软件，并使其能够协调一致地工作，制作完成后即可进行现场实验。

通过以上描述可以看出，嵌入式系统协同设计方法同先硬件后软件的设计在很多方面具有相似性，只是协同设计可能每时每刻都把软/硬件同时考虑在内，特别是在详细设计阶段，先硬件后软件的设计方法是串行进行的，而软/硬件协同设计的方法是并行的。为了便于理解嵌入式系统协同设计方法，我们从系统的生存周期来讲解嵌入式系统的协同开发过程。它与前面给出的协同设计的内容是一致的，只是严格按照嵌入式产品的生存流程来对设计进行划分，整个划分过程显得更加详细具体，更容易理解。具体可分为系统需求分析、软件与硬件划分、迭代与实现、详细的硬件与软件设计、系统集成、系统测试与发布以及产品维护与升级 7 个阶段，流程如图 2–4 所示。实际的设计过程很难像图中描绘的那么顺利，在各阶段及各阶段之间会发生大量的迭代与优化。在最后的测试及维护阶段所发现的缺陷经常使开发过程“回到起点”。例如，当在产品测试中发现了设计中缺乏竞争力的性能缺陷时，开发人员不得不为了提升性能而采取一些补救措施：重新编写算法、重新设计定制硬件、提高处理器速度、选择新型处理器等，这样就使过程变得反复、复杂。本章以嵌入式系统的生存周期为线索，对嵌入式系统的开发进行详细介绍。

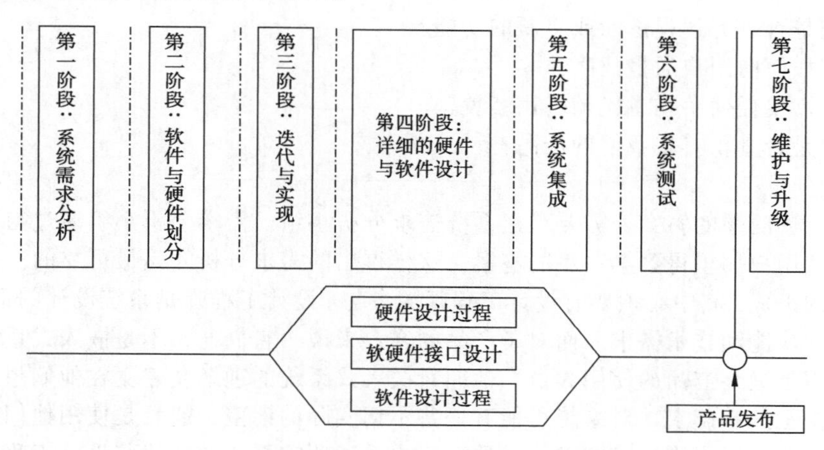

图 2–4　嵌入式系统的协同开发流程

2.2　嵌入式设计流程

本节将按照嵌入式系统的 7 个生存周期，即前面所说的 7 个阶段来介绍嵌入式系统的设计流程，介绍每个阶段所需完成的工作以及经常使用的工具，让读者对整个设计流程有个详细的认识。

2.2.1　系统需求分析

一个好的产品应该有个明确的定义，所有与产品相关的人员对产品的认识应该完全一致，这样才能减少产品开发过程中的意见分歧，发挥团队的力量，依靠团队的共同努力完成整个系统设计。因此，系统需求分析在设计阶段的重要性是无可取代的，系统需求分析越明确，团队成员对产品的认知越统一，就越有利于以后的开发，系统一次性成功的可能性也大大增加。在确定产品的定义时，应仔细考虑以下问题：

① 系统用于什么任务？
② 系统的输入/输出是什么？
③ 系统最长的响应时间是多少？
④ 系统的交互方式是什么？
⑤ 系统的质量和体积如何？
⑥ 系统连接何种外设？
⑦ 系统是否需要运行某些现存的软件？
⑧ 系统处理哪种类型的数据？

⑨ 系统是否要与别的系统进行通信？

⑩ 系统是单机还是网络系统？

⑪ 系统如何供电？

⑫ 需要什么安全措施？

⑬ 系统在什么样的环境下运行？

⑭ 外部存储媒介和容量需要多大？

⑮ 系统的可拆装性、可靠性和牢固性的期望值是什么？

⑯ 系统是否具有远程诊断或更新的功能？

⑰ 系统如何向用户通报故障？

⑱ 是否需要任何手动或机械代用装置？

⑲ 客户是否真正喜欢我们的产品？

⑳ 其他问题。

要找出上述问题的答案，需要组建系统需求分析小组。需求分析小组通过与用户进行深层次交流，从用户那里得到第一手的答案，这样得出的需求分析才是最可靠的。关于需求分析小组人员的组成，其中必须要有设计工程师的参与。设计工程师是系统设计的最直接人员，最熟悉产品的功能和技术需求。而对于产品的客户来说，它们通常不是嵌入式系统的设计人员，甚至也不是最终产品的使用人员。他们对嵌入式系统的理解是建立在他们想象应该如何与系统进行交互的基础上，对系统可能有一些不切实际的期望，或者是使用他们自己的表述方式而不是专业术语来表达其需求，导致在客户关于所需系统的描述与设计工程师所需的信息之间存在极大的差别。通过工程师与客户之间的交流，充分理解客户的意图，把客户的需求愿望变成实际产品的设计要求，并把实际开发中系统所受的限制与他们进行沟通，通过多方面讨论协调，最终达成一致意见，使用户需求与实际技术相符。

理想的需求研究小组通常还应该包括一个市场营销人员在内。通过与客户之间的交互，市场营销人员可以充分理解客户真正需要的是什么，了解产品的哪些功能是他们所看重的，以及什么样的产品是他们心目中的理想产品等。掌握这些信息之后，对于将来产品的市场运作，就能有的放矢，有针对性地进行营销工作。只有客户需要、喜欢的东西，它们才会乐意购买，也只有这样的产品才能赢得市场，才是真正成功的产品。

让产品相关人员参与客户研究访问工作是很有必要的。经过调研，开发小组不仅明确了产品的各项需求，并且在各小组成员脑海中形成关于最终产品的一致图像。一旦小组成员对最终产品有了共同认识，各成员就可以把自己的创意充分应用到这个共同目标上来，最大限度地发挥团队的力量，这在很大程度上决定了产品的成败。

所有成功设计都有一个共同要素，那就是设计小组对产品的定义非常明确，当提及这个产品时，涉及产品的每个人（包括管理人员、销售人员、质保人员和工程师）都会给出同样的描述。相反，许多失败的设计都是因为没有产生一致的项目目标，各人认知中对于产品的最终定位及产品最终模样不统一，从而导致设计不统一而失败。系统需求分析阶段应尽可能详细，让每个参与人员对产品的认识都一致，在定义过程中，最好能对产品的各个环节进行详细定义，包括开发工具等，最好也能在需求分析里面描述清楚，这样在开发过程中就不会因意见不同而影响系统开发。

在系统需求分析研讨过程中，要时刻思考以下两个问题：

① 已经明确的需求是什么，还有什么含糊不清？

② 什么样的产品才能真正打动客户，他们最渴望的功能是什么？

访问结束后应当把工作重点转移到总结出可操作性的产品需求上。有一些像调查表与重点组这样的客户研究方法，尽管它们明显属于市场研究的领域，但只要在市场研究过程中让一些工程师参与其中，对于产品的开发很有帮助，特别是让其参与访问客户和客户研究参观的过程。表2-1所示为一个简单的需求分析表。如果有可能，尽量把需求写得详细些，这样在以后的开发过程中才不会出现意见分歧，从而使项目顺利进行。

表2-1　需求分析表格样本

产品名称		供电方式	
产品定位		生产成本	
客户群体		性能指标	
输入信号		大小与质量	
输出信号		开发工具	
交互方式			

表2-1只是一个样本，需求分析可以通过多种方式进行，每个小组可以根据自身情况使用熟悉的方法来实施需求分析。有一点是各小组都应该达到的，那就是需求分析应该做到尽可能详尽，对产品给出一个详细的定义，这样在以后的开发中才能保持大家意见一致，减少开发的不确定因素。

2.2.2　软/硬件划分

嵌入式设计牵涉到硬件与软件部件，设计人员必须决定问题的哪一部分在硬件中解决，哪一部分放在软件中解决。这个选择的过程称为“软/硬件划分决策”。

决定如何划分软/硬件是个复杂的优化过程，大多数嵌入式系统在设计过程中都需要考虑到许多因素，如价格、性能、标准、市场竞争、所有权等，这些相互冲突的需求使得划分决策这个问题空间的复杂度非常庞大。要完整地描述这个问题空间，需要多个坐标轴，包括多种体系结构、目标技术、设计工具等。增加硬件意味着更快的速度，但成本也会提高。增加硬件还意味着更高的风险，这是因为修改软件只是找到某个软件缺陷并重新建立整个代码映像，而重新设计硬件元件要比这严重得多。理论上，只有弄清了所有可能用来解决问题的方法后，才能做出最优的划分决策；但在实际过程中，要想把所有解决问题的方法全部罗列出来不太可能，就算能做到，也要花费大量的人力和时间，影响产品的市场竞争力。根据嵌入式系统设计的特点，划分决策的时间越往后拖延，系统的各部分就会越清晰，也就越有把握知道算法的哪一部分应由硬件完成、哪一部分适合用软件来完成。然而，一个不可忽视的问题是只有硬件能够工作之后才能对整个系统进行整合调试。因此，如果太晚做出决策，势必会影响到整个系统的进度。所以，必须找个折中的划分方法，让系统在各种限制条件下做出适当的划分。

随着嵌入式系统的复杂化，也出现了许多软/硬件协同划分工具，人们可以利用它们得出系统的一个比较恰当的划分策略。这些工具主要是把硬件和软件用统一的语言来描述，从而可以通过在计算机上仿真模拟来确定相对较好的划分。有关协同仿真的研究项目中，Berkeley大学的Ptolemy系统是最有影响的。Ptolemy系统的特色在于它是一个异构的模拟环境，提供针对多种模型（数据流、离散事件、有限状态机等）的描述和模拟手段，并可以在一个仿真应用中采用不同的仿真模型。Ptolemy系统的扩展性很好，在Ptolemy系统中有许多Java语言开发的域（domain）和角色（actor）作为仿真的构件，用户可以编写新的域和角色，并构造自己的仿真模型。软/硬件协同仿真可看做异构仿真的一种，Ptolemy 系统已经应用于嵌入式系统的算法层和体系结构层描述和验证。在 Ptolemy 系统的工作基础上，研究者们开发了多个软/硬件协同设计工具。Berkeley 大学的研究者采用 Ptolemy 系统进行了 DSP 领域的协同设计研究。韩国 Seoul National University 基于 Ptolemy 系统进行了嵌入式系统和芯片系统设计的研究，并开发出了设计工具 Peace。从这些研究来看，Ptolemy 系统作为软/硬件协同仿真的研究平台是成功的，但是并不适合在其基础上进行软/硬件协同综合，因为 Ptolemy 系统的异构特性和缺乏一个全局模型，导致难以评估各种系统实现对于性能和成本的影响。

Stanford 大学的 Gupta 和 De Micheli 等研究者开发的 VULCAN 系统是最早公布的软/硬件协同设计工具。该系统基于高层综合工具 Olympus 开发，采用类 C 语法的硬件描述语言 HardwareC 作为系统描述手段，并将 HardwareC 描述编译为控制/数据流图作为综合工具的内部表示。VULCAN 的设计目标是带有单一 DLX 处理器、单层次存储器、多个硬件单元、单总线的嵌入式系统。VULCAN 中实现的软/硬件协同综合方法较简单，采用贪心算法将可变更为软件实现的部分从硬件描述中划分出来。VULCAN 可以看做考虑了软件因素的高层次综合工具。

德国 Technical University of Braunschweig 的 COSYMA（code system form maria）系统是一个软/硬件协同综合工具，其特点是系统描述使用自行开发的可仿真、类似高级程序设计语言的 C^x，并利用系统行为模型的模拟剖析（profile）信息指导软/硬件协同综合。

CASTLE（co-design and synthesis tool environment）由德国信息技术国家研究中心系统设计研究所开发。该环境支持软/硬件协同设计流程和嵌入式系统的快速模板制作，系统描述采用细粒度的程序设计语言 C，同时也支持硬件描述语言 Verilog 和 VHDL，这些描述可进行仿真和性能分析，以支持系统综合的决策。

CoDesign 是由瑞士苏黎世工学院开发的设计环境，该环境面向实时系统的协同设计，特点是采用了高层面向对象时序 Petri 网作为形式化的系统模型。

软/硬件协同模拟验证技术发展较协同综合成熟，EDA 厂家推出的软/硬件协同设计工具基本以仿真验证为主。这些工具对来源于大学的研究成果进行了完善，代表了当前的技术发展水平。目前 EDA 厂家推出的设计自动化工具中尚未包含软/硬件协同综合、自动软/硬件划分的功能。

Cadence 的 VCC 工具和欧洲 CoWare 公司的 N2C 工具中包含了交互式软/硬件划分功能。CoWare 的 N2C 工具强调支持开发人员进行系统设计空间探索，使用 N2C 工具，开发者将硬件/软件模块用 C/C++语言设计为行为级描述，然后通过几个层次：无时序模型、指令精确模型和总线周期精确模型的仿真来探究不同划分方案，仿真过程应用了指令集模拟器和硬件描述语言模拟器，最大的优点是支持在设计中集成 IP 核。

Cadence 公司的 Alta 软件包中有 BONes designer、SPW、HDS 等工具。BONes 用来设计分析系统体系结构、互连方式以及通信协议。SPW 是基于部件的电子系统设计、模拟环境。软件包中还包含多种部件库和协议模型，帮助进行系统层设计和评价。Cadence 的 Affirma 软/硬件并行验证产品具有精确的 HDL 处理器模型、调试能力和实时操作系统（RTOS）支持。

Mentor 公司的 Seamless CVE 工具是较早推出的软/硬件协同仿真工具，它集成了 Green Hills 公司的多目标软件调试和指令集仿真工具，从而允许在硬件设计周期内进行一些基本的软件调试。

Synopsys 公司的 Eagle 也提供多种处理器模型，并且支持多处理器系统的设计，Eagle 还提供了基于 FPGA 的硬件仿真能力。

Vast Systems Technology 的并行验证工具 Comet 2.0 采用可替换的微处理器模型加速了通常较慢的处理器建模过程，适合于高层并行设计。在 Comet 中，系统功能可用 C 代码描述，并连接到 HDL 仿真器中协同仿真。早期的软/硬件协同设计工具仅仅支持协同验证，大多数工具都只有在体系架构层设计，基本完成后才能仿真硬件和软件模块的相互作用。目前的发展趋势是采用 SBD（simulation based design）的思想，用仿真技术支持划分和协同调试、分析，以便加快设计进程。微处理器是嵌入式系统的核心，可仿真的微处理器模型是这些仿真工具的重要组成部分，但大部分工具将微处理器模型看做不可变的。

虽然有关协同设计的工具研究已经很多，而且也是将来设计的一个趋势，但它们距离普及化还有一定的距离，这些开发软件很多还停留在研究阶段，有兴趣的读者可以对它们进行深入了解。在实际设计过程中，大部分系统只是根据小组以往设计经验，填了表格就匆匆完成了划分过程。对于开发经验不多，或是面对没有开发过的复杂嵌入式系统，这样划分是很有难度的。接下来介绍在开发中普遍采用的软/硬件平台选择方法，让读者在开发过程中有章可循。

1．硬件平台选择

从某种意义上来说，软/硬件划分就是找到合适的硬件和软件部分，让两者都能很好地工作起来，各部分的分工组合是恰当的。因此，划分算法其实完全依赖于系统中硬件平台及软件平台的选择。对于一个嵌入式系统，处理器的选择非常关键，它的选择影响存储器、外设的选择，同时也影响工具的选择。开发人员需要从数百种微处理器、微控制器及定制的专用集成电路中选择出适合自己的处理器。选择处理器时要考虑的主要因素有：

1）处理性能

一个处理器的性能取决于多方面的因素，如时钟频率、内部寄存器的大小、指令是否对等处理所有的寄存器等。对于许多需要单独处理器的嵌入式系统设计来说，目标不是在于挑选速度最快的处理器，而是在于选取能够完成作业的处理器和 I/O 子系统。如果是面向高性能的应用设计，那么建议考虑某些新的处理器，其价格相对较低，如 IBM 和 Motorola 联合开发的 PowerPC。

2）技术指标

当前，许多嵌入式处理器都集成了外围设备的功能，减少了芯片的数量，降低了整个系统的开发费用。开发人员首先考虑的是，系统所要求的一些硬件能否无须过多的胶合逻辑（glue logic，GL）就可以连接到处理器上。其次是考虑该处理器的一些支持芯片，如 DMA 控制器、内存管理器、中断控制器、串行设备、时钟等的配套。

3）功耗

嵌入式微处理器最大并且增长最快的市场是手持设备、电子记事本、PDA、GPS 导航器、智能家电等消费类电子产品。这些产品中选购的微处理器，典型的特点是要求高性能、低功耗。许多 CPU 生产厂家已经进入了这个领域。今天，用户可以买到一颗嵌入式的微处理器，其速度像笔记本式计算机中的 Pentium 系列处理器一样快；而它仅使用普通电池供电即可，并且价格很低。如果用于工业控制，则对这方面的考虑较少。

4）成本

嵌入式应用对成本非常敏感。很小的成本差异就能决定产品在市场上的成败。

5）软件支持工具

仅有一个处理器，没有较好的软件开发工具的支持也是不行的，因此选择合适的软件开发工具对系统的实现会起到很好的作用。

6）是否内置调试工具

处理器如果内置调试工具可以大大缩小调试周期，降低调试的难度。

7）应用支持

支持方式分为许多种：从通过热线或网站提供的应用指南到预打包的软件；从应用框架到可用的测试基准。某些处理器还一并提供用于外围设备的驱动程序、板级支持包以及其他“启动套件”。这些软件使应用开发者不必再编写没有增值意义的软件，如设备驱动程序，转而专注于为应用开发的增值功能，它们将使产品在市场上表现出个性化特色。

8）供应商是否提供评估板

许多处理器供应商可以提供评估板来验证理论是否正确，决策是否得当。

9）过去的经验

以前使用所选处理器或处理器系列的经验可以减少学习新处理器、工具和技巧所需的时间。

硬件选择还应从实际角度出发来考虑其他一些因素：

首先，需要考虑的是生产规模。如果生产规模比较大，可以自己设计和制造硬件，这样可以降低成本。反之，最好从第三方购买主板和 I/O 板卡。

其次，需要考虑开发的市场目标，如果想使产品尽快发售，以获得竞争力，就要尽可能购买成熟的硬件。反之，可以自己设计硬件，降低成本。

另外，软件对硬件的依赖性，即软件是否可以在硬件没有到位的时候并行设计或先行开发也是硬件选择的一个考虑因素。

最后，只要有可能，尽量采用通用的硬件。在 CPU 及架构的选择上，一个原则是：只要有可替代的方案，尽量不要选择 Linux 尚不支持的硬件平台。

2．软件平台的选择

嵌入式系统中的软件流程，主要涉及代码编写、交叉编译、交叉连接、下载到目标板和调试等几个步骤，因此软件平台的选择也涉及操作系统、编程语言和集成开发环境 3 个方面。

1）操作系统的选择

操作系统的实时性。实时性分为软实时和硬实时。有些嵌入式操作系统只能提供软实时，如 Windows CE。作为微软大名鼎鼎的“维纳斯”，Microsoft Windows CE 6.0 是 32 位，程序与 Windows 兼容、小内核、可伸缩实时操作系统，满足大部分嵌入式和非嵌入式应用的需要。但不够实时，属于软实时嵌入式操作系统；而由 Lynx 开发的 LynxOS 则为嵌入式硬实时操作系统。

操作系统的内存要求。均衡考虑是否需要额外花钱去购买 RAM 或 E^2PROM 来满足操作系统对内存的较大需要。有些操作系统对内存的需要是“目标独立”，即可针对需要而分配内存。例如 Tornado/VxWorks 研发人员能按照应用需求分配所需的资源，而不是为操作系统分配资源。需要从几千字节存储区的嵌入设计到需求更多的操作系统功能的复杂的高端实时应用，研发人员可任意选择多达 80 种不同的配置。

操作系统向硬件移植的难度。操作系统到硬件的移植是一个重要的问题，是关系到整个系统能否按期完工的一个关键因素，因此要选择那些移植性程度高的操作系统，避免操作系统难以向硬件移植而带来的种种困难，加速系统的开发进度。

操作系统提供的开发工具。有些实时操作系统（RTOS）只支持该系统供应商的研发工具。也就是说，还必须向操作系统供应商获取编译器、调试器等。而有些操作系统使用广泛且有第三方工具可用，因此，选择的余地比较大。例如 pSOSystem 支持的工具有：pRISM+、全集成研发环境、源代码调试器（SpOTLIGHT）、C/C++ 编译器（如 Diab）、汇编器、连接器、C/C++ 研发环境（SNiFF+）、嵌入式系统监控工具（Esp）、CORBA 等。而 Tornado/VxWorks 支持的工具有：远程源级调试器、浏览器、WindSh 命令行接口、模块载入器、目标工具、WindConfig 板级支持包配置、大约 90 个第三方嵌入式研发工具和扩展。

操作系统的可剪裁性。有些操作系统具有较强的可剪裁性，如嵌入式 Linux、Tornado/VxWorks 等。

操作系统是否提供硬件的驱动程序，例如网卡等。

开发人员是否熟悉此操作系统及其提供的 API。

2）编程语言的选择

通用性。随着微处理器技术的不断发展，其功能越来越具体，种类越来越多，但不同种类的微处理器都有自己专用的汇编语言。这就为系统研发者配置了一个巨大的障碍，使得系统编程更加困难，软件重用无法实现，而高级语言一般和具体机器的硬件结构联系较少，比较流行的高级语言对多数微处理器都有良好的支持，通用性较好。

可移植性程度。由于汇编语言和具体的微处理器密切相关，为某个微处理器设计的程序不能直接移植到另一个不同种类的微处理器上使用，因此移植性差。而高级语言对任何微处理器都是通用的，因此，程序能够在不同的微处理器上运行，可移植性较好。这是实现软件重用的基础。

执行效率。一般来说，越是高级的语言，其编译器的开销就越大，应用程序也就越大、越慢。但单纯依靠低级语言，如汇编语言来进行应用程序的研发，带来的问题是编程复杂、研发周期长。因此存在一个研发时间和运行性能间的权衡。

可维护性。低级语言如汇编语言，可维护性不高。高级语言程序往往是模块化设计，各个模块之间的接口是固定的。因此，当系统出现问题时，能够很快地将问题定位到某个模块内，并尽快得到解决。另外，模块化设计也便于系统功能的扩充和升级。

基本性能。在嵌入式系统研发过程中使用的语言种类很多，比较广泛应用的高级语言有：Ada、C/C++、Modula-2 和 Java 等。Ada 语言定义严格，易读易懂，有较丰富的库函数支持，目前在国防、航空、航天等相关领域应用比较广泛，未来仍将在这些领域占有重要地位。C 语言具备广泛的库函数支持，现在在嵌入式系统中是应用最广泛的编程语言，在将来很长一段时间内仍将在嵌入式系统应用领域占重要地位。C++是一种面向对象的编程语言，在嵌入式系统设计中也得到了广泛的应用，例如 GNU C++。但 C++和 C 语言相比，C++的目标代码往往比较庞大和复杂，在嵌入式系统应用中应充分考虑这一因素。Modula-2 定义清楚，支持丰富，具备较好的模块化结构，在教学科研方面有较广泛的应用。虽然该语言的研发应用一直比较平缓，但近两年在欧洲有所复苏。Java 语言相对年轻，但有很强的跨平台特性，现在发展势头较为强劲。它的“一次编程，到处可用”的特性使其在很多领域备受欢迎。随着网络技术和嵌入式技术的不断发展，Java 及嵌入式 Java 的应用也将越来越广泛。

3）集成开发环境选择

面临着强烈的市场需求以及日益错综复杂的设计挑战，对开发时间要求比较紧，尤其是做消费类产品，更是要求快速开发、生产、上市。正确选择一套先进的、功能强大的，同时又使用方便，界面友好的开发工具就显得至关重要。下面对各常用的集成开发环境进行重点介绍，以供读者在选择开发环境时参考。

（1）Keil

Keil 软件是目前最流行的开发 MCS-51 系列单片机的软件，它是众多单片机应用开发的优秀软件之一，集编辑、编译、仿真于一体，支持汇编、PLM 语言和 C 语言的程序设计，界面友好，易学易用。这从近年来各仿真厂商纷纷宣布全面支持 Keil 即可看出它的普及度。Keil 提供了包括 C 编译器、宏汇编、连接器、库管理和一个功能强大的仿真调试器等在内的完整开发方案，通过一个集成开发环境（uVision）将这些部分组合在一起。运行 Keil 软件需要 Pentium 或以上的 CPU，16MB 或更多 RAM、20MB 以上空闲的硬盘空间、Windows 98、Windows NT、Windows 2000、Windows XP 等操作系统。

（2）RealView MDK

RealView MDK 开发工具源自德国 Keil 公司，被全球超过 10 万的嵌入式开发工程师验证和使用，是 ARM 公司目前最新推出的针对各种嵌入式处理器的软件开发工具。RealView MDK 集成了业内最领先的技术，包括 μVision3 集成开发环境与 RealView 编译器。支持 ARM7、ARM9 和最新的 Cortex-M3 核处理器，自动配置启动代码，集成 Flash 烧写模块，强大的 Simulation 设备模拟，性能分析等功能，与 ARM 之前的工具包 ADS 等相比，RealView 编译器的最新版本可将性能改善超过 20%。RealView MDK 出众的价格优势和功能优势，势将成为 ARM 软件开发工具的标准。如果是针对 ARM 进行开发，了解些集成开发环境很有必要。它的突出特点有：

① 启动代码生成向导，自动引导。

② 软件模拟器，完全脱离硬件的软件开发过程。

③ 性能分析器，看得更远、看得更细、看得更清。

④ Cortex-M3 支持。

⑤ 业界最优秀的 ARM 编译器——RealView 编译器，代码更小，性能更高。

⑥ 配备 ULINK2 仿真器+ Flash 编程模块，轻松实现 Flash 烧写。

（3）MPLAB

MPLAB 集成开发环境（IDE）是一个采用 Microchip 的 PICmicro 和 dsPIC 开发嵌入式应用的免费集成工具箱，它由 MPLAB 编辑程序、MPLAB 项目管理程序（project manager）、MPASM 汇编程序（Windows 版）和 MPLAB-SIM 模拟调试程序等工具软件组成。MPLAB IDE 在 32 位 MS Windows 下运行，是一种易学易用的 PIC 系列单片机产品的集成开发工具软件。它所提供的免费组件有：

① 文本编辑器。

② 全功能调试器。

③ 图解项目管理器。

④ 可视的器件初始化（VDI）。

⑤ MPASM 带有 MPLINK 连接器和 MPLIB 库程序的宏汇编器。

⑥ MPLAB SIM，PICmicro MCU 和 dsPIC 器件的高速软件模拟器，具有外设模拟、复杂激励和寄存器记录功能。

⑦ dsPIC 器件的 MPLAB ASM30 编译器，MPLAB LINK30。

⑧ PROCMD MPLAB PM3 和 PRO MATE II 命令行程序。

⑨ Visual PROCMD MPLAB PM3 和 PRO MATE II 简化的 GUI 控制。

（4）Visual DSP++

Visual DSP++是一款针对 ADI Blackfin、SHARC 和 TigerSHARC 等处理器易安装易使用的软件开发和调试集成环境（IDE）。该集成开发环境可以使用户在编辑、构建、调试操作间快速轻松地切换。Visual DSP++可以让工程师们在研究、设计、开发的整个过程中更轻松地从事开发、调试和展开代码的工作，以及测试任何工程中的一段。集成开发环境（IDE）中包括了 DSP C/C++编译器（compiler）、C/C++运行时间库（runtime library）、汇编器（assembler）、连接器（linker）、下载器（loader）和分路器（splitter）。这些工具选项的详细设置可以通过属性对话框（property page dialogs）实现。属性对话框简化了工程的配置、更改和管理，使用起来很简单。这些选项可以先一次设定，然后根据开发的实际需要加以修改。DSP 代码生成工具也可以通过操作系统命令行的方式使用。

使用 Visual DSP++开发 DSP 程序的过程和开发 PC 应用程序的过程类似，在集成开发环境里可以完成代码的编写、编译连接、调试和仿真，并把代码下载到目标系统里进行实时调试。并且，Visual DSP++还具有可视化的调试界面，可以方便地调试各种视频应用程序。Visual DSP++集成的工具有：

① 数学、DSP、C/C++运行时间库。

② 汇编器（assembler）。

③ 连接器（linker）。

④ C/C++编译器（C/C++ compiler）。

⑤ 模拟器（simulator）。

⑥ 调试器（debugger）。

⑦ PROM 分割器（PROM splitter）。

⑧ Visual DSP++内核。

⑨ 绘图工具（graphical plotting）。

⑩ 专用连接器（expert linker）。

（5）Xilinx Platform Studio（XPS）

Xilinx Platform Studio 集成开发环境包含了很多嵌入式工具、IP、库、向导和设计生成器，可以迅速帮助用户构建定制的嵌入式平台。它支持 PowerPC 硬处理器核与 MicroBlaze 软处理器核设计。XPS 基于 Eclipse 的设计图示和分析工具提供了软件运行的不同视图，包括功能调用和执行时间的视图，可迅速确定性能瓶颈,让客户可以将宝贵的项目开发时间和工程资源集中于功能创新和性能优化。它还具有自动生成外设应用测试代码以及自动设置仿真环境等功能，用户还可以创建和输入 IP 内核，并生成可被开发工具下拉菜单选项识别的常规电路板描述，因而能更好地控制设计的再利用。Xilinx Platform Studio（XPS）所包含的软件开发套件有：

① 综合的开发环境（IDE）用于创建可编程平台设计。

② 编辑软件工具，创建硬件和软件平台。

③ 运行库生成、编译器工具链和连接器脚本生成。

④ 创建实现和仿真网表。

⑤ 支持 System ACE CF 工具。

⑥ GNU 软件开发工具。

⑦ 开发、调试和验证工具。

⑧ 板级支持包（BSP）。

（6）Nios II IDE

Nios II 集成开发环境（IDE）是 Nios II 系列嵌入式处理器的基本软件开发工具。所有关于 Nios 的软件开发任务都可以在 Nios II IDE 下完成，包括编辑、编译和调试程序。Nios II IDE 提供了一个统一的开发平台，用于所有 Nios II 处理器系统。仅仅通过一台 PC、一片 Altera 的 FPGA 以及一根 JTAG 下载电缆，软件开发人员就能够向 Nios II 处理器系统写入程序以及和 Nios II 处理器系统进行通信。Nios II IDE 为软件开发提供了 4 个主要的功能：

① 工程管理器。提供多个工程管理任务，加快嵌入式应用程序的开发进度。

② 编辑器和编译器。提供了一个全功能的源代码编辑器和 C/C++编译器。

③ 调试器。包含一个强大的、在 GNU 调试器基础之上的软件调试器——GDB。该调试器提供了许多基本调试功能，以及一些在低成本处理器开发套件中不会经常用到的高级调试功能。

④ 闪存编程器。许多使用 Nios II 处理器的设计都在单板上采用了闪存，可以用来存储 FPGA 配置数据和/或 Nios II 编程数据。Nios II IDE 提供了一个方便的闪存编程方法。任何连接到 FPGA 的兼容通用闪存接口（CFI）的闪存器件都可以通过 Nios II IDE 闪存编程器来烧结。除 CFI 闪存之外，Nios II IDE 闪存编程器能够对连接到 FPGA 的任何 Altera 串行配置器件进行编程。

（7）Workbench

风河公司的新一代 Workbench 开发平台继承了原有 Tornado 集成开发平台的一贯优势，并且功能更加强大。由于新采用了先进的 Eclipse 软件框架结构，从而使整个系统更加开放和易于扩展。它的主要特点有：

① 开放的 Eclipse 平台框架。 Eclipse 软件框架结构是一个完整和开放的基础平台，它能够将图形工具以及任何必需的功能通过标准接口集成到同一个开发环境中。由于 Workbench 符合 Eclipse 框架，所以商用的及免费的符合 Eclipse 平台接口的插件均可以集成到 Workbench 开发环境中，极大地扩展了 Workbench 的功能。

② 单一的全功能平台。以单一的 Workbench 平台提供了包括硬件系统仿真功能（需要有配套的硬件仿真器）、工程管理和构建系统、编辑器、版本管理、命令解释器、调试、系统分析、系统观察、Flash 编程等工具，大大改善了嵌入式软件的开发环境。

③ 广泛的适用性。Workbench 平台的广泛适用性主要体现在七“多”上，即多任务、多目标、多模式、多 OS、多 CPU、多连接形式和多主机环境。

④ 丰富易用的调试手段。包括动态链接、目标可视、仿真环境等。

Workbench 是当前嵌入式软件开发领域中功能非常强大的一个集成开发环境，它适合应用于复杂系统的开发或多个开发团队的合作开发。比如一个复杂的系统，需要用到多种 CPU 或多种目标操作系统，或者应用软件本身非常复杂，具有多个任务，并且相互之间关联紧密，或者多个项目组之间需要进行协同开发和软件模块共享，或者企业涉及了从硬件开发，到软件开发，再到生产测试的全过程。在这些情况下，考虑使用 Workbench 平台就比较合适，因为这样不仅能快速有效地进行系统开发，并且能够有效地进行项目的组织和管理，最终从整体上降低成本。

（8）IAR EWARM

IAR Embedded Workbench for ARM（以下简称 IAR EWARM）是一个针对 ARM 处理器的集成开发环境，它包含项目管理器、编辑器、C/C++编译器和 ARM 汇编器、连接器 XLINK 和支持 RTOS 的调试工具 C-SPY。在 EWARM 环境下可以使用 C/C++和汇编语言方便地开发嵌入式应用程序。比较其他的 ARM 开发环境，IAR EWARM 具有入门容易、使用方便和代码紧凑等特点。目前 IAR EWARM 支持 ARM Cortex-M3 内核的最新版本是 4.42a，该版本支持 Luminary 全系列的 MCU。

IAR EWARM 具有精致的优化功能，它允许用户选择对代码大小或执行速度实行多级优化，同时还允许对项目进行不同的全局和局部优化配置，以达到速度和代码大小平衡。IAR EWARM 还支持对优化级别的微调，以及对单个函数的特定优化配置。高级的全局优化与针对特定芯片优化相结合，可以生成最为紧凑、有效的代码。

3. 软/硬件划分总结

由于嵌入式系统既有硬件也有软件，因此在进行系统分析、系统设计时要权衡各方面的因素，找一种适合于所从事项目的软件和硬件研发平台。虽然这是个很难把握的问题，但花时间解决这个问题是很有意义的。假如这个问题解决得很好，就会使整个项目的研发进展顺利，避免不必要的人力、物力、财力的浪费。

虽然目前都是凭设计经验进行系统划分，但采用协同设计工具对系统进行划分将是未来的趋势，所以有必要了解最新的系统划分方法和思想，以后可以快速采用实用的划分工具来减少工作量。在认真分析系统需求和软/硬件的实际情况之后，给出若干个可供选择的组合，设计人员或设计小组必须达成一个一致认同的方案。此方案应该是在众多条件约束下比较接近于最优化系统的一种选择。无论如何，约束总会支配设计人员的决策过程，所以在划分时要有所取舍，在诸多约束中得到一个折中的选择，完成软/硬件的划分过程。

2.2.3　迭代与实现

迭代与实现过程是软/硬件划分的最终确定。软/硬件的划分并不总是那么一帆风顺，需要反复的迭代与实现过程。在迭代与实现阶段，软件和硬件按照先前划分的方法进行了设计及仿真模拟，随着更多的设计约束被理解和建模，越来越多的先前未考虑到的问题都会浮现，这时就需要对先前的划分进行调整，进一步修正先前的划分方法。迭代与实现是软/硬件小组分别独立设计的前一站，它的决定将影响到后续各部分的开发。

迭代与实现最根本的目的就是把软/硬件之间的某些模糊区域清晰化，因此在此阶段以后，硬件与软件开始“分道扬镳”。许多不成功产品的一个共同特征就是在此阶段埋下了隐患，造成硬件小组与软件小组之间的“壁垒”，因此在此阶段花费较大的精力，实现一个比较完美的划分是很重要的。

在这个阶段，使用的主要工具是体系结构模拟器。体系结构模拟器是在宿主机上运行并能模拟目标体系结构机器的一种软件系统。它可以解释并执行目标体系结构机器上可执行的程序，同时可提供运行时的指令和事件相关记录，以及目标体系结构机器的性能统计参数。目前，这种硬件机器的软仿真在体系结构设计和研究、操作系统开发、高性能计算等系统的设计和评估中有着越来越广泛的应用。

不同的仿真器由于开发的目的和着重点不同，在速度、用途、仿真目标、仿真程度等方面都有很大的差别。从仿真的目标上划分，就有单（多）处理器仿真器、存储系统仿真器、特定设备的仿真器之分。而所说的系统级仿真器包括上述仿真，可作为一个虚拟目标机器的仿真器。系统级仿真器可以直接启动并运行目标机上的操作系统，原则上可运行任何在目标机上可执行的应用程序。

系统级仿真器相对于其他处理器仿真器具有以下特点：首先，真实的设备仿真对系统整体性能研究有重要的意义，因为外围设备的处理进度对处理器速度有着重大影响，加上外围设备仿真的系统级仿真器更能体现系统的真实性能；其次，仿真器在用于操作系统设计时，要调试与硬件相关的部分就需要有硬件设备功能的真实仿真，如果缺乏对真实设备仿真，会导致仿真器实用性下降，用户无法在这样的仿真器上直接运行操作系统。

系统级仿真是进行性能预测和研究的一种传统力量，但是由于系统级仿真器开发工作量比较大，所涉及的周边设备繁杂，因此目前系统级仿真器的应用实例还不多。存在如下一些纯软件的仿真器或模拟器，如 Stanford 大学的 SimOS 模拟器，它仿真的是 MIPS 系列 CPU 和相关外设，可以在其上运行 SGI 公司的 Irix 操作系统和软件，目前基本上停止了进一步的开发；PSIM 是一个仿真 PowerPC 指令集的模拟器，目前只支持简单的命令行应用程序；xcopilot 是一个 PDA 模拟器，它是由 Greg Hewgill 出于个人喜好编写的，它仿真的是 M68K CPU，通过它可以给基于 PalmOS 的软件开发者提供一个模拟开发环境。Bochs 是一个仿真 x86 CPU 的开源项目，目前还支持 AMD 64 位 CPU，在它上面可以运行 Linux 操作系统。其他一些商业的仿真软件如 VMware 和 Virtual PC 可以仿真一个真实的 x86 计算机，而 Virtutech Simics 仿真器可以仿真多种 CPU 和硬件，功能强大，可用于硬件和系统软件的评测。SkyEye 是一个开源软件（OpenSource Software）项目。SkyEye 的目标是在通用的 Linux 和 Windows 平台上实现一个纯软件集成开发环境，模拟常见的嵌入式计算机系统；可在 SkyEye 上运行 μCLinux 以及 μC/OS-II 等多种嵌入式操作系统和各种系统软件（例如 TCP/IP、图形子系统、文件子系统等），并可对它们进行源码级的分析和测试。

SkyEye 是一个指令级模拟器，可以模拟多种嵌入式开发板，可支持多种 CPU 指令集，在 SkyEye 上运行的操作系统意识不到它是在一个虚拟的环境中运行，而且开发人员可以通过 SkyEye 调试操作系统和系统软件，同时 SkyEye 具有较好的执行效率。

在 32 位嵌入式 CPU 领域中，ARM 系列 CPU 所占比重相当大，因此 SkyEye 首先选择了 ARM CPU 核作为模拟目标。目前，SkyEye 模拟了大量的硬件，包括 CPU 内核、存储器、存储器管理单元、缓存单元、串口、网络芯片、时钟等，目前 SkyEye 可以模拟的 CPU 主要是基于 ARM 内核的 CPU，包括 ARM7TDMI、ARM720T、ARM9TDMI、ARM9xx、ARM10xx、StrongARM、XScale 等，它所能仿真的开发板包括：

① 基于 Atmel 91X40/AT91RM92 CPU 的开发板。
② 基于 Crirus Logic ep7312 的开发板。
③ 基于 StrongARM CPU 的 ADSBITSY 开发板。
④ 基于 XScale PXA250 CPU 的 LUBBOCK 开发板。
⑤ 基于 SAMSUNG S3C4510B/S3C44B0 CPU 的开发板。
⑥ 基于 SHARP LH7A400 CPU 的开发板。
⑦ 基于 Philip LPC22xx CPU 的开发板等。

开发者可以利用与自己开发板相关的模拟器，在硬件尚未实现的前提下在体系结构模拟器上实现自己的程序，从而尽早地发现问题，提出关于硬件设计的更好建议，从而实现软/硬件更密切地配合。

由于模拟器不是真正的硬件系统，因此它在模拟系统时钟节拍的时序上不保证与硬件完全相同，并对部分硬件模块进行了简化，这样对于那些性能严重依赖于硬件的软件，使用上述模拟器进行模拟就不是非常理想，需要在真实的开发板上去评估实现。为了加快系统开发人员对于处理器及开发环境的熟悉过程，现在的处理器厂商在推广一种处理器芯片的同时，都有基于此处理器的配套的硬件开发平台，处理器的基本功能在此平台上面都已实现，有的还提供了相关的软件代码。设计人员可以购买厂商提供的这些资料，仔细了解处理器的各种功能，对它的长处和不足有所认识，评估自己项目实现所需采用的软/硬件，从而得到最接近实际的划分方法。

现在的技术允许硬件设计小组和软件设计小组紧密合作，并始终保证划分过程有效，使之越来越多地渗透到实现阶段。设计小组将有更多的机会一开始就做出正确的决策，使可能出现在设计阶段后期的风险最小化，并且尽可能减少失误。

2.2.4　详细的硬件与软件实现

通过软/硬件划分及迭代与实现两个阶段，软件和硬件已经完全确定。接下来的过程就是分别对硬件和软件及其之间的接口进行详细设计。在此，从硬件设计、软件设计及软/硬件的接口设计3个方面对嵌入式系统的详细设计实现过程进行介绍。

1．硬件设计

通过前面各阶段的工作，硬件的架构已经确定。针对已选定的处理器芯片，可以选择一个与此处理器芯片相同或接近的成功设计作参考，这样可以节省设计时间，并具有很好的借鉴作用。前面讲过，处理器生产商在开发出芯片时，自己或者他们的合作方一般都会对每款处理器芯片设计若干评估板，以便验证处理器功能。厂家最后公开给用户的参考设计电路包含处理器的大部分外围接口，这些电路都是通过严格验证的，可作为很好的参考。处理器本身的引脚连接方法是值得信赖的，当然如果万一出现多个参考设计某些引脚连接方式不同，可以细读处理器芯片手册和勘误表，或者找厂商确认。可能的话，最好能购买处理器厂商提供的参考板进行软件验证，这样可以进一步证明评估板电路设计的正确性。但要注意一点，现在很多处理器都有若干种启动模式，没必要都做，只需选一种最适合的启动模式，或者做成兼容设计。

有了硬件设计参考和设计的基本思路，接下来就是对硬件进行设计。对于PC上的程序开发，大家可能都有自己熟悉的开发工具，而对于硬件设计，应该选择什么样的工具，这对于初学者是个问题。这里介绍几款工具的优劣情况。

1）PROTEL

PROTEL是PORTEL公司在20世纪80年代末推出的电路行业的CAD软件。它较早在我国内使用，普及率也最高，有些高校的电路专业还专门开设了课程来学习它。几乎所有早期的电路公司都要用到它。早期的PROTEL主要作为印制电路板自动布线工具使用，运行在DOS环境，对硬件的要求很低，在无硬盘286机的1MB内存下就能运行。它的功能较少，只有电原理图绘制与印制电路板设计功能，印制电路板自动布线的布通率也低。现在的PROTEL已发展到PROTEL 99SE，是个完整的全方位电路设计系统，它包含了电原理图绘制、模拟电路与数字电路混合信号仿真、多层印制电路板设计（包含印制电路板自动布线）、可编程逻辑器件设计、图表生成、电路表格生成、支持宏操作等功能，并具有Client/Server（客户端/服务器）体系结构，同时还兼容一些其他设计软件的文件格式，例如 ORCAD、PSPICE、Excel 等。使用多层印制电路板的自动布线，可实现高密度 PCB 的 100%布通率。想更多地了解 PROTEL 的软件功能或者下载 PROTEL99 的试用版，可以在 Internet 上访问站点 http://www. protel.com。

2）ORCAD

ORCAD 是由 ORCAD 公司于 20 世纪 80 年代末推出的 EDA 软件。它是世界上使用最广的 EDA 软件，每天都有上百万的电路工程师在使用它。相对于其他 EDA 软件而言，它的功能也是最强大的。但由于各种原因，ORCAD 在我国内并不普及，知名度也比不上 PROTEL，只有少数的电路设计者使用它。早在工作于 DOS 环境的 ORCAD 4.0 时，它就集成了电原理图绘制、印制电路板设计、数字电路仿真、可编程逻辑器件设计等功能，而且它的界面友好且直观。它的元器件库也是所有 EDA 软件中最丰富的，在世界上它一直是 EAD 软件中的首选。ORCAD 公司与 CADENCE 公司合并后，成为世界上最强大的开发 EDA 软件的公司，它的产品 ORCAD 世纪集成版工作于 Windows NT 与 Windows XP 环境下，集成了电原理图绘制，印制电路板设计、模拟与数字电路混合仿真等功能。它的电路仿真的元器件库更达到了 8 500 个，收入了几乎所有的通用型电路元器件模块。它的强大功能导致了它的售价不菲，在北美地区它的世纪加强版就卖到了 7 995 美元，对 ORCAD 有兴趣的读者可以访问站点：http://www.orcad.com，http://www.cadence.com 或 http://pcb.cadence.com。

3）PSPICE

PSPICE 是较早出现的 EDA 软件之一，1985 年由 MICROSIM 公司推出。在电路仿真方面，它的功能可以说最为强大，在我国内被普遍使用。PSPICE 发展至今，已被并入 ORCAD，成为 ORCAD/PSPICE，但 PSPICE 仍然单独销售和使用，新推出的版本为 PSPICE 9.2，是功能强大的模拟电路和数字电路混合仿真 EDA 软件。它可以进行各种各样的电路仿真、激励建立、温度与噪声分析、模拟控制、波形输出、数据输出、并在同一个窗口内同时显示模拟与数字的仿真结果。无论对哪种器件哪些电路进行仿真，包括 IGBT、脉宽调制电路、模/数转换、数/模转换等，都可以得到精确的仿真结果。对于库中没有的元器件模块，还可以自己编辑。它在 Internet 上的网址与 ORCAD 公司一样。

4）EWB

EWB（electronics workbench）软件是交互图像技术有限公司（INTERACTIVE IMAGE TECHNOLOGIES CO.，LTD）在 20 世纪 90 年代初推出的 EDA 软件。EWB 称为电子工作平台，是一种在电子技术界广为应用的优秀计算机仿真设计软件，被誉为“计算机里的电子实验室”。其特点是图形界面操作，易学、易用，快捷、方便，真实、准确。使用 EWB 可实现大部分硬件电路实验的功能，但在我国内开始普遍使用的时间却不长。

EWB 的仿真功能十分强大，几乎 100%地仿真出真实电路的结果，而且它在桌面上提供了万用表、示波器、信号发生器、扫频仪、逻辑分析仪、数字信号发生器、逻辑转换器等工具，它的器件库中则包含了许多大公司的晶体管元器件、集成电路和数字门电路芯片，器件库中没有的元器件，还可以由外部模块导入。在众多的电路仿真软件中，EWB 是最容易上手的，它的工作界面非常直观，原理图和各种工具都在同一个窗口内，未接触过它的人稍加学习就可以很熟练地使用该软件。对于电路设计工作者来说，它是个极好的 EDA 工具，许多电路无须动用烙铁就可得知它的结果，而且若想更换元器件或改变元器件参数，点点鼠标即可。它也可以作为电学知识的辅助教学软件使用，利用它可以直接从屏幕上看到各种电路的输出波形。EWB 还具有强大的分析功能，可进行直流工作点分析，暂态和稳态分析，高版本的 EWB 还可以进行傅里叶变换分析、噪声及失真度分析、零极点和蒙特卡罗分析等。EWB 的兼容性也较好，其文件格式可以导出成能被 ORCAD 或 PROTEL 读取的格式。

5）WINBOARD、WINDRAFT 和 IVEX－SPICE

WINDRAFT 和 WINBOARD 是 IVEX 公司于 1994 年推出的电原理图绘制与印制电路板设计软件。IVEX WINDRAFT 为 IVEX 推出的电路图绘制软件，可以通过轻松的点选、拖拉方式来摆置所需的电子元器件，除现有元器件库多达 10 000 种的元器件数量外（IVEX 网站仍在持续增加补充中）还可导入先前的 ORCAD/SDT 制作的元器件库，减少软件转换时的困扰。IVEX WINBOARD 则为 IVEX 推出的电路板规划软件，操作手感与逻辑近似于 PROTEL，但体积大为减缩后，可获得更为迅捷的使用感受。WINBOARD 可与 Spectra 搭配取得自动布线的能力，支持 mil、mm 与 μm 等单位，精密度可达 1μm，应用于专业场合绰绰有余。

WINDRAFT 和 WINBOARD 的界面都直观友好，很容易操作。而且软件较小，价格相比其他 EDA 软件有明显优势，因此仍有部分电路设计工作者使用它。

选好工具后，接下来就是实际的设计过程了，嵌入式硬件的设计有自己独特的方法，常用的硬件设计流程如下：

1）前期准备工作

读懂处理器的数据手册，了解它具有哪些基本特征及接口，尽量能对处理器每个引脚的连接方法有个初步的了解，同时，可以参考厂商提供的电路图，有助于更快理解各引脚的连接方式。读懂参考电路图各个部分的连接方法，尽可能详尽地了解到每一个信号的连接方法及作用，这样才能更有把握地在参考电路上删除不需要的部分，加上自己需要的电路。在分析参考电路时应该特别小心，有些信号不只是在一个地方用，有时贸然去掉，引起电路其他部分不正常。前期准备工作越充分，对电路理解得越透彻，以后的设计工作才会进展得越顺利，遇到问题时也能更快找出原因所在。

2）电路原理图设计

（1）设计方法

在理解参考电路或对系统电路有个全面认识之后，就可以开始设计电路原理图了。这时可以采用以上自己熟悉的开发工具，对各个部分进行设计。设计时要能理清线索，明白各部件之间的连接关系以及各部分对其他部分的影响，这样在设计时才能有的放矢，明白各部分之间的主次关系。电路图一般的设计顺序是首先对组成系统的核心部分进行设计，包括处理器、存储器、时钟电路。这部分设计好了之后，就可以设计各外围接口电路了，例如网卡、LCD、串口、JTAG 仿真口、视频接口、键盘等。然后统计整个电路所需用到电压种类及各种电压的电流大小，从而设计电源供应部分。电源部分选择时要多询问公司的意见，以免电流供应不足而导致系统不能正常运行。

可能的话，尽量参照厂商提供的原理图来设计。如果必须对参考设计原理图外围电路进行修改，修改时对于每个功能模块都要至少找 3 个相同外围芯片的成功的参考设计。如果找到的参考设计连接方法都是完全一样的，那么基本可以放心参照设计。即使只有一个参考设计与其他的不一样，也不能简单地少数服从多数，而是要细读芯片数据手册，深入理解哪些引脚含义，多方讨论，联系芯片厂技术支持，最终确定科学、正确的连接方式。如果仍有疑义，可以做兼容设计。这是整个原理图设计过程中最关键的部分，必须做到以下几点：

① 对于每个功能模块要尽量找到更多的成功参考设计，越难的应该找得越多。成功参考设计是“前人”的经验和财富，理当借鉴吸收，站在“前人”的肩膀上，也就提高了自己的起点。

② 要多向权威人士请教、学习，但不能迷信权威，因为人人都有认知误差，很难保证对哪怕是最了解的事物总能做出最科学的理解和判断。开发人员一定要在广泛调查、学习和讨论的基础上做出最科学正确的决定。

③ 如果是参考已有的老产品设计，设计中要留意老产品有哪些遗留问题，这些遗留问题与硬件哪些功能模块相关，在设计这些相关模块时要更加注意推敲，不能机械照抄原来的设计。针对一些特定的自己不能确定的问题，可以在硬件设计中引出信号引脚，以便进一步验证，更好发现问题的本质。

（2）设计原则

硬件原理图设计还应该遵守一些基本原则，这些基本原则要贯彻到整个设计过程中。虽然成功的参考设计中也体现了这些原则，但因为可能是“拼”出来的原理图，所以还是要随时根据这些原则来设计、审查原理图，这些原则包括：

① 按统一的要求选择图纸幅面、图框格式、电路图中的图形符号、文字符号。

② 应根据该产品的电路工作原理，各元器件自右到左，自上而下地排成一列或数列。

③ 图面安排时，电源部分一般安排在左下方，输入端在右方，输出在左方。

④ 图中可动元器件（如继电器）的工作状态，原则上处于断开状态，即不加电的工作位置。

⑤ 将所有芯片的电源和地引脚全部利用。

⑥ 考虑信号完整性及电磁兼容性。

⑦ 对输入/输出的信号要加相应的滤波/旁路器件；必要时加硅瞬变电压吸收二极管或压敏电阻，在高频信号输出端串电阻。

⑧ 高频区的退耦电容要选低 ESR 的电解电容或钽电容。

⑨ 退耦电容容值确定时在满足纹波要求的条件下选择更小容值的电容，以提高其谐振频率点。

⑩ 各芯片的电源都要加退耦电容，同一芯片中各模块的电源要分别加退耦电容；如为高频则须在靠电源端加磁珠/电感。

硬件原理图设计完成之后，设计人员应该按照以上步骤和要求首先进行自审，自审后要达到有 95%以上把握和信心，然后再提交他人审核。其他审核人员同样按照以上要求对原理图进行严格审查，如发现问题要及时进行讨论分析。分析解决过程同样遵循以上原则、步骤。

3）元器件选型

电路图初步设计完成之后，应根据需求对外设功能模块进行元器件选型，元器件选型应该遵守以下原则。

① 普遍性原则：所选的元器件要是被广泛使用、验证过的元器件，尽量少使用冷、偏元器件，以减少风险。

② 高性价比原则：在功能、性能、使用率都相近的情况下，尽量选择价格比较好的元器件，以减少成本。

③ 采购方便原则：尽量选择容易买到，供货周期短的元器件。

④ 持续发展原则：尽量选择在可预见的时间内不会停产的元器件。

⑤ 可替代原则：尽量选择芯片引脚兼容种类比较多的元器件。

⑥ 向上兼容原则：尽量选择以前老产品用过的元器件。

⑦ 资源节约原则：尽量用上元器件的全部功能和引脚。

由于各种实际原因，可能购买不到参考电路中的元器件（也可能因为价格原因而不愿购买），这时就需要去寻找相当功能的替代产品。找好替代元器件之后，可能要根据元器件属性对上一步设计好的原理图进行修改。

这一步完成之后，原理图应该保证没有错误，对于原理图中的各个元件也能找到相应的方便的供货渠道，手头有每个原件的样片，这时就可以开始下一步——进行 PCB 设计了。

4）PCB 设计

PCB 设计主要分为了两个阶段，一是对各系统中用到的各元件制作其封装库，这相当于怎么在电路中把实际使用到的器件描述出来，以供设计时使用；二是把这些元器件位置摆放好，按照原理图的连接方法把各元器件连接起来。以下一一介绍。

（1）元器件封装制作

PCB 设计中，对元器件制作封装是进行设计的前期工作，也是必不可少的一步。元器件封装是指实际元器件焊接到电路板时所指示的外观和焊点的位置，是纯粹的空间概念。因此不同的元器件可共用同一元器件封装，同种元器件也可有不同的元器件封装。像电阻，有传统的针插式，这种元器件体积较大，电路板必须钻孔才能安置元件。完成钻孔后，还要经过插入元件和锡炉或喷锡（也可手焊），成本较高。较新的设计都是采用体积小的表面贴片式元器件（SMD），这种元器件不必钻孔，用钢膜将半熔状锡膏倒入电路板，再把 SMD 元件放上，即可焊接在电路板上了。

对于元器件封装，常用元器件可以在软件提供的库或网上找到，不必完全由自己去设计。但引用时一定注意两元器件之间要完全一致，稍有疏忽就可能导致元器件无法焊接到电路板上。有些特殊器件是必须要自己做的，这时可以对照手头的元器件实物，参照元器件提供的数据手册，画出其元器件封装图。元器件封装的各引脚大小应不小于实际元器件，在条件允许的情况下可以稍大一点，便于焊接。元器件制作时还要区分所使用的单位，常用的有 mil（密耳）和 mm（毫米），它们的换算是 100 mil = 2.54 mm。

（2）PCB 布局

PCB 设计中，首先要对 PCB 进行布局，它是 PCB 设计的一个重要环节。布局结果的好坏将直接影响布线的效果。因此可以这样认为，合理的布局是 PCB 设计成功的第一步，也直接影响产品的最终效果。

布局的方式分两种，一种是交互式布局，另一种是自动布局。一般是在自动布局的基础上用交互式布局进行调整，在布局时还可根据走线的情况对门电路进行再分配，将两个门电路进行交换，使其成为便于布线的最佳布局。在布局完成后，还可将设计文件及有关信息标注在原理图上，使得 PCB 中的有关信息与原理图一致，使今后的建档、更改设计能同步起来。同时对模拟的有关信息进行更新，以便对电路的电气性能及功能进行板级验证。

布局一般要考虑如下问题：

① 整体美观。一个产品的成功与否，一是要注重内在质量，二是兼顾整体的美观，两者都较完美才能认为该产品是成功的。布局时要考虑到最终产品的外形和各外部接口的位置，这样就限制了 PCB 的外形与一些与外部连接的接口器件的布局。在一个 PCB 上，元件的布局要求要均衡，疏密有序，不能头重脚轻或侧重于某一个方面。

② PCB 外形尺寸。布局时应注意其尺寸是否符合产品的要求，是否符合产品的外形设计，是否符合 PCB 制造工艺要求。有时一个小的失误，会导致最终的 PCB 不能达到产品的初始外观设计，而使产品不完美。例如按键位置摆放不当、USB 接口尺寸大小不合适、没有为产品的固定做好设计等。这些小缺陷虽不妨碍系统正常工作，但对于一个产品来说是不能接受的。有时做出来的 PCB 虽然各项检测都能通过，但不符合 PCB 线大小等。这在交付制作之前最好与相关技术人员沟通，以防全部完成之后再来修改，那时修改的工作量将非常巨大，可能要全部重新设计。

③ 其他一些需考虑的指标。例如：元件在二维、三维空间上有无冲突；元件布局是否疏密有序，排列整齐；热敏元件与发热元件之间是否有适当的距离；在需要散热的地方，装了散热器没有；空气流是否通畅；信号流程是否顺畅且互连最短；插头、插座等与机械设计是否矛盾；线路的干扰问题是否有所考虑；等等。

（3）PCB 布线

布局完成之后，就要开始复杂的布线工作。在 PCB 设计中，布线是完成产品设计的重要步骤，可以说前面的准备工作都是为它而做的。在整个 PCB 设计过程中，以布线的设计过程限定最高，技巧最细、工作量最大。PCB 布线有单面布线、双面布线及多层布线。布线的方式也有两种：自动布线和交互式布线。在自动布线之前，可以用交互式预先对要求比较严格的线进行布线，输入端与输出端的边线应避免相邻平行，以免产生反射干扰。必要时应加地线隔离，两相邻层的布线要互相垂直（平行容易产生寄生耦合）。

自动布线的布通率，依赖于良好的布局，布线规则可以预先设定，包括走线的弯曲次数、导通孔的数目、步进的数目等。一般先进行探索式布经线，快速地把短线连通，然后进行迷宫式布线，先把要布的连线进行全局的布线路径优化，它可以根据需要断开已布的线。并试着重新再布线，以改进总体效果。

对目前高密度的 PCB 设计已感觉到贯通孔不太适用了，它浪费了许多宝贵的布线通道。为解决这一矛盾，出现了盲孔和埋孔技术，其不仅完成了导通孔的作用，还省出许多布线通道，使布线过程完成得更加方便，更加流畅，更为完善。PCB 的设计过程是一个复杂而又简单的过程，要想很好地掌握它，还需广大电子工程设计人员去自己体会，才能得到其中的真谛。

PCB 布线需要注意的问题有：

① 电源、地线的处理。即使在整个 PCB 中的布线完成得都很好，但由于电源、地线的考虑不周到而引起的干扰，会使产品的性能下降，有时甚至影响到产品的成功率。所以对电、地线的布线要认真对待，把电、地线所产生的噪声干扰降到最低限度，以保证产品的质量。

对每个从事电子产品设计的工程人员来说都明白地线与电源线之间噪声所产生的原因，现只对降低式抑制噪声做以下表述：

- 在电源、地线之间加上去耦电容。
- 尽量加宽电源、地线宽度，最好是地线比电源线宽，它们的宽度关系是：地线 > 电源线 > 信号线。通常信号线宽为 0.2～0.3 mm，最细宽度可达 0.05～0.07 mm，电源线为

1.2～2.5mm，对数字电路的 PCB 可用宽的地导线组成一个回路，即构成一个地网来使用（模拟电路的地不能这样使用）。

- 用大面积铜层作地线用，在 PCB 上把没被用上的地方都与地相连接作为地线用。或是做成多层板，电源和地线各占用一层。

② 数字电路与模拟电路的共地处理。现在有许多 PCB 不再是单一功能电路（数字或模拟电路），而是由数字电路和模拟电路混合构成的。因此在布线时就需要考虑它们之间互相干扰问题，特别是地线上的噪声干扰。

数字电路的频率高，模拟电路的敏感度强。对信号线来说，高频的信号线尽可能远离敏感的模拟电路器件。对地线来说，整个 PCB 对外界只有一个节点，所以必须在 PCB 内部进行处理数、模共地的问题，在板内部数字地和模拟地实际上是分开的，它们之间互不相连，只是在 PCB 与外界连接的接口处（如插头等）数字地与模拟地有一点短接，注意，只有一个连接点。也有在 PCB 上不共地的，这根据系统设计来决定。

③ 信号线布在电（地）层上。在多层 PCB 布线时，由于在信号线层没有布完的线剩下已经不多，再多加层数就会造成浪费也会给生产增加一定的工作量，成本也相应增加了，为解决这个矛盾，可以考虑在电（地）层上进行布线。首先应考虑用电源层，其次才是地层。因为要尽量保留地层的完整性。

④ 大面积导体中连接脚的处理。在大面积的接地（电）中，常用元器件的引脚与其连接，对连接脚的处理需要进行综合考虑，就电气性能而言，元件脚的焊盘与铜面满接为好，但对元件的焊接装配就存在一些不良隐患（如焊接需要大功率加热器、容易造成虚焊点等）。所以兼顾电气性能与工艺需要，做成十字花焊盘，称为热隔离（heat shield）俗称热焊盘（Thermal），这样，可使在焊接时因截面过分散热而产生虚焊点的可能性大大降低。多层板的接电（地）层脚的处理方法相同。

⑤ 布线中网格系统的作用。在许多 CAD 系统中，布线是依据网格系统决定的。网格过密，通路虽然有所增加，但步进太小，图场的数据量过大，这必然对设备的存储空间有更高的要求，同时也对像计算机类电子产品的运算速度有极大的影响。而有些通路是无效的，如被元件引脚的焊盘占用的或被安装孔、定孔所占用的等。网格过疏，通路太少对布通率的影响极大，所以要有一个疏密合理的网格系统来支持布线的进行。

标准元器件两引脚之间的距离为 0.1 in（2.54 mm），所以网格系统的基础一般就定为 0.1 in 或小于 0.1 in 的整倍数，例如 0.05 in、0.025 in、0.02 in 等。

⑥ 设计规则检查（DRC）。布线设计完成后，需认真检查布线设计是否符合设计者所制定的规则，同时也需确认所制定的规则是否符合 PCB 生产工艺的需求。一般检查有如下几个方面：

- 线与线、线与元器件焊盘、线与贯通孔、元器件焊盘与贯通孔、贯通孔与贯通孔之间的距离是否合理，是否满足生产要求。
- 电源线和地线的宽度是否合适，电源与地线之间是否紧耦合（低的波阻抗），在 PCB 中是否还有能让地线加宽的地方。
- 对于关键的信号线是否采取了最佳措施，如长度最短、加保护线、输入线及输出线被明显地分开等。
- 模拟电路和数字电路部分，是否有各自独立的地线。

- 后加在 PCB 中的图形（如图标、注标）是否会造成信号短路。
- 对一些不理想的线形进行修改。
- 在 PCB 上是否加有工艺线，阻焊是否符合生产工艺的要求，阻焊尺寸是否合适，字符标志是否压在器件焊盘上。
- 多层板中的电源地层的外框边缘是否缩小，如电源地层的铜箔露出板外容易造成短路。

（4）高速电路设计

① 高速电路趋势。随着系统设计复杂性和集成度的大规模提高，电子系统设计师们正在从事 100 MHz 以上的电路设计，总线的工作频率也已经达到或者超过 50 MHz，有的甚至超过 100 MHz。

当系统工作在 50MHz 时，将产生传输线效应和信号的完整性问题；而当系统时钟频率达到 120 MHz 时，除非使用高速电路设计，否则基于传统方法设计的 PCB 将无法工作。因此，高速电路设计技术已经成为电子系统设计师必须采用的设计手段。只有通过使用高速电路设计技术，才能实现设计过程的可控性。

② 高速电路的概念。通常认为如果数字逻辑电路的频率达到或者超过 50 MHz，而且工作在这个频率之上的电路已经占到了整个电子系统一定的分量（比如说 1/3），就称为高速电路。

实际上，信号边沿的谐波频率比信号本身的频率高，是信号快速变化的上升沿与下降沿（或称信号的跳变）引发了信号传输的非预期结果。因此，通常约定如果线传播延时大于 1/2 数字信号驱动端的上升时间，就认为此类信号是高速信号并产生传输线效应。

信号的传递发生在信号状态改变的瞬间，如上升或下降时间。信号从驱动端到接收端经过一段固定的时间，如果传输时间小于 1/2 的上升或下降时间，那么来自接收端的反射信号将在信号改变状态之前到达驱动端。反之，反射信号将在信号改变状态之后到达驱动端。如果反射信号很强，叠加的波形就有可能改变逻辑状态。

③ 高速信号的确定。上面定义了传输线效应发生的前提条件，但是如何得知线延时是否大于 1/2 驱动端的信号上升时间呢？一般情况下，信号上升时间的典型值可通过器件手册查得，而信号的传播时间在 PCB 设计中由实际布线长度决定。

PCB 上每英寸的延时为 0.167ns。但是，如果过孔多，器件引脚多，网线上设置的约束多，延时将增大。通常高速逻辑器件的信号上升时间大约为 0.2 ns。如果板上有 GaAs 芯片时（GaAs 属于光电半导体组件产业，它具有高频、抗辐射、耐高温等特性，主要用在无线通信方面），则最大布线长度为 7.62 mm。

④ 传输线的概念。PCB 上的走线可等效为串联和并联的电容、电阻和电感结构。串联电阻的典型值 0.25～0.55Ω/in，因为绝缘层的缘故，并联电阻阻值通常很高。将寄生电阻、电容和电感加到实际的 PCB 连线之后，连线上的最终阻抗称为特征阻抗 Z_o。线径越宽，距电源/地越近，或隔离层的介电常数越高，特征阻抗就越小。如果传输线和接收端的阻抗不匹配，那么输出的电流信号和信号最终的稳定状态将不同，这就引起信号在接收端产生反射，这个反射信号将传回信号发射端并再次反射回来。随着能量的减弱反射信号的幅度将减小，直到信号的电压和电流达到稳定，这种效应称为振荡。信号的振荡在信号的上升沿和下降沿经常可以看到。

⑤ 传输线效应。基于上述定义的传输线模型，归纳起来，传输线会对整个电路设计带

来以下效应：

- 反射信号。如果一根走线没有被正确终结（终端匹配），那么来自驱动端的信号脉冲在接收端被反射，从而引发未预期的效应，使信号轮廓失真。当失真变形非常显著时可导致多种错误，引起设计失败。同时，失真变形的信号对噪声的敏感性增加了，也会引起设计失败。如果上述情况没有被足够考虑，EMI将显著增加，这就不单单影响自身设计结果，还会造成整个系统的失败。
  反射信号产生的主要原因：过长的走线，未被匹配终结的传输线，过量电容或电感以及阻抗失配。
- 延时和时序错误。信号延时和时序错误表现为：信号在逻辑电平的高与低门限之间变化时保持一段时间信号不跳变。过多的信号延时可能导致时序错误和器件功能的混乱。通常在有多个接收端时会出现问题。电路设计师必须确定最坏情况下的时间延时以确保设计的正确性。信号延时产生的原因：驱动过载，走线过长。
- 多次跨越逻辑电平门限错误。信号在跳变的过程中可能多次跨越逻辑电平门限从而导致这一类型的错误。多次跨越逻辑电平门限错误是信号振荡的一种特殊的形式，即信号的振荡发生在逻辑电平门限附近，多次跨越逻辑电平门限会导致逻辑功能紊乱。反射信号产生的原因：过长的走线，未被终结的传输线，过量电容或电感以及阻抗失配。
- 过冲与下冲。过冲与下冲来源于走线过长或者信号变化太快两方面的原因。虽然大多数元器件接收端有输入保护二极管保护，但有时这些过冲电平会远远超过元器件电源电压范围，损坏元器件。
- 串扰。串扰表现为在一根信号线上有信号通过时，在PCB上与之相邻的信号线上就会感应出相关的信号，称为串扰。
  信号线距离地线越近，线间距越大，产生的串扰信号越小。异步信号和时钟信号更容易产生串扰。因此解决串扰的方法是移开发生串扰的信号或屏蔽被严重干扰的信号。
- 电磁辐射（electro-magnetic interference，EMI）。即电磁干扰，产生的问题包含过量的电磁辐射及对电磁辐射的敏感性两方面。EMI表现为当数字系统加电运行时，会对周围环境辐射电磁波，从而干扰周围环境中电子设备的正常工作。它产生的主要原因是电路工作频率太高以及布局布线不合理。目前已有进行EMI仿真的软件工具，但EMI仿真器都很昂贵，仿真参数和边界条件设置又很困难，这将直接影响仿真结果的准确性和实用性。最通常的做法是将控制EMI的各项设计规则应用在设计的每个环节，实现在设计各环节上的规则驱动和控制。

⑥ 避免传输线效应的方法：

- 严格控制关键网线的走线长度。如果设计中有高速跳变的边沿，就必须考虑在PCB板上存在传输线效应的问题。现在普遍使用的很高时钟频率的快速集成电路芯片更是存在这样的问题。解决这个问题有一些基本原则：如果采用CMOS或TTL电路进行设计，工作频率低于10 MHz，布线长度应不大于7 in。工作频率在50 MHz布线长度应不大于1.5 in。如果工作频率达到或超过75 MHz布线长度应在1 in以下。对于GaAs芯片最大的布线长度应为0.3 in。如果超过这个标准，就存在传输线的问题。
- 合理规划走线的拓扑结构。解决传输线效应的另一个方法是选择正确的布线路径和终端拓扑结构。走线的拓扑结构是指一根网线的布线顺序及布线结构。当使用高速逻辑器件时，除非走线分支长度保持很短，否则边沿快速变化的信号将被信号主干走线上的分支走线所扭曲。通常情形下，PCB 走线采用两种基本拓扑结构，即菊花链（daisy chain）布线和星形（star）分布。

对于菊花链布线，布线从驱动端开始，依次到达各接收端。如果使用串联电阻来改变信号特性，串联电阻的位置应该紧靠驱动端。在控制走线的高次谐波干扰方面，菊花链走线效果最好。但这种走线方式布通率最低，不容易 100%布通。实际设计中，使菊花链布线中分支长度尽可能短，安全的长度值应该是：Stub Delay <= Trt×10%，即分支延时要小于等于总延时的 10%。

例如，高速 TTL 电路中的分支端长度应小于 1.5 in。这种拓扑结构占用的布线空间较小并可用单一电阻匹配终结。但是这种走线结构使得在不同的信号接收端信号的接收是不同步的。

星形拓扑结构可以有效地避免时钟信号的不同步问题，但在密度很高的 PCB 板上手工完成布线十分困难。采用自动布线器是完成星形布线的最好方法。每条分支上都需要终端电阻。终端电阻的阻值应和连线的特征阻抗相匹配。这可通过手工计算，也可通过 CAD 工具计算出特征阻抗值和终端匹配电阻值。

在上面的两种布线中使用了简单的终端电阻，实际中可选择使用更复杂的匹配终端。第一种选择是 RC 匹配终端。RC 匹配终端可以减少功率消耗，但只能使用于信号工作比较稳定的情况。这种方式最适合于对时钟线信号进行匹配处理。其缺点是 RC 匹配终端中的电容可能影响信号的形状和传播速度。

串联电阻匹配终端不会产生额外的功率消耗，但会减慢信号的传输。这种方式用于时间延迟影响不大的总线驱动电路。串联电阻匹配终端的优势还在于可以减少板上元器件的使用数量和连线密度。

最后一种方式为分离匹配终端，这种方式匹配元器件需要放置在接收端附近。其优点是不会拉低信号，并且可以很好地避免噪声。其典型的应用为用于 TTL 输入信号（ACT、HCT、FAST）中。

此外，对于终端匹配电阻的封装形式和安装形式也必须考虑。通常 SMD 表面贴装电阻比通孔元件具有较低的电感，所以 SMD 封装元件成为首选。如果选择普通直插电阻也有两种安装方式可选：垂直方式和水平方式。垂直安装方式中电阻的一条安装引脚很短，可以减少电阻和电路板间的热阻，使电阻的热量更加容易散发到空气中，但较长的垂直安装会增加电阻的电感。水平安装方式因安装较低有更低的电感。但过热的电阻会出现漂移，在最坏的情况下电阻成为开路，造成 PCB 走线终结匹配失效，成为潜在的失败因素。

- 抑制电磁干扰的方法。很好地解决信号完整性问题将改善 PCB 的电磁兼容性（EMC）。其中非常重要的是保证 PCB 有很好的接地。对复杂的设计采用一个信号层配一个地线层是十分有效的方法。此外，使电路板的最外层信号的密度最小也是减少电磁辐射的好方法，这种方法可采用“表面积层”技术“Build-up”设计制作 PCB 来实现。表面积层通过在普通工艺 PCB 上增加薄绝缘层和用于贯穿这些层的微孔的组合来实现。电阻和电容可埋在表层下，单位面积上的走线密度会增加近一倍，因而可降低 PCB 的体积。PCB 面积的缩小对走线的拓扑结构有巨大的影响，这意味着缩小了电流回路，缩短了分支走线长度，而电磁辐射近似正比于电流回路的面积；同时小体积特征意味着高密度引脚封装器件可以被使用，这又使得连线长度下降，从而电流回路减小，提高电磁兼容特性。

- 其他可采用技术。为减小集成电路芯片电源上的电压瞬时过冲，应该为集成电路芯片添加去耦电容。这可以有效去除电源上的毛刺的影响并减少在PCB上的电源环路的辐射。当去耦电容直接连接在集成电路的电源引脚上而不是连接在电源层上时，其平滑毛刺的效果最好。这就是为什么有一些器件插座上带有去耦电容，而有的器件要求去耦电容距器件的距离要足够的小。

  任何高速和高功耗的器件应尽量放置在一起以减少电源电压瞬时过冲。

  如果没有电源层，那么长的电源连线会在信号和回路间形成环路，成为辐射源和易感应电路。

  走线构成一个不穿过同一网线或其他走线的环路的情况称为开环。如果环路穿过同一网线其他走线则构成闭环。两种情况都会形成天线效应（线天线和环形天线）。天线对外产生EMI辐射，同时自身也是敏感电路。闭环是一个必须考虑的问题，因为它产生的辐射与闭环面积近似成正比。

  在进行高速电路设计时有多个因素需要加以考虑，这些因素有时互相对立。如高速器件布局时位置靠近，虽可以减少延时，但可能产生串扰和显著的热效应。因此在设计中，需权衡各因素，做出全面的折中考虑，既满足设计要求，又降低设计复杂度。高速PCB设计手段的采用构成了设计过程的可控性，只有可控的，才是可靠的，也才能是成功的。

PCB布线完成之后，整个PCB的设计部分基本完成，这时经过仔细核对，就可交付PCB的制作厂商，这个阶段出来的成果就是PCB，接下来就是对元器件进行焊接。

5）电路焊接

焊接，看起来简单容易。初学者真动手焊接时，常出现诸多问题，要焊出高质量的焊点，实际上并不那么容易。在这里只谈谈有关焊接的基本知识。

选用焊剂。可供金属（导电材料）焊接的焊剂种类很多，常用的有氯化锌焊锡膏（俗称焊油）。氯化锌虽然去污和去油作用很强，但腐蚀性很强，绝不能用于电子元器件的焊接。焊锡膏使用方便，但使用后常有部分残留液留在焊点附近，不仅容易沾染尘污，而且因其含酸性，对元器件仍有一定的腐蚀作用，所以除一些特殊情况外，不宜用于焊接电子元件。焊接电子电路元件最合适的焊剂是松香或松香酒精溶剂。因松香是中性物质，对元件无腐蚀作用。需要注意：焊接时松香和焊锡应该加到焊点上去，不要用热的烙铁去蘸松香。市售的一种松香焊锡丝（焊锡丝是空心的，空心处灌满松香），使用效果不错。

元器件引脚的清洁。电子元器件的金属引脚常有一层氧化物，氧化物导电性很差，对锡分子的吸附力不强，因此焊接前要把焊接处的金属表面用橡皮擦打磨光洁。有的人常用小刀去刮引脚上的氧化层，这是不合理的，因电子元器件的引脚出厂时都经过表面处理，目的是使元器件引脚易于焊接。若小刀刮去元器件引脚的表面层露出引脚的基本材料则更不易焊接牢固。只有经过清洁后的电子元器件的引脚，焊接之后才不会出现虚焊。

使用电烙铁。电烙铁是焊接的主要工具，焊接一般的电子元器件常用20W的内热式电烙铁（对初学者）。新买的电烙铁，使用之前要“上锡”，方法是用砂纸或锉刀事先把电烙铁头打磨干净，接上电源，待电烙铁头温度高过焊锡熔点时，用它去蘸带松香的焊锡丝，电烙铁头表面就会附上一层光亮的锡，电烙铁就能使用了。没有上过锡的电烙铁，焊接时不会吃锡，难以进行焊接。电烙铁使用时间长了或电烙铁头温度过高，会使电烙铁头氧化，造成电烙铁“烧死”而蘸不上锡，也难于焊接元器件到 PCB 板上。另外，电烙铁头还应保持清洁，因为不清洁的局部区域蘸不上锡，还会很快氧化，日久之后常造成电烙铁头被腐蚀的抗点，使焊接工作更加困难。如果电烙铁头长时间处于待焊状态，温度升得过高，也会造成电烙铁头“烧死”。所以焊接时一定要做好充分准备，尽量缩短电烙铁的工作（加电）时间，一旦不焊接时立刻断开电烙铁电源。

焊接元件。焊接元件时应选用低熔点的松香焊锡丝。焊接时除电烙铁头的温度适当外，被焊元器件和电烙铁的接触时间也要适当，时间短会造成虚焊，时间太长会烫坏元器件。一般的元器件焊接时间为 2～3s 即可。焊点处焊锡未冷到凝固前，切勿摇动元器件的焊头，否则也造成虚焊。焊接元器件过程中切忌电烙铁头移动和压焊，这无助于焊接工作，还会影响焊点的质量。需要注意：对特殊器件的焊接应按元件要求进行，如有的 CMOS 器件要求电烙铁不带电工作，或电烙铁金属外壳加接地线。焊接技术是电子爱好者必须掌握的一项基本功，也是保证电路可靠工作的重要环节，初学者一定要多加焊接才能在实践中不断提高焊接技巧。

在这里只介绍了简单的焊接知识，如果遇到 BGA 封装的元件，通常需要特殊的工具才能实现焊接，而且焊接技术要求更高，需要丰富的相关经验或直接找专门的焊接厂商进行焊接。

至此，整个硬件的设计过程结束，如果一切顺利的话，就得到了一个基本的硬件电路，接下来是对其进行软件调试，在调试的过程中再修改电路的不恰当地方，使系统更加完善。

2．软件设计

嵌入式软件就是基于嵌入式系统设计的特定软件，它是计算机软件的一种，同样由程序及其文档组成，可细分成系统软件、支撑软件、应用软件三类，是嵌入式系统的重要组成部分。嵌入式系统与传统的单片机在软件方面最大的不同就是可以移植操作系统，从而使软件设计层次化。传统的单片机在软件设计时将应用程序与系统、驱动等全部混在一起编译，系统的可扩展性，可维护性不高。上升到操作系统后，这一切变得很简单可行。

嵌入式系统在软件上呈现明显的层次化。从与硬件相关的 BSP 到实时操作系统内核 RTOS，再到上层文件系统、GUI 界面，以及用户层的应用软件，各部分可以清晰地划分开来，如图 2-5 所示。当然，在某些时候这种划分也不完全符合应用要求。需要程序设计人员根据特定的需要来设计自己的软件。

图 2-5　嵌入式软件结构

软件各部分的介绍如下：

① 板级支持包（board support packet）主要用来完成底层硬件相关的信息，例如驱动程序，加载实时操作系统等功能。

② 实时操作系统层主要就是常见的嵌入式操作系统，设计者根据自己特定的需要来设计移植自己的操作系统，即添加、删除部分组件，添加相应的硬件驱动程序，为上层应用提供系统调用。

③ 文件系统、GUI 以及系统管理接口主要应对某些需要，即如果需要文件系统及图形界面支持才需要设计，主要是为了应用程序员开发应用程序提供更多、更便捷更丰富的 API 接口。

④ 应用程序层即用户设计的针对特定应用的应用软件，在开发该应用软件时，可以用到底层提供的大量函数。

采用分层结构的软件设计使系统清晰明了，各个部分设计工作分工明确，从而避免整个系统过分庞大。软件的设计过程也是按照上图给出的软件层次，由底向上实现整个软件的设计，各个层次的详细介绍和设计在以后章节中会给出，在这就不过多介绍了。恰当的软件设计对整个系统的作用非常突出，各个开发小组也要根据产品的定位来侧重各个层面软件的设计。如果产品最终是面向市场中的广大消费者，则要多考虑对于 GUI 的设计，如果产品定位为后台服务器，则应更注重其内部性能。

很多设计小组是等硬件产品生产出来之后，才开始软件设计，这样软件设计小组在硬件制作阶段就无所事事，等硬件完成之后硬件小组又只得等软件的编写，这样就耽误了不少的时间，在激烈竞争的市场下，这样必然是行不通的。在协同设计过程中，软件设计和硬件设计是同步进行的。软件设计小组根据先前的软/硬件划分，分析软件部分哪些是可以独立完成的工作，哪些需要和硬件配合等。这样他们就可以先有针对性地开发出与硬件无关的代码，然后搭建测试环境，测试编写的与硬件相关的代码。如果处理器厂商提供芯片的开发板，软件工作人员可以先在开发板上测试自己的软件。因为嵌入式系统的设计很大部分是参照处理器厂商或其合作方提供的开发板进行设计的，核心部分不会也不太可能有很多的改动。如果软件开发人员在评估板上测试好了软件，当移植到自己设计的硬件系统上时，一般只需要微小的改动即可，从而达到协同设计的目的。如果没有实际的硬件测试平台，则要自己利用仿真工具去搭建自己的仿真环境，其间可以借鉴自己或别人成功的设计经验，从而减少软件的错误。

对于软件部分，操作系统及其上的软件与硬件的关联不是很大，这些软件部分基本可以看做是与硬件无关的代码；板级支持包和接口驱动是直接与硬件交互的部分，它们负责封装硬件资源以供上层使用。由于它们与底层直接相关，而且牵涉到技术保密等问题，通常这部分代码都是由处理器厂商或第三方提供，系统开发人员只要根据这部分代码进行针对性的修改，就可以被自己的系统所用。

对于嵌入式系统的软件开发，其实很多思想和通用计算机上的软件开发是一致的，不过它们的过程及使用的开发工具不同。这需要一个熟悉的过程。对于通用计算机上的开发，很多底层的工作都由操作系统帮助完成，开发人员更多的是关注如何使自己的应用软件实现自己的思想。对于嵌入式软件开发，必须从头到尾关注整个软件过程，从最开始的硬件驱动一直到上层的应用程序，每个步骤都要自己去掌握并实现，这也是刚学嵌入式软件开发的难度所在。还有，嵌入式软件受到一系列的限制，如内存大小、存储容量、时钟频率等，这也要求设计时不只要实现功能，还要更多地关注软件的性能和代码优化，使自己的软件能适应嵌入式系统的环境。另外还有一个很重要的区别就是，通用计算机上的软件一般不会带来太大的问题，但对于嵌入式软件来说，一旦出现问题，将导致整个系统的失败，所以在代码的安全性方面比普通软件设计要求更高。

从传统的软件设计转到嵌入式软件设计，思路的转变是很重要的。对于传统软件设计，可能不用关注系统的资源，但对于嵌入式软件设计，系统的每个资源软件人员都应该是很了解的，所有的工作都要自己来完成，这样才能得到想要的效果。并且嵌入式软件设计有它自己的开发工具和开发流程，这个与传统软件设计有很大的不同，熟悉这些开发工具及转变开发的思路对于从事嵌入式软件开发工作十分重要。关于常用的开发工具和设计流程，在第 7 章中针对具体实例进行详细介绍。

3．软/硬件接口设计

硬件和软件一般都由单独小组进行开发，相互间覆盖的地方不多，这样在系统集成时经常会出现问题。这就产生了软/硬件接口部分的设计，它把两部分衔接起来，使两部分协调工作。软/硬件接口设计是软件与硬件设计两部分之间的桥梁，在软件方面，它与底层软件特别是驱动联系密切；在硬件方面，它与硬件向外提供的资源部分紧密联系。软/硬件接口所需完成的最重要的工作是沟通软件和硬件，通过其与软件部分及硬件部分的交流，确定一些两部分之间结合所必须互相了解的参数，包括系统总线的位数、系统时钟频率、寄存器访问方式和访问地址、物理内存范围、各外围设备所映射的地址范围等。有了这些参数，软件部分就可以编写特定的与硬件相关的底层代码，充分利用系统的硬件资源，并根据相关的需要，把硬件资源封装好，以供上层软件使用；硬件部分根据这些信息，更加了解软件部分所需的功能，在硬件上做出相应调整，以适应整个系统的整体需求。例如，不同的时钟频率对布线的要求是大不相同的，硬件设计人员根据软件正常运行所需的时钟频率，就可以根据系统实际情况完成自己的硬件部分。

接口设计更多的不在于实际代码或硬件设计，而是在于硬件与软件两部分之间接口协议的定义及两部分之间参数的传递。这部分工作量是隐性的，有时在系统设计过程中就把它归并到了软件设计中，具体是在软件底层设计人员与硬件设计人员及上层软件设计人员进行有效沟通，了解硬件的资源及上层软件的需求，从而完成两部分之间的沟通。

4．详细设计过程小结

详细设计过程是在软/硬件划分及迭代之后开始的全面的硬件及软件设计过程，在此阶段，完成了整个系统的实际设计工作，硬件和软件在此阶段后已经准备完成，接下来就是要进行系统的集成了，在下一节将对此进行详细介绍。

2.2.5 系统集成

硬件与软件分别完成之后，接下来的工作是将这两部分进行集成，也就是系统集成。系统集成是个复杂的过程，必须使用特殊的工具和方法来进行管理。嵌入式硬件和软件的集成过程其实也是系统调试与探索的过程，因为软件小组到现在为止还不能确定自己是不是正确理解了硬件小组提供的设计定义文档，例如设计中常见大端和小端的问题。有时硬件设计人员假定系统为大端方式，但软件设计人员却假定为小端方式。造成这个典型的理解上的错误，可能是因为两方未进行很好的沟通，双方都以为自己的标准是对方也默认的，导致最后集成时产生误解，影响系统进程。

系统集成的理想状态是正确无误地把硬件原型、应用软件、驱动代码及操作系统组合在一起，构建完美的系统。这种理想情况包括 PCB 上没有“绿线”，没有“致命错误”，不用重新设计 ASIC 或 FPGA，不用重新编写软件，但这些实践起来很有难度（“致命错误”是指那些影响系统效果的错误设计，这里指为纠正系统设计错误而额外粘贴到电路板上的附加芯片）。

现实中是很难达到理想状态的。在系统集成过程中，硬件小组及软件小组没考虑到或考虑不周的问题都会凸显出来。为了纠正硬件错误，可能会增加额外的芯片来弥补系统的某项功能，会增加跳线来把本来不相连的引脚连接起来，也可能会把系统板上本来相连的两个引脚断开，使它们不相连。当硬件出现重大问题时，就不能通过以上方法进行修正了，这时只能进行第二次硬件设计，这将延误整个系统的开发时间。对于软件，常见的错误是一些程序未考虑到实际电路和接口及引线连接方法，使得编写的软件不能在目标系统上运行；或是硬件做了小的调整，而软件还未来得及调整等。这就需要根据实际情况进行修改，严重时可能要重新编写部分代码。

在软件和硬件集成阶段，因两部分都不能确定是否完全正确，所以一旦出现问题，就不能立即判断是硬件部分还是软件部分的问题。这时就需要设计经验和调试的耐心，冷静分析问题最可能出现在哪部分，不可轻易去修改硬件或软件。建议在厂商提供测试代码和评估系统的情况下，使用确定的软件程序到不确定的硬件平台上去运行，或将不确定的代码运行在确定的硬件平台下，从而更有针对性地找出问题所在。盲目修改代码只会导致问题越来越复杂，找不出问题的根源所在。

为了快而准地确定问题所在，目前用得最多的方法是最小系统测试法。这种测试法会先搭建一个能够运行的最小系统，使用硬件仿真器对此系统进行检测，如果发现问题就从这部分着手，由于系统小，找出问题所在也就相对简单些。然后在测试好的最小系统基础上，有步骤地加入各外围接口电路，按部分确定整个系统。这样做的目的是把各阶段的不确定因素减少到最小，从而能很快地完成整个集成过程。

由于嵌入式系统的复杂性和实时性，各种复杂的问题在集成阶段都有可能出现。仅就嵌入式系统的实时特性而言，它具有高度的复杂性并可能导致不可预测的结果。很多问题只能是在系统真正运行时才能发现，还有些问题可能会重复出现。但随着建模工具的进步，现在也可以通过精确的建模和仿真来实现对系统精准的模拟，这些建模仿真工具包括先前所列举出来的协同仿真工具，它们能对整个系统进行统一的模拟仿真，但精确建模或模拟需要花费大量的时间，可能会使产品的开发过程比其应用生存周期还要长，并且软件仿真毕竟不是真正地运行系统，它取决于运行仿真软件的机器等外界环境，所以目前大部分的系统设计都会在设计过程中尽量避免错误，若在集成阶段发现错误，会再有针对性地对问题进行更正。随着技术的进一步发展，精准建模也有望减少时间并增强仿真的精度。

系统集成调试将会使用一系列的仿真手法和技术，如硬件仿真器等辅助工具，或是设置断点、单步调试等方法，以此来对整个系统进行实时监控和调试。关于这些工具或方法的具体操作流程，将在本书第 7 章结合具体实例进行详细介绍。

2.2.6　产品测试和发布

嵌入式产品的测试具有特殊意义，人们可以容忍 PC 偶尔死机，但不能接受火箭控制系统出现错误。嵌入式系统安全性的失效可能会导致灾难性的后果，即使是非安全性系统，由于大批量生产也会导致严重的经济损失。这就要求对嵌入式系统，包括嵌入式软件进行严格的测试、确认和验证。

嵌入式系统测试也称交叉测试（cross-test），它与 PC 的软件测试有相同之处。在嵌入式系统设计中，软件正越来越多地取代硬件，以降低系统的成本，获得更大的灵活性，这就需要使用更好的测试方法和工具进行嵌入式和实时软件的测试。

1. 嵌入式软件的测试方法

一般来说，软件测试有 7 个基本阶段，即单元或模块测试、集成测试、外部功能测试、回归测试、系统测试、验收测试、安装测试。嵌入式软件测试在 4 个阶段上进行，即模块测试、集成测试、系统测试、硬件/软件集成测试。前 3 个阶段适用于任何软件的测试，硬件/软件集成测试阶段是嵌入式软件所特有的，目的是验证嵌入式软件与其所控制的硬件设备能否正确地交互。

1）白盒测试与黑盒测试

一般来说，软件测试有两种基本方式，即白盒测试方法与黑盒测试方法，嵌入式软件测试也不例外。

白盒测试或基本代码的测试检查程序的内部设计。根据源代码的组织结构查找软件缺陷，一般要求测试人员对软件的结构和作用有详细的了解。白盒测试与代码覆盖率密切相关，可以在白盒测试的同时计算出测试的代码的覆盖率，保证测试的充分性。把 100%的代码都测试到几乎是不可能的，所以要选择最重要的代码进行白盒测试。由于严格的安全性和可靠性的要求，嵌入式软件测试同非嵌入式软件测试相比，通常要求有更高的代码覆盖率。对于嵌入式软件，白盒测试一般不必在目标硬件上进行，更为实际的方式是在开发环境中通过硬件仿真进行，所以选取的测试工具应该支持在宿主环境中的测试。

黑盒测试在某些情况下也称为功能测试。这类测试方法根据软件的用途和外部特征查找软件缺陷，不需要了解程序的内部结构。黑盒测试最大的优势在于不依赖代码，而是从实际使用的角度进行测试，通过黑盒测试可以发现白盒测试发现不了的问题。因为黑盒测试与需求紧密相关，需求规格说明的质量会直接影响测试的结果，黑盒测试只能限制在需求的范围内进行。在进行嵌入式软件黑盒测试时，要把系统的预期用途作为重要依据，根据需求中对负载、定时、性能的要求，判断软件是否满足这些需求规范。为了保证正确地测试，还需要检验软/硬件之间的接口。嵌入式软件黑盒测试的一个重要方面是极限测试。在使用环境中，通常要求嵌入式软件的失效过程要平稳，所以，黑盒测试不仅要检查软件工作过程，还要检查软件失效过程。

2）目标环境测试和宿主环境测试

在嵌入式软件测试中，常常要在基于目标的测试和基于宿主的测试之间做出折中。基于目标的测试消耗较多的经费和时间，而基于宿主的测试代价较小，但毕竟是在模拟环境中进行的。目前的趋势是把更多的测试转移到宿主环境中进行，但是，目标环境的复杂性和独特性不可能完全模拟。

在两个环境中可以出现不同的软件缺陷，重要的是目标环境和宿主环境的测试内容有所选择。在宿主环境中，可以进行逻辑或界面的测试以及与硬件无关的测试。在模拟或宿主环境中的测试消耗时间通常相对较少，用调试工具可以更快地完成调试和测试任务。而与实时问题有关的白盒测试、中断测试、硬件接口测试只能在目标环境中进行。在软件测试周期中，基于目标的测试是在较晚的“硬件/软件集成测试”阶段开始的，如果不更早地在模拟环境中进行白盒测试，而是等到“硬件/软件集成测试”阶段进行全部的白盒测试，将耗费更多的财力和人力。

2. 嵌入式软件的测试工具

用于辅助嵌入式软件测试的工具很多，下面对几类比较有用的有关嵌入式软件的测试工具加以介绍和分析。

1）内存分析工具

在嵌入式系统中，内存约束通常是有限的。内存分析工具用来处理在动态内存分配中存在的缺陷。当动态内存被错误地分配后，通常难以再现，可能导致的失效难以追踪，使用内存分析工具可以避免这类缺陷进入功能测试阶段。目前有两类内存分析工具——软件和硬件的。基于软件的内存分析工具可能会对代码的性能造成很大影响，从而严重影响实时操作；基于硬件的内存分析工具价格昂贵，而且只能在工具所限定的运行环境中使用。

2）性能分析工具

在嵌入式系统中，程序的性能通常是非常重要的。经常会有这样的要求，在特定时间内处理一个中断，或生成具有特定实时要求的一帧。开发人面临的问题是决定应该对哪一部分代码进行优化来改进性能，常常会花大量的时间去优化那些对性能没有任何影响的代码。性能分析工具会提供有关的数据，说明执行时间是如何消耗的，是什么时候消耗的，以及每个例程所用的时间。根据这些数据，确定哪些例程消耗部分执行时间，从而可以决定如何优化软件，获得更好的时间性能。对于大多数应用来说，大部分执行时间用在相对少量的代码上，费时的代码估计占所有软件总量的5%～20%。性能分析工具不仅能指出哪些例程花费时间较多，而且与调试工具联合使用可以引导开发人员查看需要优化的特定函数，性能分析工具还可以引导开发人员发现在系统调用中存在的错误以及程序结构上的缺陷。

3）GUI测试工具

很多嵌入式应用带有某种形式的图形用户界面进行交互，有些系统性能测试则是根据用户输入响应时间进行的。GUI测试工具可以作为脚本工具在开发环境中运行测试用例，其功能包括对操作的记录和回放、抓取屏幕显示供以后分析和比较、设置和管理测试过程。很多嵌入式设备没有GUI，但常常可以对嵌入式设备进行插装来运行GUI测试脚本，虽然这种方式可能要求对被测代码进行更改，但是节省了功能测试和回归测试的时间。

4）覆盖分析工具

在进行白盒测试时，可以使用代码覆盖分析工具追踪哪些代码被执行过。分析过程可以通过插装来完成，插装可以是在测试环境中嵌入硬件，也可以是在可执行代码中加入软件，也可以是二者相结合。测试人员对结果数据加以总结，确定哪些代码被执行过，哪些代码被遗漏了。覆盖分析工具一般会提供有关功能覆盖、分支覆盖、条件覆盖的信息。对于嵌入式软件来说，代码覆盖分析工具可能侵入代码的执行，影响实时代码的运行过程。基于硬件的代码覆盖分析工具的侵入程度要小一些，但是价格一般比较昂贵，而且限制被测代码的数量。

3. 嵌入式系统测试策略

在嵌入式领域，目标系统的应用系统日趋复杂，而由于竞争要求产品快速上市，开发技术日新月异，同时硬件发展也日益稳定，而软件故障却日益突出，软件的重要性逐渐引起人们的重视，越来越多的人认识到嵌入式系统的测试势在必行。

对于一般商用软件的测试，嵌入式软件测试有其自身的特点和测试困难。

由于嵌入式系统具有其自身特点，如实时性（real-timing）、内存不丰富、I/O通道少、开发工具昂贵，与硬件紧密相关、CPU 种类繁多等，导致嵌入式软件的开发和测试也就与一般商用软件的开发和测试策略有了很大的不同。可以说嵌入式软件是最难测试的一种软件。

嵌入式软件测试也称交叉测试（cross-test），在测试的各个阶段有着通用的策略：

1）单元测试

几乎所有单元级测试都可以在主机环境上进行，除了特别具体指定了单元测试直接在目标环境进行的情况。最大化在主机环境进行软件测试的比例，通过尽可能小的目标单元访问所有目标指定的界面。

在主机平台上运行测试速度比在目标平台上快得多，当在主机平台上完成测试后，可以在目标环境上重复做简单的确认测试，确认测试结果在主机和目标机上没有被它们的不同所影响。在目标环境上进行确认测试将确定一些未知的、未预料到的、未说明的主机与目标机的不同。例如，目标编译器可能有 bug，但在主机编译器上没有。

2）集成测试

软件集成也可在主机环境上完成，在主机平台上模拟目标环境运行，当然在目标环境上重复测试也是必需的，在此级别上的确认测试将确定一些环境上的问题，比如内存定位和分配上的一些错误。

在主机环境上集成测试的使用，依赖于目标系统的具体功能。有些嵌入式系统与目标环境耦合的非常紧密，若在主机环境做集成是不切实际的。一个大型软件的开发可以分几个级别的集成。低级别的软件集成在主机平台上完成有很大优势，越往后的集成越依赖于目标环境。

3）系统测试和确认测试

所有的系统测试和确认测试必须在目标环境下执行。当然在主机上开发和执行系统测试，然后移植到目标环境重复执行是很方便的。对目标系统的依赖性会妨碍将主机环境上的系统测试移植到目标系统上，况且只有少数开发者会卷入系统测试，所以有时放弃在主机环境上执行系统测试可能更方便。

确认测试最终的实施平台必须在目标环境中。系统的确认必须在真实系统下测试，而不能在主机环境下模拟。这关系到嵌入式软件的最终使用。

通常在主机环境下执行多数测试，只是在最终确定测试结果和最后的系统测试后才移植到目标环境，这样可以避免发生访问目标系统资源上的瓶颈，也可以减少在昂贵资源（如线仿真器）上的费用。另外，若目标系统的硬件由于某种原因而不能使用时，最后的确认测试可以推迟到目标硬件可用时进行，这为嵌入式软件的开发测试提供了弹性。设计软件的可移植性是成功进行交叉测试的先决条件，它通常可以提高软件的质量，并且对软件的维护大有益处。

使用有效的交叉测试策略可极大地提高嵌入式软件开发测试的水平和效率，提高嵌入式软件的质量。

经过严格测试后的嵌入式系统产品即可发布。但产品发布并不代表整个系统开发流程的结束，由于每个产品的测试不可能穷尽各种情况，当产品发布以后，各种环境的区别及最终用户的不同，可能会出现各种不曾预计的错误，这就是进入嵌入式系统的下一个阶段——产品的维护和升级。

2.2.7 产品维护和升级

产品维护和升级是产品成功的重要一环，升级维护阶段最重要的资料就是技术文档。良好的技术文档应该包括产品开发的详细过程，包括每次会议讨论的结果、某个地方的思考过程、如何改进等信息。如果可能的话，开发文档应该尽可能详细，这样为后续的维护和升级带来极大的方便。

此阶段很少有可以直接采用的开发工具，这也将大大增加维护和升级人员的负担。由于人员流动等各种原因，产品维护人员不一定就是原始开发人员。由一个之前对产品完全不了解的技术人员来维护升级产品不是一件易事。他可能要花费更多的时间去了解整个系统的构成，深层次了解系统各细节的设计过程。只有在这基础上，才可能对产品进行很好的维护，并结合现实的环境和客户新的需求，对原来产品进行升级。对于大型的系统开发来说，技术文档和源代码的数量是惊人的，需要付出很大的努力才能真正理解整个系统。

在拿到技术文档及源代码之后，维护人员理解系统最常用的方法就是设计过程重现。在文档的指导下，对源代码按要求运行，在运行过程中仔细体会设计过程，从而更深地了解设计人员当时的设计思路，明白每部分程序的优缺点。这样才能有的放矢，很好地完成维护和升级任务。如果对系统结构比较了解，并且需要维护的只是一部分，就可以从需要维护的那部分着手，有针对性地进行设计过程重现，从而找出问题所在，付出最小代价来维护产品。

如果要对产品进行升级，这是一个比维护更困难的事情。它的前提还是充分理解系统的设计原理，在此基础上，许多工作还得像产品需求分析那样开展。可能要组织小组人员对产品的缺陷及用户的反映情况进行汇总评价，然后一起商讨问题的本质，把用户新的需求转化为明确的技术指标，形成书面的需求分析，明确需要完成的工作，在此基础上对原有设计进行改进，加入新的需求，完成升级过程。对于产品升级，一般都不会进行太大改动。由于产品在应用过程中，用户能更好地感受产品的各种功能，与自己心中所设想的功能实行对比，这样就能更好地表达出自己的想法，所提出的问题更有针对性和代表性。在升级过程中，要考虑到改动的幅度和代价。一般产品升级是很少对硬件进行更改的，因为一旦对硬件进行修改，会影响到系统的美观和可靠性。如果必须对硬件进行大改动，那么设计人员一般会选择重新开发产品。所以产品升级基本上都是围绕着软件进行的，例如做出更好的用户界面、更方便的操作方法、更正以前忽略了的一些实际问题。

其实产品在应用过程中，也就是进行广泛的性能测试过程。不过这时的测试人员是真正的用户，他们一般不会拥有多少专业知识，只会从自己使用的角度来提出意见；而且他们对产品的使用不一定按照常规操作进行，容易跳出设计人员的思路，能够发现专业人员所不能发现的问题，经过这样测试提出的问题更具有代表性。维护和升级人员正是要好好倾听这些信息，才能使产品越来越好，满足市场的真正需要。

由于嵌入式产品的复杂性，任何时候都不可能把所有问题都一一发现。所以一次维护和升级也不可能解决所有问题，这也决定了嵌入式产品的维护和升级是个长期的过程。所有的开发人员都应该重视这个过程，因为系统所表现出的问题一般都具有一定的代表性，如果遇到并解决的问题多了，下次设计时可能就会考虑到这些问题并能找到很好的解决办法，这也是嵌入式开发人员的经验积累过程。有了这些过程，对以后的设计开发工作是很有益处的。

产品维护和升级是个复杂的过程，需要去充分理解别人的开发资料及开发过程，这对于大型设计来说更不是一件易事。但这个过程也能够很好地锻炼设计人员系统设计的能力，增强其设计经验，在下次设计时能避免这些错误。目前还没有很好的工具可以减少维护人员的工作量，期待以后会有很好的管理方法及工具软件，能更快更好地帮助维护升级人员完成其工作。

小结

嵌入式系统开发分为软件开发部分和硬件开发部分。嵌入式系统在开发过程一般都采用“宿主机/目标板”开发模式，即利用宿主机（PC）上丰富的软/硬件资源及良好的开发环境和调试工具来开发目标板上的软件，然后通过交叉编译环境生成目标代码和可执行文件，通过串口/USB/以太网等方式下载到目标板上，利用交叉调试器监控程序运行状态，并进行实时分析，最后，将程序下载固化到目标机上，完成整个开发过程。

当前，嵌入式系统开发已经逐步规范化，在遵循一般工程开发流程的基础上，嵌入式开发有其自身的一些特点。现在普遍采用的嵌入式系统设计流程包括系统需求分析、软件与硬件划分、迭代与实现、详细的硬件与软件设计、系统集成、系统测试与发布、系统维护与升级 7 个阶段，各阶段紧密相连，构成嵌入式系统的整个生存周期。

① 系统需求分析。确定设计任务和设计目标，并提炼出设计规格说明书，作为正式设计指导和验收的标准。系统的需求一般分功能性需求和非功能性需求两方面。功能性需求是系统的基本功能，如输入/输出信号、工作方式等；非功能需求包括系统性能、成本、功耗、体积、重量等因素。

② 软件与硬件划分。将系统划分为软件及硬件设计部分，便于接下来对软/硬件分别进行设计。它的主要工作包括对硬件、软件和执行装置的功能划分，以及系统的软件、硬件选型等。一个好的软/硬件划分是设计成功与否的关键。

③ 迭代与实现。基于前面划分的结果，对系统进行反复的迭代与实现，其间通过模拟仿真和对系统的进一步了解，在软/硬件合作设计的同时最终确定系统的划分。

④ 详细的硬件和软件设计。对硬件和软件分别进行详细设计，此阶段包括硬件与软件设计工具的认真选择，各自详细设计过程等。

⑤ 系统集成。把系统的软件、硬件和执行装置集成在一起，进行调试，发现并改进单元设计过程中的错误。

⑥ 系统测试与发布。对设计好的系统进行测试，看其是否满足规格说明书中给定的功能要求。测试达到要求即可对系统进行发布。

⑦ 系统维护与升级。在产品发布以后，继续倾听反馈回来的意见，对产品进行维护，在必要时对其进行升级。这是充分理解系统并对其进行改进的过程。

嵌入式开发是一个复杂的过程，按照大家在实践中总结出来的流程进行开发能节省开发时间，少走一些弯路。但不管何种方法都只是前人设计的经验，真正自己设计时还是会遇到不少问题，只有在实践中发现并解决问题，才能真正对设计过程有很深的刻了解，形成最适合自己的开发方法。

习　　题

1. 简述单片机及微处理器的开发流程。
2. 简述先硬件后软件设计方法与协同设计方法的差别。
3. 为什么要进行需求分析，你认为怎么进行需求分析才能起到最好的效果？
4. 软/硬件划分应该首先考虑哪些因素，什么样的划分才是一个理想的划分？
5. 软/硬件划分的工具有哪些，它们各自的特点是什么？
6. 硬件设计最主要的部分是什么，设计要注意哪些方面？
7. 硬件开发的工具有哪些？试比较它们的优缺点。
8. 软件部分应该怎么划分，怎么才能使得软件和硬件同步进行？
9. 哪些软件可以看做与硬件无关的，哪些是与硬件有关的，对它们进行开发要注意的事项有哪些？
10. 嵌入式软件与普通软件有哪些区别，如何才能设计出优秀的嵌入式软件？
11. 系统集成要关注哪些问题，如何将集成阶段的问题降到最少？
12. 系统测试有哪些方法，各种测试的主要目的是什么？
13. 产品维护为什么很重要，此阶段对产品有何重要意义？

第3章 嵌入式处理器

一个嵌入式系统产品包括硬件子系统和软件子系统。硬件子系统又包括嵌入式处理器、存储器、可编程I/O系统及外围设备驱动接口。

嵌入式系统上的处理器单元称为嵌入式处理器。实际上，处理单元的种类很多，包括嵌入式微处理器、嵌入式微控制器、数字信号处理器、嵌入式片上系统等。在3.1节中将详细介绍嵌入式处理器的分类。为了简单起见，本章将它们统称为嵌入式处理器，只在特别区分的时候分别指出。

嵌入式处理器是嵌入式系统硬件的核心，是运行嵌入式系统的系统软件和应用软件。目前，使用量最大的桌面计算机是基于Intel x86体系的处理器。嵌入式处理器的种类非常多，例如ARM处理器、MIPS处理器以及PowerPC处理器等。不仅不同行业使用的嵌入式处理器种类和体系不同，而且同一行业使用的处理器种类和性能也可能不同。因此，在嵌入式系统研发工程的开始，需要从几百种处理器中选择出最适合的用于硬件的设计。处理器的选择也是个很棘手的工作，因为处理器选择不当可能带来巨大的经济损失。在下面的内容中将介绍嵌入式处理器的选择原则。

本章介绍了嵌入式处理器的分类、构架及技术指标，然后系统地介绍了ARM处理器、MIPS处理器、PowerPC处理器以及两款国产的嵌入式处理器，最后介绍了如何选择嵌入式处理器。

3.1 嵌入式处理器的分类

嵌入式系统的核心部件是各种类型的嵌入式处理器，目前据不完全统计，世界范围内嵌入式处理器的品种已经超过1000种，流行体系结构有30多个系列，其中8051体系的占有50%多的市场。生产8051单片机的半导体厂家有20多个，共350多种衍生产品，仅Philips就有近100种产品。现在几乎每个半导体制造商都生产嵌入式处理器，越来越多的公司有自己的处理器设计部门。嵌入式处理器的寻址空间一般为64 KB～4 GB，处理速度为0.1～2000 MIPS，常用封装从8个引脚到144个引脚。嵌入式处理器可以分成下面几类。

1．嵌入式微处理器（embedded microprocessor unit，EMPU）

嵌入式微处理器的基础是通用计算机中的CPU。在应用中，将微处理器装配在专门设计的电路板上，只保留和嵌入式应用有关的母版功能，这样可以大幅度地减小系统体积和功耗。为了满足嵌入式应用的特殊要求，嵌入式微处理器虽然在功能上和标准微处理器基本一样，但在工作温度、抗电磁干扰、可靠性等方面一般都做了各种增强。

和工业控制计算机相比，嵌入式微处理器具有体积小、重量轻、成本低、可靠性高的优点，但是在电路板上必须包括ROM、RAM、总线接口、各种外设等器件，从而降低了系统的可靠性和技术保密性。嵌入式微处理器及其存储器、总线、外设等安装在一块电路板上，称为单板计算机，如STD-Bus、PC104等。

嵌入式微处理器目前主要有Am186/88、386EX、SC-400、Power PC、68000、MIPS、ARM系列等。

2．嵌入式微控制器（microcontroller unit，MCU）

嵌入式微控制器又称单片机，顾名思义，就是将整个计算机系统集成到一块芯片中。嵌入式微控制器一般以某一种微处理器内核为核心，芯片内部集成ROM/EPROM、RAM、总线、总线逻辑、定时/计数器、WatchDog、I/O、串行口、脉宽调制输出、A/D、D/A、flash RAM、E^2PROM等各种必要功能和外设。为适应不同的应用需求，一般一个系列的单片机具有多种衍生产品，每种衍生产品的处理器内核都是一样的，不同的是存储器和外设的配置及封装。这样可以使单片机最大限度地和应用需求相匹配，功能不多不少，从而减少功耗和成本。

和嵌入式微处理器相比，微控制器的最大特点是单片化，体积大大减小，从而使功耗和成本下降、可靠性提高。微控制器是目前嵌入式系统工业的主流。微控制器的片上外设资源一般比较丰富，适合于控制，因此称为微控制器。

嵌入式微控制器目前的品种和数量最多，比较有代表性的通用系列包括8051、P51XA、MCS-251、MCS-96/196/296、C166/167、MC68HC05/11/12/16、68300等。另外，还有许多半通用系列，如支持USB接口的MCU 8XC930/931、C540、C541；支持I^2C总线、CAN-Bus、LCD及众多专用MCU和兼容系列。目前MCU占嵌入式系统约70%的市场份额。特别值得注意的是近年来提供x86微处理器的著名厂商AMD公司，将Am186CC/CH/CU等嵌入式处理器称为Microcontroller，Motorola公司把以Power PC为基础的PPC505和PPC555亦列入单片机行列。TI公司将其TMS320C2XXX系列DSP作为MCU进行推广。

3．嵌入式DSP处理器（embedded digital signal processor，EDSP）

DSP处理器对系统结构和指令进行了特殊设计，使其适合于执行DSP算法，编译效率较高，指令执行速度也较高。在数字滤波、FFT、谱分析等方面DSP算法正在大量进入嵌入式领域，DSP应用正在从通用单片机中以普通指令实现DSP功能，过渡到采用嵌入式DSP处理器。嵌入式DSP处理器有两个发展来源，一是DSP处理器经过单片化、EMC改造、增加片上外设成为嵌入式DSP处理器，TI的TMS320C2000/C5000等属于此范畴；二是在通用单片机或SOC中增加DSP协处理器，例如Intel的MCS-296和Infineon（Siemens）的TriCore。

推动嵌入式DSP处理器发展的另一个因素是嵌入式系统的智能化，例如各种带有智能逻辑的消费类产品，生物信息识别终端，带有加、解密算法的键盘，ADSL接入、实时语音解压系统，虚拟现实显示等。这类智能化算法运算量一般都较大，特别是向量运算、指针线性寻址等，而这些正是DSP处理器的长处所在。

嵌入式DSP处理器比较有代表性的产品是Texas Instruments的TMS320系列和Motorola的DSP56000系列。TMS320系列处理器包括用于控制的C2000系列，移动通信的C5000系列，以及性能更高的C6000和C8000系列。DSP56000目前已经发展成为DSP56000，DSP56100，DSP56200和DSP56300等几个不同系列的处理器。另外，Philips公司也推出了基于可重置嵌入式 DSP 结构低成本、低功耗技术上制造的 REAL DSP 处理器，特点是具备双 Harvard 结构和双乘/累加单元，应用目标是大批量消费类产品。

4．嵌入式片上系统（system on chip）

随着 EDI 的推广和 VLSI 设计的普及化及半导体工艺的迅速发展，在一个硅片上实现一个更为复杂的系统的时代已经来临，这就是 system on chip（SOC）。各种通用处理器内核将作为 SOC 设计公司的标准库，和许多其他嵌入式系统外设一样，成为 VLSI 设计中一种标准的器件，用标准的 VHDL 等语言描述，存储在器件库中。用户只需定义出其整个应用系统，仿真通过后就可以将设计图交给半导体工厂制作样品。这样除个别无法集成的器件以外，整个嵌入式系统大部分均可集成到一块或几块芯片中去，应用系统电路板将变得很简洁，对于减小体积和功耗、提高可靠性非常有利。

SOC 可以分为通用和专用两类。通用系列包括 Infineon 的 TriCore、Motorola 的 M-Core、某些 ARM 系列器件、Echelon 和 Motorola 联合研制的 Neuron 芯片等。专用 SOC 一般专用于某个或某类系统中，不为一般用户所知。一个有代表性的产品是 Philips 的 Smart XA，它将 XA 单片机内核和支持超过 2048 位复杂 RSA 算法的 CCU 单元制作在一块硅片上，形成一个可加载 Java 或 C 语言的专用 SOC，可用于 Internet 安全方面。

3.2 嵌入式处理器的构架

标准的嵌入式系统架构有两大体系，目前占主要地位的是精简指令集计算机（reduced instruction set computer，RISC）处理器。20 世纪 80 年代发展起来的精简指令集计算机（RISC），其目的是尽可能地降低指令集结构的复杂性，以达到简化实现，提高性能的目的，这也是当今指令集结构功能设计的一个主要趋势。RISC 体系的阵营非常广泛，ARM、MIPS、PowerPC、ARC、Tensilica 等，都属于 RISC 处理器的范畴。不过这些处理器虽然属于 RISC 体系，但是在指令集设计与处理单元的结构上都各有不同，因此彼此完全不能兼容，在特定平台上所开发的软件无法直接为另一硬件平台所用，而必须经过重新编译。

其次是复杂指令集计算机（complex instruction set computer，CISC）处理器体系，CISC 指令集主要是基于强化指令功能，实现软件功能向硬件功能转移而设计，我们所熟知的 Intel x86 处理器就属于 CISC 体系。CISC 体系其实是效率非常低的体系，其指令集结构上背负了太多包袱，贪大求全，导致芯片结构的复杂度被极大地提升。过去被应用在嵌入式系统的 x86 处理器，多为旧时代的产品，比如说，工业计算机中仍可常见数年前早已退出个人计算机市场的 PentiumⅢ处理器。效能高与功耗低是过去 x86 体系的优点，加上已经被市场长久验证，稳定性高，故常被应用于效能需求不高，但稳定性要求高的应用中，如工控设备等产品。下面主要介绍两种指令集特性及其应用的比较。

3.2.1 CISC 与 RISC 指令集介绍

1．CISC 计算机指令集

CISC 结构与 RISC 结构的重要区别之一是其指令功能的强弱不同。一般来说，CISC 结构追求的目标是强化指令功能，减少程序的指令条数，从而达到提高性能的目的。长期以来，计算机性能的提高往往是通过增加硬件的复杂性来获得的，随着集成电路技术，特别是 VLSI

（超大规模集成电路）技术的迅速发展，为了软件编程方便和提高程序的运行速度，硬件工程师采用的办法是不断增加可实现复杂功能的指令和多种灵活的编址方式，甚至某些指令可支持高级语言语句归类后的复杂操作，至使硬件越来越复杂，造价也相应提高。为实现复杂操作，微处理器除向程序员提供类似各种寄存器和机器指令功能外，还通过存储在只读存储器（ROM）中的微程序来实现其极强的功能，处理在分析每一条指令之后，执行一系列初级指令运算来完成所需的功能。一般 CISC 计算机所包含的指令数目至少在 300 条以上，有的甚至超过 500 条。例如，DEC 公司的 VAXH/780 计算机有 303 条指令，18 种寻址方式。

2. RISC 计算机指令集

复杂的指令系统必然会增加硬件实现的复杂性。这不仅增加了研制时间、研制成本和设计失误的可能性，还由于需要进行复杂的操作，导致指令的执行时间增加从而降低了机器的运行速度。

在对各条指令使用频率的统计分析中发现，最常使用的是一些比较简单的指令，而这些指令数占指令总数的 20%，但它们在程序中出现的频率却占 80%。这就是说在一组复杂庞大的指令系统中只有 20% 的指令是频繁使用的，其余 80% 的指令则不经常使用，这个结论后来被称为“20% 对 80% 率”。

不宜采用 CISC 的主要理由是：

① 各种指令使用频率相差悬殊。

② 指令系统的复杂性带来了系统结构的复杂性，从而增加了设计时间和售价。

③ 增加了 VLSI 设计的负担，尤其不利于微机和单片机向高档机发展。

④ 复杂指令操作复杂、速度慢。

IBM 公司继而推出精简指令系统的想法，后来美国加州大学伯克利分校的 RISC Ⅰ、RISC Ⅱ型机，斯坦福大学的 MIPS 机的研制成功，为 RISC 的诞生与发展起到了很大的促进作用。

精简指令集计算机的着眼点不是简单地放在简化指令系统上，而是通过简化指令使计算机的结构更加简单合理，减少指令的执行周期，从而提高运算速度。RISC 是在继承 CISC 的成功技术并在克服 CISC 缺点的基础上产生并发展起来的，当前对 RISC 还没有一个完整的定义，也难以在 RISC 与 CISC 之间划出一条明显的分界线，但大部分 RISC 机具有下述特点：

① 选取一些使用频率高、很有用但不复杂的简单指令。

② 指令长度固定，指令格式种类少，寻址方式种类少。

③ 只有取数/存数指令会访问存储器，其余指令的执行都在寄存器之间进行，即限制内存访问。

④ CPU 中通用寄存器数量相当多。

⑤ 大部分指令在一个机器周期内完成。

⑥ 采用流水线组织。

⑦ 以硬布线控制逻辑为主，不用或少用微程序控制。

⑧ 特别重视编译工作，以简单有效的方式支持高级语言，减少程序执行时间。

RISC 和 CISC 是目前设计制造微处理器的两种典型技术，虽然它们都试图在体系结构、操作运行、软件硬件、编译时间和运行时间等诸多因素中做出某种平衡，以求达到高效的目的，但采用的方法不同，因此在很多方面差异很大。这些差异主要有：

① 指令系统：RISC 设计者把主要精力放在那些经常使用的指令上，尽量使它们具有简单高效的特色。对不常用的功能，常通过组合指令来完成。因此，在 RISC 机器上实现特殊

功能时，效率可能较低。但可以利用流水技术和超标量技术加以改进和弥补。而 CISC 计算机的指令系统比较丰富，由专用指令来完成特定的功能。因此，处理特殊任务效率较高。

② 存储器操作：RISC 对存储器操作有限制，使控制简单化；而 CISC 机器的存储器操作指令多，操作直接。

③ 程序：RISC 汇编语言程序一般需要较大的内存空间，实现特殊功能时程序复杂，不易设计；而 CISC 汇编语言程序编程相对简单，科学计算及复杂操作的程序设计相对容易，效率较高。

④ 中断：RISC 机器在一条指令执行的适当地方可以响应中断；而 CISC 机器是在一条指令执行结束后响应中断。

⑤ CPU：RISC 处理器包含有较少的单元电路，因而面积小、功耗低；而 CISC 处理器包含有丰富的电路单元，因而功能强、面积大、功耗大。

⑥ 设计周期：RISC 微处理器结构简单，布局紧凑，设计周期短，且易于采用最新技术；CISC 微处理器结构复杂，设计周期长。

⑦ 用户使用：RISC 微处理器结构简单，指令规整，性能容易把握，易学易用；CISC 微处理器结构复杂，功能强大，实现特殊功能容易。

⑧ 应用范围：由于 RISC 指令系统的确定与特定的应用领域有关，故 RISC 机器更适合于专用机，主要应用于 Intel x86 系列；而 CISC 机器则更适合于通用机，主要应用于 ARM 系列。

从以上的比较来看，RISC 与 CISC 各有优劣，而 RISC 的实用性则更强一些，应该是未来处理器架构的发展方向。但事实上，由于早期的很多软件是根据 CISC 设计的，单纯的 RISC 将无法兼容，此外，现代的 CISC 结构的 CPU 已经融合了很多 RISC 的成分，如超长指令集 CPU 就是融合了 RISC 和 CISC 的优势，其性能差距已经越来越小，而复杂的指令可以提供更多的功能，这是程式设计所需要的，因此，CISC 与 RISC 的融合应该是未来的发展方向。

3.2.2 嵌入式处理器的几种构架

目前嵌入式处理器市场主要还是由 RISC 家族领军。但是基于 CISC 技术的 x86 处理器在嵌入式的应用中也逐渐风行起来。由于嵌入式处理器市场所重视的低电压、低功耗以及高整合度等特性，x86 处理器已经逐渐赶上，且 x86 处理器为目前桌面平台最主流的处理器结构，在普及性高的情况下，开发软件的支持度也较高，因此 x86 处理器也在嵌入式应用中逐渐占有一席之地。

在嵌入式市场内，对于特定处理器的发展大多是采用纯芯片设计公司设计出架构，然后再将 IP（intellectual property）授权给半导体厂商自行搭配制造出自有的处理芯片，由于在单一芯片中，可以只采用一家的 IP，也可以结合不同的 IP 制造出包含多种特性与功能的芯片。具体如何，这要视该款芯片将针对的市场类别而定。在这样的技术与市场情况下，就可以看到单一处理器芯片架构中，可以包含 RISC 处理器核心、DSP 以及绘图核心、内存控制器、I/O 等不同的部分，虽然这样的设计会增加芯片本身的成本，但是对于系统开发商来说，只要采购一套芯片，便可包含所有必需的功能，有助于减少系统的 PCB 面积，以及增加系统的集成度。

当然，集成度与灵活性是相对的，整合在单一芯片中的多功能架构，虽然完整，但是缺乏弹性，开发商用一套芯片所研发出的不同系统可能会有体系大同小异的问题，而无法以功能明显区别出产品的等级以及市场目标。这也是大部分厂商都还维持单一芯片单一功能产品的架构，而以制作技术来缩小芯片体积，来达到减少 PCB 面积与机器体积的目标。在这样的架构之下，开发者可以搭配不同半导体厂商的不同功能芯片来开发产品，因此可以很灵活地通过搭配不同功能等级的芯片来达到产品市场目标区分的目的。不过不同架构芯片的搭配，芯片厂商所提供的软件方案也各自不同，在系统开发上，花在整合不同功能芯片架构的时间，会比单一芯片多功能架构来得长，因为此类多功能芯片通常原厂都会提供相当完整的软件套件可供参考使用。

下面介绍嵌入式处理器的技术与架构，因为嵌入式处理器的技术大多是以 IP 的形式存在，再通过不同的半导体公司自行演绎整合，或多或少会跟原先的技术有所差异，因此可以纯粹从架构设计的角度来看这些嵌入式处理器技术。

1. RISC 的 ARC 架构

与其他 RISC 处理器技术相比较起来，ARC 的可调整式结构（见图 3-1），为其在变化多端的芯片应用领域中争得一席之地。其可调整式结构主要着眼于不同的应用需要有不同的功能表现，固定式的芯片结构或许可以面面俱到，但是在将其设计到产品之后，某些部分的功能可能完全没有使用到的机会。但是即使没有使用，开发商也需支付这些“多余”部分的成本，形成了浪费。

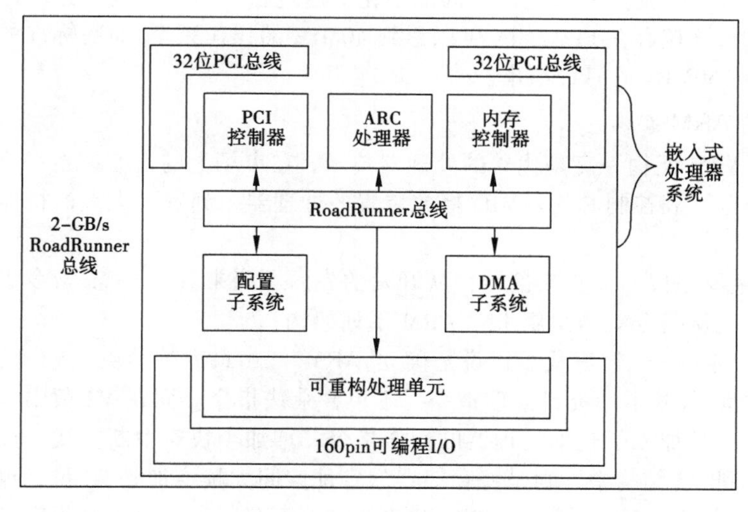

图 3-1　ARC 架构示意图

由于制作技术的进步，芯片体积的微缩化，让半导体厂商可以利用相同尺寸的晶圆切割出更多芯片，通过标准化，则有助于降低芯片设计流程，单一通用 IP 所设计出来的处理器即可应用于各种场合，不需要另辟功能来生产特定型号或功能的产品，大量生产也有助于降低单一芯片的成本，而这也是目前嵌入式处理器的通用现象。

不过在 ARC 的设计概念中，则是追求单一芯片成本的最小化，虽然在设计阶段必须依靠特定 EDA 软件才能降低初始设计难度，但基本上并不是不能解决的问题。另一个问题则是在功能的取舍上，要针对特定应用产品设计芯片，其实有个难处，那就是有时候几家厂商所需求的芯片功能差异性不大，为了芯片内部小小几个地方的不同就另开生产线来生产芯片，除非数量够大，不然成本未必会低。

ARC 推出针对可调整式处理器设计软件之后，芯片初始设计上的问题得以降低。而目前采用的，厂商大多都有非常巨大的特定芯片需求数量，在种种优势之下，对于 ARC 结构处理器的推广上也更为顺利了。截至目前，ARC 处理器在市场上的占有率已经达到第二名，仅次于 ARM。

ARC 的产品线相当齐全，在针对通用处理方面，便有两大家族，ARC 600 系列是针对高性能价格比市场，而 ARC 700 系列则是针对高效能的弹性应用设计市场。在 ARC 700 系列中，整合了 7 阶的管线设计，时钟频率超过 533MHz，而在指令解码结构上，内建有 out-of-order completion、non-blocking access、hit-under-miss 等先进设计，有助于提高指令处理效率，而 ARCompact 指令结构与 ARM 的 Thumb 指令类似，有助于减少应用程序所占的存储器空间。基本上，ARCompact 可减少达 40%的存储器占用空间，对于嵌入式产品中有限的存储器容量而言，帮助相当大。

此外，ARC 700 系列包含 SIMD 延伸的向量指令集，在音效以及图像的处理加速方面，有着极为显著的效果。由于其可调整式设计，设计人员也可以加入自订的指令集或第三方 IP，进而扩大其应用范围及效能与功能上的竞争力。

除了通用型 RISC 处理器以外，ARC 也有一系列的 DSP、音效解码以及嵌入式 x86 产品及解决方案，DSP 采用的是混合式结构，结合了 DSP 电路以及 ARC 通用处理器核心。至于在音效解码芯片方面，则是力求逻辑位的最小化，通过核心的高密度设计，许多操作码都可以维持在 1B 以下，该核心在 FPGA 中，可以达到 40MHz 的操作频率，而在标准的 0.18μm CMOS 制作中，可达到 160MHz 的时钟频率。

2. RISC 的 ARM 架构

多年以来，ARM 架构一直是优秀的处理器技术，在市场上的占有率也一直居高不下，可以说从地面上的电子表控制芯片、MP3 播放装置的处理器，到登上火星的机器人中，都可以看到 ARM 的影子。

ARM 架构主要是以指令集来区分，从开发的先后顺序来看，ARM 指令集目前已经发展到第七代。下面就从指令集的角度来看 ARM 系列架构：

① V1～V3 体系——这三代可以说是确立 ARM 江山最大的功臣，V1 架构是最原始的 ARM 指令集，仅具备基本的资料处理指令，不包含乘法指令。而在 V2 版中，则是加入了乘法和乘加指令，并且加入了辅助处理器的操作指令，增加了快速中断方式，以及对暂存存储器的管理规则。到 V3 结构中，则是将存储器的定址空间大幅增加到 32 位，也就是可以定址到 4GB 的存储器容量，而且增加了 CPSR 以及 SPSR 寄存器，可以保存程序状态，并且加入了 MRS/MSR 两个指令，以对这两个寄存器进行存取。

② V4 体系——这一代是 ARM 被广泛应用的指令集体系，除了对 V3 版本做进一步的扩充以外，还加入了 16 位 Thumb 指令集，应用上的灵活性加强不少，V4 体系的指令集被应用于 ARM7、ARM9 及 Strong ARM 中。

③ V5 体系——基本上，V5 体系的指令集也是 V4 体系的指令集的再度扩充，除了加入 BLX、BRK 以及 CLZ 指令以外，在 V5TE 版中还增加了信号处理指令，并且针对辅助处理器加入了更多可选择的指令。应用 V5 体系的指令集结构的处理器有 ARM7EJ-S、ARM9EJ-S、ARM10 以及 Xscale。

④ V6 体系——在 2001 年所发布的 V6 体系，除了完全兼容于前几代指令集以外，还加入了 SIMD 处理技术，加强多媒体串流的处理能力；除此之外，改进存储器管理结构（VMSA），

也有效地提高了 30% 的系统效能，除此之外，加入混合端与非对齐资料支持，让小端的 RTOS 也能支持大端资料的传输，并且针对中断反应时间做了改进，在最坏的情况之下也可以达到 11 个周期的表现。V6 结构也支持多处理器结构的组建，能进一步提高效能表现。应用 V6 指令集体系的处理器为 ARM11 系列。

⑤ V7 体系——在 2005 年初所发表的 V7 体系，提供了 3 种不同的配置方式。第一种配置就是针对高性能运算的 ARMv7A，主要针对手机、PDA、智慧型手机、携带型游乐器等产品的应用，与 V6 结构相比较，主要是增加了针对视频编解码以及 3D 绘图的 SIMD 指令集。这些 SIMD 指令集被命名为 NEON，具有可执行 64 位或 128 位资料运算的混合型 SIMD 运算能力，可以将其与 VFP 辅助处理器共用的寄存器依照 64 位 × 32 或 128 位 × 16 的形式来处理。此外 VFP 的版本也由 V2 提高到了 V3。第二种配置则是针对减少输出/输入推迟，并提高指令预测精度等实时处理的 ARMv7R，主要是针对打印机、网络终端、汽车电子等领域的应用发展。第三种配置则是针对低成本微控制器应用的 ARMv7M，为了降低制造成本，将指令集精简许多，比如说精简掉了 SIMD 处理能力，去除 NEON 指令集以及向量浮点处理单元，因此逻辑位数可大幅减少，有效降低了芯片设计制造的成本。也因为这个原因，与旧版 V6 版指令集相比较，反而显得精简许多。不过在 Thumb-2 指令集的支持下，依然有着相当突出的效能表现。

基于 ARMv7 结构的 ARM 处理器，已经不再沿用过去的数字命名方式，而是冠上 Cortex 的代号，基于 V7A 的称为 Cortex-A 系列，基于 V7R 的称为 Cortex-R 系列，基于 V7M 的称为 Cortex-M3。

3. RISC 的 MIPS 架构

MIPS 也是一家具有悠久历史的处理器研发商，同样，MIPS 架构处理器也出现在许多日常生活中可见到的产品中。在游乐设施方面，过去的任天堂 64、SONY Playstation 1、Playstation 2，以及新近的 PSP 等产品均采用 MIPS 架构，而在一般手持式 Windows CE 产品中，部分也采用 MIPS 架构，在网络产品方面，MIPS 处理器也被广泛应用在 CISCO 路由器中。

MIPS 架构的发展历史比 ARM 要悠久得多，设计上也有不少过人之处，比如说从 32 位处理到 64 位运算的结构延展性，让 MIPS 处理器可适用于各种场合。

1）MIPS 架构的起源

MIPS 架构起源，可追溯到 1980 年，当时主要有两所大学在进行 RISC 架构研发，其中之一是斯坦福大学的团队，另一所是柏克莱大学。柏克莱大学的 RISC 架构着重于硬件架构的改进，除了管线（pipeline）概念的引进以外，也加入了分支延迟（branch delay）技术，而斯坦福大学团队的概念就显得简单许多，利用简单的硬件架构，以及编译器的最佳化，来达到可观的效能输出。就当时的研究成果显示，斯坦福大学团队的 MIPS 架构，效能表现明显要高出柏克莱大学团队的管线式 RISC 架构一截。

MIPS 公司成立于 1984 年，随后在 1986 年推出第一款 R2000 处理器，在 1992 年时被 SGI 并购，后来在 1998 年脱离了 SGI，成为 MIPS 技术公司，并且在 1999 年重新制定公司策略，将市场目标导向嵌入式系统，并且统一旗下处理器架构，区分为 32 位以及 64 位两大家族，以技术授权成为主要营利模式。

2）MIPS 处理器指令时序与最佳化

由于 MIPS 处理器是个以管线方式工作的处理器，因此执行程序的速度，就会依赖管线的工作方式。绝大多数 MIPS 指令需要在管线 RD 阶段取得足够的操作数，并且在紧接着 ALU

阶段之后产生结果。在 MIPS 架构中，大多数的指令皆能按照这样的运作方式进行处理，因此在指令处理效率上几乎都能够达到理论上的最大值。不过少部分状况下，比如说，如果下一条指令必须要靠前一条指令的执行结果来进行运算处理的话，如果在前一条指令处理完之前，另一条指令就抢着进入管线，那么将会遭遇到不可预料的错误。因此即使 MIPS 的名称是来自于 Microprocessor without interlocked pipeline stages，亦即不含 Interlock 机制的管线阶层微处理器，结果还是无法避免地在 R4000 处理器中加入了 Interlock 机制，避免两个结果依赖的指令在第一个结果还没运算出来时，第二个指令就抢先进入管线的状况。

当然，早在 MIPS 最初的架构中，就已经针对管线中 Interlock 对于效能减损的现象做出相对应的设计，不过在效能需求之下，走向管线设计已经成为趋势，随着处理器内部管线设计日趋复杂，当初的构想已经明显不符实际应用所需，因此除了加入 Interlock 机制以外，在编译器方面的加强也是重点。通过编译器的最佳化，可以有效地避免 Interlock 现象的发生，同时也降低了因为 Interlock 而带来的效能减损。在大多数单个线程的 MIPS 处理器中，大多数指令可在一个时脉周期内完成，因此在程式设计阶段，某些需要四五个周期以上才能完成的指令应该可以被轻易地辨识出来，并且与其他指令进行合并处理。通常这样的方式对浮点运算方面会有相当程度的益处，不过对于整数运算方面影响不大。

3）MIPS 架构的限制

此外，MIPS 架构还有一些缺点，或应该说是设计上的缺陷，主要集中在处理管线部分，这些问题主要有以下几种：

① 分支延迟：在所有的 MIPS 处理器中，跟在分支指令之后的指令，即使在与前一个分支指令流向分支之后，依然会被处理器执行。因此在之后的 MIPSⅡ体系中，加入了 Branch-likely 指令，在处理类似的状况时，在分支指令其后的指令只有在前一个分支被接受时，才会被执行，除非自行指定分支后的指令。在加强后的编译器的处理下，分支所带来的延迟将显得不明显。

② 载入延迟：在 MIPSⅠ指令集中，load 指令将无法再次载入刚才被 load 指令本身所载入的资料，若是有需要再度载入，那么必须在两个 load 流程之间，使用其他指令来区隔，甚至是使用空指令来空转一周，以便让 load 指令可再度进行载入。当然，在这方面的处理特性上，大多也是由编译器代劳了，程序设计师不需要特别去注意。

③ 整数乘法与除法的问题：在 MIPS 架构中，整数乘法/除法单元是与 ALU 单元分开的，因此并没有 PRECISE EXCEPTION 处理，当处理器在进行处理时，万一遇到一场状况而必须中断时，能够精确定位，并且让暂存器重新指向中断处理后恢复程序执行的正确地址。虽然 PRECISE EXCEPTION 处理的代价非常大，它等于是中断了整个管线的运作，而其所带来的效能减损在阶数越多的管线的处理器中越明显，因此在编译器阶段中，通常要确认运算指令不会带来异常，才能进入处理单元中进行处理。

④ 浮点运算单元的问题：由于浮点运算需要耗费多个处理器时脉周期来进行，因此在 MIPS 架构中，大多会有独立的浮点运算处理管线，构成内部的辅助处理器架构，由于浮点运算单元可以与其后的指令并行处理，当并行处理的指令要去存取尚未计算完成的浮点运算结果暂存器时，处理器便会停止执行，因此这部分的处理也需要大量的编译器最佳化。

⑤ 处理器控制指令：由于改变处理器的状态暂存器内容时，将会连带影响到处于管线内部所有阶段的东西，因此在进行这方面的操作时，就必须格外谨慎，以避免产生意料之外的结果。

4. RISC 的 PowerPC 架构

PowerPC 是一种 RISC 多发射体系架构。20 世纪 90 年代，IBM、Apple 和 Motorola 公司共同成功开发了 PowerPC 芯片，并制造出了基于 PowerPC 的多处理器计算机。PowerPC 架构的特点是可伸缩性好、方便灵活。第一代 PowerPC 采用 0.6μm 的生产工艺，晶体管的集成度达到单芯片 300 万个。Motorola 公司将 PowerPC 内核设计到 SOC 芯片之中，形成了 Power QUICC、Power QUICC II 和 Power QUICC III 家族的数十种型号的嵌入式通信处理器。

Motorola 的基于 PowerPC 体系架构的嵌入式处理器芯片有 MPC505、821、850、860、8240、8245、8260、8560 等近几十种产品，其中 MPC860 是 Power QUICC 系列的典型产品，MPC8260 是 Power QUICC II 系列的典型产品，MPC8560 是 Power QUICC III 系列的典型产品。

Power QUICC 系列微处理器一般由 3 个功能模块组成，分别是嵌入式 PowerPC 核（EMPCC）、系统接口单元（SIU）和通信处理器（CPM）模块。这 3 个模块内部总线都是 32 位。除此之外 Power QUICC 中还集成了一个 32 位的 RISC 内核。Power PC 核主要执行高层代码，RISC 则处理实际通信的低层通信功能，两个处理器内核通过高达 8 KB 的内部双口 RAM 相互配合，共同完成 MPC854 强大的通行控制和处理功能。CPM 以 RISC 控制器为核心构成，除包括一个 RISC 控制器外，还包括 7 个串行 DMA（SDMA）通道、2 个串行通信控制器（SCC）、1 个通用串行总线（USB）、2 个串行管理控制器（SMC）、1 个 I^2C 接口和一个串行外围电路（SPI），可以通过灵活的编程方式实现对 Ethernet、USB、T1/E1、ATM 等的支持以及对 UART、HDLC 等多种通信协议的支持。

Power QUICC II 完全可以看做是 Power QUICC 的第二代，在灵活性、扩展能力、集成度等方面提供了更高的性能。Power QUICC II 同样由嵌入式的 PowerPC 核和通信处理模块 CPM 两部分集成而来。由于 CPM 承接了嵌入式 Power PC 核的外围接口任务，所以这种双处理器结构较传统结构更加省电。CPM 交替支持 3 个快速串行通信控制器（FCC），2 个多通道控制器（MCC），4 个串行通信控制器（SCC），2 个串行管理控制器（SMC），1 个串行外围接口电路（SPI）和 1 个 I^2C 接口。嵌入式的 Power PC 核和通信处理模块（CPM）的融和，以及 Power QUICC II 的其他功能、性能缩短了技术人员在网络和通信产品方面的开发周期。

同 Power QUICC II 相比，Power QUICC III 集成度更高、功能更强大、具有更好的性能提升机制。Power QUICC III 中的 CPM 较 Power QUICC II 产品 200MHz 的 CPM 的运行速度提升了 66%，频率达到 333MHz，同时保持了与早期产品的向后兼容性。这使得客户能够最大范围地延续其现有的软件投入、简化未来的系统升级、又极大地节省开发周期。Power QUICC III 通过微代码具有的可扩展性和增加客户定制功能的特性，能够使客户针对不同应用领域开发出各具特色的产品。这种从 Power QUICC II 开始就有的微代码复用功能，已经成为简化和降低升级成本的主要设计考虑。

PowerPC 一般应用在服务器或运算能力强大的专用计算机以及游戏机上。

5. RISC 的 Tensilica 架构

Tensilica 公司的 Xtensa 处理器是一个可以自由配置、可以弹性扩张，并可以自动合成的处理器核心。Xtensa 是第一个专为嵌入式单芯片系统而设计的微处理器。为了让系统设计工程师能够弹性规划、执行单芯片系统的各种应用功能，Xtensa 在研发初期就已锁定成一个可以自由组装的架构，因此也将其架构定义为可调式设计。

Tensilica 公司的主力产品线为 Xtensa，该产品可让系统设计工程师挑选所需的单元架构，再加上自创的新指令与硬件执行单元，就可以设计出比其他传统方式强大数倍的处理器核心。

Xtensa 处理器可以针对每一个处理器的特殊组合，自动有效地产生出一套包括操作系统，完善周全的软件工具。

Xtensa 为 32 位处理器，该架构的特色是有一套专门为嵌入式系统设计、精简且效能表现不错的 16 位与 24 位指令集。其基本结构拥有 80 条 RISC 指令，其中包括 32 位 ALU，6 个管理特殊功能的缓存器，32 个或 64 个普通功能 32 位缓存器。这些 32 位缓存器都设有加速运行功能的信道。Xtensa 处理器的指令相当精简，系统设计师可以以此缩减程序代码的长度，从而提高指令的密集度并降低功耗。相对于高合成的单芯片系统 ASIC 而言，能达到有效降低成本的目的。Xtensa 的指令集构架包括有效的分支指令，例如经合成的比较—分支循环、零开销循环和二进制处理，包括漏斗切换和字段抽段操作等。浮点运算单元与向量 DSP 单元是 Xtensa 架构上两个可以任选的处理单元，可以加强在特定应用的效能表现。

6．CISC 的 x86 架构

x86 处理器应用在嵌入式系统的历史相当悠久，以 Intel 为例，其 Pentium Ⅲ时代的处理器与芯片组，至今仍活跃在许多工控计算机产业中。而随着两大 x86 厂商放弃 RISC 产品线，并积极规划移动应用产品，x86 进入到消费电子嵌入式市场就不再只是梦想。当然，x86 处理器普遍都还是有功耗过高，且芯片数量庞大的缺点，不适合应用在要求精简省电的嵌入式架构中，但随着技术的发展，这一切都有了根本性的改变。

在这里指的是诸如 3G、3.5G 的通信能力，而当 Intel 主推的 WiMAX 正式被纳入 3G 标准之一时，也让 Intel 重新考虑该公司的移动应用产品。在最近的技术展示中，即便是最接近手机设计的 MID（mobile intel device）装置，也都仅定位于移动上网工具，而非行动通信系统。

但是根据 Intel 的最新规划，MID 平台已经从单纯的行动上网，转而将会跨进现有的 BlackBerry 及 I-Phone 的相同市场，前者拥有强大的网际网络通信能力，而 I-Phone 则拥有强大的多媒体领域。但是 Intel 的 MID 平台基本上是一部微型 x86 计算机系统，在功能上可以达到相当全面的地步，且具备了 ARM、MIPS 等处理器架构难以满足的 x86 软件兼容资源，导入移动通信只不过是在目前的硬件规划基础上，进行软件模块的增加而已。传统移动通信产品厂商在相关软/硬件投入的资本非常庞大，是否采用 Intel 架构还有待观察，当然，如果像 Nokia 与 Motorola 也投入此架构，那对于此架构的推广来说也将会如虎添翼。

Intel 针对移动应用的最新处理器为 Stealey，目前该产品线有两款产品，分别是 600MHz 的 A100 与 800MHz 的 A110。理论上来说，Stealey 只不过是 Centrino 体系中祖父级 Dothan（都是基于 Pentium 3 的架构）处理器的超级精简兼时钟降低版，主要是得益于 90nm 工艺，架构技术上并无太多特点。而下一代的 Silverthorne 则是直接将此 Stealey 转以 45nm 工艺，并在架构上加入 64 位处理能力，才算是真正比较有新意的产品。

但是就目前来看，Intel 的移动应用平台其实表现并不出色，过高的功耗与温度仍然是应用在移动终端上的隐患。Silverthorne 必须针对此两点进行变革。

7．CISC 的 VIA 架构

VIA 过去所推出的一系列低功耗处理器，虽然效能偏低，但是其功耗控制能力非常优秀，远远超过 Intel 和 AMD 这两家 CPU 大厂。如今世界潮流逐渐从效能取向走往绿色环保取向，除了在一般低价 PC 获得满堂彩以外，在 UMPC 以及嵌入式系统方面，也都能提供相当优秀的解决方案。

VIA 的主流产品线为 C7-M 处理器，该款处理器分两个型号——普通版本和 Ultra Low Voltage

版本，C7-M 普通版本型号拥有 1.5GHz/400MHz FSB、1.6GHz/533MHz FSB、1.867GHz/533MHz FSB 及最高速度的 2 GHz/533 MHz FSB，电压为 1.004～1.148 V，功耗为 12～20 W，在 P-State 模式下电压会下调至 0.844 V，而功耗则只有 5 W。

Ultra Low Voltage 版本的 C7-M 处理器，拥有 1 GHz/400 MHz FSB、1.2 GHz/400 MHz FSB 及 1.5 GHz/400 MHz FSB，ULV 版本工作电压只需要 0.908～0.956V，最高功耗为 5～7 W。而 ULV 之中还会有一个 Super ULV 的 C7-M 1GHz，型号为 C7-MULV 779，工作电压可低至 0.796 V，最高功耗仅有 3.5 W。由于这些特点，使其在低价计算机、嵌入式应用领域中，成为不能忽视的第三势力。

作为下一代威盛 Isaiah x86 处理器架构，威盛 Isaiah 架构在保证领先的节能优势的前提下，极大地提升了处理器性能，并扩展了处理器功能。

威盛 Isaiah 架构是新的 x86 处理器架构，对于台式机、移动设备和 UMPC 而言，它不但可以提升产品性能，还能扩展产品的功能性，并同时满足目标产品对低功耗的需求，以延长电池供电时间并实现超小型系统设计。

经由美国处理器设计子公司 Centaur Technology Inc 设计研发，威盛 Isaiah 架构结合了所有最新 x86 处理器技术，包括 64 位的超标量乱序执行的微体系结构（superscalar speculative out-of-order microarchitecture），实现了高性能的多媒体计算和新型虚拟机器架构。

第一代威盛 Isaiah 系列产品兼容威盛 C7 系列针脚，采用 65nm 技术以获得更低功耗，实现了市场上最佳的每瓦性能值。

Isaiah x86 处理器架构如图 3-2 所示。

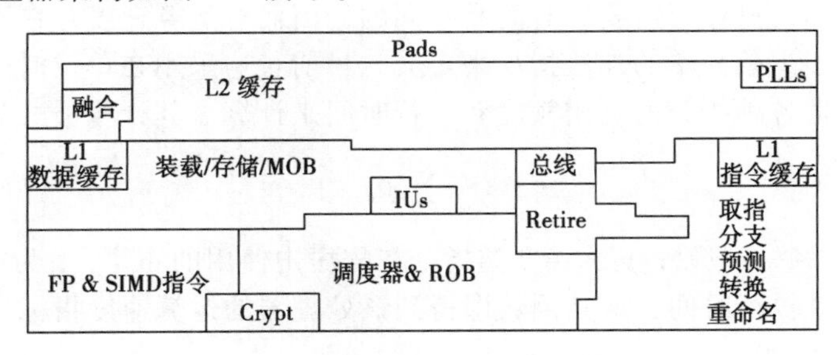

图 3-2 Isaiah x86 处理器架构图

8. CISC 的 AMD 架构

AMD 是在主流市场上，唯一能与 Intel 抗衡的 x86 处理器厂商，然而在购并 ATI 之后，其表现只能算差强人意，以目前所规划的主流产品线而言（包含 CPU 与 GPU），其一直处于被动状态。但毕竟 AMD 具有业界最佳的技术均衡性，既有先进的处理器技术，又是 GPU 技术第二领导者，兼以效能表现相当优秀的主机板芯片产品，以及自有的晶圆厂，仍然占有很大市场份额。

在嵌入式应用方面，其实过去 AMD 有向 MIPS 授权其 IP，开发出 Alchemy 产品线，算是直接向 Intel 过去的 ARM 架构 Xscale 直接叫阵的一款产品，然而此产品并未引起足够重视，在应用上一向偏弱势，后来 AMD 也将之放弃，开始利用自己的 x86 处理器来经营嵌入式应用领域。

AMD 在嵌入式 x86 处理器方面的产品线为 Geode，这是一款整合度相当高的 SOC 产品，但是速度偏低，效能表现不佳，功能也未能比 VIA 的产品出色，定位相当尴尬。针对移动平台开发的代号为“Botcat”的 x86 处理核心将有可能使用简化降频版的 K8 核心。

不过 AMD 购并 ATI 之后，得以将 Fusion 的概念带给消费者。Fusion 算是身兼 AMD 与 ATI 二者之长，具备了先进的处理器核心、高效能的绘图核心，以及 I/O 控制能力。从低功耗的嵌入式应用，到高功耗的效能产品，都是 Fusion 的产品覆盖范围。

3.3 嵌入式处理器的技术指标

1. 功能

嵌入式处理器的功能主要取决于处理器所集成的存储器的数量和外部设备接口的种类。集成的外部设备越多，功能越强大，设计硬件系统时需要扩展的器件就越少。所以，选择嵌入式处理器时尽量选择集成所需要的外围设备尽量多的处理器，并且综合考虑成本因素。

2. 字长

字长指参与运算的数的基本位数，决定了寄存器、运算器和数据总线的位数，因而直接影响硬件的复杂程度。处理器的字长越长，它包含的信息量越多，能表示的数值有效位数也越多，计算精度也越高。通常处理器可以有 4、8、16、32、64 位等不同的字长。对于字长短的处理器，为提高计算精度，可采用多字长的数据结构进行计算，即变字长计算。当然，此时的计算时间要延长，多字长数据要经过多次传送和计算。处理器字长还与指令长度有关，字长长的处理器可以有长的指令格式和较强的指令系统功能。

3. 处理速度

处理器执行不同的操作所需要的时间是不同的，因而对运算速度存在不同的计算方法，早期采用每秒执行多少条简单的加法指令来定义，目前普遍采用在单位时间内各类指令的平均执行条数，即根据各种指令的使用额度和执行时间来计算。其计算公式为

$$t_g = \sum_{i=1}^{n} p_i t_i$$

式中：n 为处理器指令类型数；p_i 为第 i 类指令在程序中使用的频率；t_i 为第 i 类指令的执行时间；t_g 为平均指令执行时间，取其倒数即得到该处理器的运算速度指标，其单位为百万条指令每秒，表示为 MIPS。

还可以有多种指标来表示处理器的执行速度。

① MFLOPS：百万次浮点运算每秒，这个指标用于进行科学计算的处理器。一般工程工作站的指标大于 2MFLOPS。

② 主频又称时钟频率，单位为 MHz。用脉冲发生器为 CPU 提供时钟脉冲信号。时钟频率的倒数为时钟周期，是 CPU 完成某个基本操作的最短时间单位。因此，主频在一定程度上反映了处理器的运算速度。例如，80386 的主频为 16～50MHz，80486 的主频为 25～66MHz。

③ CPI（cycles per instruction）：每条指令周期数，即执行一条指令所需的周期数。当前，在设计 RISC 芯片时，尽量用减少 CPI 值的方法来提高处理器的运算速度。

需要指出，并非主频越高的处理器的处理速度越快，有的处理器的处理速度可达到 1MIPS/MHz 甚至更高，这样的处理器通常采用流水线技术；有的处理器的处理速度可能是 0.1MIPS/MHz，这样的处理器通常比较简单，有时称为单片机。

4. 工作温度

从工作温度方面考虑，嵌入式处理器通常分为民用、工业用、军用、航天等几个温度级

别。一般的，民用温度范围是 0～70℃，工业用的温度范围是 40～85℃，军用的温度范围是 -55～+125℃，航天的温度范围更宽。选择嵌入式处理器时需要根据产品的应用选择相应的处理器芯片。

5. 功耗

嵌入式处理器通常给出几个功耗指标，如工作功耗、持机功耗等。许多嵌入式处理器还给出功耗与工作频率之间的关系，表示为 mW/Hz 或 W/Hz。在其他条件相同的情况下，嵌入式处理器的功耗与频率之间的关系近似一条理想的直线。有些处理器还给出电源电压与功耗之间的关系，便于设计工程师选择。

6. 寻址能力

嵌入式处理器的寻址能力取决于处理器地址线的数目，处理器的处理能力与寻址能力有一定的关系，处理能力强的处理器其地址线的数量多，处理能力弱的处理器其地址线的数量少。8 位处理器的寻址能力通常是 64KB，32 位处理器的寻址能力通常是 4GB，16 位处理器的寻址能力（如 80186 系列）是 1MB。

对于嵌入式微控制器而言，寻址能力的意义不大，因为嵌入式微控制器通常集成了程序存储器和数据存储器，一般不能进行扩展。

7. 平均失效间隔时间

平均失效间隔时间（mean time between failure，MTBF）是指在相当长的运行时间内，机器工作时间除以运行期间内故障次数。它是一个统计值，用来表示嵌入式系统的可靠性。MTBF 值越大，表示可靠性越高。

8. 性能价格比

这是一种用来衡量处理器产品的综合性指标。这里所讲的性能，主要指处理器的处理速度、主存储器的容量和存取周期、I/O 设备配置情况，计算机的可靠性等；价格则指计算机系统的售价。性能价格比要用专门的公式计算。计算机的性能价格比的值越高，表示该计算机越受欢迎。

9. 工艺

工艺指标指半导体工艺和设计工艺两个方面。目前大多数的嵌入式处理器采用 MOS 工艺。另外，大多数的嵌入式处理器是静态设计。所谓静态设计，指的是它的电路组成没有动态电路，因此它的工作主频可以低至 0（即直流），高至最高工作频率。工作在直流时，只消耗微小的电流，这样设计者可以根据功耗的要求选择嵌入式处理器的工作频率。

3.4 典型的嵌入式处理器

本节主要介绍几款典型的嵌入式处理器，目前，用户接触得最多的应该是 ARM、MIPS、PowerPC 这三类处理器。

3.4.1 ARM 处理器

本节简要介绍 ARM 处理器的一些基本概念、应用领域及特点，以引导读者进入 ARM 技术殿堂。

1. ARM 简介

ARM（advanced RISC machine），既可以认为是一个公司的名称，又可以认为是对一类微处理器的通称，还可以认为是一种技术的名称。

1991 年 ARM 公司成立于英国剑桥，主要出售芯片设计技术。目前，采用 ARM 技术知识产权（IP）核的微处理器，即通常所说的 ARM 处理器，已遍及工业控制、消费类电子产品、通信系统、网络系统、无线系统等各类产品市场，基于 ARM 技术的微处理器应用占据 32 位 RISC 微处理器 75%以上的市场份额。ARM 技术正在逐步渗入到生活的各个方面。

ARM 公司是专门从事基于 RISC 技术芯片设计开发的公司，作为知识产权供应商，它本身不直接从事芯片生产，而靠转让设计许可获利，由合作公司生产各具特色的芯片。世界各大半导体生产商从 ARM 公司购买其设计的 ARM 处理器核，根据各自不同的应用领域，加入适当的外围电路，从而形成自己的 ARM 处理器芯片进入市场。目前，全世界有几十家大的半导体公司使用 ARM 公司的授权，因此既使得 ARM 技术获得更多的第三方工具、制造、软件的支持，又使整个系统成本降低，从而使产品更容易进入市场被消费者所接受。这样产品更具有竞争力。

2. ARM 处理器的应用领域及特点

到目前为止，ARM 处理器及技术的应用几乎已经深入到各个领域。

① 工业控制领域：作为 32 位的 RISC 架构，基于 ARM 核的微控制器芯片不但占据了高端微控制器市场的大部分份额，同时也逐渐向低端微控制器应用领域扩展。ARM 微控制器的低功耗、高性价比，向传统的 8 位/16 位微控制器提出了挑战。

② 无线通信领域：目前已有 85%以上的无线通信设备采用了 ARM 技术。ARM 以其高性能和低成本的特点，在该领域的地位日益巩固。

③ 网络应用：随着宽带技术的推广，采用 ARM 技术的 ADSL 芯片正逐步获得竞争优势。此外，ARM 在语音及视频处理上进行了优化，并获得了广泛支持，对 DSP 的应用领域提出了挑战。

④ 消费类电子产品：ARM 技术在目前流行的数字音频播放器、数字机顶盒和游戏机中得到广泛采用。

⑤ 成像和安全产品：现在流行的数码照相机和打印机中绝大部分采用 ARM 技术。手机中的 32 位 SIM 智能卡也采用了 ARM 技术。

除此以外，ARM 处理器及技术还应用到许多其他领域，并在将来会取得更加广泛的应用。

采用 RISC 架构的 ARM 处理器一般具有如下特点。

① 小体积、低功耗、低成本、高性能。

② 支持 Thumb（16 位）/ARM（32 位）双指令集，能很好地兼容 8 位/16 位器件。

③ 大量使用寄存器，指令执行速度更快。

④ 大多数数据操作都在寄存器中完成。

⑤ 寻址方式灵活简单，执行效率高。

⑥ 指令长度固定。

3. ARM 处理器系列

下面所列的是 ARM 处理器的几个系列，以及其他厂商基于 ARM 体系结构的处理器，这些处理器除了具有 ARM 体系结构的共同特点以外，每一个系列的 ARM 处理器都有各自的特点和应用领域。

① ARM7 系列。

② ARM9 系列。

③ ARM9E 系列。

④ ARM10E 系列。

⑤ SecurCore 系列。

⑥ Intel 的 Xscale。

⑦ Intel 的 StrongARM。

其中，ARM7、ARM9、ARM9E 和 ARM10 为 4 个通用处理器系列，每一个系列提供一套相对独特的性能来满足不同应用领域的需求。如 SecurCore 系列专门为安全要求较高的应用而设计。

下面详细介绍各种处理器的特点及应用领域。

1）ARM7 微处理器系列

ARM7 系列微处理器为低功耗的 32 位 RISC 处理器，最适合用于对价位和功耗要求较严格的消费类应用。ARM7 微处理器系列具有如下特点：

① 具有嵌入式 ICE－RT 逻辑，调试开发方便。

② 极低的功耗，适合对功耗要求较高的应用，如便携式产品。

③ 能够提供 0.9MIPS/MHz 的三级流水线结构。

④ 代码密度高并兼容 16 位的 Thumb 指令集。

⑤ 对操作系统的支持广泛，包括 Windows CE、Linux、Palm OS 等。

⑥ 经指令系统与 ARM9 系列、ARM9E 系列和 ARM10E 系列兼容，便于用户的产品升级换代。

⑦ 处理速度最高可达 130MIPS，高速的运算处理能力能胜任绝大多数的复杂应用。

ARM7 系列微处理器的主要应用领域为：工业控制、Internet 设备、网络和调制解调器设备、移动电话等各种多媒体和嵌入式应用。

ARM7 系列微处理器包括如下几种类型的核：ARM7TDMI、ARM7TDMI-S、ARM720T、ARM7EJ。其中，ARM7TMDI 是目前使用最广泛的 32 位嵌入式 RISC 处理器，属低端 ARM 处理器核。TDMI 的基本含义：

① T：支持 16 位压缩指令集 Thumb。

② D：支持片上 Debug。

③ M：内嵌硬件乘法器（multiplier）。

④ I：嵌入式 ICE，支持片上断点和调试点。

2）ARM9 微处理器系列

ARM9 系列微处理器在高性能和低功耗特性方面提供最佳的性能。具有以下特点：

① 五级整数流水线，指令执行效率更高。

② 提供 1.1MIPS/MHz 的哈佛存储器结构。

③ 支持 32 位 ARM 指令集和 16 位 Thumb 指令集。

④ 支持 32 位的高速 AMBA 总线接口。

⑤ 全性能的 MMU，支持 Windows CE、Linux、Palm OS 等多种主流嵌入式操作系统。

⑥ MPU 支持实时操作系统。

⑦ 支持数据 cache 和指令 cache，具有更高的指令和数据处理能力。

ARM9 系列微处理器主要应用于无线设备、仪器仪表、安全系统、机顶盒、高端打印机、数字照相机和数字摄像机等。

ARM9 系列微处理器包含 ARM920T、ARM922T 和 ARM940T 等 3 种类型，以适用于不同的应用场合。

3）ARM9E 微处理器系列

ARM9E 系列微处理器为可综合处理器，使用单一的处理器内核提供了微控制器、DSP、Java 应用系统的解决方案，极大地减少了芯片的面积和系统的复杂程度。ARM9E 系列微处理器提供了增强的 DSP 处理能力，很适合于那些需要同时使用 DSP 和微控制器的应用场合。

ARM9E 系列微处理器的主要特点如下：

① 支持 DSP 指令集，适合于需要高速数字信号处理的场合。

② 五级整数流水线，指令执行效率更高。

③ 支持 32 位 ARM 指令集和 16 位 Thumb 指令集。

④ 支持 32 位高速 AMBA 总线接口。

⑤ 支持 VFP9 浮点处理协处理器。

⑥ 全性能的 MMU，支持 Windows CE、Linux、Palm OS 等多种主流嵌入式操作系统。

⑦ MPU 支持实时操作系统。

⑧ 支持数据 cache 和指令 cache，具有更高的指令和数据处理能力。

⑨ 主频最高可达 300MIPS。

ARM9E 系列微处理器主要应用于下一代无线设备、数字消费品、成像设备、工业控制、存储设备和网络设备等领域。

ARM9E 系列微处理器包含 ARM926EJ-S、ARM946E-S 和 ARM966E-S 等 3 种类型，以适用于不同的应用场合。

4）ARM10E 微处理器系列

ARM10E 系列微处理器具有高性能、低功耗的特点，由于采用了新的体系结构，与同等的 ARM9 器件相比较，在同样的时钟频率下，性能提高了近 50%。同时，ARM10E 系列微处理器采用了两种先进的节能方式，使其功耗极低。

ARM10E 系列微处理器的主要特点如下：

① 支持 DSP 指令集，适合于需要高速数字信号处理的场合。

② 六级整数流水线，指令执行效率更高。

③ 支持 32 位 ARM 指令集和 16 位 Thumb 指令集。

④ 支持 32 位高速 AMBA 总线接口。

⑤ 支持 VFP10 浮点处理协处理器。

⑥ 全性能的 MMU，支持 Windows CE、Linux、Palm OS 等多种主流嵌入式操作系统。

⑦ 支持数据 cache 和指令 cache，具有更高的指令和数据处理能力。

⑧ 处理速度最高可达 400MIPS。

⑨ 内嵌并行读/写操作部件。

ARM10E 系列微处理器主要应用于下一代无线设备、数字消费品、成像设备、工业控制、通信和信息系统等领域。

ARM10E 系列微处理器包含 ARM1020E、ARM1022E 和 ARM1026EJ-S 等 3 种类型，以适

用于不同的应用场合。

5）SecurCore微处理器系列

SecurCore系列微处理器专为安全需要而设计，提供了完善的32位RISC技术的安全解决方案，因此，SecurCore系列微处理器除了具有ARM体系结构的低功耗、高性能的特点外，还具有独特的优势，即提供了对安全解决方案的支持。

SecurCore系列微处理器除了具有ARM体系结构的各种主要特点外，还在系统安全方面具有如下特点：

① 带有灵活的保护单元，以确保操作系统和应用数据的安全。

② 采用软内核技术，防止外部对其进行扫描探测。

③ 可集成用户自己的安全特性和其他协处理器。

SecurCore系列微处理器主要用于一些对安全性要求较高的应用产品及应用系统，如电子商务、电子政务、电子银行业务、网络和认证系统等领域。

SecurCore系列微处理器包含SecurCore SC100、SecurCore SC110、SecurCore SC200和SecurCore SC210等4种类型，以适用于不同的应用场合。

6）StrongARM处理器系列

Intel StrongARM SA-1100处理器是采用ARM体系结构高度集成的32位RISC微处理器。它融合了Intel公司的设计和处理技术，以及ARM体系结构的电源效率，采用在软件上兼容ARMv4体系结构、同时采用具有Intel技术优点的体系结构。

Intel StrongARM处理器是便携式通信产品和消费类电子产品的理想选择，已成功应用于多家公司的掌上计算机系列产品中。

7）Xscale处理器

Xscale处理器是基于ARMv5TE体系结构的解决方案，是一款功能全、性价比高、功耗低的处理器。它支持16位的Thumb指令和DSP指令集，已使用在数字移动电话、个人数字助理和网络产品等场合。

Xscale处理器是Intel目前主要推广的一款ARM处理器。

4．ARM处理器的结构

1）ARM处理器的寄存器结构

ARM处理器共有37个寄存器，分为若干个组（Bank），这些寄存器包括：

① 31个通用寄存器，包括程序计数器（PC指针），均为32位的寄存器。

② 6个状态寄存器，用以标识CPU的工作状态及程序的运行状态，均为32位，目前只使用了其中的一部分。

同时，ARM处理器又有7种不同的处理器模式，在每一种处理器模式下均有一组相应的寄存器与之对应。即在任意一种处理器模式下，可访问的寄存器包括15个通用寄存器（R0～R14）、1～2个状态寄存器和程序计数器。在所有的寄存器中，有些是在7种处理器模式下共用的同一个物理寄存器，而有些寄存器则是在不同的处理器模式下有不同的物理寄存器。

2）ARM处理器的指令结构

ARM处理器在较新的体系结构中支持2种指令集：ARM指令集和Thumb指令集。其中，ARM指令为32位的长度，Thumb指令为16位长度。Thumb指令集为ARM指令集的功能子集，与等价的ARM代码相比较，可节省30%～40%的存储空间，同时具备32位代码的所有优点。关于ARM处理器的RISC架构在前面的章节中已经进行了比较详细的介绍。在此不再详细叙述。

5. ARM 处理器的应用选型

鉴于 ARM 处理器的众多优点，随着国内外嵌入式应用领域的逐步发展，ARM 处理器必然会获得广泛的重视和应用。但是，由于 ARM 处理器有多达十几种的内核结构，几十个芯片生产厂家，以及千变万化的内部功能配置组合，给开发人员在选择方案时带来一定的困难，所以对 ARM 芯片做一些对比研究是十分必要的。

以下从应用的角度出发，对在选择 ARM 处理器时所应考虑的主要问题做一些简单的探讨。

1）ARM 处理器内核的选择

从前面所介绍的内容可知，ARM 处理器包含一系列的内核结构，以适应不同的应用领域，用户如果希望使用 Windows CE 或标准 Linux 等操作系统以减少软件开发时间，就需要选择 ARM720T 以上带有 MMU（memory management unit）功能的 ARM 芯片，ARM720T、ARM920T、ARM922T、ARM946T、Strong-ARM 都带有 MMU 功能。而 ARM7TDMI 则没有 MMU，不支持 Windows CE 和标准 Linux，但目前有 uClinux 等不需要 MMU 支持的操作系统可运行于 ARM7TDMI 硬件平台之上。事实上，uClinux 已经成功移植到多种不带 MMU 的微处理器平台上，并在稳定性和其他方面都有上佳表现。

2）系统的工作频率

系统的工作频率在很大程度上决定了 ARM 处理器的处理能力。ARM7 系列微处理器的典型处理速度为 0.9 MIPS/MHz（百万条指令/秒）/兆赫，常见的 ARM7 芯片系统主时钟为 20～133 MHz，ARM9 系列微处理器的典型处理速度为 1.1 MIPS/MHz，常见的 ARM9 的系统主时钟频率为 100～233 MHz，ARM10 最高可以达到 700 MHz。不同芯片对时钟的处理不同，有的芯片只需要一个主时钟频率，有的芯片内部时钟控制器可以分别为 ARM 核和 USB、UART、DSP、音频等功能部件提供不同频率的时钟。

3）芯片内存储器的容量

大多数的 ARM 处理器片内存储器的容量都不太大，需要用户在设计系统时外扩存储器，但也有部分芯片具有相对较大的片内存储空间，如 ATMEL 的 AT91F40162 就具有高达 2 MB 的片内程序存储空间，用户在设计时可考虑选用这种类型，以简化系统的设计。

4）片内外围电路的选择

除 ARM 处理器核以外，几乎所有的 ARM 芯片均根据各自不同的应用领域，扩展了相关功能模块，并集成在芯片之中，称为片内外围电路，如 USB 接口、IIS 接口、LCD 控制器、键盘接口、RTC、ADC 和 DAC、DSP 协处理器等，设计者应分析系统的需求，尽可能采用片内外围电路完成所需的功能，这样既可简化系统的设计，又可提高系统的可靠性。

3.4.2 MIPS 处理器

身为嵌入式处理器芯片提供厂商的巨头，MIPS 也是以技术见长的领导厂商之一，从 1984 年成立以来，开发出了许多广为人知的 32 位以及 64 位处理器，虽然目前在市场占有率上逊色于 ARM 架构，但是在整个处理器的发展历史上，占有比 ARM 架构更重要的地位。以下就 MIPS 处理器的家族进行简单介绍。

1. R2000

最初商业化的 MIPS 处理器型号为 R2000，于 1985 年所发表。R2000 的特色就是在芯片架构中，附加了一个独立的多重周期乘法与除法单元，而为了从这个单元中获取计算结果，也增加了几条新指令来进行处理,而为了增加编译之后的程序代码密度,这些指令也是被Intel lock处理的。

R2000具有两个32位的通用缓存器，并且可支持四个辅助处理器，其中之一内建于处理器内部，专门负责exceptions以及traps状况的处理，这些辅助处理器中也包含了一个可选购的浮点运算器，称为R2010 FPU，这个浮点运算器可处理32个32位缓存器，并且可以被当做是16个64位的精度缓存器使用。

2．R3000

R3000继承了大为风光的R2000架构，R3000处理器增加了64KB的高速缓存作为指令与数据的Cache。并且支持了Cache的一致性处理，以备将来作为多处理器平行处理之用。虽然R3000的多路处理器支持其实并不完备,不过它仍成为当时多路处理器架构的典范之一。R3000也内建了内存管理单元，而作为MIPS首次在市场上获得成功行销的产品，R3000成功销售了100万颗以上，而后续的R3000A更是成为传奇，光是在SONY公司的PlayStation游乐器中，就销售了超过1亿颗以上。

R3000家族中，后续也有Pacemips公司生产R3400处理器，而已经被VIA所并购的IDT公司也生产过R3500处理器。这些在R3000家族中都有相同的特点，那就是都与专用的浮点运算处理器R3010配对设计。其后东芝公司的R3900则可说是最初应用于手持式装置的MIPS架构SOC产品，支持Windows CE操作系统。

3．R4000

R4000系列处理器是在1991年发布的，是MIPS最初的全64位架构处理器，与R3000家族不同的是，其浮点运算单元是采用独立的芯片架构，通过外部连接的设计，在产品设计弹性上也可以有所提升，毕竟不是所有的运算还都需要浮点运算能力。借助当时所称的super pipeline架构（deep pipeline架构的别称），可达到相当高的时钟表现，而为了让芯片更容易达到高时钟频率，降低了内部的Cache容量。随后推出的R4400，则是将一级Cache增加到16KB，能够控制附加的二级高速缓存，容量可达1MB。随后也推出了低成本R4200方案，以针对各种入门产品运算需求。而不久后所推出的R4300，在成本控制上更为精确，基本上它只是一个具有32位总线的R4200处理器。R4300也被应用在任天堂公司的Nintendo64游乐器中，当时是由NEC公司所生产。

后来由MIPS脱离出来的Quantum Effect Devices公司，设计了R4600与R4700、R4650以及R5000处理器，由于MIPS所设计的R4000系列，为了重视时钟表现，而牺牲了高速缓存的容量，QED便强调大容量高速缓存所能带来的好处。R4600与R4700使用于SGI公司的Indy工作站中，同样的也被广泛应用于CISCO公司的路由器产品中。而R5000处理器则是内建了更具有弹性的单精度浮点运算，因此基于R5000处理器的SGI Indy图形工作站，在图形加速能力上，相较起R4000平台，有着相当大的进步。

而随后的RM7000系列与RM9000系列则是瞄准了嵌入式应用，比如网通产品，以及激光打印机等。而QED公司后来被PMC-Sierra所并购，之后也持续发展MIPS架构的产品。

4．R8000

R8000是MIPS首个超标量架构的处理器，具有在一个时钟周期内同时进行2个ALU以及2个内存操作的能力。该处理器架构被平均分散到6个模块中：整数处理单元、浮点运算单元、3个可完全自定的二级cache缓冲内存（2个负责存取，1个负责总线监听），1个高速缓存控制 ASIC。在 R8000 中，包含了 2 个完全管线化的倍精度乘加运算单元，可以从芯片外部的 4 MB 二级 cache 串流传输大量数据。虽然 R8000 在整数运算上的效能并不是特别突出，但是其高性能价格比，仍然可以满足大部分精打细算的使用者，而在浮点运算方面，也能彻底满足科学运算等的需求。R8000 仅在市面上出现了短短一年，售出的数量也相当稀少，在商品化上，并不能算是成功的。

5. R10000

1995 年推出的 R10000，采用单一芯片设计，并以高于 R8000 的时钟速度执行，而且也拥有较大的 32 KB 指令和数据高速缓存，如图 3-3 所示。同样的，R10000 也是个超标量架构处理器。R10000 最主要的改进，在于其具有非循序执行的能力，即使在一个只具有单一内存管线，以及更为单纯的处理器上，都能带来非常大的整数效能增长。低价，且集成度高，使得 R10000 备受欢迎。而其后的 R10000 系列处理器，也都是基于同一个架构之下的核心。R12000 单纯是制程改进的高时钟版 R10000；R14000 则是支持了具备更高时钟频率表现的外接 DDR SRAM，并且支持了高达 200 MHz 的前端总线运作速度；R16000 及 R16000A 则是以更佳的制程、更大的一级 cache，以及更小的芯片面积作为主要诉求。

图 3-3 R10000 处理芯片封装图

6. MIPS32 和 MIPS64

MIPS32 24K 和 MIPS32 34K 处理器架构图分别如图 3-4 和图 3-5 所示。

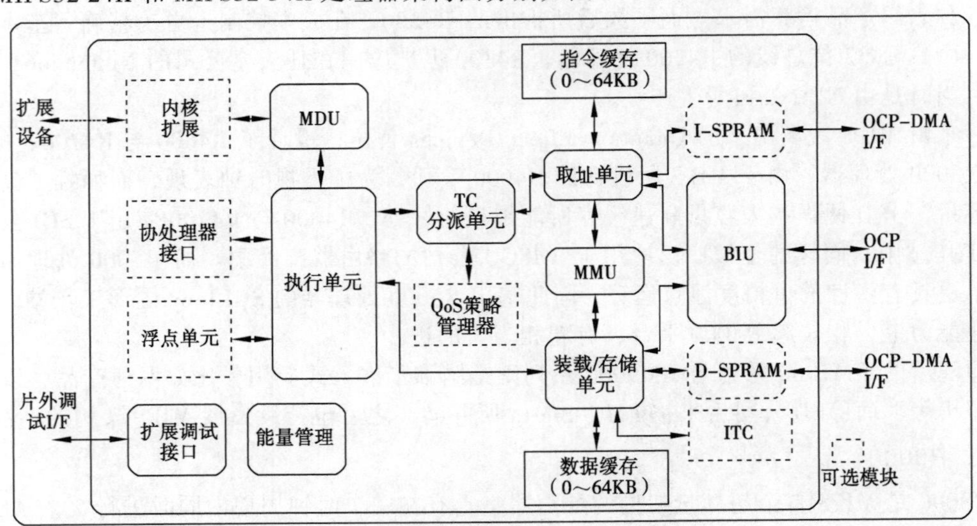

图 3-4 MIPS32 24K 架构图

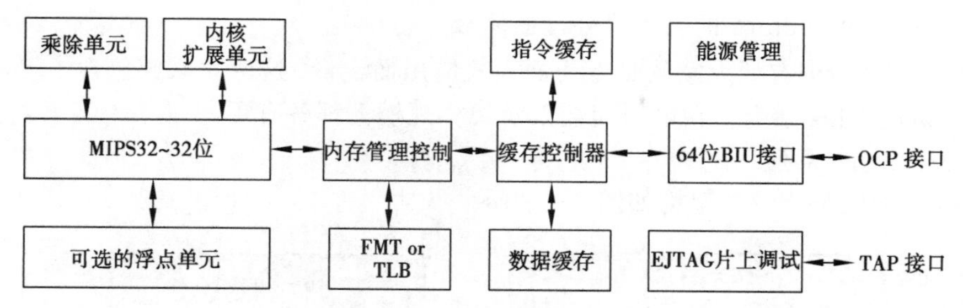

图 3-5 MIPS32 34K 架构图

近年来，MIPS 采用以 32 位以及 64 位核心分类其产品线，并依此准则开发行销其产品。在 32 位处理器方面，主要有 4K 家族、24K 家族，以及最新推出的 34K 家族。4K 家族其实就是过去的 R4000 架构改进版，在这个家族中分为主打多路处理器的 M4K、内建安全机制的 4KS，以及加强效能表现的高时钟 4KE 处理器。4K 家族都是五阶管线架构，并内建 64KB 的高速缓存。在 24K 家族方面，主要是八阶管线，内建 64KB 的高速缓存，主要是针对掌上型行动装置、DVD 播放机、机顶盒、数字电视等嵌入式应用。而在最新的 34K 家族中，则是在九阶管线架构中，加入了多执行绪处理的支持，可同时并行处理多个软件，甚至可作为虚拟切割应用，同时安装多个操作系统。在 24K 家族中，也加入了不少 DSP 特性，可提供更高的计算能量。

而 MIPS64 家族中，则分为 5K 家族以及 20Kc 核心。5K 家族是针对消费电子设计的，其高效能表现以及 64 位浮点运算能力表现相当优秀，而 20Kc 核心则是一个全双执行绪设计，并内建 MIPS3D ASE 的 SIMD 多媒体加速指令。5K 家族是六阶管线架构，20Kc 则为七阶管线。20Kc 主要针对高效能多媒体嵌入式系统应用所设计，因此不论在浮点运算以及多媒体加速方面，都比 MIPS 其他产品更出色。

不过在 64 位处理器方面，由于需求较小，产品开发难度也较高，因此较少被采用。自从 2000 年商家推出 5K 家族以及 20Kc，并把 MIPS64 架构授权给 SONY 开发出 PlayStation2 游戏机之后并没有推出过新的 64 位家族。因此目前 MIPS 处理器在嵌入式系统市场的主流任务就落在了 32 位架构上，并且也得到了相当不错的回应。

3.4.3 PowerPC 处理器

Power Architecture 家族处理器的指令集体系已经统一，所以不论是应用到高阶工作站、服务器，或者是低阶嵌入式应用，如工控装置、手机、游乐器等，只需通过同一套程序开发流程，即可达到全面通用的目的，可解决不同架构之间的应用程序互换问题，省去为了不同平台而必须重新编译程序的麻烦。而推动此处理器架构授权与开放业务的组织，则是由 IBM 在 2004 年年底所主导成立的 Power.org，在负责工作方面，主要是推行 Power 家族微处理器架构 IP 应用的上下游环节，包括外围架构 IP、操作系统、编译器、仿真器以及设计服务等环节，拥有了超过 50 家公司的加盟。

在针对嵌入式应用方面，除了最大的游乐器方面（包含 XBOX 360、PS3 等三代游乐器都采用 Power 架构处理器作为核心，严格地说，XBOX 360 与 PS3 所采用的 Power 架构处理器在效能与耗电量上都已经超出了一般嵌入式应用的范畴），较为出名的应用应该属于合作厂商飞思卡尔所推出的汽车电子 MCU 组件。虽然一般消费性产品或手持式装置仍以 ARM 以及 MIPS 为主，但是在 Power.org 积极的经营之下，面对各种一般嵌入式应用也将会有更大的发展。

1. Power Architecture 的嵌入式处理器家族

目前 Power 架构中有两大家族是专为嵌入式应用而设计，这两大家族包含了 PowerPC 7xx 系列以及 PowerPC 4xx 系列，在电力消耗以及架构规模上都各有不同。

1）PowerPC 7xx 系列

PowerPC 7xx 的系统设计架构如图 3-6 所示。

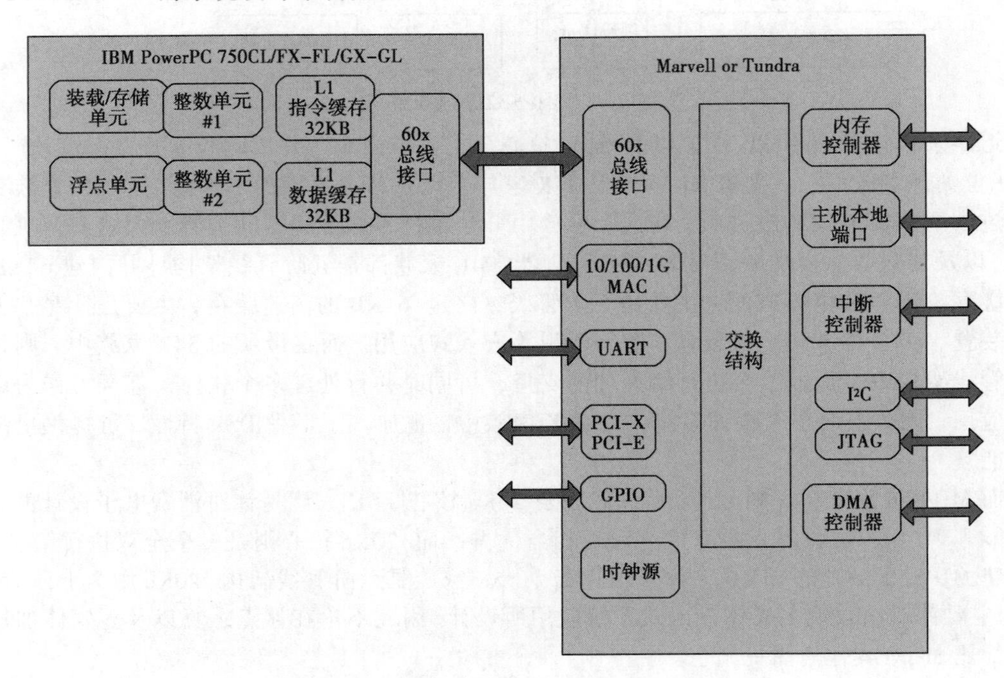

图 3-6 PowerPC 7xx 的系统设计架构图

这一系列的架构主要诉求于高效能，并且兼顾低功耗需求，这一系列处理器都是 32 位架构，主要应用范围在于嵌入式控制、影像处理以及一些具有密集运算需求的服务。在共同设计上，都是基于两组整数运算单元、一组加载存储单元以及一组浮点运算单元的架构。

以下对 PowerPC 7xx 架构进行介绍：

（1）PowerPC 750FX 以及 PowerPC 750FL

这系列处理器在核心部分包含了 32 KB 的指令 cache 以及 32 KB 的数据 cache，并且内建了 512 KB 的二级高速缓存，系统总线的时钟频率支持到 200 MHz。750FX 是为了高可靠性运算需求所设计，最高时钟频率为 800 MHz。而 750FL 则是着重于低功耗导向的应用，在可靠性方面就不如 750FX 有那么高的要求。750FL 所提供的时钟频率有 600MHz、700MHz 以及 733 MHz。这两款处理器的封装都是采用 21 mm 的 CBGA 方式，制程是采用 IBM 的 130 nm 的铜导线 SOI 技术。

（2）PowerPC 750CXr

这款处理器设计主打低成本，内建的 256 KB 的二级高速缓存，以及合并的 32 KB 指令及数据 cache，在封装方面则是采用塑料封装，提供的时钟频率为 300～533 MHz。

（3）PowerPC 750GL/GX

这是一款基于 32 位架构的嵌入式处理器，内建了 32KB 的数据与指令 cache，以及高达 1MB 的二级高速缓存，在引脚与封装上与 750FX/FL 兼容，而 750GX 可以提供最高达 1GHz 的时钟频率，两款处理器共有的时钟频率包含 800MHz 以及 933MHz。

（4）PowerPC 750CL

图 3-7　IBM 家族中的 PowerPC 705CL 封装图

PowerPC 750CL 产品，如图 3-7 所示。此款产品是 IBM 在 750 家族中最新的一款芯片,主打的是具有高度弹性的架构，除了时钟频率的可设定范围从 400MHz～1GHz 外，还可由使用者指定二级高速缓存的大小，并且内建了专为绘图处理最佳化的部分指令。在功耗方面，比同家族的其他 750 系列具有更佳的表现。正是这一款芯片被任天堂采用为 Wii 中央处理器使用。这款芯片采用的是 90 nm 的铜导线 SOI 制程，并且使用 FC-BGA 封装，比较特殊的是，此款芯片的引脚定义与 PowerPC 970 兼容，而定价上则是向 750CXr 看齐。

（5）PowerPC 7xx 系列的支持芯片组

PowerPC 在北桥芯片组这方面，IBM 本身并不提供，而是交给合作厂商设计。基本上在这方面有两大供应厂商，分别是 Marvell 以及 Tundra 两家公司，提供了包含：基本内存控制、中断控制、DMA 控制等功能；进阶的 PCI Express、PCI-X 总线接口；以太网络和光纤等网络接口；等等。

2）PowerPC 4xx 系列

PowerPC 4xx 系列都是基于 32 位架构的嵌入式处理器产品，除了提供了可缩放的规模设计以外，也支持单一或者是多重处理器组态的设定，当然单芯片 SOC 的设计也在其应用范畴之内。除了可应用于主要计算外，也可以肩负起 I/O 处理以及网络及存储封包处理等多种应用。PowerPC 4xx 系列处理器可以利用 IBM 独家的 Core Connect 总线架构进行平行运算或应用导向的宏架构。这些处理核心基本上都是经过芯片面积最佳化以及高度整合后的设计，目前也被 IBM 作为 IP 授权的主打产品，可供不同厂商嵌入到自行设计的半导体产品中。

而在指令集方面的兼容性，完全支持 Power Architecture，所有针对 Power 处理器指令集开发的软件皆可以顺利执行，而无须另行改版或重新编译。因此过去在软件方面所投资的成本也不会因为架构的转换而付诸流水。但是由于不同软件对于效能的需求不同，因此虽然在指令集阶段可以完全兼容，但是针对应用方面，还是要选择比较适合的架构，才不会有“杀鸡用牛刀”或是相反的情况发生。而由于指令集的完全兼容，开发商所累积的程序代码资源或手上的开发工具也可以继续沿用，除了可以降低开发成本外，也可以加速产品上市的进程。

以下对 PowerPC 4xx 核心进行介绍：

（1）PowerPC 405 核心

PowerPC 405 是一款可达到 400 MHz 时钟频率的处理器，在效能上约可达到 608 DMIPS；在制造上，采用 90 nm 铜导线技术，除了规模可缩放设计之外，也完全支持 Power ISA 2.03 规范，并且为嵌入式应用的最佳化方案。这款可授权的嵌入式核心具有超标量设计，五阶管线架构，分离式的指令、数据 cache，一个 JTAG 端口，一个追迹式先进先出（trace FIFO），多重时序，以及内建内存管理机制（memory management unit，MMU）。这款嵌入式处理器被广泛应用在存储、消费性产品以及有线/无线网络装置中，起数据的辅助加速处理作用。PowerPC 405 的区块如图 3-8 所示。

（2）PowerPC 440 核心

这款核心则是提供了最高可达 667 MHz 时钟频率，在效能指针上的表现，约可达到 1334

DMIPS。与 PowerPC 405 一样，这款处理器也是采用 90nm 铜导线半导体制程，同样也对 Power ISA 2.03 规范具有完整的支持。PowerPC 440 除了内建有 256KB 的二级高速缓存之外，分离式的数据及指令 cache 各为 16KB 或者是 32KB。较特殊的是，两个整数单元的设计并不是完全一样的，而是非精简型以及复杂型整数运算单元，分别负责不同的计算需求。此外，PowerPC 440 也提供了附加的芯片内嵌内存支持能力，在市场定位上，PowerPC 440 是一款可以根据应用而分别针对效能取向的设计或者迎合省电需求的规模缩减的设计，在架构上可以说相当灵活。Power PC 440 的区块如图 3-9 所示。

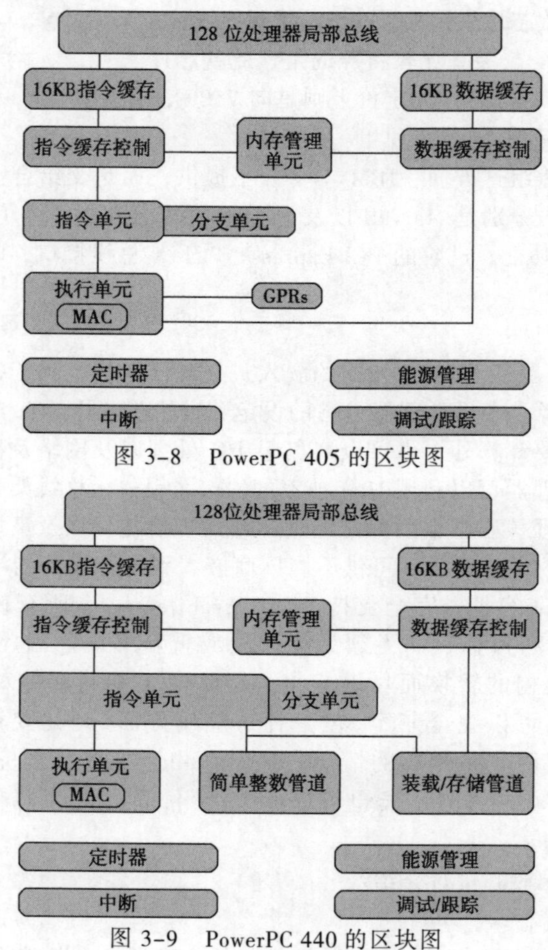

图 3-8　PowerPC 405 的区块图

图 3-9　PowerPC 440 的区块图

PowerPC 440 还有独立的浮点运算模块，通过 APU 接口连接，借以达到对于浮点运算处理加速的需求。PowerPC 440 模块是个双绪、超标量的管线架构浮点运算单元，硬件上整合了一组四态、四级管线设计，具有加载与存储功能的算数处理管线。当然，这个 FPU 单元也可以直接整合在 PowerPC 440 核心当中，这取决于半导体厂商的设计与需求。PowerPC 440 的 FPU 模块区块如图 3-10 所示。

（3）PowerPC 460 核心

作为 IBM 旗下最高阶的嵌入式处理器，PowerPC 460 以 32 位的运算架构，提供了将近 2000DMIPS 的运算能量，虽然在基本架构上与其他 PowerPC 4xx 系列核心相同，但是 PowerPC 460

核心还额外支持了 24 道 DSP 指令、可扩充多处理器的 PLB 总线，以及独立的二级高速缓存接口。当然，同 PowerPC 440 的设计概念一样，PowerPC 460 也是可以针对需求来调整核心的规模，使半导体厂商能针对效能导向或者是省电导向的应用来开发产品。PowerPC 460 的区块如图 3-11 所示。

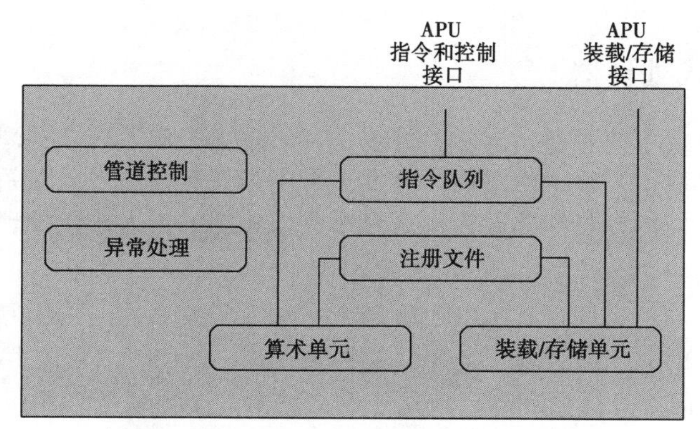

图 3-10　PowerPC 440 的 FPU 模块区块图

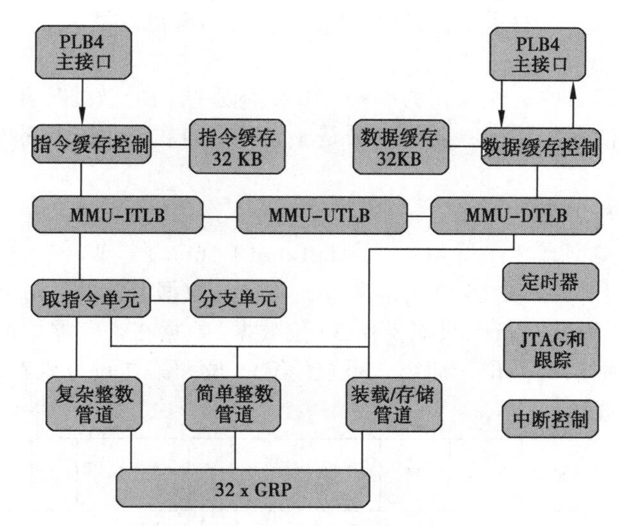

图 3-11　PowerPC 460 的区块图

2. Core Connect 架构

Core Connect 是 IBM PowerPC 处理器的总线架构，在过去 10 年之间已经授权超过 1500 家 IP 发展公司作为特定处理器的总线架构使用。现在 IBM 在进入处理器 IP 授权领域之后，转而把这项广为授权使用的技术拿来当做自家的独门武器，并且特别为之设计了桥接方案，可用来连接诸如 ARM 处理器等 IP 授权处理器架构，并将之纳入成为 Power Architecture 的基础设计。不过这样的设计通常都是作为过渡使用，一般要应用于实际产品并推出到市场上，其实并不是那么容易。

Core Connect 的周边选项方面，包含了内存控制器、DMS 控制器以及 PCI 接口桥接及中断控制，作为系统层级的完整设计方案。Core Connect 架构中的 PLB（process local bus）是个具有高效率表现的处理器总线，设计除了作为标准处理器的总线连接设计以外，也可以作为处理器与整合型的总线控制器的标准沟通接口，因此 PLB 架构的设计可以应用于 Core 加上

ASIC 的架构，或者标准的 SOC 架构之中。

针对具有多重处理器核心架构的 SOC 设计，可以选用 PLB5 总线技术，PLB5 是个 128 位宽度、8 个四路 crossbar 交换器，主要是针对高性能运算环境的架设需求，PLB5 能够承担起高时钟频率处理器的高功耗需求。除了多重处理器以外，单芯片多核处理器也可以应用 PLB5 总线。

3.4.4 国产嵌入式处理器

随着嵌入式系统技术的发展，国际上许多大公司致力于嵌入式微处理器技术等方面的发展，我国在该领域也取得了很大的进展，开发了自主知识产权的嵌入式系统内核技术，包括嵌入式微处理器。下面以方舟和龙芯为例，介绍我国典型的嵌入式微处理器。

1. 方舟系列

方舟科技是我国第一家嵌入式 CPU 提供商，2001 年发布的 Arca1 CPU，是我国历史上第一款实用的 32 位 RISC 微处理器，2002 年发布的 Arca2 CPU，在技术指标上已达到 ARM 和 MIPS 的水平。目前方舟微处理器已应用于网络终端、金融税务专用机、VPN 和网关等设备。在国防和军事领域，国产 CPU 的选取和使用更为重要，因此，本节讲述方舟 CPU 的体系结构及其嵌入式 SOC。这对系统设计时 CPU 的选型具有借鉴意义。

1）方舟体系结构

体系结构是微处理器的灵魂，作为一种 RISC 体系结构的微处理器，方舟微处理器不但具有 RISC 体系结构的典型特征，同时它又是一套具有自主知识产权的全新的、高性能、低功耗的指令体系结构。

（1）数据的类型与组织

方舟支持的数据类型有 Byte（8bit）、Halfword（16bit）、Word（32bit）等 3 种。仅有 load/store 指令可以操作 8 位和 16 位数据类型，并且当数据装入时，load/store 指令可自动进行零扩展和符号扩展，而其余指令只能操作 32 位数据。数据在寄存器中的组织方式如图 3-12 所示，第 0 位存放数据的最低位，而第 31 位、第 15 位和第 7 位分别存放 32 位数据、16 位数据和 8 位数据的最高位。

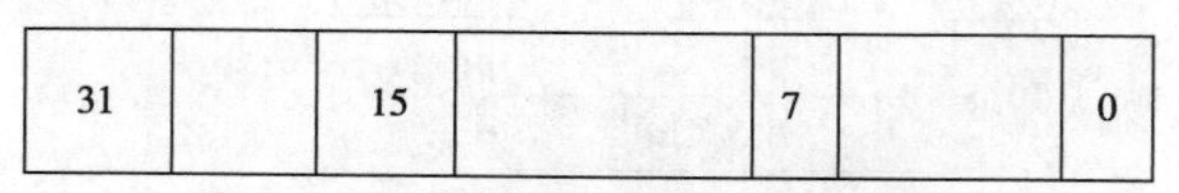

图 3-12 寄存器中数据组织方式图

与 ARM 体系结构类似，方舟体系中存储器的数据组织方法也采用大端（big endian）和小端（little endian）两种格式。每个字单元包含 4 个字节单元和 2.5 个字单元，1.5 个字单元包含 2 个字节单元，但在字单元中，不同的存储格式字节的排列顺序不一样，如图 3-13 所示。

通常，在具体应用中采用小端（little endian）格式。

<table>
<tr><td colspan="4">31　　　　　　　　15　　7　　0</td></tr>
<tr><td colspan="4">字单元A</td></tr>
<tr><td colspan="2">半字单元A+2</td><td colspan="2">半字单元A</td></tr>
<tr><td>半字单元A+3</td><td>半字单元A+2</td><td>半字单元A+1</td><td>半字单元A</td></tr>
</table>

（a）大端（big endian）存储系统

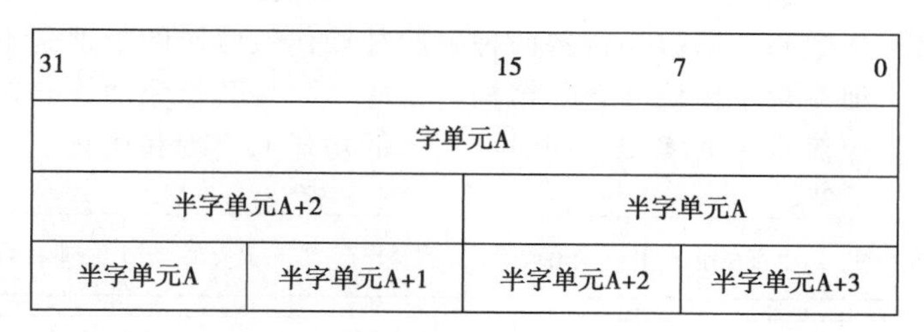

（b）小端（little endian）存储系统

图 3-13　两种存储系统字节排列排序

（2）处理器模式

方舟处理器提供两种运行模式：用户模式（user mode）和特权模式（supervisor mode）。两种模式的切换受软件控制，仅在有异常发生时才使处理器从用户模式切换到特权模式，同时仅有 RTE 指令可以使处理器从特权模式切换到用户模式。大部分应用程序在用户模式下运行。当处理器处于用户模式时，所执行的程序不但无法访问一些已保护的系统资源，而且不能改变模式，否则会导致异常发生。因此，需要设计一个合适的操作系统来控制系统资源的使用。当处理器处于特权模式时，应用程序不但可以访问所有的系统资源，而且能够自由地进行模式切换，所以系统控制指令也仅能在特权模式下使用。与其他微处理器相比，方舟精练的特权模式模型，可以大大简化操作系统等系统软件的编写、移植和维护。

（3）寄存器结构

方舟有 38 个寄存器，其中包括 32 个通用寄存器（R0～R31），5 个控制寄存器及 1 个程序计数器（PC）。当处理器处于特权模式时，所有寄存器均是可见的（可访问）；而在用户模式下，仅有通用寄存器和程序计数器可见。32 个通用寄存器中存放指令操作数和地址信息。R0 是只读寄存器，其值为 0。因为在某些应用中 0 是普遍采用的常数，所以 R0 可用做给任意寄存器操作数清 0，R0 还可用做目的寄存器以消除一条指令的运行结果。PC 寄存器中存放正在执行的指令地址。当指令（见图 3-14）执行时，PC 的内容将自动更新，而有异常发生时，PC 中的值将变成一个指向异常处理的入口地址指针，以便系统进行自动异常处理。对于软件来说，PC 是不可见的，但是可使用 J 指令跟踪 PC 的值。5 个控制寄存器分别为状态寄存器（SR）、非调试异常发生时的 PC 备份寄存器（EPC）和 SR 备份寄存器（ESR）、调试异常发生时的 PC 备份寄存器（DPC）和 SR 备份寄存器（DSR）。其中，SR 为方舟的主控制寄存器，它包含当前处理器的操作模式、中断使能位以及其他的状态和控制信息。当发生异常时，SR 的值将自动存储在 DSR 或 ESR 中。

（4）异常

在当前程序流正常执行的过程中，中断、复位、存储器访问错误、TLB 丢失等均会导致异常发生。当方舟 CPU 核实一个异常请求时，它将暂停正常的运行，并保存当前的处理器状态，然后进入异常处理程序。在异常处理服务之后，方舟 CPU 再恢复正常的运行。

（5）指令集

方舟体系结构中有 78 条指令，分为十大类：直接装入指令、跳转指令、分支指令、算术指令、比较指令、逻辑指令、移位指令、装入/存储指令、多功能指令、系统指令。这些指令主要采用 6 种指令格式，如图 3-14 所示。指令由操作符域和操作数域组成。操作符包括主操作符 OP1 和次操作符 OP2，每条指令包括一个主操作符 OP1，而不一定包含次操作符 OP2。

操作数分为寄存器操作数和立即数操作数两种，两种操作数编码的长度是不一样的。

方舟指令集中不但凝聚了传统 RISC 结构的精髓，而且其指令功能和指令编码格式有利于高效率、低成本指令流水线的实现，同时有利于低功耗的实现和优化。

31	25	20	15	9	4　0
主操作符	寄存器	寄存器	次操作符	寄存器	寄存器
主操作符	寄存器	寄存器	次操作符	----	寄存器
主操作符	寄存器	寄存器	次操作符	0	寄存器
主操作符	寄存器	寄存器	次操作符	立即数	
主操作符	寄存器	寄存器	立即数		
主操作符	寄存器	立即数			

图 3-14　指令格式

2）基于 Arca2 的 SOC Arca210

Arca210 是一款基于 32 位 RISC 微处理器 Arca2 的高集成度 SOC，其中集成了嵌入式产品所需的大量外设以及 PC 架构南北桥中的大部分功能，系统结构如图 3-15 所示。

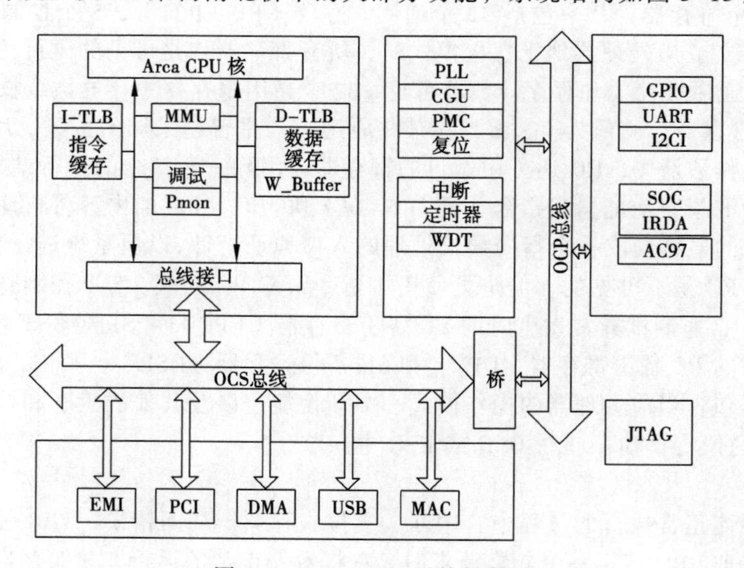

图 3-15　Arca210 系统结构图

（1）Arca2 CPU 核

Arca2 CPU 核包括 CPU 核、存储器管理单元、高速缓存以及总线接口单元。处理器采用哈佛存储器结构，其中包括 16 KB 的指令缓存和 16 KB 的数据缓存。对于数据缓存，写回缓冲器中的 16 个字的数据用于减少由于总线冲突而导致的功能丢失。指令地址和数据地址通过独立的指令 TLB 和数据 TLB 进行转换。

嵌入核中的 JTAG 接口调试模块可以辅助软件进行内核调试。PMON 模块用于监视 CPU 核的功能，例如时钟数、执行的指令数、已用的缓存数等。

Arca2 CPU 核的特点为:

① 五级流水线，330～400 MHz 主频。

② 内存管理支持 4 KB、16 KB、1 MB 和 16 MB 的可变页面大小。

③ 提供 32 路指令 TLB 和数据 TLB。

④ 8 KB 数据缓存和 8 KB 指令缓存。

⑤ 采用循环轮换替换算法，支持表项锁存。

⑥ 支持异步中断和异步引导。

⑦ 通过 JTAG 接口与主机相连。

（2）OCS 总线设备和 OCP 总线设备

对于要求高性能存储器带宽的设备都连到片上系统（OCS）总线，高速的 OCS 总线可以满足 CPU 与高速外设间的高带宽需求，因此这些设备又统称为 OCS 总线设备。

OCS 总线设备包括存储器控制器（SDRAM，SRAM，FLASH，ROM）、同步 DRAM 控制器、32 位 PCI 总线接口控制器、DMA 控制器、USB 控制器和以太网控制器。不需要高带宽连接的设备都连到片上外设 OCP 总线，这些设备统称 OCP 总线设备。OCP 总线设备包括时钟产生单元、电源控制单元、中断控制器、时钟定时器、把关定时器（俗称看门狗）时钟、通用 I/O 、UART、智能卡控制器、红外串行接口（IrDA）、I^2C 接口、AC97 控制器。由于片上集成了常用的外设模块，使得基于 Arca210 的嵌入式系统体积小、功耗低、设计周期短、复杂度小，从而降低了设计风险，便于设计者使用，为产品尽快上市提供了保证。

Arca210 的特点：

① 核心：Arca2 CPU。

② 大量的 OCS 总线外设和 OCP 总线外设。

③ 供电：I/O 采用 3.3 V 供电，内部采用 1.8 V 供电。

④ 功耗：在 400 MHz 主频下运行时的最大功耗是 360 mW。

⑤ 工艺：采用 0.18 μm CMOS 工艺。

⑥ 封装：采用先进的 PBGA 封装方式，304 引脚，面积是 23 mm × 23 mm。

Arca210 的 CPU 的速度、功耗、工艺、体系结构、性能等技术指标已达到 ARM 和 MIPS 的水平；与另一款国产 CPU 龙芯相比，龙芯 1 号的主频最高仅达 266 MHz，功率低于 400 mW，同时龙芯中仅集成了 PC 架构中的南桥功能，所以如果设计基于龙芯 1 号的嵌入式系统还需另外设计或采用芯片实现北桥功能。此外，方舟科技移植、增强了 GNU 编译开发环境，使其对方舟 CPU 体系结构提供全面的支持，其中包括编译工具、调试工具、运行库、实用工具等，特别是其支持图形界面的调试工具 GDB，是龙芯调试工具中仅有的下载—运行模式无法比拟的。因此，我国嵌入式产品的设计与开发，尤其是军用国防产品的设计与开发，方舟 SOC 产品将是一个很好的选择。

2. 龙芯系列

1）龙芯 1 号处理器

在 2002 年 9 月 28 日，对于中国处理器领域来说又是一个全新的起点，小名“狗剩”的中国第一颗通用式处理器芯片——“龙芯 1 号”终于展示在了世人的面前，掀开了它神秘的面纱，如图 3-16 所示。此次发布小名为“狗剩”的 CPU 是中国科学院计算技术研究所历时两年、独立研制成功的我国首枚高性能通用 CPU。"龙芯"的成功问世，标志着我国已经结束了在计算机关键技术领域的"无芯"历史。

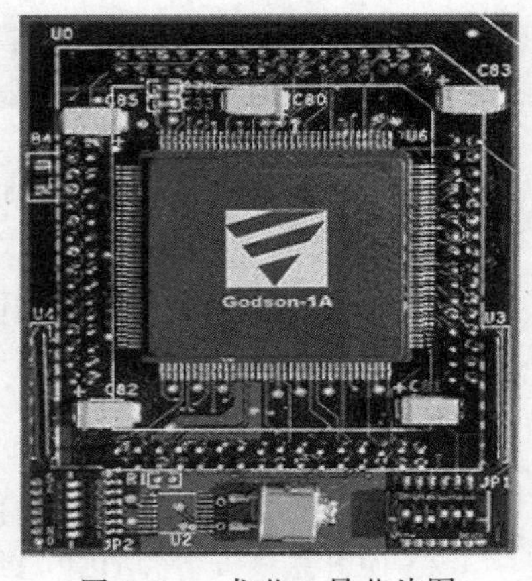

图 3-16 龙芯 1 号芯片图

（1）龙芯 1 号相关参数

① 龙芯 1 号 CPU 芯片的主要技术指标如下：

- 芯片面积约 4 mm×4 mm；芯片规模小于 100 万门（约 400 万晶体管）。
- 定点寄存器和浮点寄存器各 32 个；指令 cache 和数据 cache 各 8KB，二路组相连。
- 超流水线结构，实现了动态调度，乱序执行。
- 多功能部件：1 个访存部件、2 个定点部件、2 个浮点部件。
- 内嵌硬件安全功能，可有效抵御大多数黑客和病毒攻击。

② 龙芯 1 号 CPU 芯片配套主板的有关参数及特性如下：

- 主板外频为 50～117MHz。
- 256MB 内存，支持与 PC100 兼容的 SDRAM 内存条。
- 1MB FLASH 存储器，用于 BIOS。
- 4 个标准的 PCI 扩展槽，两个 IDE 接口。
- 2 个串行口，1 个并行口，键盘、鼠标接口。
- 支持常见的 PCI 显卡，如 S3、RIVA TNT2 等，以及 l0/100Mbit/s 自适应网卡。

这款芯片采用了 0.18μm 工艺，包含近 400 万个晶体管，主频最高可达 266MHz，已用在了国产龙腾服务器当中，这也打破了我国长期依赖国外处理器产品的尴尬局面。虽然作为中国人第一次拥有自主知识产权的处理器产品，但同时相关人员也保持着相当清醒的头脑。因为从技术和应用的角度来看，龙芯 1 号与主流的处理器产品还有着相当大的差距。据了解龙芯 1 号仅相当于中端 Pentium Ⅱ的水平，主频低，其性能还相对较差。虽然如此，但不得不承认，龙芯 1 号的推出可以说是其中国处理器历史上一个新的里程碑。

（2）龙芯 1 号处理器模块

一般根据应用模式的不同，将处理器分为通用 CPU 和嵌入式 CPU，其实从结构上看这两者并无差异。通用 CPU 芯片的功能一般比较强，能运行复杂的操作系统和大型应用软件，嵌入式 CPU 芯片在功能和性能上有很大的变化范围，相对来说比通用 CPU 更为复杂和强大。龙芯 1 号处理器是一款既兼顾通用又有嵌入式 CPU 特点的新一代 32 位处理器，拥有 32 位 MIPS 指令系统，并采用一套简单高效的动态流水线，支持乱序执行和精确中断处理，采用 0.18 μm CMOS 工艺制造，具有良好的低功耗特性，平均功耗 0.4 W，最大功耗不超过 1W。因此，龙芯 1 号 CPU 可以在大量的嵌入式应用领域中使用。不过在缓存设计上，龙芯 1 号有明显的缺陷，芯片内只集成 16 KB 容量的一级缓存（8 KB 指令+8 KB 数据），对于处理器当中起到决定作用的二级缓存却没有设计在内，且它的晶体管也仅有 400 多万个，这也是它处理性能较弱的一个重要原因。

龙芯 1 号在通用 CPU 体系结构设计方面采用了许多先进的微处理器的设计与实现技术，在动态流水线的具体实现和硬件对系统安全性的支持方面，有独特创新，并申请了专利。目前龙芯 1 号具有特殊的硬件设计，可以抵御缓冲区溢出攻击。从硬件上根本抵制了缓冲区溢出类攻击的危险，从而大大地增加了服务器的安全性。因此，使用龙芯 1 号 CPU 可以构成更为安全的网络安全服务器、网络安全网关、网际防火墙、服务器网卡等对网络安全有特殊需求的产品。基于龙芯 CPU 的网络安全设备可以满足国家政府部门、广大企业机关等对于网络与信息系统安全的需求。同时，龙芯 1 号还会利用小于 0.5W 的低功耗特点，进入 Intel 势弱的嵌入式芯片应用市场，以及到手机芯片等通信产品市场中。

此外，它还可以运行大量的现有应用软件与开发工具。支持 Linux、VxWorks，Windows CE 等操作系统。基于龙芯 1 号 CPU 的服务器，可以运行 Apache Web、FTP、E-mail、NFS、X-Window 等服务器软件，虽然不能说是全方位的兼容，至少包括和兼容种类也有相当一部分。作为第一款通用型 CPU 产品，龙芯 1 号虽然有这样或那样的一些问题和缺陷，但整体来看无论是在技术还是在应用性上，该处理器都已达到相当的水平，已经为中国自主研发的处理器产品添上浓墨重彩的一笔。

2）龙芯 2 号处理器

有了龙芯 1 号的研发实践经验，中科院计算技术研究所的相关科技人员继续努力，再次经过了两年多的艰苦奋战，在 2005 年 4 月 26 日，龙芯 2 号处理器正式面世，如图 3-17 所示。龙芯 2 号的再次登场亮相，同样给了世人一个惊喜，无疑使得中国龙芯处理器又迈上了一个新的台阶。

龙芯 2 号采用 0.18μm 的 CMOS 工艺制造，片上集成了 1350 万个晶体管，硅片面积 6.2 mm×6.7 mm，最高频率为 500 MHz，功耗为 3～5W。龙芯 2 号实现了片内一级指令和数据高速缓存各 64 KB，片外二级高速缓存最多可达 8 MB。龙芯 2 号的 SPECCPU2000 标准测试程序的实测性能是龙芯 1 号的 8～10 倍，是 1.3 GHz 的威盛处理器的 2 倍，已达到相当于 Pentium Ⅲ 的水平。基于龙芯 2 号的 Linux-PC 系统可以满足绝大多数的桌面应用。

3）龙芯 2 号增强型处理器芯片（龙芯 2E）

龙芯 2E 是一款实现 64 位 MIPS Ⅱ 指令集的通用 RISC 处理器，采用 90 nm 的 CMOS 工艺，布线层为 7 层铜金属，芯片晶体管数目为 4700 万，芯片面积 6.8 mm×5.2 mm，最高工作频率为 1 GHz，典型工作频率为 800MHz，实测功率为 5～7W。龙芯 2E 具有片上 128 KB 一级缓存、512 KB 二级缓存，单精度峰值浮点运算速度为 80 亿次/秒，双精度浮点运算速度为 40 亿次/秒，在 1 GHz 主频下，综合性能已经达到高端 Pentium Ⅲ以及中低端 Pentium 4 处理器的水平。

图 3-17　龙芯 2 号芯片图

4）龙芯处理器的后续发展

虽然龙芯 2 号处理器的推出，使得我们在处理器领域又向前迈出了较为坚实的一步，相比龙芯 1 号处理器在性能上有了 10～15 倍的提升，不过跟世界主流处理器相比，无论是在设计还是在性能上都还有着相当明显的差距，另外在中国龙芯处理器兼容性不强也是阻碍发展的一个较为明显的弊端。正因为如此，龙芯 2 号也在不断地改进和完善，意欲更为向主流处理器靠近。据了解龙芯 2 号的下一版本将在技术上有着更为明显的更新和变化，它将使用 0.13 μm 的加工技术，主频率可达到 1 GHz，同时会采用速度更快的前端总线，并支持 DDR 内存。这将使得龙芯 2 号有着更为全面的技术表现，相信在市场中也会有进一步的发展。

3.5 基于 FPGA 的嵌入式软核处理器

现场可编程逻辑阵列（FPGA）因其设计灵活，功能强大等优点在嵌入式系统设计领域占据着越来越重要的地位。随着 FPGA 工艺技术从 0.13 μm 发展到 90 nm 到 65 nm，FPGA 的容量愈来愈大，一款低端 FPGA 就可能具有比几年前最高端 FPGA 更大的容量和资源。这样，容量的增加和性能的提升允许在 FPGA 中实现硬核或软核处理器来替代 FPGA 外部的处理器，从而实现更高的系统集成度。

目前，国内外许多单位已成功地将 51 单片机、ARM 和 PPC 等处理器内核嵌入到各种 FPGA 中，并进行了应用系统的设计，各主流 FPGA 厂商也都在 FPGA 产品中提供了嵌入式软核处理器，其中最著名的要数 Xilinx 公司的 MicroBlaze 和 Altera 公司的 Nois II 了。在本节中，首先简单介绍一下这两款嵌入式软核处理器，然后着重介绍 Nois II 处理器的结构和开发过程。

3.5.1 MicroBlaze 及 Nios II 处理器简介

1. MicroBlaze 处理器

MicroBlaze 是 Xilinx 公司针对自己的 FPGA 平台专门开发的处理器软核，它采用 RISC 架构和哈佛结构的 32 位指令和数据总线，可以全速执行存储在片上存储器和外部存储器中的程序，并访问其中的数据。MicroBlaze 处理器支持 IBM 的 CoreConnect 总线标准，能够与 PowerPC 405 系统实现无缝连接，是一个非常简化但具有较高性能的软处理器 IP 核。

MicroBlaze 处理器运行在 150 MHz 时钟下，可提供 125 DMIPS 的性能，具有运行速度快、占用资源少、可配置性强等优点。非常适合设计针对网络、电信、数据通信和消费市场的复杂嵌入式系统。

MicroBlaze 处理器具有以下基本特征：

① 32 个 32 位通用寄存器和 2 个专用寄存器（程序计数器和状态标志寄存器）。

② 32 位指令系统，支持三个操作数和两种寻址方式，指令执行的流水线是并行流水线。

③ 分离的 32 位指令和数据总线，符合 IBM 的 OPB 总线规范（与外设相连接的低速总线）。

④ 通过本地存储器总线（LMB，本地高速总线）直接访问片内块存储器（BRAM）。

⑤ 具有高速的指令和数据缓存（cache），三级流水线结构（取址、译码、执行）具有硬件调试模块。

⑥ 带 8 个输入和 8 个输出快速链路接口（FSL）。

应用 EDK（嵌入式开发套件）可以进行 MicroBlaze IP 核的开发。工具包中集成了硬件平台产生器、软件平台产生器、仿真模型生成器、软件编译器和软件调试工具等。EDK 中提供一个集成开发环境 XPS（Xilinx 平台工作室），以便使用系统提供的所有工具，完成嵌入式系统开发的整个流程。

2. Nios II 处理器

2000 年，Altera 发布了 Nios 处理器，这是 Altera Excalibur 嵌入式处理器计划中的第一个产品，是第一款用于可编程逻辑器件的可配置软核处理器。

2004 年 6 月，Altera 公司在第一代 Nios 取得巨大成功的基础上，又推出了更加强大的 Nios II 嵌入式处理器。它采用 32 位的 RISC 指令集，32 位数据通道，五级流水线技术，可在一个时钟周期内完成一条指令的处理。与 Nios 相比，Nios II 处理器拥有更高的性能和更小的

FPGA 占用率，并且提供了强大的软件集成开发环境 Nios II IDE，所有软件的开发任务包括编辑、编译、调试程序和下载都可以在该环境下完成。

Altera 公司将 Nios II 处理器以 IP（Intellectual Property 知识产权）核的方式提供给设计者，有快速型（Nios II/f）、经济型（Nios II/e）和标准型（Nios II/f）3 种处理器内核，每种内核都对应不同的性能范围和资源成本。设计者可以根据实际情况选择和配置处理器内核。

使用 Nios II 处理器的用户可以根据他们的需要来调整嵌入式系统的特性、性能以及成本，快速使得产品推向市场，扩展产品的生命周期，并且避免处理器的更新换代。

Nios II 处理器的主要特点如下：

① 完全的 32 位指令集，数据通道和地址空间。

② 可配置的指令和数据 cache。

③ 32 个通用寄存器。

④ 32 个外部中断源。

⑤ 单指令的 32×32 乘除法，产生 32 位结果。

⑥ 单指令 Barrel Shifter。

⑦ 可以访问多种片上外设，可以和片外存储器外设接口。

⑧ 具有硬件协助的调试模块，可以使处理器在软件调试时做各种调试，如开始、停止、单步和跟踪等。

⑨ 具有超过 20ODMIPS 的性能。

3.5.2　Nios II 系统的开发

本小节主要介绍基于 Nios II 处理器的嵌入式系统开发过程。

1．Nios II 处理器结构

Nios II 处理器体系结构如图 3-18 所示。主要包括算术逻辑单元（ALU）、异常控制器、中断控制器、指令总线、数据总线、指令和数据缓冲存储器、指令和数据紧耦合存储器接口、内部寄存器、JTAG 调试模块等。

① ALU 对通用寄存器中的数据进行操作，取出一到两个操作数，运算并将结果存回寄存器。ALU 支持的数据操作有：算术运算、关系运算、逻辑运算、移位运算。如果要实现其他运算，在软件上可以执行上述几种运算的组合。

② Nios II 提供一个简单的非向量的异常控制器来处理所有的异常情况。所有这些异常，包括硬件中断，会导致 CPU 跳转到单一的异常地址。在这个地址上通过异常服务程序判断异常的类型，并调用相应的异常处理子程序。

③ Nios II 提供 32 个有优先级的外部中断源，处理器核有 32 个中断请求输入，从而为每个中断源提供独立的输入。Nios II 支持中断嵌套。

④ Nios II 支持分离的指令和数据总线，指令和数据总线都作为 Aalon 总线主端口实现，数据主端口连接存储器和外设，指令主端口仅连接存储器构件。Nios II 的存储器访问采用小端对齐的模式，字和半字的最高有效字节存储在较高的地址空间中。指令主端口作为一个 Aalon 总线主端口，只完成单一的功能：获取处理器要执行的指令，不执行写操作。

⑤ Nios II 支持指令主端口和数据总线主端口上的缓存。在 Nios II 处理器中，一旦使用指令和数据缓存，它们将是永久有效。但是 Nios II 处理器也提供了使数据缓存失效的手段，使得对外设的访问可以不经过数据缓存。缓存的管理和一致性通过软件来控制。Nios II 提供

相应的指令来进行缓存管理。

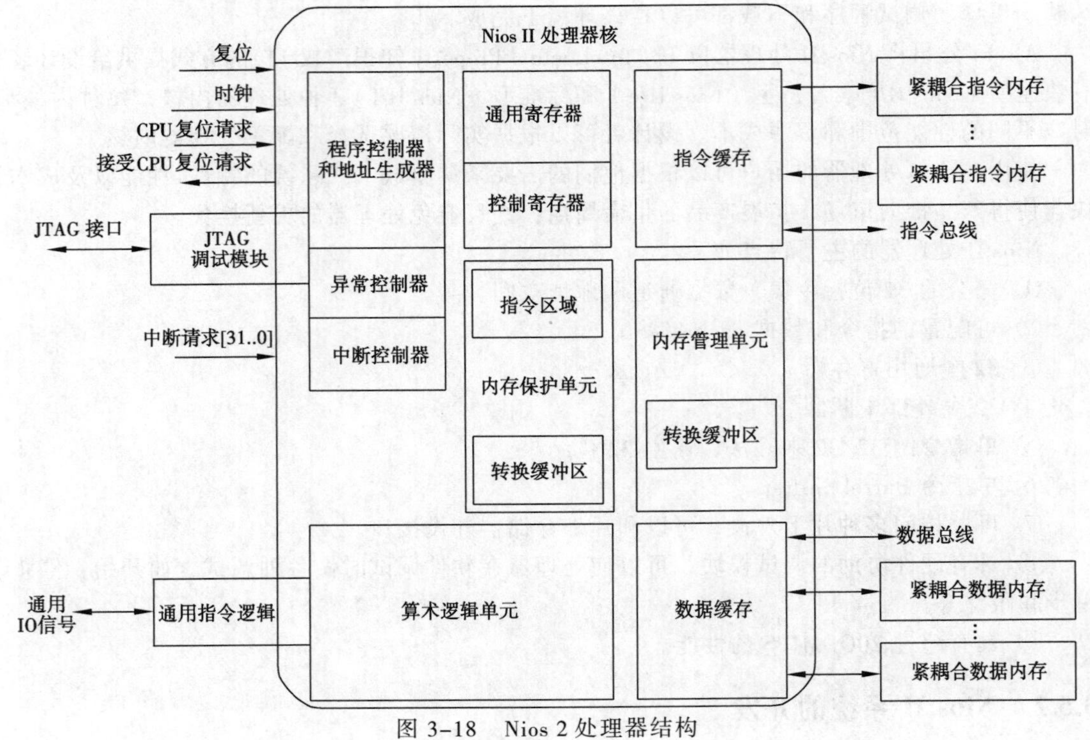

图 3-18 Nios 2 处理器结构

⑥ Nios II 体系结构支持固定大小的寄存器文件，包括 32 个 32 位通用寄存器和 6 个 32 位控制寄存器。该结构支持管理模式、用户模式和调试模式，这使得系统代码可以保护控制寄存器，避免恶意程序的影响。下面对 Nios II 的内部寄存器进行简单介绍。

a. 通用寄存器 r0～r31。

- r0（zero）：总是存放 0 值，对它读/写无效。Nios II 没有专门的清零指令，所以常用它来对寄存器清零。
- rl（at）：这个寄存器在汇编程序中常用做临时变量。
- r2～r3：用来存放一个函数的返回值。r2 存放返回值的低 32 位，r3 存放返回值的高 32 位。如果这两个寄存器不够存放需要返回的值，编译器将通过堆栈来传递。
- r4～r7：用来传递 4 个非浮点参数给一个子程序。r4 传递第一个参数，r7 传递第二个参数，依此类推。
- r8～r15：习惯上，子程序可以使用其中的值而不用保存它们。但这些寄存器里的值可能被一次子程序调用改变，所以调用者需要保护这些寄存器。
- r16～r23：子程序必须保证这些寄存器中的值在调用前后保持不变，即要么在子程序执行时不使用它们，要么使用前把它们保存在堆栈中并在退出时恢复。
- r24（et）：在异常处理时使用。使用时可以不恢复原来的值。
- r25（bt）：在程序断点处理时使用，可以不恢复原来的值。
- r26（gp）：它指向静态数据区中的一个运行时临时决定的地址。这意味着在存取位于 gp 值上下 32KB 范围内的数据时，只需要一条以 gp 作为基指针的指令即可完成。

- r27（sp）：堆栈指针。Nios II 没有专门的 POP 和 PUSH 指令，在子程序入口处，sp 被调整指向堆栈底部，然后以 sp 为基址，用寄存器基址+偏移地址的方式来访问堆栈中的数据。
- r28（fp）：帧指针，习惯上用于跟踪栈的变化和维护运行时环境。
- r29（ca）：保存异常返回地址。
- r30（ba）：保存断点返回地址。
- r31（ra）：保存函数返回地址。

b. 控制寄存器。Nios II 的控制寄存器有 6 个，控制寄存器与通用寄存器的寄存器窗口移动无关，总是可见的。RDCTL 和 WRCTL 指令是唯一可以读/写这些控制寄存器的指令。但为了软件效率更高，Nios II 把一些重要的寄存器虚拟成寄存器文件，使得对其操作只需要一个时钟周期就可以完成。

c. status 寄存器。状态寄存器控制 Nios II 处理器的状态，处理器复位后所有状态位被清 0，只有 PIE 和 U 两位被定义，PIE 为第 0 位，是处理器中断使能位。当 PIE 为 0 时，外部中断被忽略；当 PIE 为 1 时，外部中断能否被处理取决于 ienable 寄存器的值。第 1 位 U 位是用户模式位。1 表示用户模式；0 表示管理模式。

d. cstatus 寄存器。该寄存器在异常处理时保存 status 寄存器内容。其中只有两位被定义：EPIE 和 EU，分别保存 PIE 和 U 的值。异常处理程序能检测 estatus，以确定处理器的异常状态。当从中断返回时，etet 指令将 estatus 复制到 status，恢复异常发生之前 status 的内容。

e. bstatus 寄存器。该寄存器在处理断点时保存 status 寄存器内容。第 0 位和第 1 位分别被定义为 BPIE 和 BU，分别用来保存 PIE 和 U 的值。当断点发生时，status 寄存器内容被复制到 bstatus，利用 bstatus 可恢复 status 断点之前的内容。

f. ienable 寄存器。该寄存器控制外部硬件中断的处理。寄存器控制中断输入，共有 32 个中断输入 irq0 ~irq31。为 1 表示相应中断允许；为 0 表示相应中断禁止。

g. ipending 寄存器。该寄存器的值用来指示哪个中断已登记。某位为 1 表示相应的 irqn 输入有效且相应的中断在 ienable 中已被允许。试图写一个值到 ipending 会产生不可预测的结果。

h. cpuid 寄存器。该寄存器在多处理器系统中，保持唯一标识处理器的静态值。cpuid 的值在系统创建时产生，写内容到 cpuid 无效。

2. Nios II 系统开发过程

Nios II 的开发包括 Nios II 软核处理器的配置、系统硬件设计、软件开发、系统仿真与调试等。下面介绍 Nios II 嵌入式系统的开发流程。

1）准备开发环境

（1）硬件开发环境

Nios 开发板，该开发板提供的资源必须能满足要开发的系统的需求。

直流电源，给开发板供电。

Altera USB-Blaster 下载器和下载线缆，用来调试和下载程序到开发板上。

PC 一台，用来安装软件开发环境。

（2）软件开发环境

Altera Quartus II 软件，7.1 或以后的版本，用于完成系统硬件设计，Nios II 系统的综合、引脚分配、下载和硬件测试等。

SOPC Builder 工具，该工具集成在 Quartus II 中（打开 Quartus II 软件，在 Tools 菜单栏

下可以找到)，主要用来定制和生成 Nios II 处理器系统。

Nios II Embedded Design Suit，7.1 或以后的版本，软件开发调试环境，用于系统应用软件的编写、编译、调试等。

Quartus II 和 Nios II EDS 这两个软件可以从 Altera 的官方网站上下载，具体的安装过程也有详细文档说明。

2）系统需求分析

系统需求分析就是根据系统要实现的功能来确定系统软/硬件组成，比如要实现一个 8 位二进制的加一计数器，且计数器的计数时间间隔为 1s，计数值用 8 个 LED 显示，灯亮代表相应位为 1，灯灭则代表相应位为 0。则系统硬件应该包括 1 个时钟输入、8 个用来控制 LED 的输出，以及包含以下功能组件 Nios II 处理器系统：

① Nios II 处理器内核。

② 20 KB 的片上存储器。

③ 一个定时器 Timer，用来产生 1s 的计时。

④ JTAG UART。

⑤ 8 个并行 I/O，控制 LED。

而系统软件则负责在搭建的硬件平台上实现计数器的功能。

3）系统硬件设计

系统的硬件设计在 Quartus II 和 SOPC Builder 中完成，主要包括两部分内容：根据系统需求定制 Nios II 处理器系统，这部分在 SOPC Builder 中实现；集成定制的 Nios II 处理器系统及用户设计模块，创建完整的系统硬件，这部分在 Quartus II 中实现。具体步骤如下：

第一步：打开 Quartus II 软件，新建一个 Quartus II 工程，如图 3-19 所示。

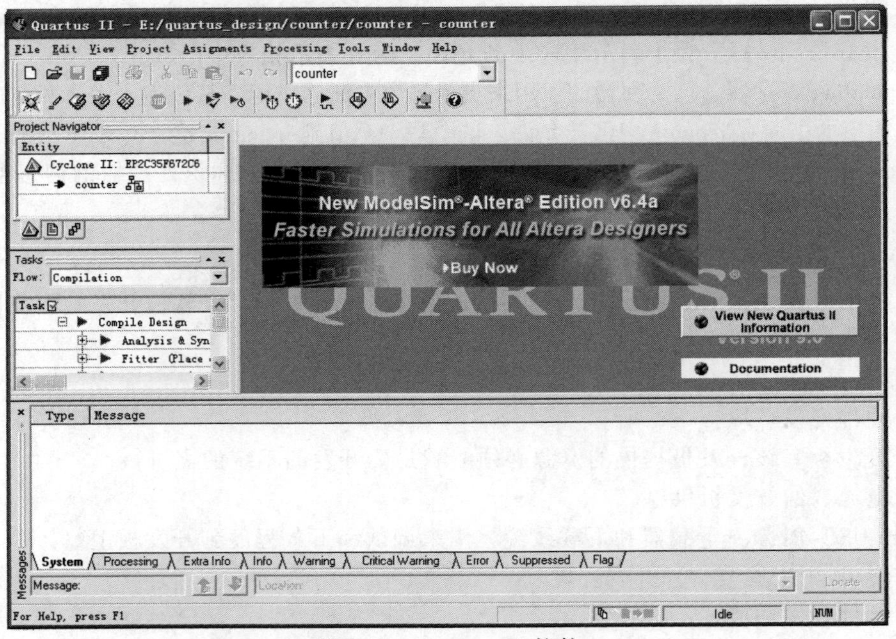

图 3-19 Quartus II 软件

第二步：打开 SOPC Builder 工具，定制 Nios II 处理器系统。

首先为即将创建的新处理器系统命名，然后在 SOPC Builder 中添加系统的硬件功能组件。

具体添加哪些组件在系统需求分析阶段已经确定，大致配置过程如下：

① 选择 FPGA 器件，这个与开发板上的 FPGA 芯片要一致。

② 设置系统时钟频率，这个频率是系统的时钟源输入频率，由外部晶体产生，必须与开发板上的晶振频率一致，如果开发板的晶振是 50 MHz，则该时钟频率设为 50 MHz。

③ 从组件库中添加 Nios II Processor 组件，Altera 提供了 3 种 Nios II 处理器：标准型（Nios II/s），快速型（Nios II/f）和经济型（Nios II/e）。本系统选择标准型。用户可以根据自己的需求进行选择。

④ 根据系统需求添加其他组件，比如 On-Chip Memory（RAM or ROM）组件，JTAG UART 组件，Interval Timer 组件，PIO 组件等，这些组件都需要进行相应的参数设置。比如添加 Interval Timer 组件时需要设置定时器的溢出值，计数器的大小等，添加 PIO 组件时需要设定 I/O 引脚是做输入还是输出。对于这些简单的组件设置，用户一看就能明白，但是对于一些复杂的组件的重要参数则需要参考相关说明手册才能正确设置。

⑤ 为连接在处理器总线上的从组件分配基地址。SOPC Builder（见图 3-20）提供了 Auto-Assign Base Addresses 命令，使用这个命令，用户可以自动为系统各组件分配基地址。用户也可以根据 Nios II 处理器的特性和系统的需求手动分配。

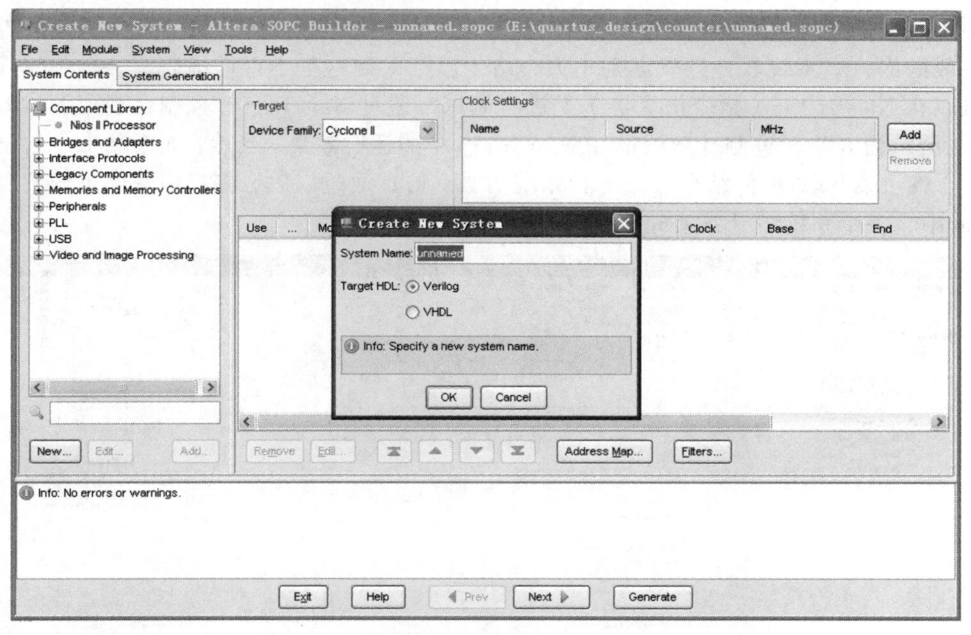

图 3-20　SOPC Builder

⑥ 分配中断优先级。用户也可以使用 SOPC Builder 提供的 Auto-Assign IRQs 命令自动为中断分配优先级。但建议用户最好根据系统实际情况手动分配。因为 SOPC Builder 并不知道各个中断在实际应用中的角色及重要程度。

⑦ 生成 Nios II 处理器。这一步将生成一个包含 Nios II 处理器内核和各个功能组件的 Nios II 处理器。这个处理器对用户来说其实就是一个元器件，用户可以在系统顶层设计中像使用其他元器件一样直接调用它。

第三步：在将生成的 Nios II 处理器系统集成到 Quartus II 工程中。

在 Quartus II 工程中新建一个. bdf（block diagram file）文件，或者 HDL 文件，保存为系

统的顶层设计文件。在该文件中完成系统各个模块的链接，包括 Nios II 处理器模块，I/O 模块等。图 3-21 所示为前面提到的 8 位二进制计数器的顶层设计文件。

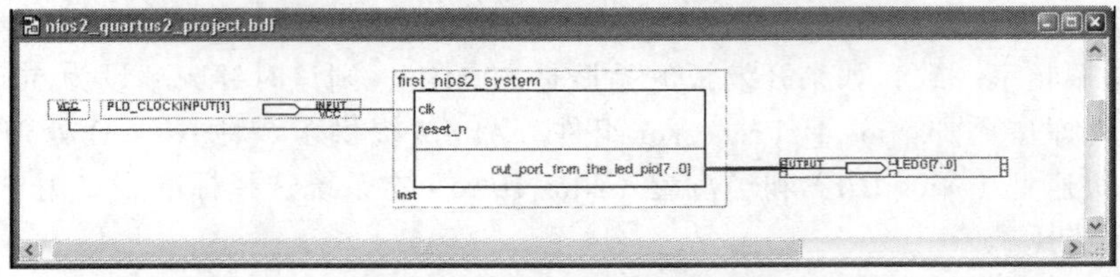

图 3-21　8 位二进制计数器

第四步：引脚分配。这一步将设计中的 I/O 引脚与开发板上的 I/O 引脚对应起来。

第五步：编译。如果编译成功则生成可以下载到开发板上的.sof 文件。

第六步：下载验证。将编译生成的.sof 文件下载到开发板中对 FPGA 进行配置。

4）系统软件设计

系统的硬件设计只是搭建了嵌入式系统的硬件平台，要完成整个嵌入式系统的开发，还必须完成针对这个平台的应用软件设计，这在 Nios II IDE 中实现。Nios II IDE 支持 C/C++，还集成了 Altera 提供的很多器件驱动以及一个 HAL（硬件抽象层），使得用户在编写代码时不用关心底层的硬件。Nios II IDE 也支持片上调试及下载。用 Nios II IDE 开发应用软件的过程同一般的嵌入式系统软件开发区别不大，由于篇幅限制这里不再详细介绍。软件编译通过之后可以在 Nios II ISS（指令仿真器）上进行调试，通过 Nios II IDE 控制台观察调试效果，图 3-22 所示为 8 位二进制计数器的在 Nios II ISS 中的运行效果。当然，如果硬件平台已经配置好了，就可以将软/硬件结合起来进行系统仿真。仿真通过以后，将应用软件下载到目标板的 flash 中，整个系统的开发就完成了。

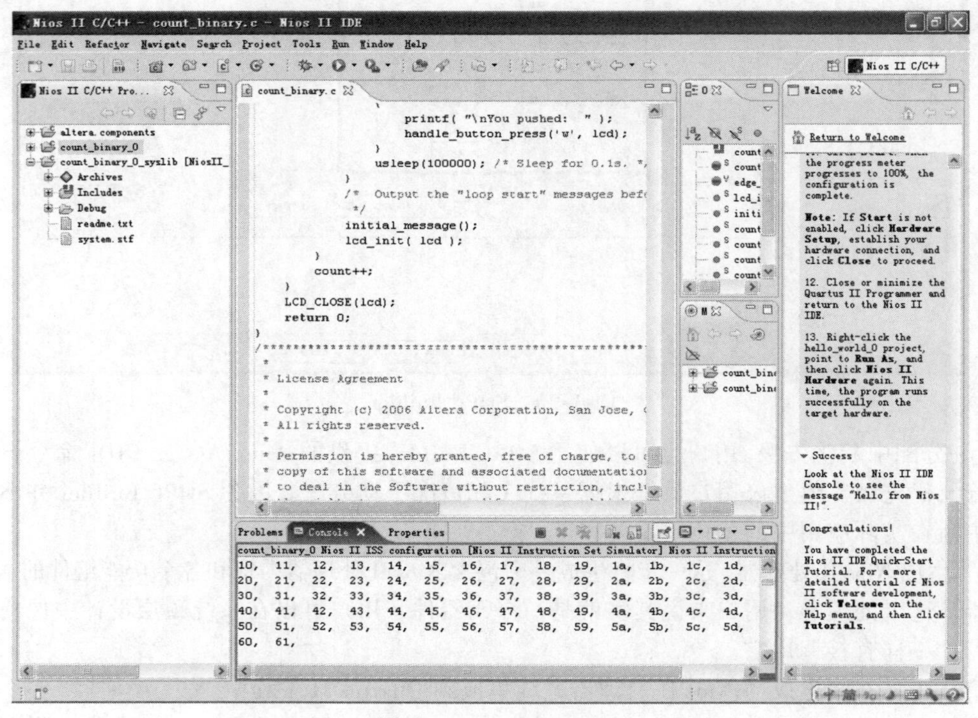

图 3-22　Nios II IDE

3.6　如何选择嵌入式处理器

3.6.1　选择处理器的总原则

选择处理器一般根据所需的功能、处理速度和存储器寻址能力来选择合适的处理器。

选择处理器的一般原则如下：

① 如果应用只包含最少的处理工作和少数的 I/O 功能，可以使用 8 位微控制器。如数码手表、空调、电冰箱、录像机等，都使用微控制器。因为微控制器附带了片上存储器和串行接口，硬件成本最低。例如，数码手表可以使用一个带有片上 ROM 的 8 位微控制器来实现，输入可以由一系列按钮组成，而输出是 LCD 显示屏。

② 如果是应用在计算和通信方面的嵌入式操作系统，就应该使用一个 16 位或 32 位的处理器。像电信交换机、路由器和协议转换器这样的设备就是使用这种类型的处理器来实现的。大多数过程控制系统也被归入这一类。

③ 如果应用涉及信号处理和数学计算，比如音频编码、视频信号处理或者图像处理，就需要选择一款 DSP。计算密集的系统，比如那些包含视频编码或者图像分析的系统，可能需要一个浮点 DSP。例如音频编码、调制解调器等的应用，可以使用定点 DSP 来开发。

④ 如果应用在很大程度上是面向图形的，并且要求响应时间要快，可能需要使用一个 64 位处理器，比如那些用在桌面计算机上的处理器（64 位处理器广泛用于图形加速器和视频游戏播放器）。工业计算机和用在工业自动化中的单板机（single board computer，SBC）也使用 64 位处理器。

每一种类型处理器（8 位微控制器、16 位、32 位和 64 位微处理器以及 DSP）都有很多厂商可供选择，包括 AMD 公司、Analog Devices 公司、Atmel 公司、ARM 公司、Hitachi 公司、Lucent Technologies 公司、Motoro1a 公司、NEC 公司、Siemens 公司和 Texas Instruments 公司。要在这些厂商中进行选择，需要考虑的不仅仅是价格和性能还要考虑的因素包括客户支持、培训、设计支持和开发工具的成本。

一旦确定了处理器，就需要确定外部设备。这些外部设备包括静态 RAM、EPROM、闪存、串行和并行通信接口、网络接口、可编程定时器/计数器、状态 LED 指示和应用的专门硬件电路。

嵌入式系统中的存储器既可以是内部存储器，也可以是外部存储器。内部存储器与处理器在同一块硅芯片上。对于包含微控制器和 DSP 的小型应用，这些存储器就足够了。否则，需要使用外部存储器。如果存储器在设备内部，就会减少程序的交换，而且访问数据和指令会非常快。外部存储器若作为一个单独的芯片位于处理器的外面，会增加程序的交换，从而降低执行速度。

准确地计算出存储器需求是非常困难的。通常，在主机系统上开发嵌入式软件，并根据应用和操作系统所占用的内存，计算出需要的存储器。

一旦完成了硬件设计，硬件工程师就可以使用处理器的汇编语言编写硬件初始化代码，这些代码是用来测试存储器芯片和外围设备的。

3.6.2　选择嵌入式处理器的具体方法

下面列出选择嵌入式处理器可以采取的一些步骤和注意事项。

1）够用原则

通常嵌入式处理器很少升级，因此设计嵌入式系统时，为嵌入式处理器的处理能力留出很大的余量是很不经济的。通常给出小量的余量即可。

2）成本原则

选择嵌入式处理器所考虑的成本不仅仅包括处理器本身，还包括支持电路的成本、印制电路板的成本，特别是设计成本敏感型的产品更是如此。

例如，设计一个基于以太网的嵌入式系统产品，可以选择集成了以太网接口的嵌入式处理器；也可以选择没有以太网接口的嵌入式处理器，外接以太网控制器。进行成本比较时，前者的成本包括处理器的成本，后者的成本包括嵌入式处理器、以太网接口、增加的电路板的面积成本。对两者进行比较，综合选择和决策。

3）参数选择

参数选择通常比较复杂，首先确定设计者对处理器的需求，然后可以设计一个表格，表格上面列出满足条件的处理器的特性和价格，通常包括下面的内容：

① 处理器的类型，如 RISC、CISC、DSP 等。

② 处理速度，以 MIPS 表示。

③ 寻址能力。

④ 总线宽度。

⑤ 片上集成的存储器情况。

⑥ 片上集成的 I/O 接口的种类和数量。这一项通常很多，特别是 32 位的嵌入式处理器，集成了大量的外设接口。另外，需列出外设接口的参数。

⑦ 工作温度。

⑧ 封装。

⑨ 操作系统的支持、开发工具的支持等。

⑩ 调试接口。

⑪ 行业用途。

⑫ 功耗特性，通常以 mW/Hz 表示。

⑬ 电源管理功能。

⑭ 价格，通常是给出批量的价格，单片或样片的价格没有多大的意义。

⑮ 行业的使用情况，这一点很重要。通过调研在某个行业中通常使用哪一种处理器，尽可能选择行业中有成功使用案例的嵌入式处理器，一方面有了成功的案例可供参考，另一方面技术支持好一些。

小　　结

本章首先介绍了嵌入式处理器的分类、构架以及技术指标，然后系统地介绍了 ARM 处理器、MIPS 处理器、PowerPC 处理器以及两款国产的嵌入式处理器，最后介绍了如何选择嵌入式处理器。

嵌入式处理器的发展越来越快，尤其是 32 位嵌入式处理器的发展。嵌入式处理器目前的发展趋势有：①联网成为必然的趋势；②支持小型电子设备实现小尺寸、微功耗和低成本；③提供精巧的多媒体人机界面；④嵌入式处理器朝多核方向发展。

习 题

1. 嵌入式计算机可以分成哪几类？并对各类进行简单概述。
2. 什么是 RISC 和 CISC？两者的特点分别是什么？并说明两者之间的联系以及区别。
3. 简述本章中介绍的 ARM、MIPS、PowerPC 这 3 种嵌入式处理器的架构。
4. 嵌入式处理器的技术指标有哪些？
5. 简单概括 ARM 处理器的特点。
6. 简述处理器选择的总原则以及一般原则。

第 4 章 嵌入式系统的存储器

嵌入式系统中的存储系统由不同层次、不同功能的存储设备构成，负责指令及数据的存储和交互。本章首先介绍存储器的分类、工作原理、组成方式等基本知识，然后根据嵌入式系统设计实例，介绍具体设计过程中各类存储设备的选型及配置工作。

4.1 概 述

存储器（memory）是计算机系统中的记忆设备，用来存放程序和数据。计算机中的全部信息，包括输入的原始数据、计算机程序、中间运行结果和最终运行结果都保存在存储器中。存储器根据控制器指定的位置存入和取出数据。

存储器是构成嵌入式系统硬件的重要组成部分。集成了存储器的嵌入式微处理器一般不需要扩展，有的无法扩展；没有集成存储器的嵌入式微处理器则必须进行扩展。

1950 年，由冯·诺依曼博士设计的世界上第一台计算机采用汞延迟线作为存储器。随后的几代计算机采用过磁带存储器、磁鼓存储器和 CRT 存储器（阴极射线管存储器），之后又使用磁心存储器。

目前存储器的存储介质主要采用半导体器件和磁性材料。存储器中最小的存储单位为 bit，其由一个双稳态半导体电路或一个 CMOS 晶体管或磁性材料组成，可存储一位二进制代码 0 或 1。由若干个位组成一个存储单元，然后再由许多存储单元组成一个存储器。一个存储器包含许多存储单元，每个存储单元的位置都有一个编号（即地址），一般用十六进制表示。一个存储器中所有存储单元可存放数据的总和称为这个存储器的存储容量。假设一个存储器的地址码由 20 位二进制数（即 5 位十六进制数）组成，则可表示为 2^{20}（1M）个存储单元地址。若每个存储单元存放 1B，则该存储器的存储容量为 1MB。

4.1.1 嵌入式存储器的结构和组织

存储器有 3 个主要特性：速度、容量和价格/位（简称位价）。一般来说，速度越快，位价就越高；容量越大，位价就越低；容量越大，速度就越慢。人们追求大容量、高速度、低位价的存储器，可惜这是很难达到的。可以用一个形象的存储器分层结构图来反映上述问题，如图 4-1 所示。图中由上至下，每位的价格越来越低，速度越来越慢，容量越来越大，CPU 访问的频度也越来越少。最上层的寄存器通常都制作在 CPU 芯片内。寄存器中的数据接在

CPU 内部参与运算。CPU 内可以有十几个乃至几十个寄存器，它们的速度最快、位价最高、容量最小。

主存用来存放将要参与运行的程序和数据，其速度与 CPU 的速度差距较大，为了使它们之间的速度更好地匹配，在主存与 CPU 之间插入了一种比主存速度更快、容量更小的高速缓冲存储器 cache，显然其位价要高于主存。主存与缓存之间的数据调动由硬件自动完成，对程序员是透明的。以上三层存储器都是由速度不同、位价不等的半导体存储材料制成，且都设在主机内。第四、五层是辅助存储器，其容量比主存大得多，大都用来存放暂时未用到的程序和数据文件。CPU 不能直接访问辅存，辅存只能与主存交换信息，因此辅存的速度可以比主存慢得多。辅存与主存之间信息的调动均由硬件和操作系统来实现。辅存的位价是最低廉的。

实际上，存储器的层次结构主要体现在缓存—主存和主存—辅存这两个存储层次上，如图 4-2 所示。

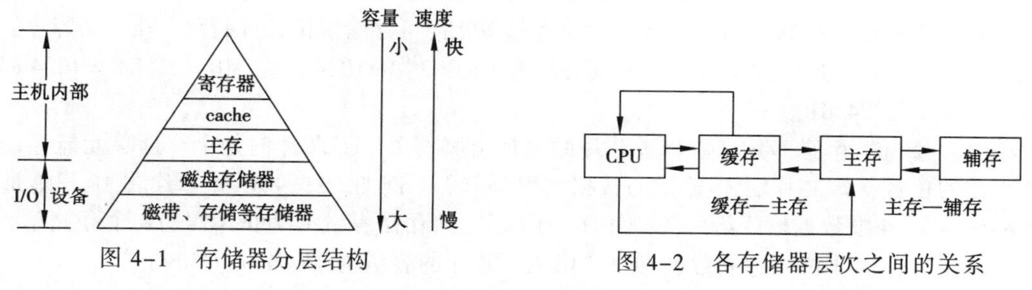

图 4-1 存储器分层结构　　图 4-2 各存储器层次之间的关系

从 CPU 角度来看，缓存—主存这一层次的速度接近于缓存，高于主存；其容量和位价却接近于主存。这就从速度和成本的矛盾中获得了较为理想的解决办法。主存—辅存这一层次，从整体分析，其速度接近于主存，容量接近于辅存，平均位价也接近于辅存。为了解决对存储器要求容量大、速度快、成本低三者之间的矛盾，目前通常采用多级存储器体系结构，即使用高速缓冲存储器、主存储器和外存储器，如表 4-1 所示。

表 4-1 存储器各层次的功能特点

名　　称	简称	用　　途	特　　点
高速缓冲存储器	cache	高速存取指令和数据	存取速度快，但存储容量小
主存储器	主存	存放计算机运行期间的大量程序和数据	存取速度较快，存储容量不大
外存储器	外存	存放系统程序和大型数据文件及数据库	存储容量大，位成本低

在主存—辅存这一层次的不断发展中，逐渐形成了虚拟存储系统。在这个系统中，程序员编程的地址范围与虚拟存储器的地址空间相对应。例如，机器指令地址码为 24 位，则虚拟存储器的存储单元可达 16 MB，这个数比主存的实际存储单元要大得多，这类指令地址码称为虚地址（虚存地址、虚拟地址）或逻辑地址，而把主存的实际地址称为物理地址或实地址。物理地址是程序在执行过程中能够真正访问的地址，也是真实存在于主存的存储地址。对具有虚拟存储器的计算机系统而言，程序员编程时可用的地址空间远远大于主存空间，使程序员以为自己占有一个容量极大的主存，其实这个主存并不存在。这就是将其称为虚拟存储器的原因。对虚拟存储器而言，其逻辑地址变换为物理地址的工作，是由计算机系统的硬件设备和操作系统自动完成的，对程序员透明。当虚拟地址的内容在主存时，机器便可立即使用；

若虚拟地址的内容不在主存，则必须先将此虚拟地址的内容传递到主存的合适单元后才能为机器所用。

4.1.2 嵌入式存储器的性能指标

主存储器的性能指标主要是存储容量、存取时间、存储周期和存储器带宽。

字存储单元即存放一个机器字的存储单元，相应的地址称为字地址。一个机器字可以包含若干个字节，所以一个存储单元也可包含若干个能够单独编址的字节地址。

下面列出主存储器几项主要的技术指标：

1）容量

半导体存储器一般都采用大规模或超大规模集成电路工艺做成一块一块的存储器芯片。容量是指存储器芯片上能存储的二进制数的位数。如果一片芯片上有 N 个存储器存储单元，每个存储单元可存放 M 位二进制数，则该芯片的容量用 $N \times M$ 表示。例如，容量为 1024×1 的芯片，表示该芯片上有 1024 个存储单元，每个存储单元内可存储 1 位二进制数。在存储容量的表示方法中，常常用到 KB、MB、GB 等，其关系为 1 KB=2^{10} B=1024 B，1 MB = 2^{10} KB = 1024 KB，1 GB = 2^{10} MB =1024 MB。

存储芯片内的存储单元个数与该芯片的地址引脚有关，而芯片内每个存储单元能存储的二进制数的位数与该芯片输入/输出的数据线引脚有关。例如，2114 RAM 芯片有 10 根地址引脚（A_0～A_9）、4 根数据输入/输出线（I/O_1～I/O_4），其存储容量为 2^{10}=1024=1K 个存储单元，每个存储单元存储 4 位二进制数，即 2114 RAM 芯片的容量为 1K×4 位（4096 位）。

2）存取时间

存取时间是指存数的写操作和取数的读操作所占用的时间，一般以 ns 为单位。存储器芯片的手册中一般要给出典型的存取时间或最大时间。在芯片外壳上标注的型号往往也给出了时间参数。例如，2732A-20 表示该芯片的存取时间为 20 ns。

3）功耗

功耗指每个存储单元所耗的功率，单位为 μW/单元。也有用每块芯片总功耗来表示功耗的，单位为 mW/芯片。

4）电源

电源指芯片工作时所需的电源电压种类。有的芯片只需要单一的+5 V 电源，而有的则需要多种电源才能工作，例如±12 V、±5 V 等。

5）带宽

带宽指单位时间内存储器所存取的信息量，是体现数据传输速率的技术指标。

4.1.3 嵌入式存储器的分类

存储器的种类繁多，可以从不同的角度对存储器进行分类。

1. 按存储介质分类

存储介质是指能寄存 0、1 两种代码并能区别两种状态的物质或元器件。存储介质主要有半导体器件、磁性材料和光盘等。

1）半导体存储器

存储单元由半导体器件组成的存储器称为半导体存储器。现代半导体存储器都用超大规模集成电路工艺制成芯片，其优点是体积小、功耗低、存取时间短；其缺点是当电源消失时，所存信息也随即丢失，是一种易失性存储器。近年来已研制出用非挥发性材料制成的半导体存储器，克服了信息易失的弊端。

半导体存储器又可按其材料的不同，分为TTL（双极型）半导体存储器和MOS半导体存储器两种。前者具有高速的特点；后者具有高集成度的特点，并且制造简单、成本低廉、功耗小，故MOS半导体存储器被广泛应用。

2）磁表面存储器

磁表面存储器是在金属或塑料基体的表面上涂一层磁性材料作为记录介质。工作时磁层随载磁体高速运转，用磁头在磁层上进行读/写操作，故称为磁表面存储器。按载磁体形状的不同，可分为磁盘、磁带和磁鼓。现代计算机已很少采用磁鼓。由于用具有矩形磁滞回线特性的材料做磁表面物质，它们按其剩磁状态的不同而区分0或1，而且剩磁状态不会轻易丢失，故这类存储器具有非易失性的特点。

3）磁心存储器

磁心是由硬磁材料做成的环状元件，在磁心中穿有驱动线（通电流）和读出线，这样便可进行读/写操作。磁心属磁性材料，故磁心存储器也是不易失的永久记忆存储器。不过，磁心存储器的体积过大、工艺复杂、功耗太大，故20世纪70年代后，逐渐被半导体存储器取代，目前几乎已不被采用。

4）光盘存储器

光盘存储器是应用激光在记录介质（磁光材料）上进行读/写的存储器，具有非易失性的特点。由于光盘存储器具有记录密度高、耐用性好、可靠性高和可互换性强等特点，光因此越来越多地被用于计算机系统。

2．按存取方式分类

按存取方式可把存储器分为随机存储器、只读存储器、顺序存储器和直接存取存储器四类。

1）随机存储器（random access memory，RAM）

RAM是一种可读/写存储器，其特点是存储器的任何一个存储单元的内容都可以随机存取，而且存取时间与存储单元的物理位置无关。计算机系统中的主存都采用这种存储器。由于存储信息原理的不同，RAM又分为静态RAM（以触发器原理寄存信息）和动态RAM（以电容充放电原理寄存信息）。

2）只读存储器（read only memory，ROM）

只读存储器是能对其存储的内容读出而不能重新写入的存储器。这种存储器一旦存入了原始信息后，在程序执行过程中，只能将内部信息读出，而不能随意重新写入新的信息去改变原始信息。因此，通常用它存放固定不变的程序、常数以及汉字字库，甚至用于操作系统的固化。它与随机存储器可共同作为主存的一部分，统一构成主存的地址域。

早期只读存储器的存储内容根据用户要求，厂家采用掩膜工艺，把原始信息记录在芯片中，一旦制成后无法更改，称为掩膜型只读存储器（mask ROM，MROM）。随着半导体技术的发展和用户需求的变化，只读存储器先后派生出可编程只读存储器（programmable ROM，PROM）、可擦可编程只读存储器（erasable programmable ROM，EPROM）以及电擦除可编程只读存储器（electrically erasable programmable ROM，E^2PROM）。近年来还出现了快擦型存储器flash memory，它具有E^2PROM的特点，而速度比E^2PROM快得多。

3）顺序存储器

顺序存储器的特点是不论信息处在哪个位置，读/写时必须从其介质的始端开始按顺序寻找，即在对存储单元进行读/写操作时，须按其物理位置的先后顺序寻找地址。最典型的顺序存储器是磁带。

4）直接存取存储器

直接存取存储器在对存储器进行读/写时，首先直接指出该存储空间中的某个小区域，然后再顺序寻访，直至找到位置，最典型的直接存取存储器是磁盘。磁盘在进行信息读/写时，首先直接定位到具体的磁道，然后对磁盘进行顺序访问找到目标位置。

3．按在计算机系统中的作用分类

按在计算机系统中的作用不同，存储器又可分为主存储器、辅助存储器、缓冲存储器。

主存储器的主要特点是它可以和 CPU 直接交换信息。辅助存储器是主存储器的后援存储器，用来存放当前暂时不用的程序和数据，它不能与 CPU 直接交换信息。两者相比，主存速度快、容量小、每位价格高；辅存速度慢、容量大、每位价格低。缓冲存储器用在两个速度不同的部件之中，如 CPU 与主存之间可设置一个快速缓冲存储器，起到缓冲作用。

综上所述，存储器分类如图 4-3 所示。

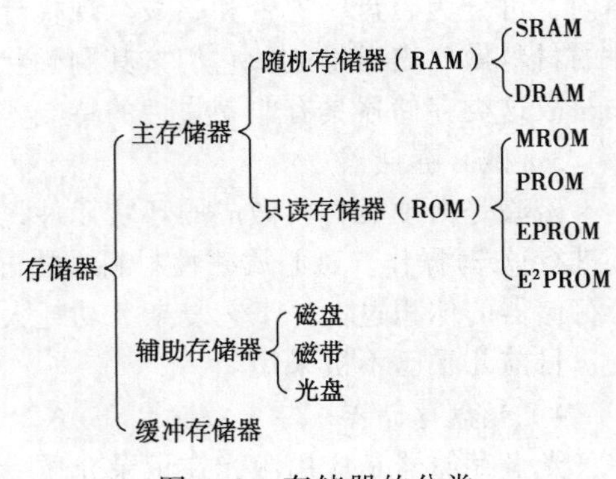

图 4-3 存储器的分类

4.2 随机存储器（RAM）

随机存储器（random access memory，RAM）是指通过指令可以随机地、个别地对每个存储单元进行访问，访问所需时间基本固定且与存储单元地址无关的可以读/写的存储器。几乎所有的计算机系统和智能电子产品，都是采用 RAM 作为主存。

在系统内部，RAM 是仅次于 CPU 的最重要的器件之一。它们之间的关系是密不可分的。但在计算机内部，它们却是完全独立的器件，沿着各自的道路向前发展。第一代个人计算机的 CPU8088 时钟频率还不到 10 MHz，而现在高档的 Pentium Pro CPU 的时钟频率已达到 2 GHz 甚至更高。在 CPU 和 RAM 之间有一条高速数据通道，CPU 所要处理的数据和指令必须先放到 RAM 中等待。而 CPU 也把大部分正在处理的中间数据暂时放置在 RAM 中，这就要求 RAM 和 CPU 之间的速度保持匹配。

遗憾的是，这些年来，虽然半导体设计制造工艺越来越先进，单个芯片内部能集成的存储单元越来越多，但是 RAM 的绝对存取速度并没有明显地提高。

4.2.1 RAM 电路的基本结构

一般而言，存储器由存储矩阵、地址译码器和输入/输出控制电路 3 部分组成，其结构如图 4-4 所示。由此看出进出存储器有 3 类信号线，即地址线、数据线和控制线。

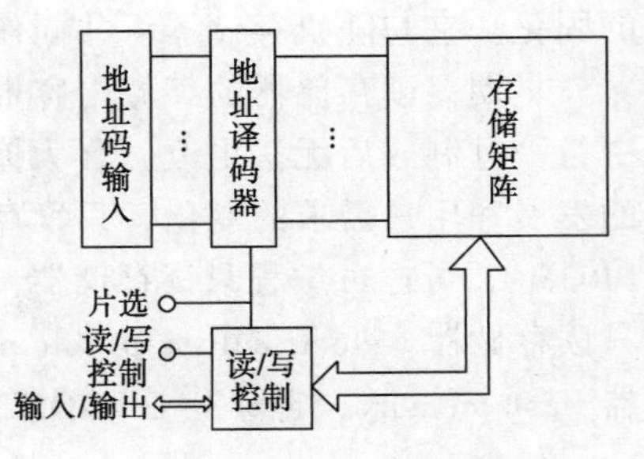

图 4-4 RAM 存储器框图

1. 存储矩阵

存储器由许多存储单元组成，每个存储单元存放一位二进制数据。通常存储单元排列成矩阵形式。存储器以字为单位组织内部结构，一个字含有若干个存储单元。一个字中所含有的位数称为字长。在实际应用中，常以字数和字长的乘积表示存储器的容量，存储器的容量越大，意味着存储器存储的数据越多。RAM 的核心部分是一个寄存器矩阵，用来存储信息，称为存储矩阵。

例如，一个容量为 256×4 位（256 个字，每字 4 位）的存储器，有 1024 个存储单元，这些存储单元可以排成 32×32 列的矩阵形式，如图 4-5 所示。图 4-5 中每行有 32 个存储单元，每四列存储单元连接在相同的列地址，组成一个字，由此看出每行可存储 8 个字，每个字列可存储 32 个字。每根行地址选择线选中一行，每根列地址选择线选中一个字。因此，图 4-5 所示存储矩阵有 32 根行地址选择线和 8 根列地址选择线。

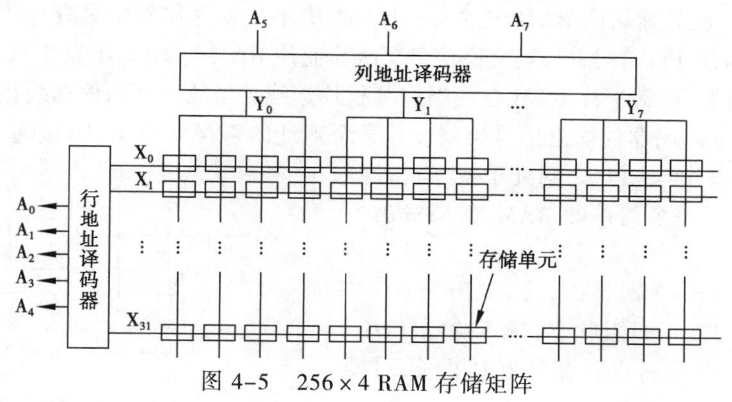

图 4-5　256×4 RAM 存储矩阵

2. 地址译码

通常 RAM 以字为单位进行数据的读出与写入（每次写入或读出一个字），为了区别各个不同的字，将存放同一个字的存储单元编为一组，并赋予一个号码，称为地址。不同的字单元具有不同的地址，从而在进行读/写操作时，可以按照地址选择欲访问（读/写操作）的单元。字单元也称地址单元。

地址译码器的作用是，将寄存器地址所对应的二进制数译成有效的行选信号和列选信号，从而选中该存储单元。地址译码电路实现地址的选择。在大容量的存储器中，通常采用双译码结构，即将输入地址分为行地址和列地址两部分，分别由行、列地址译码电路译码。行、列地址译码电路的输出作为存储矩阵的行、列地址选择线，由它们共同确定欲选择的地址单元。地址单元的个数 N 与二进制地址码的位 n 满足关系式 $N=2n$。

对于图 4-5 所示的存储矩阵，256 个字需要 8 位二进制地址码（A_7～A_0）。地址码有多种形式。例如，可以将地址码 A_7～A_0 的低 5 位 A_4～A_0 作为行地址，经过 5 线—32 线译码电路，产生 32 根行地址选择线；地址码的高 3 位 A_7～A_5 作为列译码输入，产生 8 根列地址选择线。只有被行地址选择线和列地址选择线同时选中的单元，才能被访问。例如，若输入地址码 A_7～A_0 为 00011111 时，X_{31} 和 Y_0 输出有效电平，位于 X_{31} 和 Y_0 交叉处的字单元可以进行读出或写入操作，而其余任何字单元都不会被选中。

3. 读/写控制

访问 RAM 时，对被选中的寄存器，究竟是读还是写，是通过读/写控制线进行控制的。

如果是读操作，则被选中单元存储的数据经数据线、输入/输出线传送给 CPU；如果是写操作，则 CPU 将数据经过输入/输出线、数据线存入被选中单元。

一般 RAM 的读/写控制线高电平为读，低电平为写；也有的 RAM 读/写控制线是分开的，一根为读，另一根为写。

RAM 通过输入/输出端与计算机的中央处理单元（CPU）交换数据，读出时它是输出端，写入时它是输入端，即一线二用，由读/写控制线控制。输入/输出端数据线的条数，与一个地址中所对应的寄存器位数相同，例如在 1024×1 位的 RAM 中，每个地址中只有一个存储单元（1 位寄存器），因此只有一条输入/输出线；而在 256×4 位的 RAM 中，每个地址中有 4 个存储单元（4 位寄存器），所以有 4 条输入/输出线。也有的 RAM 输入线和输出线是分开的。RAM 的输出端一般都具有集电极开路或三态输出结构。

由于受 RAM 的集成度限制，一台计算机的存储器系统往往是由许多片 RAM 组合而成。CPU 访问存储器时，一次只能访问 RAM 中的某一片（或几片），即存储器中只有一片（或几片）RAM 中的一个地址接收 CPU 访问，与其交换信息，而其他片 RAM 与 CPU 不发生联系。片选就是用来实现这种控制的。通常一片 RAM 有一根或几根片选线，当某一片的偏选线接入有效电平时，该片被选中，地址译码器的输出信号控制该片某个地址的寄存器与 CPU 接通；当片选线接入无效电平时，则该片与 CPU 之间处于断开状态。

图 4-6 给出了一个简单的 RAM 输入/输出控制电路。

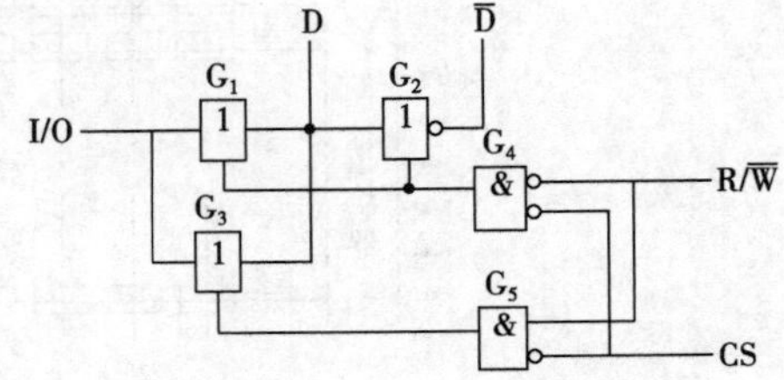

图 4-6 输入/输出控制电路

当选片信号 CS = 1 时，G_5、G_4 输出为 0，三态门 G_1、G_2、G_3 均处于高阻状态，输入/输出（I/O）端与存储器内部完全隔离，存储器禁止读/写操作，即不工作。

当 CS = 0 时，芯片被选通：

当 $R/\overline{W} = 1$ 时，G_5 输出高电平，G_3 被打开，于是被选中的单元所存储的数据出现在 I/O 端，存储器执行读操作；

当 $R/\overline{W} = 0$ 时，G_4 输出高电平，G_1、G_2 被打开，此时加在 I/O 端的数据以互补的形式出现在内部数据线上，并存入所选中的存储单元，存储器执行写操作。

下面以 8086 系统中的存储区操作为例，来说明存储器的一般读/写过程。

1）8086 的存储器读周期

8086 在执行读取内存数据送往寄存器的传送指令时，进入存储器读周期。图 4-7 是存储器读周期的时序图。图中左边所列为 8086 的一些引脚名称，也是引脚信号的名称，所画波形为引脚信号随时间变化的情况。图中一些信号（如 AD_{15}～AD_0）的波形在某个时间段内为上下两条线，这表示在该段时间内一组信号线中有的为高电平，有的为低电平。一些信号（如 AD_{15}～AD_0）的波形从某个时刻起由上下两条线变成位于中间的一条线，或由中间的一条线上变成上下两条线，这表示由输出高电平/低电平变成高阻状态（第三态）或由高阻状态变成正常电平输出。图中的波形交叉（如 A_{19}/S_6～A_{16}/S_3 在 T_2 中间的一段时间）表示一组信号正在进行切换，有的可能由高电平变低电平，有的可能由低电平变高电平。

由于封装体积的限制，8086 的一些引脚是复用的，由内部的多路开关按时间段分配不同的用途。例如，A_{19}/S_6 在 T_1 期间输出最高地址位 A_{19}，在 T_2～T_4 期间输出状态信号 S_6。A_{18}/S_5～A_{16}/S_3 和 $\overline{BHE}/S_7$ 与此类似。

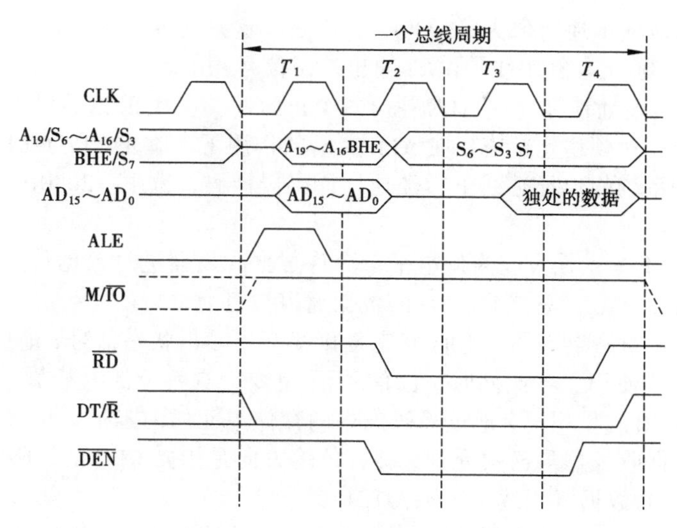

图 4-7 8086 存储器读周期

CLK 是 8086 的时钟信号，当时钟频率为 5MHz 时，一个时钟周期为 200ns。

AD_{15}～AD_0 是地址/数据复用引脚。在 T_1 期间输出地址（地址的低 16 位 A_{15}～A_0），在 T_2 的中间开始切换，做数据线用。在图 4-7 中，AD_{15}～AD_0 在切换成数据线后有一段时间为高阻状态。这是因为，从切换完成到数据出现需要一段时间（存储器的读操作需要等读控制信号变为有效后，再经一定的时间数据才能被读出），这段时间 AD_{15}～AD_0 没有信息源驱动。

$\overline{DEN}$ 为数据传送允许，该信号为低电平表示允许传送数据。这个信号一般用于数据收发器的数据传送允许控制。

ALE 是地址锁存允许。在 T_1 期间 ALE 为高电平，此期间地址复用线上输出地址信息，当 ALE 变低电平时（下降沿），地址复用线上的地址已达到稳定。因此，可利用 ALF 的下降沿将地址锁存到 8086 外部的地址锁存器中。

$M/\overline{IO}$ 用来区别是存储器操作还是 I/O 操作。该信号为高电平，表示当前进行的是存储器操作；为低电平，表示进行的是 I/O 操作。

$\overline{RD}$ 是读控制信号。该信号用来读出指令所指定的地址单元中的内容，并将其送到数据总线，或者将指定的 I/O 端口中的数据送到数据总线。该信号还用来打开数据通路。

$DT/\overline{R}$ 为数据发送和接收控制。当 CPU 在一个总线周期中需向外部提供数据时，该信号为高电平；当 CPU 在一个总线周期中准备接收外界的数据时，该信号为低电平。对于存储器读周期，CPU 要接收从存储器读出的数据，故该信号为低电平。$DT/\overline{R}$ 一般用来控制数据收发器的数据传送方向。

下面就用这一方法来分析一条具体指令的存储器读周期的执行过程。

“MOV AX，[2000 H]”是一条数据传送指令，采用直接寻址方式。假定当前 DS=1000H，则源操作数的物理地址为 12000H。该指令的功能是将地址码为 12000H 的字（即地址码为 12000H 和 12001H 的两个存储单元的内容）从内存中读出，送至 AX。当这条指令被执行时，8086 进入存储器读周期。下面是该周期的一些主要的环节。

① 在 T_1 的开始，$M/\overline{IO}$ 变为高电平，表示当前进行的是存储器操作；$DT/\overline{R}$ 变为低电平，使数据收发器的数据传送方向置成指向 CPU（A—B）。这两个信号的输出电平一直保持到存储器读周期的结束。在 T_1 开始不久，地址/状态复用线（A_{19}/S_6～A_{16}/S_3）和地址/数据复用线

（AD_{15}～AD_0）输出地址（地址值为 12000H），于是，这一地址出现在地址锁存器的输入端。在 T_1 开始不久，控制/状态复用线 $\overline{BHE}/S_7$ 输出控制信号 $\overline{BHE}$。

② 在 T_1 期间，地址锁存允许 ALE 输出一个正脉冲，在 ALE 的后沿（下降沿）前夕，复用线上的地址信号已达到稳定状态。在 ALE 后沿的作用下，地址（12000H）被锁存到地址锁存器，随即出现在系统的地址总线上，经地址译码器译码，选中 12000H 开始的两个存储单元（这时还不能读出）。

③ 在 T_2 开始不久，$\overline{DEN}$ 变为低电平，允许数据收发器进行数据传送。注意此前 DT/R 已变为低电平，所以从数据总线到 CPU 的数据通道被打通。

④ 在 T_2 经过了约一半周期，地址/状态复用线开始输出状态信号，地址/数据复用线也进行切换，作为数据线使用。与此同时，读信号 $\overline{RD}$ 也变为有效（低电平）。

⑤ 在 $\overline{RD}$ 和 $M/\overline{IO}$ 的作用下，地址译码选中的存储单元的内容被读出，经数据缓冲器进入数据总线。由于数据收发器早已被允许，并且传输方向是指向 CPU 的，所以读出数据通过数据收发器出现在地址/数据复用线 AD_{15}～AD_0 上。

⑥ 在 T_4 的开始时刻（或者说在 T_3 的结束时刻），CPU 读取 AD_{15}～AD_0 上的输入数据，并送到指令指定的寄存器 AX 中。至此，指令规定的操作完成。在 T_4 期间，一些信号恢复到初始状态（变为无效）。

2）8086 的存储器写周期

8086 在执行将寄存器的内容存到指定的内存单元的传送指令时，进入存储器写周期。图 4-8 是存储器写周期的时序图。存储器写周期和存储器读周期有 3 点不同。第一，$DT/\overline{R}$ 在存储器写周期为高电平，使数据收发器的数据传送方向置成指向系统数据总线（A—B）。第二，对于写周期，CPU 向外输出数据，数据是 CPU 内部某个寄存器的内容，数据的提供很快，所以，在地址/数据复用线切换成数据线时，这些线上就立即出现要输出的数据。第三，该周期发出的写信号 $\overline{WR}$ 和读信号 $\overline{RD}$ 一直无效（为高电平）。

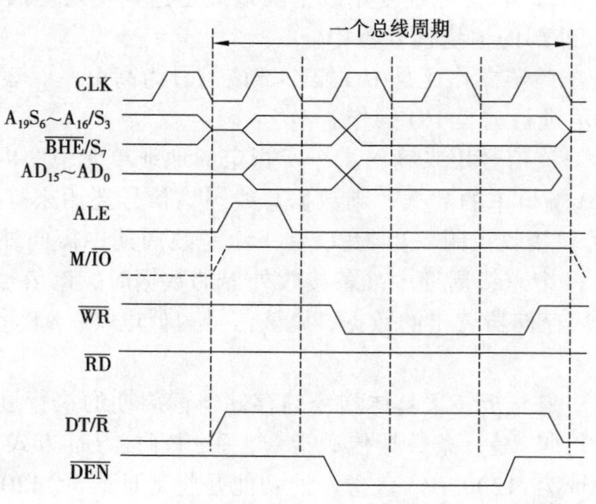

图 4-8 8086 存储器写周期

对存储器写周期时序的分析，可采用与分析存储器读周期相类似的方法，从时间和空间两个方面进行。现有一条指令“MOV[4000H]，AX”。假定当前 DS=2000H，则目的操作数的物理地址为 24000H。该指令的功能是将 AX 的内容存到地址码为 24000H 的内存字单元（即地址码为 24000H 和 24001H 的两个存储单元）中。请读者自行分析这条指令的存储器写周期的执行过程。

4.2.2　RAM 存储容量的扩展

在实际应用中，经常需要大容量的 RAM。在单片 RAM 芯片容量不能满足要求时，就需要进行扩展，将多片 RAM 组合起来，构成存储器系统（也称存储体）。

1. 字长的扩展

通常 RAM 芯片的字长为 1 位、4 位、8 位、16 位和 32 位等。当实际存储器系统的字长超过 RAM 芯片的字长时需要对 RAM 实行位扩展。

位扩展可以利用芯片的并联方式实现，即将 RAM 的地址线、读/写控制线和片选信号对应地并联在一起，而各个芯片的数据输入/输出端作为字的各个位线。图 4-9 所示为用 8 片 1024（1K）×1 位 RAM 构成的 1K×8 位 RAM 系统。

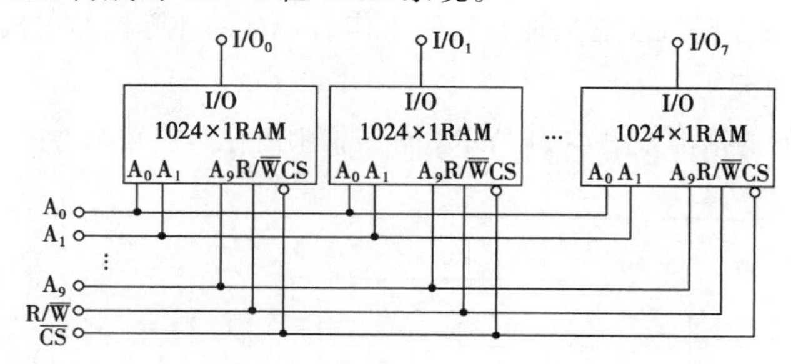

图 4-9　1K×1 位 RAM 扩展成 1K×8 位 RAM

2. 字数扩展

字数的扩展可以利用外加译码器，控制存储器芯片的片选输入端来实现。用 8 片 1K×8 位 RAM 构成的 8K×8 位 RAM。图 4-10 中输入/输出线、读/写线和地址线 A_0～A_9 是并联起来的，高位地址码 A_{10}、A_{11} 和 A_{12} 经 74138 译码器 8 个输出端分别控制 8 片 1K×8 位 RAM 的片选端，以实现字扩展。

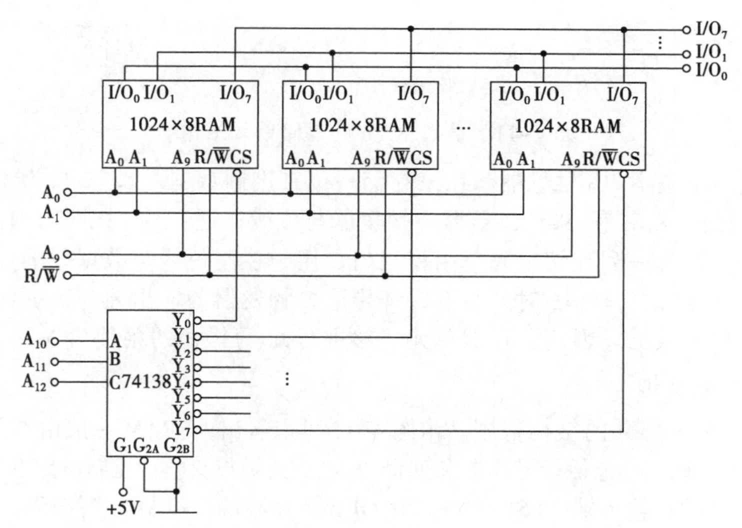

图 4-10　1K×8 位 RAM 扩展成 8K×8 位 RAM

实际应用中，常将两种方法相互结合，以达到字和位均扩展的要求。可见，无论多大容量的存储器系统，均可利用容量有限的存储器芯片，通过位数和字数的扩展来构成。

RAM 主要有静态 RAM（static RAM，SRAM）和动态 RAM（dynamic RAM，DRAM）两种，下面针对这两种 RAM 分别进行介绍。

4.2.3 静态随机存储器（SRAM）

SRAM 是 static random access memory（静态随机存储器）的缩写。接通表示 1，断开表示 0，并且状态会保持到接收了一个改变信号为止。这些晶体管不需要刷新，但停机或断电时，它们同 DRAM 一样，会丢掉信息。SRAM 的速度非常快，通常能以 20ns 或更快的速度工作。一个 DRAM 存储单元仅需一个晶体管和一个小电容，而每个 SRAM 单元需要 4～6 个晶体管和其他零件。所以，除了价格较贵外，SRAM 芯片在外形上也较大，与 DRAM 相比要占用更多的空间。由于外形和电气上的差别，SRAM 和 DRAM 是不能互换的。

SRAM 的高速和静态特性使它们通常被用来作为 cache。计算机的主板上都有 cache 插座。

1. SRAM 存储单元

SRAM 中存储单元的结构如图 4-11 所示。虚线框中的存储单元为六管 SRAM 存储单元。

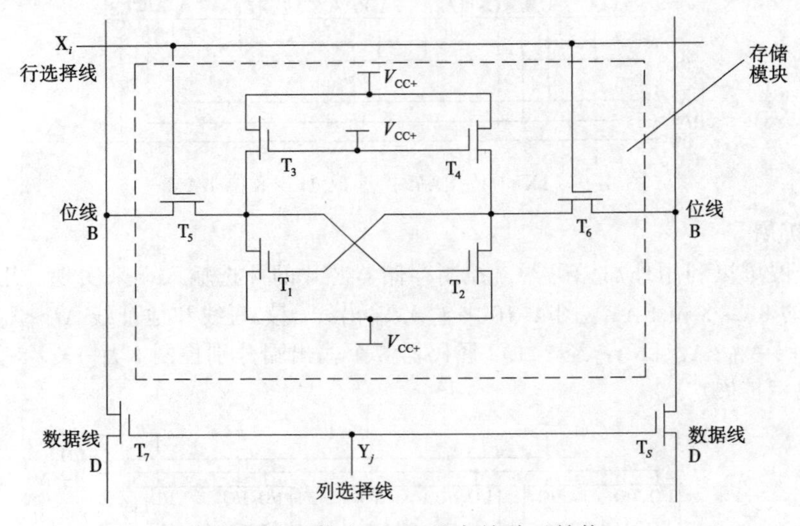

图 4-11 静态 RAM 的存储单元结构

T_1～T_4 构成一个基本 RS 触发器，用来存储一位二进制数据。T_5 与 T_6 为本单元控制门，由行选择线 X_i 控制。X_i=1 使 T_5、T_6 导通，触发器与位线接通；X_i =0，T_5、T_6 截止，触发器与位线隔离。T_7、T_8 为一列存储单元公用控制门，用于控制位线与数据线的连接状态，由列选择线 Y_j 控制。显然，X_i=Y_j=1 时，T_5～T_8 都导通，触发器的输出才与数据线接通，该单元才能通过数据线传送数据。因此，存储单元能够进行读/写操作的条件为 X_i=Y_j=1。

2. SRAM 存储结构

图 4-12 为一个 SRAM 的结构框图。由图 4-12 可以看出，SRAM 一般由 5 部分组成，即存储单元阵列、地址译码器（包括行译码器和列译码器）、灵敏放火器、控制电路和缓冲/驱动电路。在图中，A_1–A_{m-1} 为地址输入端，CSB、WEB 和 OEB 为控制端，控制读/写操作，为低电平有效，I/O_0–I/O_{i-1} 为数据输入/输出端。存储矩阵中的每个存储单元都与其他单元在行和列上共享电学连接，其中水平方向的连线称为“字线”，垂直方向的数据流入和流出存储单元的连线称为“位线”。通过输入的地址可选择特定的字线和位线，字线和位线的交叉处就是被选中的存储单元，每一个

存储单元都是按这种方法被唯一选中，然后再对其进行读/写操作。有的存储器设计成多位数据，如 4 位或 8 位等同时输入和输出，这样的话，就会同时有 4 个或 8 个存储单元按上述方法被选中进行读/写操作。

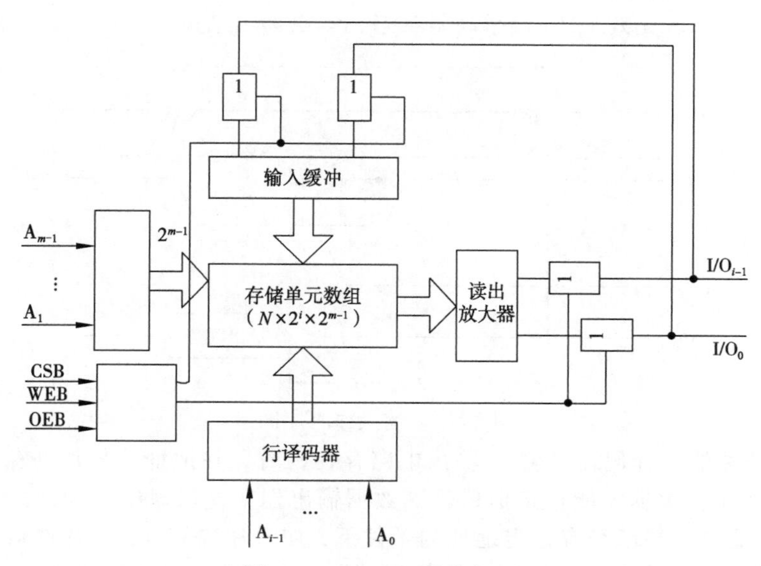

图 4-12　SRAM 结构框图

在 SRAM 中，排成矩阵形式的存储单元阵列的周围是译码器和与外部信号的接口电路。存储单元阵列通常采用正方形或矩阵的形式，以减少整个芯片面积并有利于数据的存取。以一个存储容量为 4×1024 位的 SRAM 为例,共需 12 条地址线来保证每一个存储单元都能被选中（2^{12} =4096）。如果存储单元阵列被排列成只包含一列的长条形，则需要一个 12/4×1024 位的译码器，但如果排列成包含 64 行和 64 列的正方形，这时则只需一个 6/64 位的行译码器和一个 6/64 位的列译码器，行、列译码器可分别排列在存储单元阵列的两边，64 行和 64 列共有 4096 个交叉点，每一个点对应一个存储位。因此，将存储单元排列成正方形比排列成一列的长条形能大大地减少整个芯片的面积。存储单元排列成长条形除了形状奇异和面积大以外，还有一个缺点，那就是排在列的上部的存储单元与数据输入/输出端的连线会变得很长。特别是对于容量比较大的存储器来说，情况就更为严重。连线的延迟至少是与它的长度成线性关系，连线越长，线上的延迟就越大，会导致读/写速度的降低和不同存储单元连线延迟的不一致性，在设计中是需要避免的。

SRAM 的特点是存取速度快，主要用于高速缓冲存储器。SRAM 是靠双稳态触发器来记忆信息的，现将它的特点归纳如下：

① 用由 6 管构成的触发器作为基本存储电路。

② 集成度高于双极型 RAM 但低于动态 RAM。

③ 不需要刷新，故可省去刷新电路。

④ 功耗比双极型存储器低，但比动态 RAM 高。

⑤ 存储速度较动态 RAM 快。

3．SRAM 操作时序

读出过程操作如图 4-13 所示。读出过程的定时关系如下：

① 欲读出单元的地址加到存储器的地址输入端。

② 加入有效的片选信号 CS。

③ 在 R/nW 线上加高电平，经过一段延时后，所选择单元的内容出现在 I/O 端。

④ 让片选信号 CS 无效，I/O 端呈高阻状态，本次读出结束。

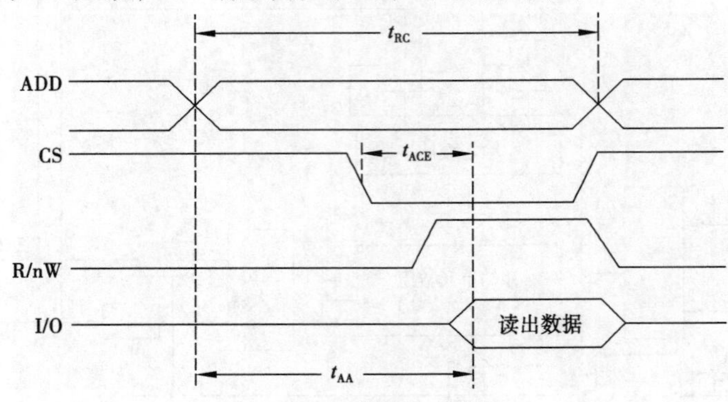

图 4-13 读操作时序图

由于地址缓冲器、译码器及输入/输出电路存在延时，在地址信号加到存储器上之后，必须等待一段时间，数据才能稳定地传输到数据输出端，这段时间称为地址存取时间。如果在 RAM 的地址输入端已经有稳定地址的条件下，加入片选信号，从片选信号有效到数据稳定输出，这段时间间隔记为 t_{ACE}。在进行存储器读操作时，只有在地址和片选信号加入，且分别等待 t_{AA} 和 t_{ACE} 以后，被读单元的内容才能稳定地出现在数据输出端。这两个条件必须同时满足。图中 t_{RC} 为读周期，它表示该芯片连续进行两次读操作必需的时间间隔。

写操作的定时波形如图 4-14 所示。写操作过程的定时关系如下：

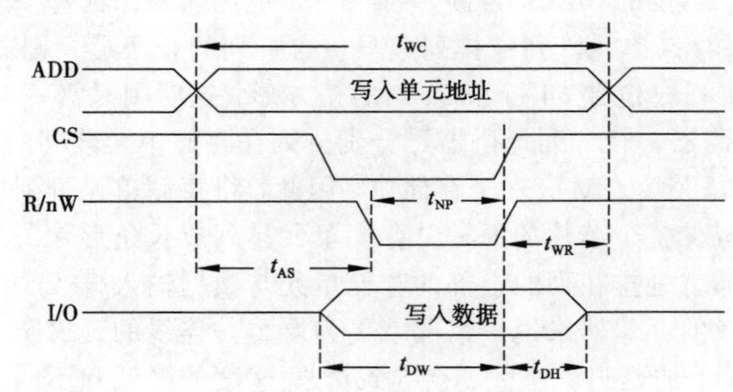

图 4-14 写操作时序波形

① 将欲写入单元的地址加到存储器的地址输入端。

② 在片选信号 CS 端加上有效逻辑电平，使 RAM 工作。

③ 将待写入的数据加到数据输入端。

④ 在 R/nW 线上加入低电平，进入写工作状态。

⑤ 使片选信号无效，数据输入线回到高阻状态。

由于地址改变时，新地址的稳定要经过一段时间，如果在这段时间内加入写控制信号（即 R/nW 变低），可能将数据错误地写入其他单元。为了防止这种情况出现，在写控制信号有效前，地址必须稳定一段时间 t_{AS}，这段时间称为地址建立时间。同时，在写信号无效后，地址还要维持一段写恢复时间 t_{WR}。为了保证速度最慢的存储器芯片的写入，写信号有效的时间不得小于写脉冲宽度 t_{NP}。此外，对于写入的数据，应在写输入信号失效前 t_{DW} 时间内保持稳定，且在写信号失效后继续保留 t_{DH} 时间。在时序图中还给出了写周期 t_{WC}，它反映了连续进行两次写操作所需要的最小时间间隔。对于大多数半导体存储器来说，读周期和写周期是相等的，一般为十几到几十纳秒。

4.2.4　动态随机存储器（DRAM）

DRAM（dynamic random access memory，动态随机存储器）的原理是基于 MOS 晶体管栅极电容的电荷存储效应。由于漏电流的存在，电容上存储的数据（电荷）不能长久保存，因此必须定期给电容补充电荷，以避免存储数据的丢失。这种操作称为再生或刷新，这是 DRAM 的一个大特征，也是在使用时需要注意的一个重点。

DRAM 与外部的接口部分随着时代的进步而发生变化。最初 DRAM 是异步的，作为快速存取连续区域的手段，曾具有静态列模式和页模式；而后发展为快速翻页模式及超页（hyperPage）模式（一般称为 EDO 模式：扩展数据输出模式）；而近来则进一步发展为与时钟同步的、在赋予指令代码的同时也能运行的同步 DRAM 等。

与时钟同步运行的同步 DRAM（SDRAM）系列中，出现了虚拟通道存储器及 DDR-SDRAM（双数据速率 SDRAM）等。前者为了进行快速存取而在 DRAM 内部的 I/O 部分设置了缓冲存储器（通道）。

目前，与外部总线的改良相比，DRAM 内部的基本结构没有很大的变化，所以当进行完全的随机访问时，内部操作就会出现瓶颈，性能方面的限制就变得非常明显。DRAM 内部单元的访问操作所需时间约几十纳秒。

1．DRAM 的存储单元

常见的动态 RAM 存储单元有三管和单管两种。

图 4-15 所示为三管动态存储单元，存储单元是以 MOS 管 T_2 及其栅极电容 C 为基础构成的，数据存于栅极电容 C 中。若电容 C 充有足够的电荷，使 T_2 导通，这一状态为逻辑 0，否则为逻辑 1。图 4-15 中除了存储单元外，还画出了该列存储单元公用的写入刷新控制电路。

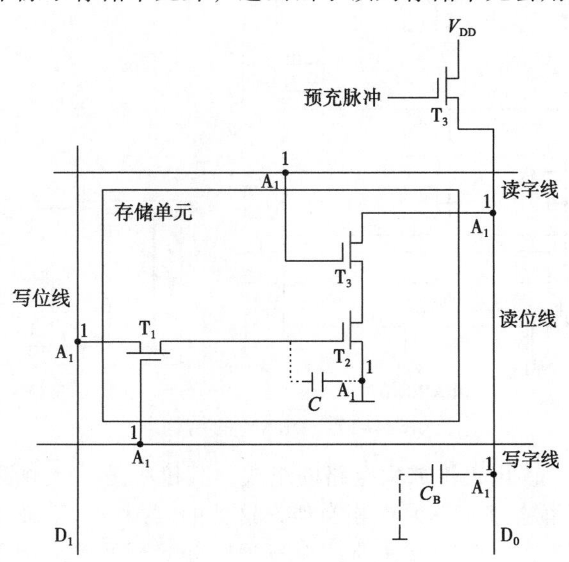

图 4-15　三管动态存储单元

为了提高集成度，目前大容量动态 RAM 的存储单元普遍采用单管结构，其电路如图 4-16 所示。

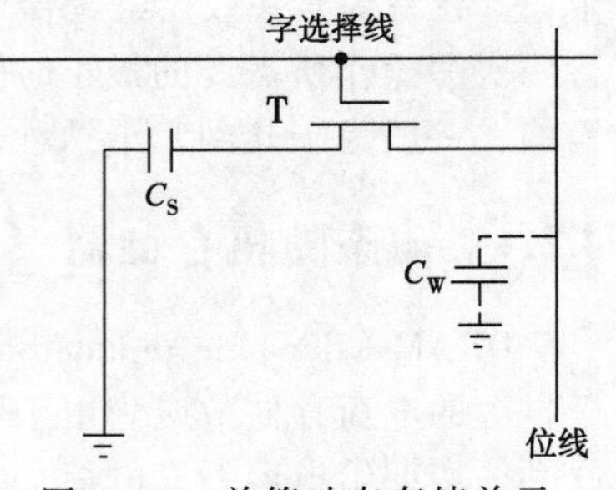

图 4-16 单管动态存储单元

0 或 1 数据存于电容 C_S 中，T 为门控制，通过控制 T 的导通与截止，可以把数据从存储单元送至位线上或者将位线上的数据写入到存储单元。

为了节省芯片面积，存储单元的电容 C_S 不能做得很大，而位线上连接的元件较多，杂散电容 C_W 远大于 C_S。当读出数据时，电容 C_S 上的电荷向 C_W 转移，位线上的电压 V_W 远小于读/写操作前 C_S 上的电压 V_S（即 $V_W=V_SC_S/(C_S+C_W)$）。因此，需经读出放大器对信号放大。同时，由于 C_S 上的电荷减少，存储的数据被破坏，故每次读出后，必须及时对读出单元刷新。

动态 RAM（DRAM）是靠 MOS 电路中的栅极电容来记忆信息的。由于电容上的电荷会泄漏，需要定时给予补充，所以动态 RAM 需要设置刷新电路。但动态 RAM 比静态 RAM 集成度高、功耗低，从而成本也低，适于作为大容量存储器。所以主内存通常采用动态 RAM，而高速缓冲存储器（cache）则使用静态 RAM。

2. DRAM 的电路结构

图 4-17（a）是一种动态 RAM 的结构示意图。该电路为复合译码的 ×1 位结构，由 128 行和 128 列组成一个存储矩阵。图中有 128 个方框，表示 128 个读出再生放大电路，每个电路负责一列，共 128 个基本存储单元，这些单元平衡配置在读出再生放大电路的两侧，每侧各 64 个。

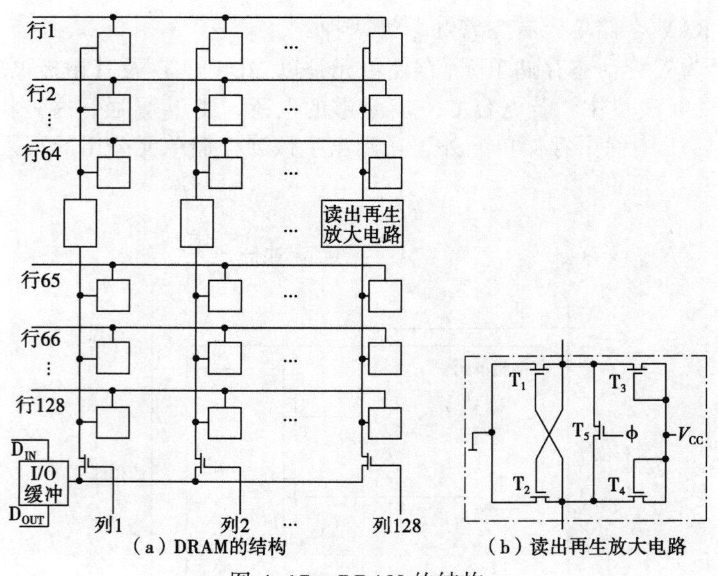

（a）DRAM的结构　（b）读出再生放大电路

图 4-17 DRAM 的结构

图 4-17（b）所示是读出再生放大电路的组成，其核心是一个触发器，由 T_1～T_4 共 4 个场效应管组成。和六管静态基本单元中相类似，这里的 T_3 和 T_4 等效于电阻。电路中增加了一个 T_5 来进行预充电控制。读/写操作前，T_5 开通，触发器及其周围电路处在平衡状态。在进行读/写及刷新操作时，T_5 关断，往下的处理依赖于具体的操作：

① 写操作：相应的行、列选通管开通；外部数据将先对读出再生放大电路建立起稳定的状态（1 或 0），然后再由它对选中单元完成写入。需要指出的是，对于同一写入数据，当它写到读出再生放大电路上方或下方的单元时，其存储状态正好相反；但是，这并不重要，因为读出总是从该电路的一端进行的，所以数据在读出时又会与写入时一致。

② 读操作：相应的行、列选通管开通，从选中单元中读出的信号，首先使读出再生放大电路建立起稳定状态。该状态一方面向数据线输出，另一方面又反过来对存储单元进行刷新。

③ 刷新：可以有多种方法，但通常采用“仅行地址有效”的方法。此时，由外部提供有效行地址，选中相应一行；同时，令列地址无效，即关闭所有的列选通管。这样，该行上所有 128 个存储单元中的数据将在内部读出，经过同一列上读出再生放大电路的刷新放大而得到加强。由于所有的列选通管均处在关闭状态，所以这时数据并不输出到外部。

实际上，上述读/写操作也同样具有刷新一行基本单元的功能。但是，由于操作时其行地址无规律性，加上列选通并驱动数据使消耗功率增大，所以不能用于刷新的目的。刷新需由刷新控制器（一些新型动态 RAM 芯片已将其做在内部）控制。刷新控制器中的刷新计数器按照一定的时钟频率进行行地址计数，保证在一定的时间间隔内所有的行都能刷新一遍。显然，刷新应周期性重复进行。

动态 RAM 的特点如下：

① 基本存储电路用单管线路组成。

② 集成度高。

③ 比静态 RAM 的功耗低。

④ 价格比静态 RAM 便宜。

⑤ 因动态存储器靠电容来存储信息，由于电容总是存在有泄漏电流，故要求有刷新电路的支持。

3. DRAM 的操作时序

1）DRAM 的读/写操作

DRAM 基本的存取操作如图 4-18 所示，结合 $\overline{RAS}$ 及 $\overline{CAS}$ 的有效，分割为行地址和列地址赋予地址。进行读操作时，如果 $\overline{OE}$ 有效，则 DQ_n 引脚被驱动，读出数据。另一方面，进行写操作时，在 $\overline{CAS}$ 有效之前 $\overline{WE}$ 有效，然后在 DQ_n 上设置数据。如果 $\overline{CAS}$ 有效，则在其下降沿写入数据。

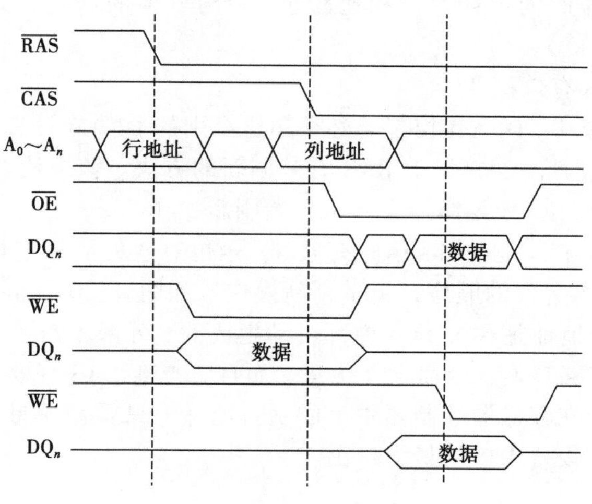

图 4-18　DRAM 的存取操作

上述是所谓的初期写的一般方法，还有称为延迟写的方法。延迟写的方法在$\overline{\text{RAS}}$及$\overline{\text{CAS}}$有效的状态下设置（由于$\overline{\text{OE}}$已经无效，因而DQ_n不能被驱动）数据，在$\overline{\text{WE}}$的下降沿写入数据。这些方法都是进行读—修改—写操作，也就是从存储器读出数据后更改部分比特位，然后写回到同一地址的操作。

其过程就是$\overline{\text{RAS}}$、$\overline{\text{CAS}}$有效之后$\overline{\text{OE}}$无效，在DQ_n上设置新的数据，再使$\overline{\text{WE}}$有效。$\overline{\text{RAS}}$及$\overline{\text{CAS}}$保持原状态也可以，与连续生成读周期和写周期相比，数据修改操作是效率更高的方法。

2）DRAM 的刷新操作

前面提到过，DRAM 必须定时刷新，以保持数据的不丢失。刷新操作只是将同一地址上的单元进行一次处理。刷新频率取决于 DRAM 的设计，但一般都是以 15.6μs 或其一半的周期进行刷新的。进行刷新操作时，在从外部赋予行地址（唯 RAS 有效刷新）的情况下，赋予多少地址规定于数据手册中。如果数据手册上写着 4K 周期/64ms，则表示对于 4096（10 位左右）所有的地址，在 64ms 内进行刷新。根据刷新操作可以知道，刷新不需要一定在等间隔的范围内进行。在上面的例子中，也可以在经过 64 ms 之前，汇总 4096 地址进行刷新操作。以某间隔切换刷新地址进行刷新的称为分散刷新，汇总进行刷新的称为集中刷新。

DRAM 具体的刷新方法包括唯 RAS 有效刷新、CAS 先于 RAS 有效刷新和自刷新。作为刷新方式的变形，还包括在通常的访问后潜入 CAS 先于 RAS 有效刷新的隐藏刷新方法。下面对这些刷新方法进行简单介绍。

（1）唯 RAS 有效刷新

正如在 DRAM 的存取操作中所说明的，如果进行 DRAM 的读操作，则因为读出放大器的输出被返回到电容器，所以可以兼容刷新操作。但是如果考虑刷新操作，那么就不需要列地址读出数据，因此，不赋予列地址，只赋予行地址，这种方法就是唯 RAS 有效刷新。

唯 RAS 有效刷新操作如图 4-19 所示。设定行地址（刷新地址）后$\overline{\text{RAS}}$有效，然后只要设定列地址——$\overline{\text{CAS}}$有效，就是读操作；如果此时$\overline{\text{CAS}}$无效，$\overline{\text{RAS}}$无效，就是刷新操作。对于 RAS 有效刷新，DRAM 内部不需要进行特殊的设计。而且作为 DRAM 控制器端，当设计用于刷新的舒适性生成电路时，利用唯 RAS 有效刷新，则只要从普通的访问电路屏蔽 CAS 即可，所以相对来说，这是经常利用的方法。唯 RAS 有效刷新的方法虽然简单，损耗电流与进行读操作时的损耗电流相比较小，但与其他的刷新方式相比，其损耗电流却比较大。

（2）CAS 先于 RAS 有效刷新

在唯 RAS 有效刷新中，DRAM 控制器必须知道个别的 DRAM 具有多少刷新地址，这是非常不方便的，因而又设计了 CAS 先于 RAS 有效刷新的方法。该方法在 DRAM 内部设置了刷新地址的发生电路，由 DRAM 控制器来指示开始刷新操作。

在普通的存取操作中，是按照$\overline{\text{RAS}}$先有效、$\overline{\text{CAS}}$再有效的顺序进行的。改变这种顺序，通过$\overline{\text{CAS}}$先有效、$\overline{\text{RAS}}$再有效的顺序，指示刷新操作。如图 4-20 所示，改变$\overline{\text{RAS}}/\overline{\text{CAS}}$的顺序需要切换电路，但刷新地址是在 DRAM 内部自动生成的，外部不需要准备用于刷新地址计数器，也不需要地址的多路转换，因而存在优势。而且，与唯 RAS 有效刷新操作相比，其损耗电流一般较小，不需要在存储器控制器中生成刷新地址，只要管理周期即可，因此，这种刷新方法在个人计算机等设备中应用最为广泛。

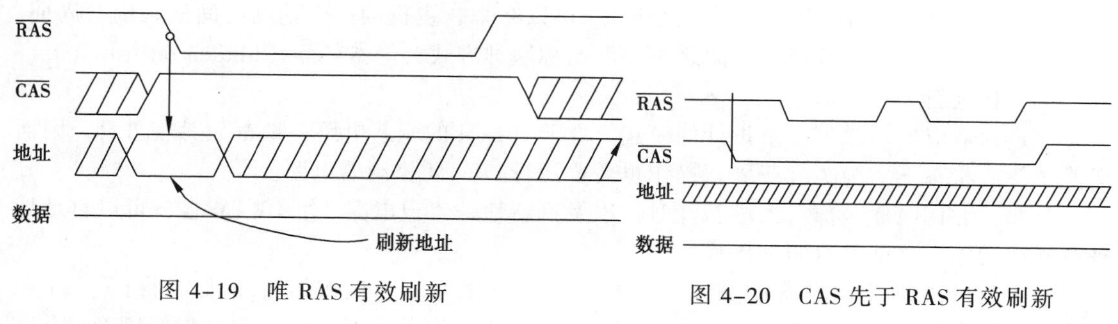

图 4-19　唯 RAS 有效刷新　　　　图 4-20　CAS 先于 RAS 有效刷新

（3）隐藏刷新

一般地，DRAM 控制器内部都设计在一定周期内要请求 DRAM 刷新操作，协调该请求与来自主机（一般为 CPU）的访问，然后进行 DRAM 刷新操作或者存取操作。DRAM 控制器的内部结构如图 4-21 所示。

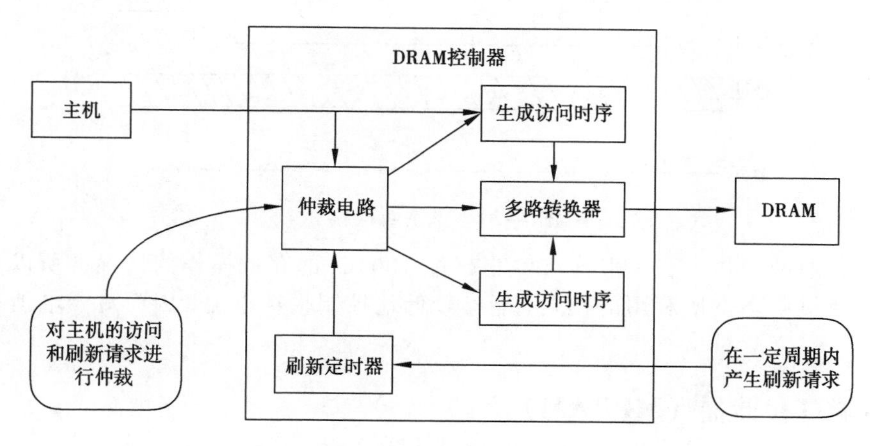

图 4-21　DRAM 控制器的内部结构框图

因为对 DRAM 的访问是互斥的，所以如果在刷新过程中存在来自主机的访问，那么保持该访问请求直到刷新操作结束，这样越增加存取的访问频率，刷新操作与来自主机的访问之间冲突发生的概率就越高，导致的结果就是性能下降。隐藏刷新操作就是为抑制这种性能下降而设计的一种刷新方法。

隐藏刷新操作如图 4-22 所示。最初过程 $\overline{RAS}$ 是最先有效的，即普通的访问操作。在此通过 $\overline{RAS}$ 先无效再有效，形成与 CAS 先于 RAS 有效刷新相同的波形，完成刷新操作。

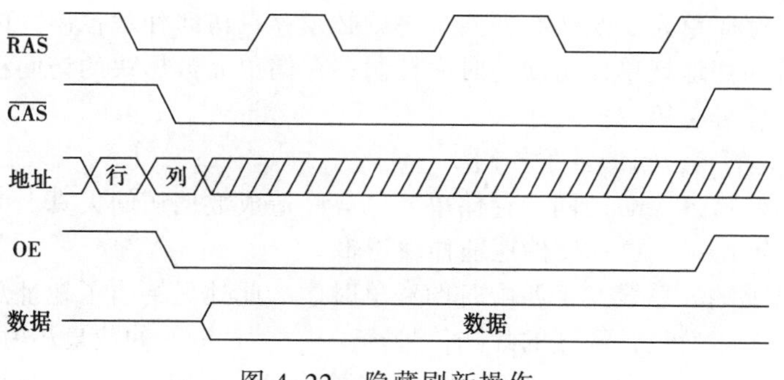

图 4-22　隐藏刷新操作

此时，保持数据输出状态，利用该状态，可以在来自主机的一个访问之间潜入刷新周期。由于将刷新周期隐藏于普通的访问之中，因而称这种方式为隐藏刷新（hidden refresh）。

（4）自刷新

这是为适应低功耗等需求设计的模式。由于 DRAM 的刷新电路一般都设计在外部，因而即使在待机状态下，为了进行刷新操作也需要运行 DRAM 控制器电路。

对此，在 DRAM 内部潜入刷新计时器以及刷新地址生成电路，使 DRAM 自身可以自动地进行刷新操作，这就是自刷新操作。

自刷新操作如图 4-23 所示。最初与 CAS 先于 RAS 有效刷新操作相同，但如果将 $\overline{RAS}$ 及 $\overline{CAS}$ 保持有效状态持续 100 μs 后，DRAM 内部的自刷新电路开始运行，然后自动进行刷新操作。如果 $\overline{RAS}$ 及 $\overline{CAS}$ 无效而开始存取操作，则自刷新操作停止，恢复为一般的操作刷新。

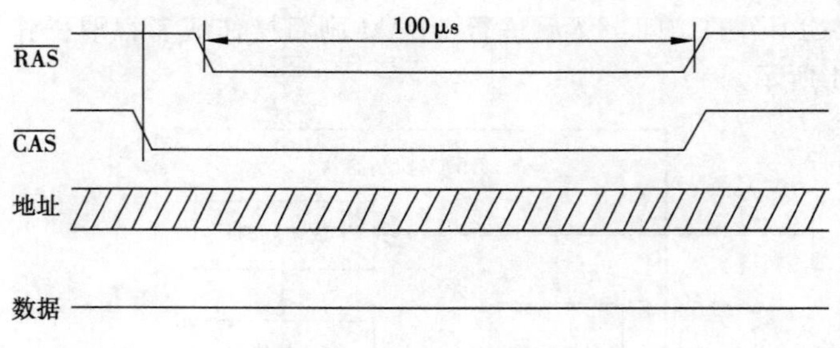

图 4-23　自刷新操作

由于在普通的操作中，一般没有停止超过 100 μs 的存取操作的情况，所以自刷新操作毕竟是在待机状态下所利用的模式，能够较低地控制损耗电流，因而对于电池备份等非常有利。

4.2.5　多端口存储器（MPRAM）

双口 RAM 和 FIFO 存储器是常用的两种多端口的存储器，允许多 CPU 同时访问存储器，大大提高了通信效率，而且对 CPU 没有过多的要求，特别适合异种 CPU 之间的异步高速系统。因此，受到硬件设计者的青睐。

1. 双口 RAM

双口 RAM 是常见的共享式多端口存储器，下面以图 4-24 所示的通用双口静态 RAM 为例，来说明双口 RAM 的工作原理和仲裁逻辑控制。双口 RAM 最大的特点是存储数据共享。图 4-24 中，一个存储器配备两套独立的地址、数据和控制线，允许两个独立的 CPU 或控制器同时异步地访问存储单元。既然数据共享，就必须存在访问仲裁控制。内部仲裁逻辑控制提供以下功能：对同一地址单元访问的时序控制；存储单元数据块的访问权限分配；信令交换逻辑（例如中断信号）等。

1）对同一地址单元访问的竞争控制

如果同时访问双口 RAM 的同一存储单元，势必造成数据访问失真。为了防止冲突的发生，采用 BUSY 逻辑控制，也称硬件地址仲裁逻辑。

图 4-25 给出了地址总线发生匹配时的竞争时序，此处只给出了地址总线选通信号先于片选脉冲信号的情况，而且，两端的片选信号至少相差 t_{APS}——仲裁最小时间间隔（IDT7132 为 5 ns），内部仲裁逻辑控制才可给后访问的一方输出 BUSY 闭锁信号，将访问权交给另一方

直至结束对该地址单元的访问，才撤销 BUSY 闭锁信号。即使在极限情况，两个 CPU 几乎同时访问同一单元——地址匹配时片选信号低跳变之差少于 t_{APS}，BUSY 闭锁信号也仅输出给其中任一 CPU，只允许一个 CPU 访问该地址单元。仲裁控制不会同时向两个 CPU 发 BUSY 闭锁信号。

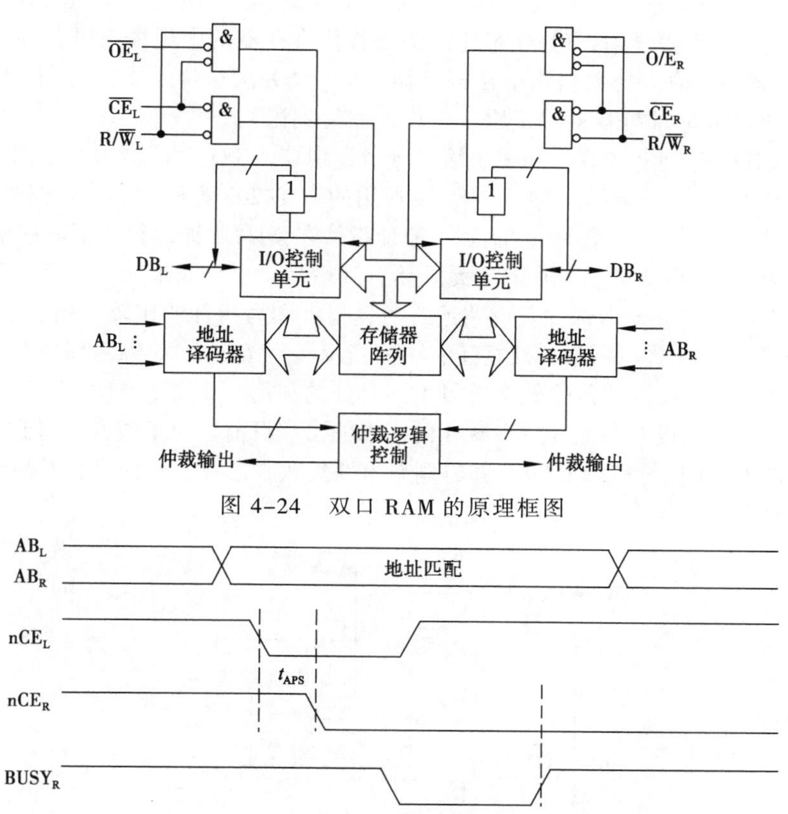

图 4-24　双口 RAM 的原理框图

图 4-25　竞争时序（nCE 仲裁，nCEL 优先）

2）存储单元数据块的访问权限分配

存储单元数据块的访问权限分配只允许在某一时间段内由一个 CPU 对自定义的某一数据块进行读/写操作，这有助于存储数据的保护，可以更有效地避免地址冲突。信号量（semaphore，SEM）仲裁闭锁就是一种硬件电路结合软件实现访问权限分配方法。SEM 单元是与存储单元无关的独立标志单元。两个触发器在初始化时均使 SEM 允许输出为高电平，等待双方申请 SEM。如果收到一方写入的 SEM 信号（通常低电平写入），仲裁电路将使其中一个触发器的 SEM 允许输出端为低电平，而闭锁另一个 SEM 允许输出端使其继续保持高电平。只有当先请求的一方撤销 SEM 信号，即写入高电平时，才使另一 SEM 允许输出端的闭锁得到解除，恢复等待新的 SEM 申请。

3）信令交换逻辑（signaling logic）

为了提高数据的交换能力，有些双口 RAM 采用信令交换逻辑来通知对方。IDT7130（1 KB 容量）就是采用中断方式交换信令。利用两个特殊的单元（3FFH 和 3FEH）作为信令字和中断源。假设左端 CPU 向 3FFH 写入信令，将由写信号和地址选通信号触发右端的中断输出，只有当右端的 CPU 响应中断并读取 3FFH 信令字单元，其中断才被双口 RAM 撤销。

以上是双口 RAM 自身提供的仲裁逻辑控制，也可采用自行设计的仲裁协议。下面的实例将介绍这种方法。

2. FIFO 存储器

FIFO（first in first out）存储器全称是先进先出存储器。先进先出也是 FIFO 存储器的主要特点。20 世纪 80 年代早期，FIFO 芯片是基于移位寄存器的中规模逻辑器件。容量为 *n* 的这种 FIFO 存储器中，输入的数据逐个在寄存器移位，经 *n* 次移位才能输出。因此，这种 FIFO 存储器的输入到输出延时与容量成正比，工作效率得到限制。

为了提高 FIFO 存储器的容量和减小输出延时，现在 FIFO 存储器内部存储器均采用双口 RAM，数据从输入到读出的延迟大大缩小。以通用的 IDT7202 为例，其结构框图如图 4-26 所示。输入和输出具有两套数据线。独立的读/写地址指针在读/写脉冲的控制下顺序地从双口 RAM 读/写数据，读/写指针均从第一个存储单元开始，到最后一个存储单元，然后，又回到第一个存储单元。标志逻辑部分即内部仲裁电路通过对读指针和写指针的比较，相应给出双口 RAM 的空（EF）和满（FF）状态指示，甚至还有中间指示（XO/HF）。如果内部仲裁仅提供空和满状态指示，则 FIFO 存储器的传输效率将得不到充分的利用。新型的 FIFO 存储器提供可编程标志功能，例如，可以设置空加 4 或满减 4 的标志输出。目前，为了使容量得到更大提高，存储单元采用动态 RAM 代替静态 RAM，并将刷新电路集成在芯片，且内部仲裁单元决定器件的输入、读出及自动刷新操作。

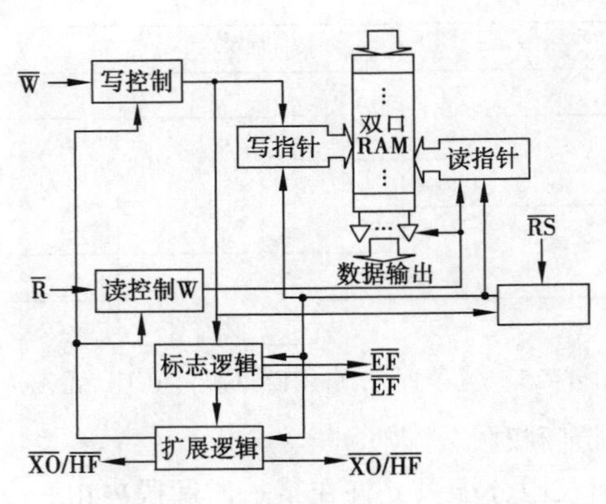

图 4-26　IDT7202 结构框图

FIFO 存储器只允许两端一个写，一个读，因此 FIFO 存储器是一种半共享式存储器。在双机系统中，只允许一个 CPU 往 FIFO 存储器写数据，另一个 CPU 从 FIFO 读数据。而且，只要注意标志输出，空指示不写，满指示不读，就不会发生写入数据丢失和读出数据无效。

4.3　只读存储器（ROM）

ROM（read only memory），一般用来存放固定的程序和数据，例如微机中存放监控管理程序或固定数据表格。在嵌入式系统中，ROM 主要用来存放引导程序 Bootloader、操作系统和开发好的应用程序。

4.3.1　ROM 的结构及工作原理

ROM 由地址译码器和存储矩阵组成，图 4-27 所示为 ROM 的内部结构示意图。

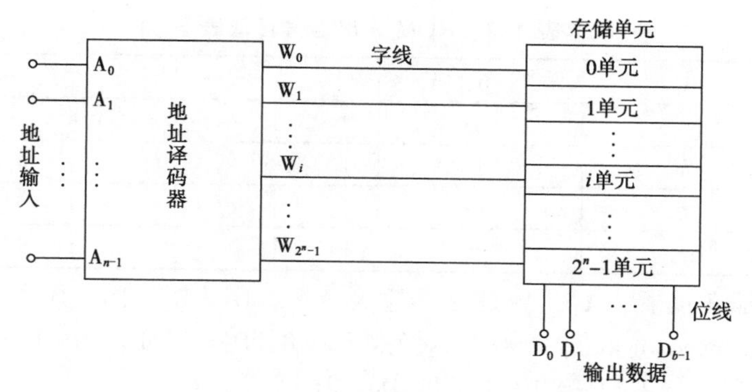

图 4-27 ROM 的内部结构示意图

输入的地址 A_{n-1}～A_0 通过地址译码器生成字选择信号（W_{2^n-1}），通过字选择线选择存储单元，然后操作其中的数据。图 4-28 所示为 ROM 的基本工作电路组成。

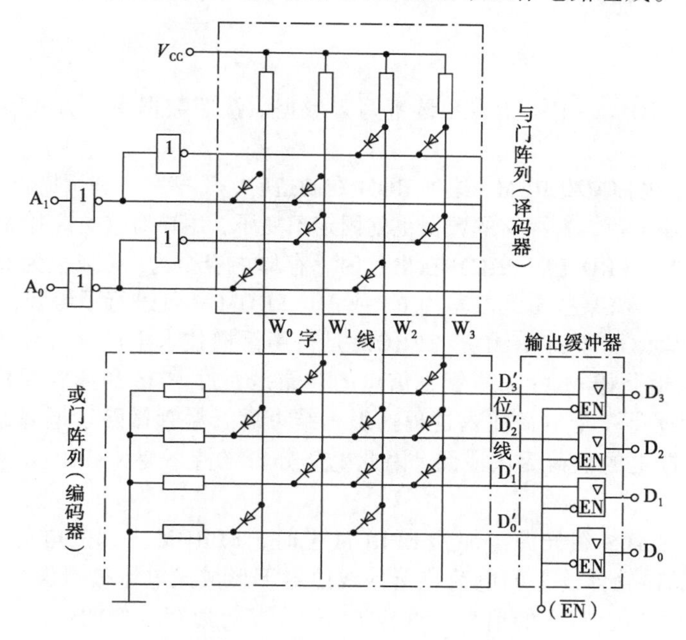

图 4-28 ROM 基本工作电路组成

输入地址码是 A_1A_0，输出数据是 $D_3D_2D_1D_0$。输出缓冲器用的是三态门，它有两个作用，一是提高带负载能力；二是实现对输出端状态的控制，以便于和系统总线的连接。其中与门阵列组成译码器，或门阵列构成存储阵列，其存储容量为 4×4 位=16 位。与门阵列输出表达式：

$$W_0=\overline{A_1}\ \overline{A_0} \qquad W_1=\overline{A_1}\ A_0 \qquad W_2=A_1\ \overline{A_0} \qquad W_3=A_1\ A_0$$

或门阵列输出表达式：

$$D_0=W_0+W_2 \qquad D_1=W_0+W_2+W_3$$

$$D_2=W_0+W_2+W_3 \qquad D_3=W_1+W_3$$

ROM 输出信号的真值表如表 4-2 所示。

从存储器角度看，A_1A_0 这两位是地址码，$D_3D_2D_1D_0$ 这四位是数据码。表 4-2 中，在 00 地址中存放的数据是 0101；01 地址中存放的数据是 1010；10 地址中存放的是 0111；11 地址中存放的是 1110。

表 4-2 ROM 输出信号真值表

A_1	A_0	D_3	D_2	D_1	D_0
0	0	0	1	0	1
0	1	1	0	1	0
1	0	0	1	1	1
1	1	1	1	1	0

从函数发生器角度看，A_1、A_0是 2 个输入变量，D_3、D_2、D_1、D_0是 4 个输出函数。表 4-2 说明，当变量 A_1A_0 取值为 00 时，函数 $D_3=0$、$D_2=1$、$D_1=0$、$D_0=1$；当变量 A_1A_0 取值为 01 时，函数 $D_3=1$、$D_2=0$、$D_1=1$、$D_0=0$；等等。

从译码编码角度看，与门阵列先对输入的二进制代码 A_1A_0 进行译码，得到 4 个输出信号 W_0、W_1、W_2、W_3，再由或门阵列对 W_0～W_3 4 个信号进行编码。表 4-2 说明，W_0 的编码是 0101；W_1 的编码是 1010；W_2 的编码是 0111；W_3 的编码是 1110。

4.3.2 ROM 的分类

与 RAM 不同，ROM 一般需由专用装置写入数据。按照数据写入方式特点不同，ROM 可分为以下几种：

① 固定 ROM。也称掩膜 ROM，这种 ROM 在制造时，厂家利用利用掩膜技术直接把数据写入存储器中，ROM 制成后，其存储的数据也就固定不变了，用户对这类芯片无法进行任何修改。

② 可编程 ROM（PROM）。PROM 在出厂时，存储内容全为 1（或全为 0），用户可根据自己的需要，利用编程器将某些单元改写为 0（或 1）。PROM 一旦进行了编程，就不能再修改了。

③ 可擦可编程 ROM（EPROM）。EPROM 是采用浮栅技术生产的可编程存储器，它的存储单元多采用 N 沟道叠栅 MOS 晶体管，信息的存储是通过 MOS 晶体管浮栅上的电荷分布来决定的，编程过程就是一个电荷注入过程。编程结束后，尽管撤除了电源，但是，由于绝缘层的包围，注入浮栅上的电荷无法泄漏，因此电荷分布维持不变，EPROM 也就成为非易失性存储器。

当外部能源（如紫外线光源）加到 EPROM 上时，EPROM 内部的电荷分布才会被破坏，此时聚集在 MOS 晶体管浮栅上的电荷在紫外线照射下形成光电流被泄漏掉，使电路恢复到初始状态，从而擦除了所有写入的信息。这样 EPROM 又可以写入新的信息。

④ 电擦除可编程 ROM（E^2PROM）。E^2PROM 也是采用浮栅技术生产的可编程 ROM，但是构成其存储单元的是隧道 MOS 晶体管，隧道 MOS 晶体管也是利用浮栅是否存有电荷来存储二值数据的，不同的是隧道 MOS 晶体管是用电擦除的，并且擦除的速度要快得多（一般为毫秒数量级）。

E^2PROM 的电擦除过程就是改写过程，它具有 ROM 的非易失性，又具备类似 RAM 的功能，可以随时改写（可重复擦写 1 万次以上）。目前，大多数 E^2PROM 芯片内部都备有升压电路。因此，只需提供单电源供电，便可进行读、擦除/写操作，这为数字系统的设计和在线调试提供了极大方便。

⑤ 闪速存储器（flash memory）。闪速存储器的存储单元也是采用浮栅型 MOS 晶体管，存储器中数据的擦除和写入是分开进行的。数据写入方式与 EPROM 相同，需要输入一个较高的电压，因此要为芯片提供两组电源。一个字的写入时间约为 200 μs，一般一只芯片可以擦除/写入 10 000 次以上。

4.3.3　ROM 容量的扩展

ROM 容量的扩展方法和 RAM 容量的扩展方法相同。

1. 字长扩展

现有型号的 EPROM 输出多为 8 位。图 4-29 所示是将两片 8K×8bit EPROM 扩展成 8K×16bit EPROM 的连线图。

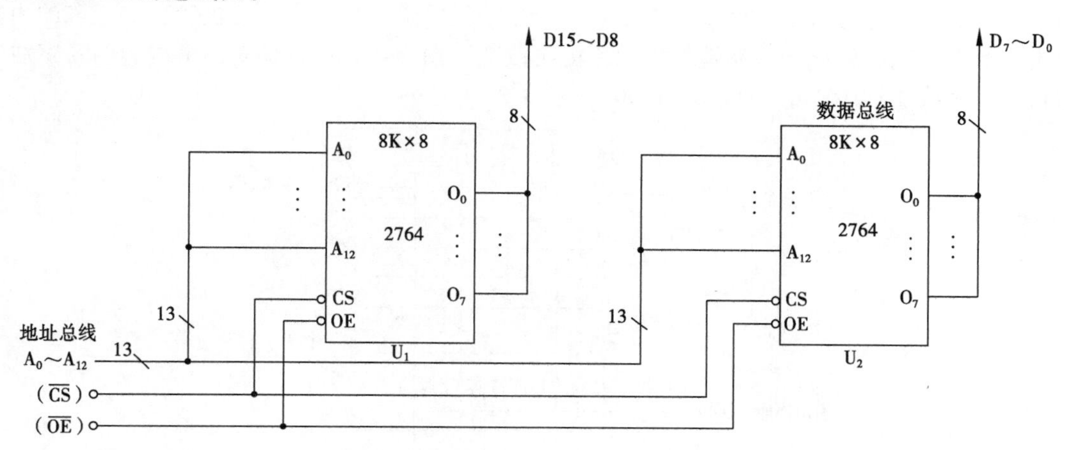

图 4-29　两片 8K×8bit EPROM 字长扩展连接图

2. 字数扩展

图 4-30 所示是用 8 片 8K×8bit EPROM 扩展成 64K×8bit EPROM 的连接图。

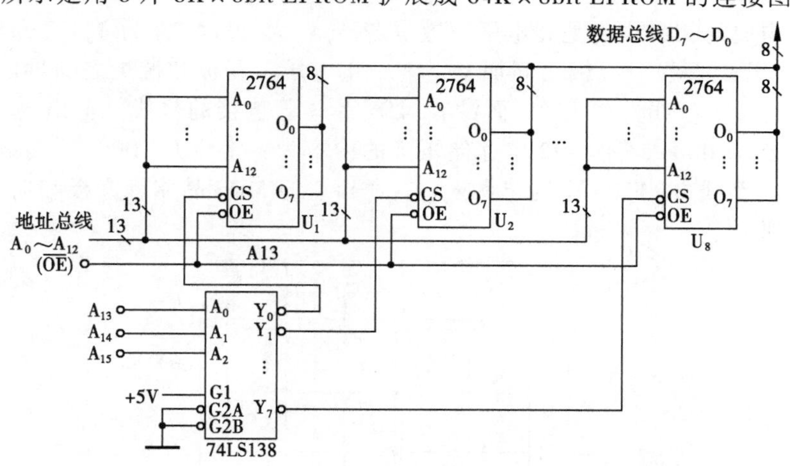

图 4-30　8 片 8K×8bit EPROM 的字数扩展连接图

4.3.4　掩膜 ROM

这种 ROM 是芯片制造厂根据 ROM 要存储的信息，设计固定的半导体掩膜板进行生产的。一旦制出成品之后，其存储的信息即可读出使用，但不能改变。这种 ROM 常用于批量生产，生产成本比较低。微型机中一些固定不变的程序或数据常采用这种 ROM 存储。

掩膜 ROM 可由二极管、双极型晶体管或 MOS 电路构成，工作原理都是类似的。

图 4-31 是由二极管构成的 4×4 位的掩膜 ROM，它采用字译码方式，两位地址 A_1 和 A_0 输入，

经字地址译码器译码后，输出 4 条选择线（字线）W_0～W_3，高电平有效，只有一条为高电平而其余三条为低电平，字线为高电平时选中一行存储单元（包含 4 位，称为 1 个字）。位线输出即为这个字的各位。存储矩阵由二极管矩阵组成，当某字线为高电平时，接于该字线上的二极管就会导通，因此接有二极管的位线上就是高电平，而没有接二极管的位线上就是低电平。当输出使能端 $\overline{OE}$（上面的一横表示低电平有效，下同）为低电平时，输出三态门打开，位线上的数据就输出到外部的数据总线 D_3～D_0 上。例如，当 A_1A_0 为 00 时，字线 W_0 为“1”，而字线 W_1～W_3 都为 0，这时选中字线 0，位线上输出为 1110。由于二极管存储矩阵的内容取决于制造工艺，因此一旦制造好以后不能再改变。图 4-31 中存储矩阵的内容为：字线 0（1110），字线 1（0101），字线 2（1100），字线 3（0011）。

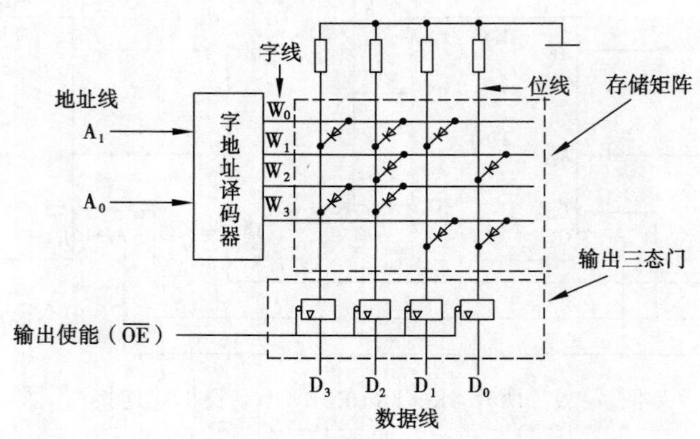

图 4-31　二极管构成的 4×4 位 ROM 电路

图 4-32 所示的是由 MOS 晶体管构成的 4×4 位的掩膜 ROM，其存储矩阵是由增强型 NMOS 晶体管构成的，字线仍是高电平有效。若 A_1A_0 为 00 时 W_0 为 1，这时与字线 W_0 连接的 MOS 晶体管的栅极和源极之间加上了一个正电压，漏极和源极之间导电，漏极电位接近 0，因此相应的位线上输出 0，而没有 MOS 晶体管连接的位线上输出 1，因此这时四条位线上的输出为 0001。图 4-32 中存储矩阵的内容为：字线 0（0001），字线 1（1010），字线 2（0011），字线 3（1100）。与电源（$+V_{CC}$）相连的 MOS 晶体管漏极和栅极接在一起，作为负载电阻使用。

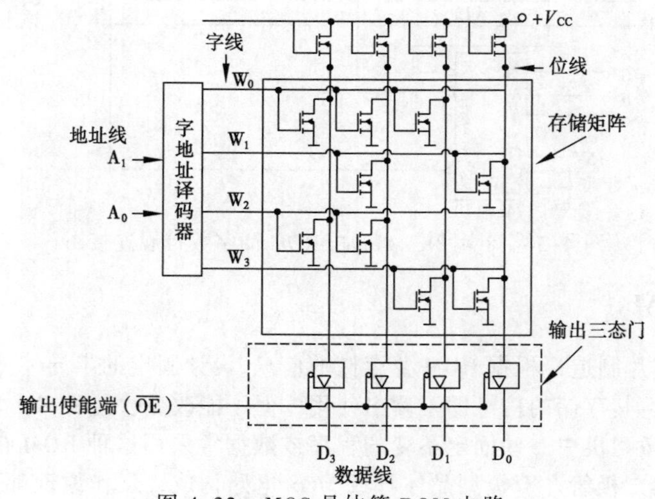

图 4-32　MOS 晶体管 ROM 电路

由图 4-31 和图 4-32 可以看出，ROM 中存储的信息是不会丢失的，即掉电后再上电，存储的信息不变。

4.3.5　可编程只读存储器（PROM）

为了使用户能够根据自己的需要来写 ROM，厂家生产了一种可编程式的 ROM（programmable ROM，PROM）。PROM 允许用户对其进行一次编程——写入数据或程序。一旦编程之后，信息就永久性地固定下来。用户可以读出和使用，但再也无法改变其内容。

PROM 可由用户根据自己的需要编程。图 4-33 是一种用二极管和熔丝组成的熔丝式 PROM 的一个存储单元（一位）。出厂时熔丝都是通的，即存储的内容都是 1。编程时，若将某存储单元中的熔丝通以足够大的电流，使熔丝熔断，则该存储单元的内容就改写为 0。由于熔丝熔断后不能再恢复，所以 PROM 只能写一次。

PROM 是可编程器件，主流产品是采用双层栅（二层 poly）结构，其中有 EPROM 和 E^2PROM 等，工作原理大体相同，主要结构如图 4-34 所示。如果浮栅中没有电子注入，在控制栅加电压时，浮栅中的电子跑到上层，下层出现空穴。由于感应，便会吸引电子，并开启沟道。如果浮栅中有电子的注入，即加大的管子的阈值电压，沟道处于关闭状态。这样就达成了开关功能。

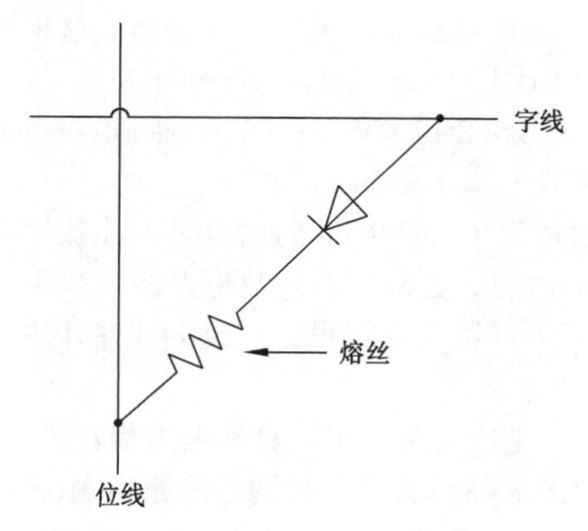

图 4-33　熔丝 PROM 电路原理

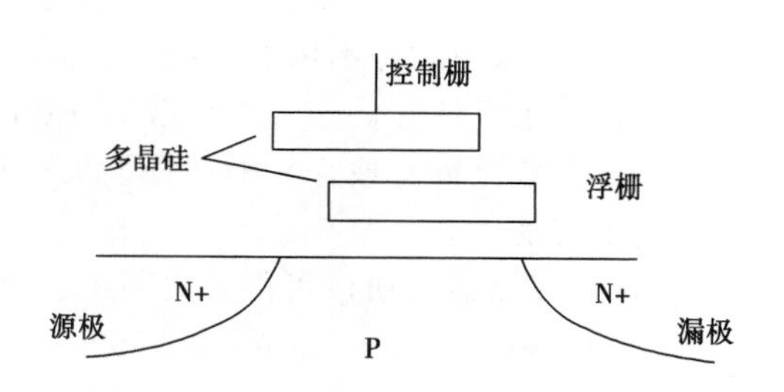

图 4-34　PROM 单元结构的工作原理

图 4-35 所示为 EPROM 的写入过程，在漏极加高压，电子从源极流向漏极的沟道充分开启。在高压的作用下，电子的拉力加强，能量使电子的温度极度上升，变为热电子（hot electron）。这种电子几乎不受原子振动作用所引起的散射，在受控制栅的施加的高压时，热电子使能跃过 SiO_2 的势垒，注入浮栅中。在没有其他外力的情况下，电子会很好地保持着。在需要消去电子时，利用紫外线进行照射，给电子足够的能量，逃逸出浮栅。

E^2PROM 的写入过程是利用了隧道效应，即能量小于能量势垒的电子能够穿越势垒到达另一边。量子力学认为物理尺寸与电子自由程相当时，电子将呈现波动性，这里就是表明物体要足够小。就 PN 结来看，当 P 和 N 的杂质浓度达到一定水平时，并且空间电荷极少时，电子就会因隧道效应向导带迁移。电子的能量处于某个允许级别的范围称

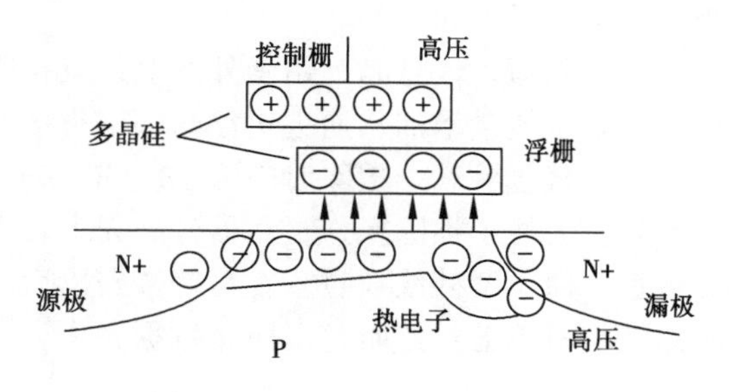

图 4-35　EPROM 的写入过程

为“带”，较低的能带称为价带，较高的能带称为导带。电子到达较高的导带时就可以在原子间自由运动，这种运动就是电流。E^2PROM 的写入过程如图 4-36（a）所示，根据隧道效应，包围浮栅的 SiO_2，必须极薄以降低势垒。源漏极接地，处于导通状态。在控制栅上施加高于阈值电压的高压，以减少电场作用，吸引电子穿越。要达到消去电子的要求，E^2PROM 也是通过隧道效应达成的。如图 4-36（b）所示，在漏极加高压，控制栅为 0 V，翻转拉力方向，将电子从浮栅中拉出。这个动作如果控制不好，会出现过消去的结果。

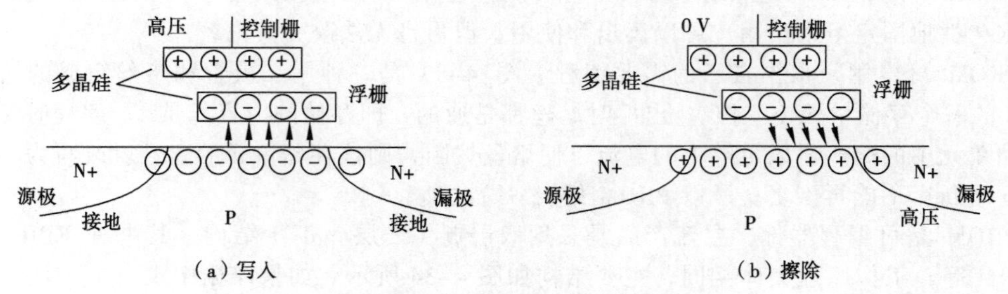

图 4-36　通过隧道效应的写入擦除过程

4.3.6　可擦除可编程只读存储器（EPROM）

为了克服 PROM 只能写入一次的缺点，又出现了多次可擦除可编程的存储器。这种存储器主要有 3 种：一种是可擦可编程只读存储器 EPROM（erasable programmable read-only memory）；第二种是电擦除可编程只读存储器，称为 E^2PROM 或（electrically-erasable programmable read-only memory）；第三种是闪速存储器（flash memory）。

EPROM 内容的改写不像 RAM 那么容易，在使用过程中，EPROM 的内容是不能擦除重写的，所以仍属于只读存储器。要想改写 EPROM 中的内容，必须将芯片从电路板上拔下，放到紫外灯光下数分钟，使存储的数据消失。数据的写入可用软件编程，生成电脉冲并用专门的编程器来实现。

EPROM 存储器之所以可以多次写入和擦除信息，是因为采用了一种浮栅雪崩注入 MOS 晶体管——FAMOS（floating gate avalanche injection MOS）晶体管来实现的。浮栅型 MOS 晶体管的结构示意图如图 4-37 所示。FAMOS 的浮动栅本来是不带电的，所以在 S、D 之间没有导电沟道，FAMOS 晶体管处于截止状态。如果在 S、D 间加入 10～30V 的电压使 PN 结击穿，这时产生高能量的电子，这些电子有能力穿越 SiO_2 层注入由多晶硅构成的浮动栅上。于是浮栅被充上负电荷，在靠近浮栅的表面的 N 型半导体形成导电沟道，使 MOS 晶管处于长久导通状态。FAMOS 晶体管作为存储单元存储信息，就是利用其截止和导通两个状态来表示 0 和 1 的。

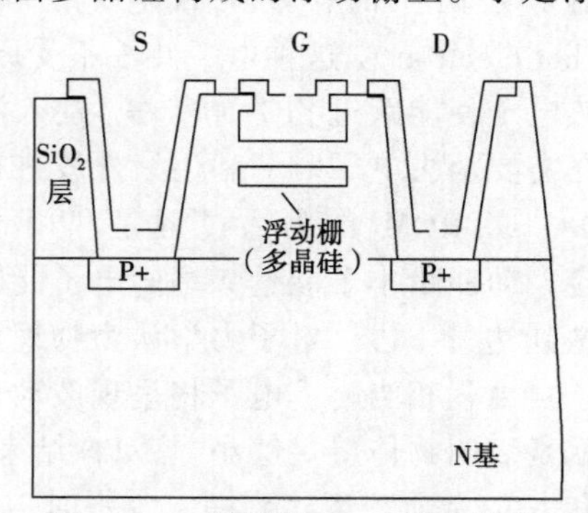

图 4-37　浮栅型 MOS 管的结构

要擦除写入信息时，用紫外线照射氧化膜，可使浮栅上的电子能量增加从而逃逸浮栅，于是 FAMOS 晶体管又处于截止状态。擦除时间为 10～30 min，视型号不同而异。为便于擦除操作，在器件外壳上装有透明的石英盖板，便于紫外线通过。在写好数据以后应使用不透明的纸将石英盖板遮蔽，以防止数据丢失。

4.3.7 电擦除可编程只读存储器（E^2PROM）

电擦除可编程 ROM（E^2PROM）是一种用电信号编程也用电信号擦除的 ROM 芯片，它可以通过读/写操作进行逐个存储单元读出和写入，且读/写操作与 RAM 存储器几乎没有什么差别，所不同的只是写入速度慢一些。E^2PROM 断电后能保存信息。

E^2PROM 从大方面分为并行 E^2PROM 和串行 E^2PROM。并行 E^2PROM 通过与闪速存储器相同的引脚配置可以并行的输入数据；而串行 E^2PROM 一般为 8 个引脚的较小封装，一位一位地进行数据传输。

1．并行 E^2PROM

并行 E^2PROM 与闪速内存的不同在于它是以 1B 为单位进行替换，其他基本可以进行相同的操作处理。虽然并行 E^2PROM 可以连接一般的微型处理器并应用于程序设计中，但由于前面所叙述的不能增加容量的原因，其主要应用于那些必须以 1B 为单位进行替换的场行。

2．串行 E^2PROM

串行 E^2PROM 的地址及指令等都需要一位一位地进行传输，故数据的传输速度不高。但其利用较少的引脚就可以完成存取，方便用于单芯片微型计算机系统的信息设置。除此之外，还用于存放初始化 FPGA 等的数据。目前，一般的串行 E^2PROM 容量最大为 512KB，最小不到 1KB 的，该容量范围是其他存储器件几乎没有的。串行 E^2PROM 的接口一般包括 IIC（Inter IC Communication）总线、Microwire 总线和 SPI（Serial Peripheral Interface）总线 3 种。无论那种总线都使用时钟信号和数据/控制线，时钟信号由主机控制。用于控制的信号线中，IIC 为 2 根、Microwire 为 3 根、SPI 为 4 根。

这些总线中，无论哪种总线都可以在同一条总线上连接多个串行 E^2PROM 器件。IIC 总线是将主机传递过来的器件地址与目标对象所设定的地址进行比较，如果一致就认为是目标对象。

Microwire 和 SPI 总线除了具有用于传输的信号外，还具有片选信号，通过修改片选信号的有效性来选择目标对象。

4.3.8 闪存（flash）

flash 存储器又称闪存，它结合了 ROM 和 RAM 的长处，不仅具备电擦除可编程（E^2PROM）的性能，还不会断电丢失数据同时可以快速读取数据（NVRAM 的优势），U 盘（优盘）和 MP3 里用的就是这种存储器。在过去的 20 年里，嵌入式系统一直使用 ROM（EPROM）作为存储设备，然而近年来 flash 存储器全面代替了 ROM（EPROM）在嵌入式系统中的地位，用做存储引导加载程序以及操作系统或者程序代码或者直接当做硬盘使用。

1．flash 单元的工作原理

flash 存储器结合了 EPROM 和 E^2PROM 的写入/擦除原理。主要有两种技术来改变存储在闪速存储器单元的数据：沟道热电子注入（CHE）和 Fowler-Nordheim 隧道效应（FN 隧道效应）。所有的闪速存储器都采用 FN 隧道效应来进行擦除。至于编程，有的采用 CHE 方法，有的采用 FN 隧道效应方法。

由于在 CHE 注入过程中，浮栅下面的氧化层面积较小，所以对浮栅下面的氧化层损害较小，因此其可靠性较高，但缺点是编程效率低；FN 法用低电流进行编程，因而能进行高效而低功耗的工作，所以在芯片上电荷泵的面积就可以做得很小。

为了减少闪速存储器的单元面积，可以采用负栅压偏置。由于在字线（接存储单元的栅）上接了负压，接到源上的电压就可以减小，从而减少了双重扩散的必要性。所以源结可以减小到 0.2 μm。负栅偏置的闪速存储器还有一个优点，就是通过字线施加负压可以实现字组（sector）擦除（通常一个字组为 2K 以上的字节）。

2．NAND flash 和 NOR flash 的比较

NOR 和 NAND 是现在市场上两种主要的非易失性闪存技术。Intel 于 1988 年首先开发出 NOR flash 技术，彻底改变了原先由 EPROM 和 E^2PROM 一统天下的局面。紧接着，1989 年，东芝公司发表了 NAND flash 结构，强调其可降低每比特的成本，具有更高的性能，并且像磁盘一样可以通过接口轻松升级。但是经过了 20 多年，仍然有人分不清 NOR 和 NAND 闪存。

“flash 存储器”经常可以与“NOR 存储器”互换使用。因为大多数情况下闪存只是用来存储少量的代码，这时 NOR 闪存更适合一些。而 NAND 则是高数据存储密度的理想解决方案。

NOR 是现在市场上主要的非易失性闪存技术。NOR 一般只用来存储少量的代码；NOR 主要应用在代码存储介质中。NOR 的特点是应用简单、无须专门的接口电路、传输效率高。它属于芯片内执行（execute in place，XIP），这样应用程序可以直接在（NOR 型）flash（闪存）内运行，不必再把代码读到系统 RAM 中。在 1～4 MB 的小容量时具有很高的成本效益，但是很低的写入和擦除速度大大影响了它的性能。NOR flash 存储器占据了容量为 1～16 MB 闪存市场的大部分。

NAND 结构能提供极高的单元密度，可以达到高存储密度，并且写入和擦除的速度也很快。应用 NAND 的困难在于 flash 的管理和需要特殊的系统接口。

1）性能比较

flash 是非易失性存储器，可以对称为块的存储器单元块进行擦写和再编程。任何 flash 器件的写入操作只能在空或已擦除的单元内进行，所以大多数情况下，在进行写入操作之前必须先执行擦除。NAND 器件执行擦除操作是十分简单的，而 NOR 则要求在进行擦除前先要将目标块内所有的位都写为 1。

擦除 NOR 器件时是以 64～128 KB 的块进行的，执行一个写入/擦除操作的时间为 5 s，擦除 NAND 器件是以 8～32 KB 的块进行的，执行相同的操作最多只需要 4 ms。

执行擦除时块尺寸的不同进一步拉大了 NOR 和 NAND 之间的性能差距，统计表明，对于给定的一套写入操作（尤其是更新小文件时），更多的擦除操作必须在基于 NOR 的单元中进行。这样，当选择存储解决方案时，设计师必须权衡以下的各项因素：

① NOR 的读速度比 NAND 稍快一些。

② NAND 的写入速度比 NOR 快很多。

③ NAND 的擦除速度远高于 NOR。

④ 大多数写入操作需要先进行擦除操作。

⑤ NAND 的擦除单元更小，相应的擦除电路更少。

注：NOR flash 区域擦除时间视品牌、大小不同而不同，如同为 4 MB 的 flash，有的区域擦除时间为 60 ms，而有的需要 6 s。

2）接口差别

NOR flash 存储器带有 SRAM 接口，有足够的地址引脚可用来寻址，可以很容易地存取其内部的每一个字节。

NAND 器件使用复杂的 I/O 口来串行地存取数据，各个产品或厂商的方法可能各不相同。

其有 8 个引脚用来传送控制、地址和数据信息。

NAND 读和写操作采用 512 B 的块，这一点有点像硬盘管理此类操作的方法。所以，基于 NAND 的存储器可以取代硬盘或其他块设备。

3）容量和成本

NAND flash 的单元尺寸几乎是 NOR 器件的一半，由于生产过程更为简单，NAND 结构可以在给定的模具尺寸内提供更高的容量，也就相应地降低了价格。

NOR flash 占据了容量为 1～16 MB 闪存市场的大部分，而 NAND flash 只用在 8～128 MB 的产品当中。这也说明 NOR 主要应用在代码存储介质中，NAND 适合于数据存储。NAND 在 CompactFlash、Secure Digital、PC Cards 和 MMC 存储卡市场上所占份额最大。

4）可靠性

采用 flash 介质时一个需要重点考虑的问题是可靠性。对于需要扩展 MTBF 的系统来说，flash 是非常合适的存储方案。可以从寿命（耐用性）、位交换和坏块处理 3 个方面来比较 NOR 和 NAND 的可靠性。

5）寿命（耐用性）

在 NAND 闪存中每个块的最大擦写次数是一百万次，而 NOR 的擦写次数是十万次。NAND 存储器除了具有 10:1 的块擦除周期优势外，典型的 NAND 块尺寸为 NOR 器件的 1/8，每个 NAND 存储器块在给定的时间内的删除次数要少一些。

所有 flash 器件都受位交换现象的困扰。在某些情况下（很少见，NAND 发生的次数要比 NOR 多），某一位会发生反转或被报告反转。一位的变化可能不很明显，但是如果发生在一个关键文件上，这个小小的故障可能导致系统停机。如果只是报告有问题，多读几次就可能解决了。

当然，如果这个位真的改变了，就必须采用错误探测/错误更正（EDC/ECC）算法。位反转的问题更多见于 NAND 闪存。NAND 的供应商建议使用 NAND 闪存的时候，同时使用 EDC/ECC 算法。这个问题对于用 NAND 存储多媒体信息时倒不是致命的。当然，如果用本地存储设备来存储操作系统、配置文件或其他敏感信息时，必须使用 EDC/ECC 系统以确保其可靠性。NAND 器件中的坏块是随机分布的。以前也曾做过消除坏块的努力，但发现成品率太低，代价太高。NAND 器件需要对介质进行初始化扫描以发现坏块，并将坏块标记为不可用。在已制成的器件中，如果通过可靠的方法不能进行这项处理，将导致高故障率。

6）易于使用

可以非常直接地使用基于 NOR 的闪存，可以像其他存储器那样连接，并可以在上面直接运行代码。

由于需要 I/O 接口，故 NAND 的使用要复杂得多。各种 NAND 器件的存取方法因厂家而异。在使用 NAND 器件时，必须先写入驱动程序，才能继续执行其他操作。向 NAND 器件写入信息需要一定的技巧，因为设计师绝不能向坏块写入，这就意味着在 NAND 器件上自始至终都必须进行虚拟映射。

7）软件支持

当讨论软件支持的时候，应该区别基本的读/写/擦操作和高一级的用于磁盘仿真和闪存管理算法的软件，包括性能优化。

在 NOR 器件上运行代码不需要任何的软件支持，在 NAND 器件上进行同样操作时，通常需要驱动程序，也就是内存技术驱动程序（memory technology device，MTD）。NAND 和 NOR

器件在进行写入和擦除操作时都需要 MTD。

使用 NOR 器件时所需要的 MTD 要相对少一些，许多厂商都提供用于 NOR 器件的更高级软件，这其中包括 M-System 的 TrueFFS 驱动。TrueFFS 驱动被 Wind River System、Microsoft、QNX Software System、Symbian 和 Intel 等厂商所采用。

驱动还用于对 DiskOnChip 产品进行仿真和 NAND 闪存的管理，包括纠错、坏块处理和损耗平衡。

4.4 混合类型存储器

由于存储器技术在最近几年已经成熟，在 RAM 和 ROM 设备之间的界线已经变得模糊。现在有几种类型的存储器结合了两者的优点。这些存储器不属于任何一类，总体上可以看做是混合存储设备。混合存储器随意地读/写，像 RAM 一样；但是保持其内容而不需要供电，又像 ROM 一样。有两种混合设备，E^2PROM 和闪速存储器，是 ROM 设备的子代；另一种 NVRAM，是 SRAM 的改版。

E^2PROM 是电可擦除可编程的。在内部，它们和 EPROM 类似，但是擦除操作是完全依靠电的，而不需通过紫外线的暴晒。E^2PROM 中的任何一个字节都可以擦除和重写。一旦写入，新的数据就永远保留在设备中了，至少直到被擦除。对于这个改进了的功能的权衡主要是更高的价格。其写入周期也明显比写入一个 RAM 的周期要长，因此不要寄希望于利用 E^2PROM 作为主要系统内存。

闪速存储器是存储器技术最新的发展。它结合了目前为止所有存储设备的优点。闪速存储设备具有高密度、低价格、非易失性、快速（读取，而不是写入）以及电气可重编程等特点。这些优点的一个直接的结果是闪速存储器在嵌入式系统中的使用迅速增长。从软件的观点来说，闪速存储和 E^2PROM 技术十分类似。主要的差别是闪速存储设备一次只能擦除一个扇区，而不是一个字节一个字节地擦除。典型扇区的大小为 256 B～16 KB。尽管如此，闪速存储设备比 E^2PROM 还是要流行得多，并且还迅速地取代了很多 ROM 设备。

混合存储器的第三个成员是 NVRAM（nonvolatile RAM，非易失 RAM）。非易失性是前面讨论过 ROM 及混合存储器的一个特征。然而，NVRAM 物理上与那些设备非常不同。NVRAM 通常只是一个带有后备电池的 SRAM。当电源接通的时候，NVRAM 就像任何一个其他的 SRAM 一样。但是当电源切断的时候，NVRAM 从电池中获取足够的电力以保持其中现存的内容。NVRAM 在嵌入式系统中是十分普遍的。然而，它十分昂贵——甚至比 SRAM 还要贵——因此，它的应用被限制于存储仅仅几百字节的系统关键信息。对于存储这些信息来说，应用 NVRAM 是最好的存储办法。

4.4.1 NVSRAM 工作原理

NVSRAM 采用 SRAM+ E^2PROM 方式，实现了无须后备电池的非易失性存储，芯片接口、时序等与标准 SRAM 完全兼容，图 4-38 为 1 MB NVSRAM 内部框图。

NVSRAM 的外部接口与 SRAM 相同，读/写控制都是由片选（$\overline{CE}$）、读使能（$\overline{OE}$）、写使能（$\overline{WE}$）来控制，时序标准也与 SRAM 完全相同。

NVSRAM 表现在外部器件上与 SRAM 不同的就是 NVSRAM 需要外接一个电容。当外部电源突然断掉时，可以通过电容放电提供电源把 SRAM 里面的数据复制到 E^2PROM 里面。

NVSRAM 通常的操作都在 SRAM 中进行，只有当外界突然断电或者认为需要存储的时候

才会把数据存储到 E^2PROM 中，当检测到系统加电后会把 E^2PROM 中的数据复制到 SRAM 中，系统正常运行。

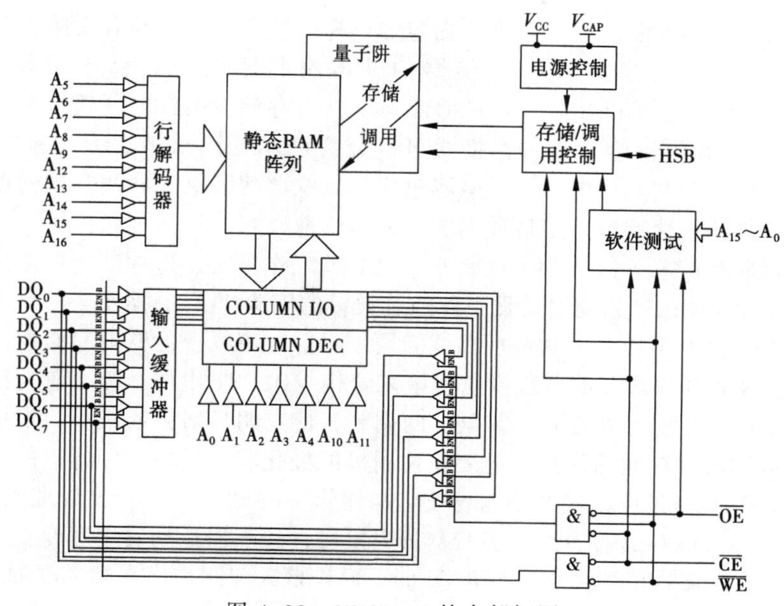

图 4-38　NVSRAM 的内部框图

NVSRAM 有 3 种存储方式：自动存储、硬件存储和软件存储。NVSRAM 有两种 RECALL 操作方式：自动 RECALL 和软件 RECALL。

存储是指数据从 SRAM 到 E^2PROM 的过程，其过程包括两个步骤：

① 擦除之前 E^2PROM 的内容。

② 把目前 SRAM 的数据存到 E^2PROM 中。

RECALL 是指 E^2PROM 到 SRAM 的过程。它也包括两个步骤：

① 清除之前 SRAM 的内容。

② 把 E^2PROM 的数据复制到 SRAM 中。

以下就详细阐述这几种工作方式：

① 自动存储（autostore）：当检测到外界电压低于最小值时，会自动保存 SRAM 的数据到 E^2PROM 中，其间所需要的电压由外界的电源提供。

② 硬件存储（hardware store）：NVSRAM 有一个 $\overline{HSB}$ 引脚，当拉到低电平时进行存储操作，会保存 SRAM 的数据到 E^2PROM 中。

③ 软件存储（software store）：软件存储是由一个预定义的 6 个连续的 SRAM 读操作控制数据从 SRAM 保存至 E^2PROM 中。

④ 自动 RECALL：当检测到外界重新加电时，会自动从 E^2PROM 中复制到 SRAM 中。

⑤ 软件 RECALL：软件 RECALL 是由一个预定义的 6 个连续的 SRAM 读操作控制数据从 E^2PROM 保存至 SRAM 中。

4.4.2　几种新型的非易失存储器

更高密度、更大带宽、更低功耗、更短延迟时间、更低成本和更高可靠性是存储器设计者和制造者追求的永恒目标。根据这一目标，人们研究各种存储技术，以满足应用的需求。

下面，对目前几种比较有竞争力和发展潜力的新型非易失性存储器做简单的介绍。

1. 铁电存储器（FeRAM）

铁电存储器是一种在断电时不会丢失内容的非易失性存储器，具有高速、高密度、低功耗和抗辐射等优点。当前应用于存储器的铁电材料主要有钙钛矿结构系列，包括PbZr1-xTixO3、SrBi2Ti2O9和Bi4-xLaxTi3O12等。铁电存储器的存储原理是基于铁电材料的高介电常数和铁电极化特性，按工作模式可以分为破坏性读出（DRO）和非破坏性读出（NDRO）。DRO模式是利用铁电薄膜的电容效应，以铁电薄膜电容取代常规的存储电荷的电容，利用铁电薄膜的极化反转来实现数据的写入与读取。

铁电随机存取存储器（FeRAM）就是基于 DRO 工作模式。这种破坏性读出后需重新写入数据，所以 FeRAM 在信息读取过程中伴随着大量的擦除/重写的操作。随着不断地极化反转，此类 FeRAM 会发生疲劳失效等可靠性问题。目前，市场上的铁电存储器全部都是采用这种工作模式。NDRO模式存储器以铁电薄膜来替代MOSFET中的栅极二氧化硅层，通过栅极极化状态（±Pr）实现对来自源—漏电流的调制，使它明显增大或减小，根据源—漏电流的相对大小即可读出所存储的信息，而无须使栅极的极化状态反转，因此它的读出方式是非破坏性的。基于NDRO工作模式的铁电场效应晶体管（FFET）是一种比较理想的存储方式。但迄今为止，这种铁电存储器尚处于实验室研究阶段，还不能达到实用程度。

Ramtron公司是最早成功制造出FeRAM的厂商。该公司刚推出高集成度的FM31系列器件，这些产品集成最新的FeRAM存储器，可以用于汽车电子、消费电子、通信、工业控制、仪表和计算机等领域。Toshiba公司与Infineon公司2003年合作开发出存储容量达到32 MB的FeRAM，该FeRAM采用单管单电容（1T1C）的单元结构和0.2 mm工艺制造，存取时间为50ns，循环周期为75 ns，工作电压为3.0 V或2.5 V。

Matsushita公司也在2003年7月宣布推出世界上第一款采用0.18mm工艺大批量制造的FeRAM嵌入式系统芯片（SOC）。该公司新开发的这种产品整合了多种新的技术，包括采用了独特的无氢损单元和堆叠结构，将存储单元的尺寸减小为原来的1/10；采用了厚度小于10 nm（SrBi2Ti2O9）的超微铁电电容，从而大幅减小了裸片的尺寸，拥有低功耗，工作电压仅为1.1 V。2003年初，Symetrix公司向Oki公司授权使用NDRO FeRAM技术，后者采用0.25 mm工艺生产NDRO FeRAM。NDRO FeRAM是基于Symetrix（称为Trinion单元）的新型技术。

FeRAM已成为存储器家族中最有发展潜力的新成员之一。然而，当达到某个数量的读周期之后FeRAM单元将失去耐久性，而且由阵列尺寸限制带来的FeRAM成品率问题以及进一步提高存储密度和可靠性等问题仍然亟待解决。

2. 磁性随机存储器（MRAM）

从原理上讲，MRAM的设计是非常诱人的，它通过控制铁磁体中的电子旋转方向来达到改变读取电流大小的目的，从而使其具备二进制数据存储能力。从理论上来说，铁磁体是永久不会失效的，因此它的写入次数也是无限的。在 MRAM 发展初期所使用的磁阻元件是被称为巨磁阻（GMR）的结构。此结构由上下两层磁性材料及其中间夹着的一层非磁性材料的金属层所组成。由于 GMR 元件需较大电流，这成为无法突破的难点，因此无法达到高密度存储器的要求。与GMR不同的另一种结构是磁性隧道结（MTJ）。MTJ与GMR元件的最大差异是隔开两层磁性材料的是绝缘层而非金属层。MTJ元件是由磁场调制上下两层磁性层的磁化方向成为平行或反平行来建立两个稳定状态，在反平行状态时通过此元件的电子会受到比较大的干扰，因此反映出较高的阻值；而在平行状态时电子受到的干扰较小，得到相对低的阻值。MTJ 元件通过内部金属导线所产生的磁场强度来改变不同的阻值状态，并以此记录 0 与 1 的信号。

MRAM 当前面临的主要技术挑战就是磁致电阻太过微弱，两个状态之间的电阻只有 30%～40%的差异，读/写过程要识别出这种差异还有一定的难度。不过，NVE 公司于 2003 年 11 月宣布，其工程师研制成功自旋穿隧结磁阻（SDT）。该公司采用独特材料，室温下在两个稳定状态之间使穿隧磁阻变化超过 70%。NVE 已向包括 Motorola 公司在内的几家致力商用化 MRAM 的公司授权使用其 MRAM 知识产权。

在 2006 年，当时还隶属于飞思卡尔半导体的 Everspin 便推出全球第一款商业化 MRAM 产品。2008 年 6 月，飞思卡尔半导体将整个 MRAM 部门和业务独立出来，成立了 Everspin 科技公司，并于 2010 年 5 月推出了 16 MB MRAM 存储器产品 MR4A16B，它是一款 3.3 V、并行 I/O 非挥发 RAM，其超快的存取周期仅为 35 ns，并允许无限制地读/写循环。在每次写入后，资料能持续保存超过 20 年。

3. 相变存储器（OUM）

奥弗辛斯基（Stanford Ovshinsky）在 1968 年发表了第一篇关于非晶体相变的论文，创立了非晶体半导体学。一年以后，他首次描述了基于相变理论的存储器：材料由非晶体状态变成晶体，再变回非晶体的过程中，其非晶体和晶体状态呈现不同的反光特性和电阻特性，因此可以利用非晶态和晶态分别代表 0 和 1 来存储数据。后来，人们将这一学说称为奥弗辛斯基电子效应。相变存储器是基于奥弗辛斯基效应的元件，因此被命名为奥弗辛斯基电效应统一存储器（OUM），从理论上来说，OUM 的优点在于产品体积较小、成本低、可直接写入（即在写入资料时不需要将原有资料抹除）和制造简单，只需在现有的 CMOS 工艺上增加 2～4 次掩膜工序就能制造出来。

OUM 是 Intel 公司推崇的下一代非易失性、大容量存储技术。Intel 和该项技术的发明厂商 Ovonyx 公司一起，正在进行技术完善和可制造性方面的研发工作。Intel 公司在 2001 年 7 月就发布了 0.18 mm 工艺的 4 MB OUM 测试芯片，该技术通过在一种硫化物上生成高低两种不同的阻抗来存储数据。2003 年 VLSI 会议上，Samsung 公司也报道研制成功以 Ge2Sb2Te5（GST）为存储介质、采用 0.25 mm 工艺制备的小容量 OUM，工作电压在 1.1 V，进行了 1.8×10^9 读/写循环，在 1.58×10^9 循环后没有出现疲劳现象。

不过 OUM 的读/写速度和次数不如 FeRAM 和 MRAM，同时如何稳定维持其驱动温度也是一个技术难题。2003 年 7 月，Intel 负责非易失性存储器等技术开发的 S.K.Lai 还指出 OUM 的另一个问题：OUM 的存储单元虽小，但需要的外围电路面积较大，因此芯片面积反而是 OUM 的一个头疼问题。同时从目前来看，OUM 的生产成本比 Intel 预想的要高得多，这也成为阻碍其发展的瓶颈之一。

4.5 存储器的测试和验证

随着 SoC（系统级芯片）设计向存储器比例大于逻辑部分比例的方向发展，高质量的存储器测试策略显得更为重要了。存储器内置自测试（BIST）技术以合理的面积开销来对单个嵌入式存储器进行彻底的测试，可提高 DPM、产品质量及良品率，因而正成为测试嵌入式存储器的标准技术。

半导体行业向纳米技术的转移已经引起人们对制造测试工艺的重新思考。由于早先的良品率要大大低于采用更大规模工艺技术的良品率，并且新缺陷类型正在不断出现，故半导体制造测试将在保证产品质量方面扮演着更加重要的角色。在传统上，测试技术主要集中在设计的逻辑部分上，但统计资料显示：今天的设计已经普遍含有 50%的嵌入式存储器，且这部分的比例预计在未来几年中还会加大。很明显，为实现全面的 SoC 测试，必须制定一种高质量的存储器测试策略。

存储器紧凑的结构特征使其更容易受到各类缺陷的影响。存储器阵列工作模式本质上主要是模拟的，来自存储器件的弱信号被放大到适当的驱动强度，且存储器单元的信号传输只涉及很少的电荷。所有这些设计特点都使存储器阵列更容易受到错综复杂的制造缺陷的影响。而紧密的存储器阵列封装造成了这样一种情况，即相邻单元的状态在存在缺陷的情况下可能会发生误操作，因此某些缺陷可能只在特定的数据模式下才会暴露。此外，这些缺陷类型很多是具有时间相关性的，因此只有在正常工作频率下才会被发现。

存储器内置自测试（BIST）是 SoC 设计中用来测试嵌入式存储器的标准技术，它以合理的面积开销来对单个嵌入式存储器进行彻底的测试。最常见的存储器 BIST 类型包括可完成 3 项基本操作的有限状态机（FSM）：将测试模版（pattern）写入存储器、读回这些模版、将其与预期的结果进行比较。为对嵌入式存储器进行存取，存储器 BIST 一般将测试多路复用器插入到地址、数据及控制线路中。存储器 BIST 完成的最普遍测试类型为 March 型算法，该算法可检测出绝大多数常见的存储器缺陷，包括黏着、寻址出错及耦合问题等。

目前一组 March 算法已被开发出，并在大多数情况下构成了一个高效嵌入式存储器测试方法集的核心。但随着 SoC 设计向纳米技术转移，制造商们会关心不断增加的、逃过这些测试的存储器缺陷数量。基于这一原因，存储器测试工程师们目前正在继续开发新的 March 算法变体。随着存储器尺寸的日趋缩小以及新型存储器体系结构的开发，这种趋势肯定还会继续。毋庸置疑，存储器 BIST 工具将提供足够的灵活性来跟上这一发展趋势。

如今很多公司发现，所有嵌入式存储器的全速测试均要求能保持在一种可接受的“每百万片缺陷数（DPM）”水平上，也只有通过全速测试，厂商们才能相信存储器在终端应用的常规运行中会正确工作。当嵌入式存储器工作在较高频率上时，许多存储器 BIST 结构的实现可能并不是全速运行。幸运的是，当前在存储器 BIST 技术上所取得的进步允许使用全速测试算法，即使在存储器工作频率接近 1 GHz 时也没问题。

实现全速存储器 BIST 操作的一个巨大进步是使用测试流水线。它能提供以下几个关键优势：首先人们需要考虑由存储器 BIST 完成的 3 个主要步骤，即：写入测试模板、读取该模板然后再将其与预期的结果进行比较。流水线使得这 3 个步骤可以并行进行。在写入新的数据的同时，以前读取的结果被记录，且在一个时钟周期内还可对以前读取结果进行比较操作，这能将测试时间缩短 2/3，而且，对存储器的高速操作也能发现那些在非流水线处理中所无法察觉的缺陷。

流水线存储器 BIST 架构也使其在测试极高速度存储器时易于满足时序要求，增加的注册意味着可缩短电路测试中的关键路径长度。这些时间上的节省，也意味着全速测试提供额外的质量保证可适用于更大批量的嵌入式存储器测试。

全速测试的应用因嵌入式测试多路复用器的使用而变得更为容易实现，拥有直接设计进存储器中的多路复用器，意味着所增加的 BIST 结构将只对系统线路延时产生最小的影响；此外，嵌入式存储器供应商还可对嵌入式测试多路复用器进行优化以进一步减少延时影响。重要的是，存储器 BIST 应用工具以这些嵌入式多路复用器来辨识存储器，从而无须手动修改网表即能对它们加以利用。

与确定哪些嵌入式存储器存在缺陷同样重要的是分析缺陷产生的原因，而将缺陷诊断电路包含进存储器 BIST 中正在纳米设计中变得日益普遍。但许多存储器测试诊断电路目前还不能进行正确的全速测试，在存储器缺陷诊断中采用速度相对较慢的时钟来将缺陷数据输送给测试器就会暴露出这一问题。如果存在多个缺陷，则 BIST 必须停止以等待缺陷数据输送给测试器。但如果 BIST 在数据输送完以后即简单地重新开始，则全速测试模型将被破坏，而缺陷也就有可能被漏掉。为解决这一问题，存储器 BIST 必须能重启测试，以返回到以前的地址上并跳过那些已经报告的缺陷。这使得 BIST 能获得一次新的运行启动，以确保诊断分析期间能将测试模板正确地应用到所有存储器单元上，并使其达到全速。

可实现 March 算法定制变体的灵活存储器 BIST 引擎加上增强的全速应用，为确保对具有数百个嵌入式存储器的 SoC 设计进行高质量的测试提供了坚实的基础。随着芯片设计向存储器多于逻辑单元的方向发展，存储器 BIST 将成为提高 DPM、产品质量及良品率的主要工具。

4.6 如何选择嵌入式存储器

存储器的类型将决定整个嵌入式系统的操作和性能，因此存储器的选择是一个非常重要的决策。无论系统是采用电池供电还是由市电供电，应用需求将决定存储器的类型（易失性或非易失性）以及使用目的（存储代码、数据或者两者兼有）。另外，在选择过程中,存储器的尺寸和成本也是需要考虑的重要因素。对于较小的系统，微控制器自带的存储器就有可能满足系统要求，而较大的系统可能要求增加外部存储器。为嵌入式系统选择存储器类型时，需要考虑一些设计参数，包括微控制器的选择、电压 范围、电池寿命、读/写速度、存储器尺寸、存储器的特性、擦除/写入的耐久性以及系统总成本。

选择存储器时应遵循的基本原则有以下几点：

1）内部存储器与外部存储器

一般情况下，当确定了存储程序代码和数据所需要的存储空间之后，设计工程师将决定是采用内部存储器还是外部存储器。通常情况下，内部存储器的性价比最高而灵活性最低，因此设计工程师必须确定存储的需求将来是否会增长，以及是否有某种途径可以升级到代码空间更大的微控制器。基于成本考虑，人们通常选择能满足应用要求的存储器容量最小的微控制器，因此在预测代码规模的时候必须要特别小心，因为代码规模增大可能要求更换微控制器。

目前市场上存在各种规模的外部存储器器件，通过增加存储器来适应代码规模的增加是很容易的。有时这意味着以封装尺寸相同但容量更大的存储器替代现有的存储器，或者在总线上增加存储器。即使微控制器带有内部存储器，也可以通过增加外部串行 E^2PROM 或闪存来满足系统对非易失性存储器的需求。

2）引导存储器

在较大的微控制器系统或基于处理器的系统中，设计工程师可以利用引导代码进行初始化。通常应用本身决定了是否需要引导代码，以及是否需要专门的引导存储器。例如，如果没有外部的寻址总线或串行引导接口，通常使用内部存储器，而不需要专门的引导器件。但在一些没有内部程序存储器的系统中，初始化是操作代码的一部分，因此所有代码都将驻留在同一个外部程序存储器中。某些微控制器既有内部存储器也有外部寻址总线，在这种情况下，引导代码将驻留在内部存储器中，而操作代码在外部存储器中。这很可能是最安全的方法，因为改变操作代码时不会出现意外地修改引导代码的情况。在所有情况下，引导存储器都必须是非易失性存储器。

3）配置存储器

对于现场可编程门阵列（FPGA）或片上系统（SoC），人们使用存储器来存储配置信息。这种存储器必须是非易失性 EPROM、E^2PROM 或闪存。大多数情况下，FPGA 采用 SPI 接口，但一些较老的器件仍采用 FPGA 串行接口。串行 E^2PROM 或闪存器件最为常用，EPROM 用得较少。

4）程序存储器

所有带处理器的系统都采用程序存储器，但设计工程师必须决定这个存储器是位于处理器内部还是外部。在做出了这个决策之后，设计工程师才能进一步确定存储器的容量和类型。当然有的时候，微控制器既有内部程序存储器也有外部寻址总线，此时设计工程师可以选择使用它们当中的任何一个，或者两者都使用。这就是为什么对某个应用选择最佳存储器的问题，常常由于微控制器的选择变得复杂起来，以及为什么改变存储器的规模也将导致改变微控制器的选择的原因。

如果微控制器既利用内部存储器也利用外部存储器，则内部存储器通常被用来存储不常改变的代码，而外部存储器用于存储更新比较频繁的代码和数据。设计工程师也需要考虑存储器是否将被在线重新编程或用新的可编程器件替代。对于需要重编程功能的应用，人们通常选用带有内部闪存的微控制器，但带有内部 OTP 或 ROM 和外部闪存或 E^2PROM 的微控制器也满足这个要求。为降低成本，外部闪存可用来存储代码和数据，但在存储数据时必须小心避免意外修改代码。

在大多数嵌入式系统中，人们利用闪存存储程序以便在线升级固件。代码稳定的较老的应用系统仍可以使用 ROM 和 OTP 存储器。由于闪存的通用性，越来越多的应用系统正转向闪存。

5）数据存储器

与程序存储器类似，数据存储器可以位于微控制器内部，或者是外部器件，但这两种情况存在一些差别。有时微控制器内部包含 SRAM（易失性）和 E^2PROM（非易失）两种数据存储器，但有时不包含内部 E^2PROM，在这种情况下，当需要存储大量数据时，设计工程师可以选择外部的串行 E^2PROM 或串行闪存器件。当然，也可以使用并行 E^2PROM 或闪存，但通常它们只被用做程序存储器。

当需要外部高速数据存储器时，通常选择并行 SRAM 并使用外部串行 E^2PROM 器件来满足对非易失性存储器的要求。一些设计还将闪存器件用做程序存储器，但保留一个扇区作为数据存储区。这种方法可以降低成本、空间并提供非易失性数据存储器。

针对非易失性存储器要求，串行 E^2PROM 器件支持 I^2C、SPI 或微线（Microwire）通信总线，而串行闪存通常使用 SPI 总线。由于写入速度很快且带有 I^2C 和 SPI 串行接口，FRAM 在一些系统中得到应用。

6）易失性和非易失性存储器

存储器可分成易失性存储器或者非易失性存储器，前者在断电后将丢失数据，而后者在断电后仍可保持数据。设计工程师有时将易失性存储器与后备电池一起使用，使其表现犹如非易失性器件，但这可能比简单地使用非易失性存储器更加昂贵。对要求存储器容量非常大的系统而言，带有后备电池的 DRAM 可能是满足设计要求且性价比很高的一种方法。

在有连续能量供给的系统中，易失性或非易失性存储器都可以使用，但必须基于断电的可能性做出最终决策。如果存储器中的信息可以在电力恢复时从另一个信源中恢复出来，则可以使用易失性存储器。

选择易失性存储器与电池一起使用的另一个原因是速度。尽管非易失存储器件可以在断电时保持数据，但写入数据（一个字节、页或扇区）的时间较长。

7）串行存储器和并行存储器

在定义了应用系统之后，微控制器的选择是决定选择串行或并行存储器的一个因素。对于较大的应用系统，微控制器通常没有足够大的内部存储器，这时必须使用外部存储器，因为外部寻址总线通常是并行的，外部的程序存储器和数据存储器也将是并行的。

较小的应用系统通常使用带有内部存储器但没有外部地址总线的微控制器。如果需要额外的数据存储器，外部串行存储器件是最佳选择。大多数情况下，这个额外的外部数据存储器是非易失性的。

根据不同的设计，引导存储器可以是串行也可以是并行的。如果微控制器没有内部存储器，并行的非易失性存储器件对大多数应用系统而言是正确的选择。但对一些高速应用，可以使用外部的非易失性串行存储器件来引导微控制器，并允许主代码存储在内部或外部高速 SRAM 中。

8）E^2PROM 与闪存

存储器技术的成熟使得 RAM 和 ROM 之间的界限变得很模糊，如今有一些类型的存储器（如 E^2PROM 和闪存）组合了两者的特性。这些器件像 RAM 一样进行读/写，并像 ROM 一样在断电时保持数据，它们都可电擦除且可编程，但各自具有优缺点。

从软件角度看，独立的 E^2PROM 和闪存器件是类似的，两者主要差别是 E^2PROM 器件可以逐字节地修改，而闪存器件只支持扇区擦除以及对被擦除单元的字、页或扇区进行编程。对闪存的重新编程还需要使用 SRAM，因此它要求更长的时间内有更多的器件在工作，从而需要消耗更多的电池能量。设计工程师也必须确认在修改数据时有足够容量的 SRAM 可用。

存储器密度是决定选择串行 E^2PROM 或者闪存的另一个因素。市场上目前可用的独立串行 E^2PROM 器件的容量在 128 KB 或以下，独立闪存器件的容量在 32 KB 或以上。

如果把多个器件级联在一起，可以用串行 E^2PROM 实现高于 128 KB 的容量。很高的擦除/写入耐久性要求促使设计工程师选择 E^2PROM，因为典型的串行 E^2PROM 可擦除/写入 100 万次。闪存一般可擦除/写入 1 万次，只有少数几种器件能达到 10 万次。

今天，大多数闪存器件的电压范围为 2.7～3.6 V。如果不要求字节寻址能力或很高的擦除/写入耐久性，在这个电压范围内的应用系统采用闪存，可以使成本相对较低。

9）E^2PROM 与 FRAM

E^2PROM 和 FRAM 的设计参数类似，但 FRAM 的可读/写次数非常高且写入速度较快。然而通常情况下，用户仍会选择 E^2PROM 而不是 FRAM，其主要原因是成本（FRAM 较为昂贵）、质量水平和供货情况。设计工程师常常使用成本较低的串行 E^2PROM，除非耐久性或速度是强制性的系统要求。

DRAM 和 SRAM 都是易失性存储器，尽管这两种类型的存储器都可以用做程序存储器和数据存储器，但 SRAM 主要用于数据存储器。DRAM 与 SRAM 之间的主要差别是数据存储的寿命。只要不断电，SRAM 就能保持其数据，但 DRAM 只有极短的数据寿命，通常为 4 ms 左右。

与 SRAM 相比，DRAM 似乎是毫无用处的，但位于微控制器内部的 DRAM 控制器使 DRAM 的性能表现与 SRAM 一样。DRAM 控制器在数据消失之前周期性地刷新所存储的数据，所以存储器的内容可以根据需要保持长时间。

由于成本低，DRAM 通常用做程序存储器，所以适合于有庞大存储要求的应用。DRAM 的最大缺点是速度慢，计算机系统中使用高速 SRAM 作为高速缓冲存储器来弥补 DRAM 的速度缺陷。

4.7　PXA255 存储器系统

前面是有关于存储器的一些基本知识，接下来通过一个实例来了解一个嵌入系统的存储器系统的设计过程。

对于指定嵌入式微处理器的嵌入式系统的存储器设计，必须先了解该微处理器上的外部存储器控制接口，并综合整个嵌入式系统的应用选择合适的存储器芯片及存储器空间的大小。

4.7.1 PXA255 的存储器控制器

本节介绍 PXA255 应用处理器所支持的外部存储器接口结构以及与存储器相关的寄存器。详细请查看 Intel PXA255 Processor。

PXA255 应用处理器外部存储器总线接口支持同步动态存储器（SDRAM）、同步与非同步突发传输方式、分页模式 flash、同步掩膜只读存储器（SMROM）、分页模式只读存储器、静态随机存取存储器（SRAM）、类似 SRAM 可变推迟 I/O（VLIO）、16 位 PC 卡扩充存储器以及 compact flash。通过内部存储器配置寄存器可以设置存储器类型。图 4-39 为 PXA255 存储器接口最大化配置模块图。

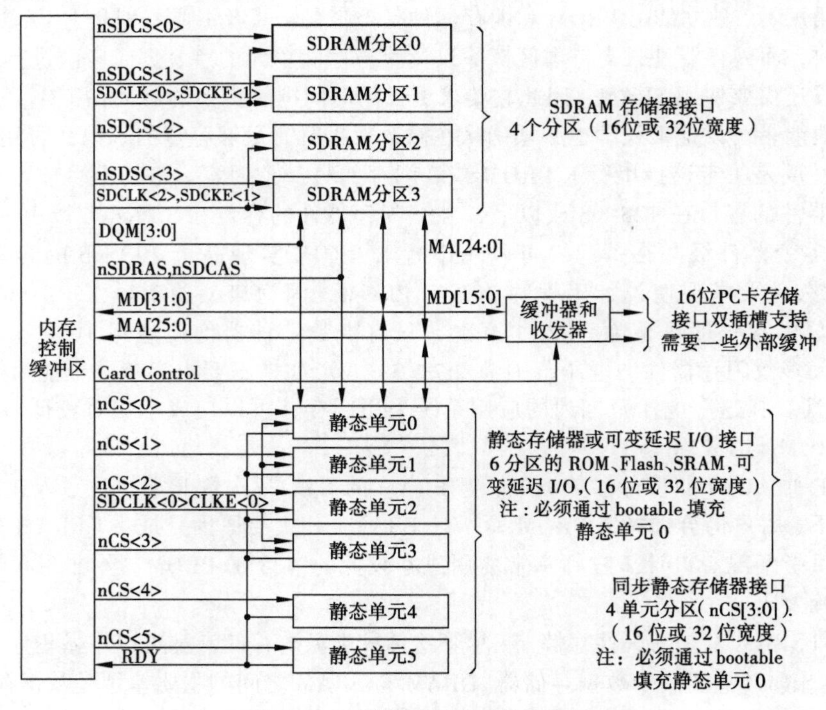

图 4-39　通用存储器接口配置

此应用处理器具有 3 种不同的存储器空间：SDRAM、静态存储器和卡式存储器。其中 SDRAM 有 4 个可用分区，静态存储器有 6 个可用分区，卡式存储器有 2 个可用分区。当存储器存取企图在两个相邻的分割区间突发传输（burst）时，必须先确定分割区各方面的配置都是相同的，包括外部总线宽度和突发传输长度。

1. SDRAM 存储器接口

处理器支持 4 个 16 位或 32 位的 SDRAM 分区。每个分区在存储器内部的地址映射中最大可以占据 64 MB 的空间，但是实际的分区大小取决于对 SDRAM 寄存器的配置。4 个分区被划分为两组：0/1 为一组，2/3 为一组。一组中分区的大小和配置必须相同，但组与组之间的配置参数可以不同（比如，组 0/1 可以被配置为 100 MHz 的 SDRAM，32 位数据总线，组 2/3 可以为 50 MHz SDRAM，16 位数据总线）。

处理器的 SDRAM 控制器包含以下控制信号：

① 4 个分区选择引脚（nSDCS[3:0]）。

② 4 个字节选择引脚（DQM[3:0]）。

③ 15 个地址复用的片内 bank/行/列地址引脚（MA[24:10]）。

④ 1 个写使能引脚（nWE）。

⑤ 1 个列地址选通引脚（nSDCAS）。

⑥ 1 个行地址选通引脚（nSDRAS）。

⑦ 1 个时钟使能引脚（SDCKE）。

⑧ 2 个时钟引脚（SDCLK[2:1]）。

⑨ 32 个数据引脚（MD[31:0]）。

PXA255 支持 ×8 位、×16 位、×32 位的 SDRAM 芯片。SDRAM 在工作时需要通过刷新来确保数据不会丢失，此应用处理器在正常操作下可自动刷新（auto-refresh，也称 CBR），且在睡眠方式下支持自刷新（self-refresh）。SDRAM 的自动断电模式位可以被设置，从而每当没有对应的分区被存取时，SDRAM 时钟会自动关闭。

表 4-3 列出了与 SDRAM 相关的寄存器。

表 4-3　PXA255 中与 SDRAM 存储器接口相关的寄存器

物理地址	名　称	简　单　描　述
0x48000000	MDCNFG	SDRAM 配置寄存器
0x48000004	MDREFR	SDRAM 刷新控制寄存器
0x48000040	MDMRS	SDRAM 模式设置寄存器

MDCNFG：该寄存器可读/写，包含了 SDRAM 基本参数的配置，包括 SDRAM 使能，数据线宽度，行、列地址线宽度，SDRAM 片内 bank 数和与 CAS 潜伏期有关的 SDRAM 参数等。

MDMRS：该寄存器又称模式设置寄存器。在 SDRAM 芯片内部还有一个逻辑控制单元，并且通过该模式设置寄存器为其提供控制参数。因此，每次开机时 SDRAM 都要先对这个控制逻辑核心进行初始化。在 PXA255 中，该寄存器将 SDRAM 突发模式长度设置为 4。具体的 MRS 编码请参阅对应存储器芯片的数据手册。

MDREF：该寄存器包含有对 SDRAM 时钟和刷新方面的配置信息。

SDRAM 的 CAS 潜伏期参数设置在 MDCNFG 寄存器的 DTC0 和 DTC2 字段中。

与 CAS 潜伏期有关的 SDRAM 参数包括（单位为内存时钟周期数）以下几个：

CL：在选定列地址（CAS 有效）后，就已经确定了具体的存储单元，剩下的事情就是数据通过数据 I/O 通道（DQ）输出到内存总线上了。但是在 CAS 发出之后，仍要经过一定的时间才能有数据输出，从 CAS 与读取命令发出到第一个数据输出的这段时间，被定义为 CAS 潜伏期（CAS latency，CL）。由于 CL 只在读取时出现，所以 CL 又称读取潜伏期（read latency，RL）。

tRP：在发出预充电命令之后，要经过一段时间才能允许发送 RAS 行有效命令打开新的工作行，这个间隔称为预充电命令周期（precharge command period，tRP）。

tRCD：在发送列读/写命令时必须要与行有效命令有一个间隔，这个间隔被定义为 tRCD，即 RAS to CAS Delay（RAS 至 CAS 延迟），也可以理解为行选通周期。

tRAS：active to precharge Command，预充电命令有效。

tRC：包括行单元开启和行单元刷新在内的整个过程所需要的时间。

2．同步静态存储器接口

同步静态存储器接口支持 SMROM 和不相似于 SDRAM（non-SDRAM-like）的 flash 存储器。同步静态存储器能被配置给 nCS[3:0]中的任一信号。芯片选择 0（chip select 0）必须被用来启动存储器。在 1/0 或 2/3 对里的同步静态存储器必须设置相同的时序。如果 nCS[3:0]任一信号经由 SXCNFG[SXENx]配置为同步静态存储器，则 MSC0 和 MSC1 对应的半字（half-word）会被忽略。

与同步静态存储器接口相关的寄存器如表 4-4 所示。

表 4-4 PXA 中与同步静态存储器接口相关的寄存器

物理地址	名　　称	简　单　描　述
0x4800001C	SXCNFG	同步静态存储器配置寄存器
0x48000024	SXMRS	将 MRS 值写入 SMROM 中

SXDNFG：该寄存器为可读/可写寄存器，包含同步静态存储器的基本参数，即静态存储器使能、数据线宽度，行、列地址线宽度，RAS 和 CAS 的时延参数等。

SXMRS：该寄存器又称模式设置寄存器，与 SDRAM 接口中的 MDMRS 寄存器功能相近。

3．静态存储器接口

静态存储器接口包括 6 种片选型号 nCS[5:0]，可以配置为如下存储器的片选信号：

① 非突发 ROM 或者 flash 存储器。

② 突发传输 ROM 或者 flash 存储器。

③ SRAM。

④ 似 SRAM 可变延迟 I/O 设备。

可变延时 I/O 接口和 SRAM 不同，它允许 data-ready 输入信号（RDY）插入可变的存储器周期（memory-cycle）等待状态数目。每一个片选信号的数据总线宽度可以是 16 位或 32 位。片选信号中的 nCS[3:0]还可以配置为同步静态存储器。当进行可变延时 I/O 的写操作时，用 nPWE 代替 nWE，以便当 VLIO 传输时 SDRAM 可以刷新。

nOE、nWE、nPWE 信号功能如下：

① nOE 有效为读取数据。

② nWE 有效时向 flash 或 SRAM 写入数据。

③ nPWE 有效时向可变迟时 I/O 写入数据。

每个片选信号最多可存取 64 MB 的存储芯片，处理器提供了 26 根外部地址线。使用 32 位数据宽度时，系统不可连接 MA[1:0]；使用 16 位数据宽度时系统不可连接 MA[0]。DQM[3:0]为数据屏蔽信号，DQM[3]对应最高字节，DQM[0]对应最低字节。当使用 32 位数据宽度的系统时，读取一个全字 DQM[3:0]和 MA[1:0]都必须为 0；而当使用 16 位数据宽度的系统时，DQM[1:0]和 MA[1:0]必须为 0。表 4-5 和表 4-6 为数据总线宽度分别为 32 位和 16 位下的 MA 和 DQM 信号所对应存取宽度。

表 4-5 32 位数据总线存取

数 据 位 数/bit	MA[1:0]	DQM[3:0]
8	00	1110
8	01	1101

续表

数据位数/bit	MA[1:0]	DQM[3:0]
8	10	1011
8	11	0111
16	00	1100
16	10	0011
32	00	0000

表 4-6 16 位数据总线存取

数据位数/bit	MA[0]	DQM[1:0]
8	0	10
8	1	01
16	0	00

MSCX 寄存器的 RT 区域指定存储器的类别如下：

① 非突发传输（Non-burst）ROM 或 flash memory（闪速存储器）。

② SRAM。

③ 可变延时 I/O（variable latency I/O）。

④ burst-of-four ROM 或 flash memory。

⑤ burst-of-eight ROM 或 flash memory。

RBW 区域指定 nCS[5:0]选择的存储器空间的总线宽度。16 位总线宽度变动发生在 MD[15:0]上。表 4-7 所示为与静态存储器接口相关的寄存器。

表 4-7 PXA 中与静态存储器接口相关的寄存器

物理地址	名称	简单描述
0x48000008	MSC0	静态存储器配置寄存器 0
0x4800000C	MSC1	静态存储器配置寄存器 1
0x48000010	MSC2	静态存储器配置寄存器 2

MSCx：MSC0、MSC1 与 MSC2 读取/写入寄存器，包含控制位，对应的片选对 nCS(1:0)、nCS(3:2)与 nCS(5:4)的静态存储器或可变延时 I/O 设备。时序区域指定为存储器时钟周期的数目。3 个寄存器都包含两个相同的 CNFG 区域，给每一对片选信号使用。

当配置 MSC 寄存器为与先前不同的存储器类型时，在传送命令之前要先要确认新的配置数据已被写入。为了做到这点，在存取操作之前，应该在写入 MSC 之后再读取一次。当将 ROM/flash 改变为可写入存储器类别（如 SRAM）时，这就显得特别重要。

4. ROM 接口

PXA255 支持可编程的突发传输与非突发传输 ROM，MSCx 的 RDF 部分代表非突发传输 ROM 的第一个及紧随其后的所有数据或者突发传输 ROM 的第一个数据的延迟周期数（内存的时钟周期）；RDN 代表突发传输 ROM 的第一个数据之后的数据的延迟周期数；RRR 是接下来存取其他的内存空间在数据总线建立高阻态（three-state）所允许的延迟周期数。RRR 必须被编程为 Toff 的最大值，Toff 由 ROM 的生产商提供。当存取对应至 nCS0 的地址空间，MCS0[15:0]会被选择。配置寄存器 MSCx[RTx]为 0、2 或 3，此应用处理器可支持 1、4 或 8 突发的 ROM 传输大小。

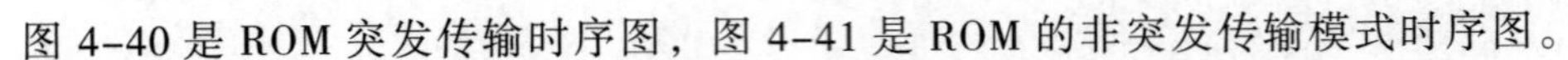

图 4-40 是 ROM 突发传输时序图，图 4-41 是 ROM 的非突发传输模式时序图。

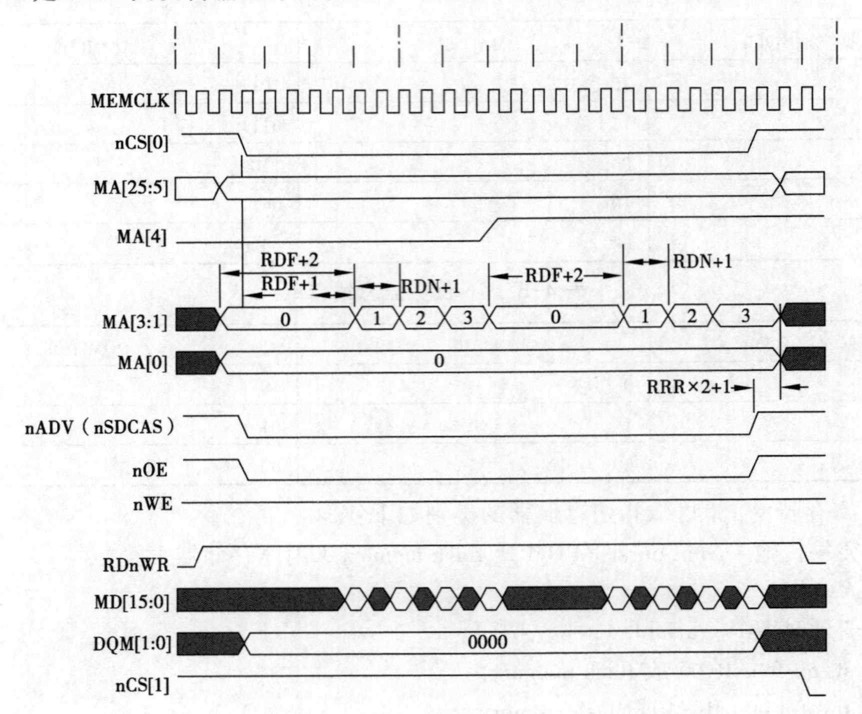

图 4-40　16 位 ROM 或 flash 的八拍读取时序（4 突发传输方式，MSC0:RDF=4，MSC0:RDN=1，MSC0:RRR=0）

在图 4-40 中，时间参数的参考定义如下：

① t_{AS} =地址建立到 nCS 有效= 1 MEMCLK。

② t_{CES} = nCS 建立到 nOE 有效 = 0 ns。

③ t_{CEH} = nOE 无效到 nCS 保持 = 0 ns。

④ t_{DSOH} = MD 建立到地址改变 = 1.5 MEMCLK。

⑤ t_{DOH} =地址改变到 MD 保持 = 0 ns。

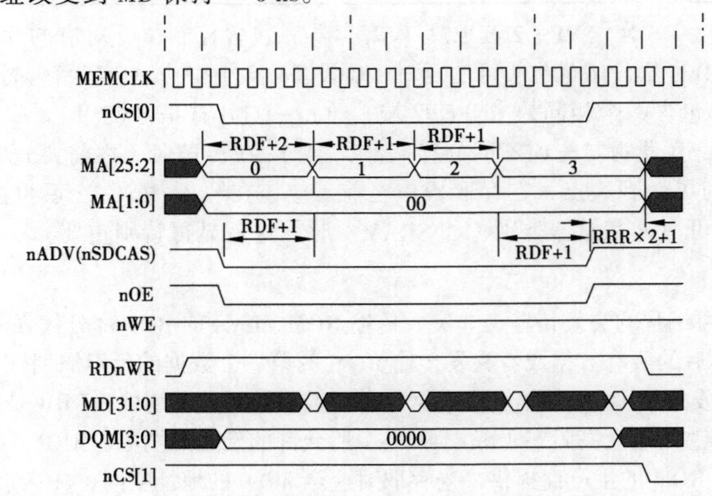

图 4-41　32 位 ROM、SRAM 或 flash 的四拍读取时序图（非突发传输方式，MSC0:RDF=4，MSC0:RRR=1）

5. SRAM 接口简介

PXA255 提供 16 或 32 位非同步 SRAM 接口，使用 DQM 脚位来选择位写入的字节。通过 nCS[5:0]选择 SRAM 分区。在读取时需使能 nOE，写入时需使能 nWE。地址位 MA[25:0]允许每个 SRAM 分区最多有 64 MB 的寻址空间。

读取的时序与非突发传输 ROM 而言是相同的，如图 4-41 所示。MSCx 寄存器里的 RDF 部分选择读取的延迟周期数；在写入周期期间，MSCx[RDN]部分控制写入时 nWE 的有效时间。MSCx[RRR]为 SRAM 访问后再到另一个不同的存储器空间操作时 nCS 的反转时间；MSCx[RTx]必须设置为 0b001 来选择 SRAM。

SRAM 的写入时，32 根数据总线全部被驱动而不管 DQM 的状态。在写入时，如果所有的组位都被关掉（DQM=1111），则这个写入节拍的写使能无效（nWE=1），而 nCS 有效。图 4-42 所示为 SRAM 的写入时序图。

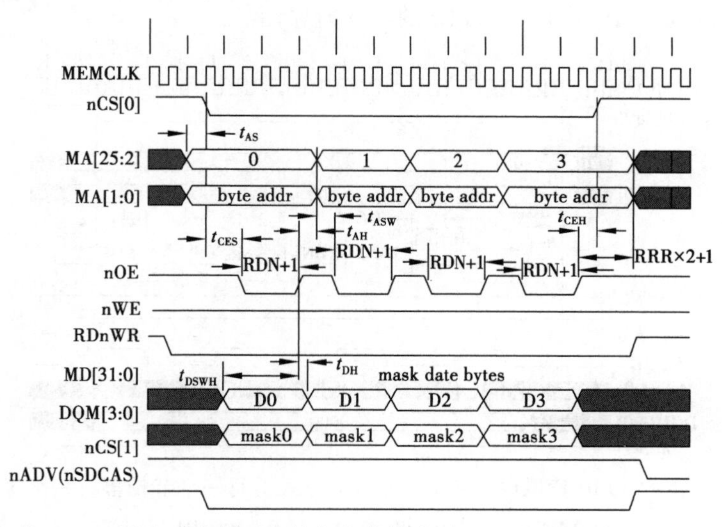

图 4-42　32 位 SRAM 写入时序图（4 拍突发传输方式，MSC0[RDN] = 2,MSC0[RRR] = 1）

在图 4-42 中，时间参数的参考定义如下：

① t_{AS}=地址建立到 nCS=1 MEMCLK。

② t_{CES}=nCS 建立到 nWE=2 MEMCLK。

③ t_{ASW}=地址建立到 nWE 为低电平（有效）=1 MEMCLK。

④ t_{DSWH}=写入数据和 DQM 建立到 new 为高电平（无效）=（RDN+2）=4 MEMCLK。

⑤ t_{DH}=new 高电平（无效）建立后数据、DQM 保持=1 MEMCLK。

⑥ t_{CEH} =nWE 无效建立后 nCS 保持=1 MEMCLK。

⑦ t_{AH}=nWE 无效建立后地址保持=1 MEMCLK。

⑧ 两次突发传输之间 nWE 高电位时间=2 MEMCLK。

6. 可变延时（VLIO）接口简介

可变延时 I/O 读取与 SRAM 的读取不同，VLIO 通过 nOE 触发突发传输中每个节拍。因而在片选信号 nCS<x>的触发之后，nOE 至少需要两个存储器周期。同时，可变延时 I/O 写入使用 nPWE 而不是 nWE，因此当执行 VLIO 传输时，SDRAM 的刷新操作仍可执行。通过将 MSCx[RTx]部分设置为 0b1000 来选择可变推迟 I/O。

VLIO 的读取与写入都与 SRAM 不同，处理器需要获取 data-ready 输入——RDY 的状态。当 RDY 信号为高电平时，表示 I/O 设备已经数据传输就绪。这表示要在 nOE 或 nPWE（RDF+1）最小确立时间内完成一次传输，RDY 信号为确立 nOE 或 nPWE（RDF-1）必须至少保持两个时钟周期的高电平。一旦 RDY 信号为高电平，且 RDF+1 的最小确立时间到达，则在 MEMCLK 的上升沿时，数据将会被锁存。一旦数据被锁存，在 MEMCLK 的下一个上升沿或是多个周期后，地址就可以改变了。在数据锁存一个 MEMCLK 以后，nOE 与 nPWE 会被反触发为无效。在随后的一个数据节拍之前 nOE 或 nPWE 保持反无效状态 RDF+2 个 MEMCLK 周期。片选信号 nCS 和字节选择信号（即 DQM[3:0]）在最后一个突发传输节拍的 nOE 或 nPWE 无效后维持一个 MEMCLK 周期的有效状态。

在 VLIO 读/写时，采用 DMA 方式不支持地址的自增方式。在写入时，如果所有的组位都被关掉（DQM=1111），则这个写入节拍的写使能无效（nPWE = 1），而 nCS 有效。图 4-43 为 VLIO 的读取时序图，图 4-44 为 VLIO 的写入时序图。

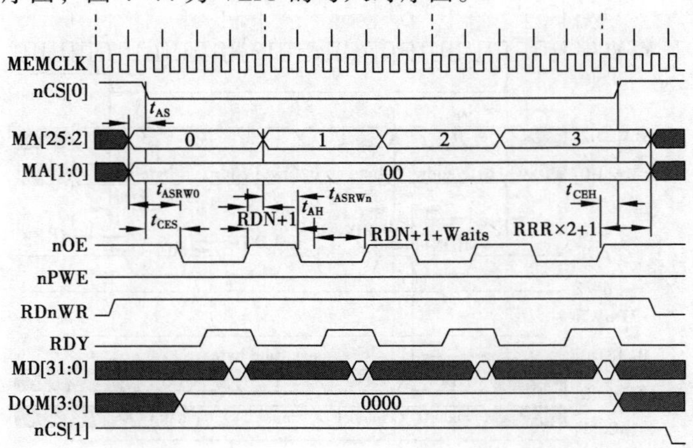

图 4-43　32 位的 VLIO 读取时序（4 突发传输方式，每一个节拍都有一个等待周期，MSC0[RDF] = 2, MSC0[RDN] = 2, MSC0[RRR] = 1）

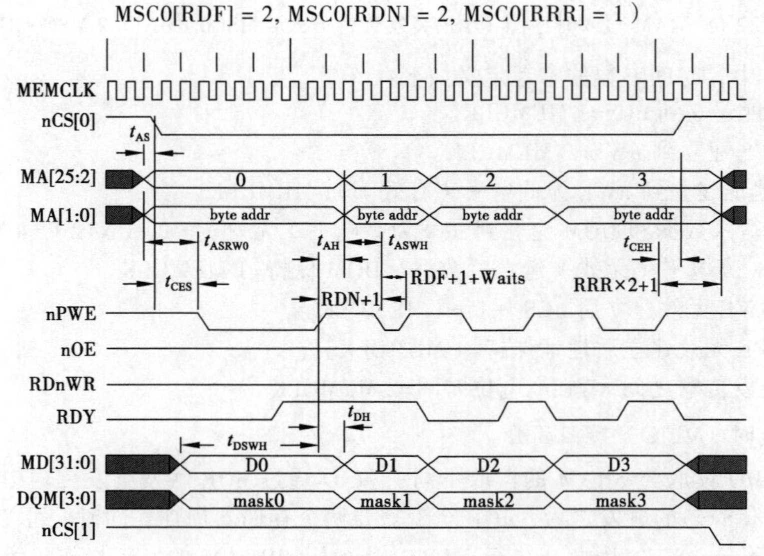

图 4-44　32 位 VLIO 写入时序（4 突发传输方式，每个节拍之间可以插入可变的多个等待周期）

图 4-43 和图 4-44 中的一些时间参数参考定义如下：

① t_{AS} = 地址建立到 nCS = 1 MEMCLK。

② t_{CES} = nCS 建立到 nOE 或者 nPWE = 2 MEMCLK。

③ t_{ASRW0} = 地址建立到 nOE 或 nPWE 有效= 3 MEMCLK。

④ t_{ASRWn} = 地址建立到 nOE 或 nPWE 有效 = RDN MEMCLK。

⑤ t_{DSWH}，最小值 = 最小的写数据， DQM 建立到 nPWE 无效 = (RDF+2)MEMCLK。

⑥ t_{DHW} = nPWE 无效后数据、DQM 保持= 1 MEMCLK。

⑦ t_{DHR} = nOE 无效后数据保持需求= 0 ns。

⑧ t_{CEH} = nOE 或 nPWE 无效后 nCS 保持有效 = 1 MEMCLK。

⑨ t_{AH} = nOE 或 nPWE 无效后地址保持 = 1 MEMCLK。

⑩ 两个突发传输节拍之间 nOEhuo/nPWE 无效 = (RDN+1) MEMCLK。

7．flash 存储器接口

PXA255 提供一个类似 SRAM 的接口来访问 flash 存储器。MSCx 寄存器里的 RDF 部分为每个非突发传输 flash 的读取延时，或是突发传输 flash 读取时第一个节拍的延时。在写入至 flash 的周期期间，RDF 也控制 nWE 的有效时间。RDN 部分控制突发传输 flash 紧随读第一个节拍之后的读取延迟时间和非突发传输 flash 写入周期的 nWE 有效延迟时间。RRR 从一个存储器操作之后去另一个存储器进行操作之前 nCS 无效延迟时间。

从 flash 存储器读取有下列要求：

因为 flash 默认为 Read-Array 方式，所以 flash 支持外部的突发读取，而且允许指令 Cache 和 DMA 从 flash 读取。

需要软件来区分数据和命令，以及读之前写入的命令。存储器控制器在 Flash 读取之前不会插入任何命令。

写入至 flash 存储器有下列要求：

flash 存储器不可快取（unCacheable），也不可缓冲（unbuffered）。

非同步写入 flash 时，命令和数据必须分别发送指令给存储器控制器，前面的指令是命令，后面跟随数据指令。

在写 flash 之前，存储器控制器不会插入任何额外的指令，所以软件必须给出正确的命令和数据次序。

flash 不支持突发写，所以不支持 DMA 方式。

当写入至 flash 时，若所有的字节都被屏蔽（即遮蔽数据，DQM=1111），这时写入使能信号无效（nWE=1），但此时 nCS 仍有效，但 nOE 与 nWE 都无效。

非突发的 flash 读与非突发的 ROM 读具有相同的时序，如图 4-41 所示。图 4-45 所示为非同步 flash 的非突发写时序。

在图 4-45 中的一些主要时间参数参考定义如下：

① t_{AS} = 地址建立到 nCS = 1 MEMCLK。

② t_{CES} = nCS 建立到 nWE = 2 MEMCLK。

③ t_{ASW} = 地址建立到 nWE 有效 = 3 MEMCLK。

④ t_{DSWH} = 写入的数据、DQM 建立到 new 无效 = (RDF+2) MEMCLK。

⑤ t_{DH} = nWE 无效后数据、DQM 保持= 1 MEMCLK。

⑥ t_{CEH} = nWE 无效后 nCS 保持有效= 1 MEMCLK。

⑦ t_{AH} = nWE 无效后地址保持= 1 MEMCLK。

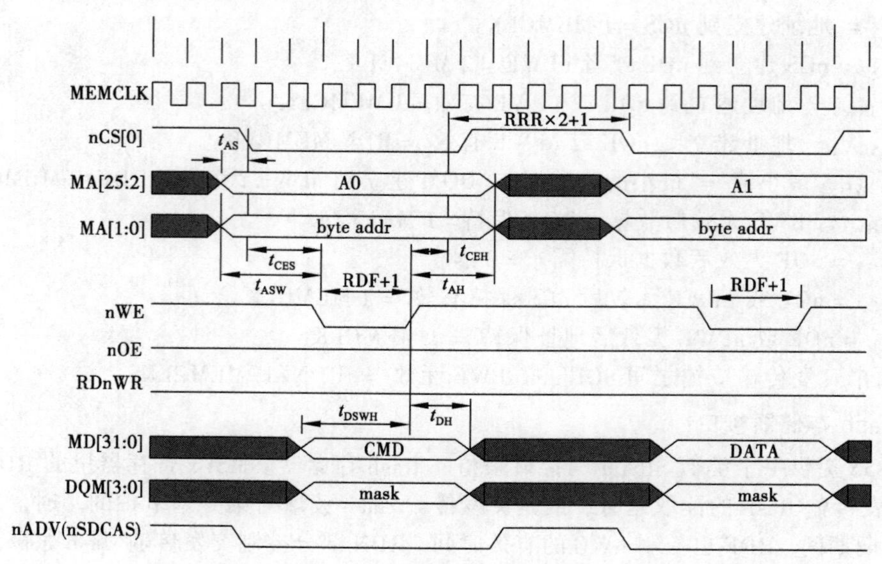

图 4-45　32 位 Flash 的非同步写时序图（2 次写入）

8. 16 位 PC 卡/Compact Flash 接口

下面介绍以 PC Card Standard -Volume 2 - Electrical Specification、Release 2.1 和 CF+ and Compact Flash SpecificationRevision 1.4 为基础的芯片接口信息。只支持 8 位和 16 位的数据传输。

MCMEM0、MCMEM1、MCATT0、MCATT1、MCIO0 和 MCIO1 都是可读/写寄存器，包括配置 16 位 PC 卡/Compact Flash 接口时序的控制位。这 6 个寄存器每个都有 4 个可编程的域（field），使软件可以单独地选择访问 I/O、通用存储器和两个 16 位的 PC 卡/Compact Flash 插槽中的一个的持续时间。

表 4-8～表 4-10 所示分别为 MCMEM、MCATT 和 MCIO 寄存器的信息，表 4-11 所示为卡接口命令触发代码表。

表 4-8　寄存器 MCMEM 0/1 位定义

bit	名　称	描　　述
31:20	—	预留
19:14	MCMEMx_HOLD	在 MEMEM 命令触发之前地址建立所需要的最少内存时钟周期数为 MCMEMx_HOLD + 2
13:12	—	保留
11:7	MCMEMx_ASST	触发指令时间的代码，关于代码在命令触发时的作用见表 4-11
6:0	MCMEMx_SET	在 MCMEM 命令触发之前地址建立所需要的最少内存时钟周期数为 MCMEMx_SET + 2

表 4-9　寄存器 MCATT 0/1 位定义

bit	名　称	描　　述
31:20	—	预留
19:14	MCATTx_HOLD	在 MCATT 命令触发之前地址建立所需要的最少内存时钟周期数为 MCMEMx_HOLD + 2

续表

bit	名　称	描　　述
13:12	—	保留
11:7	MCATTx_ASST	触发指令时间的代码，关于代码在命令触发时的作用见表4-11
6:0	MCATTx_SET	在MCATT命令有效之前地址建立所需要的最少内存时钟周期数为MCMEMx_SET＋2

表4-10　寄存器MCIO 0/1位定义

bit	名　称	描　　述
31:20	—	预留
19:14	MCIOx_HOLD	在MCIO命令触发之前地址建立所需要的最少内存时钟周期数为MCMEMx_HOLD＋2
13:12	—	保留
11:7	MCIOx_ASST	触发指令时间的代码，关于代码在命令触发时的作用见表4-11
6:0	MCIOx_SET	在MCIO命令有效之前地址建立所需要的最少内存时钟周期数为MCMEMx_SET＋2

表4-11　卡接口命令触发代码表

MCMEMx_ASST MCATTx_ASST MCIOx_ASST		x_ASST_WAIT	x_ASST_HOLD		x_ASST_WAIT + x_ASST_HOLD	
			nPIOW 触发	nPIOR 触发	nPIOW 触发	nPIOR 触发
bit	十进制值	检测nPWAIT='1'之前的MEMCLK（最小值）	nPWAIT='1'之后（nPIOW）命令触发的MEMCLK（最小值）	nPWAIT='1'之后（nPIOR）命令触发的MEMCLK（最小值）	命令触发的MEMCLK（最小值）	命令触发的MEMCLK（最小值）
Code	Code	Code + 2	2 × Code + 3	2 × Code + 4	3 × Code + 5	3 × Code + 6
00000	0	2	3	4	5	6
00001	1	3	5	6	8	9
00010	2	4	7	8	11	12
00011	3	5	9	10	14	15
00100	4	6	11	12	17	18
00101	5	7	13	14	20	21
00110	6	8	15	16	23	24
00111	7	9	17	18	26	27
01000	8	10	19	20	29	30
01001	9	11	21	22	32	33
01010	10	12	23	24	35	36
01011	11	13	25	26	38	39
01100	12	14	27	28	41	42
01101	13	15	29	30	44	45
01110	14	16	31	32	47	48
01111	15	17	33	34	50	51

续表

MCMEMx_ASST MCATTx_ASST MCIOx_ASST		x_ASST_WAIT	x_ASST_HOLD		x_ASST_WAIT + x_ASST_HOLD	
			nPIOW 触发	nPIOR 触发	nPIOW 触发	nPIOR 触发
10000	16	18	35	36	53	54
10001	17	19	37	38	56	57
10010	18	20	39	40	59	60
10011	19	21	41	42	62	63
10100	20	22	43	44	65	66
10101	21	23	45	46	68	69
10110	22	24	47	48	71	72
10111	23	25	49	50	74	75
11000	24	26	51	52	77	78
11001	25	27	53	54	80	71
11010	26	28	55	56	83	84
11011	27	29	57	58	86	87
11100	28	30	59	60	89	90
11101	29	31	61	62	92	93
11110	30	32	63	64	95	96
11111	31	33	65	66	98	99

为了减少外部硬件，当有卡（16 位 PC 卡/Compact Flash）插入或拔离插槽时，内存控制器中有一个扩展的寄存器 MECR（expansion memory configuration register），位定义如表 4-12 所示，其最低两位会通知存储器控制器，并告知系统支持的卡数。需要插槽数目（number-of-sockets）位是因为 PSKTSEL 引脚位在单一插槽方式下被当成 nOE 来进行数据传输使能。当没有卡插在插槽时，通过忽略 nIOIS16 和 nPWAIT，而使用 card-is-there 位来减少外部硬件。

表 4-12　MECR 位定义

bit	名　称	描　　述
31:2	—	预留
1	CIT	是否插卡 0 表示没有插卡 1 表示有插卡 当至少有一插卡时必须用软件来设置，而卡全部移除后也必须用软件清除
0	NOS	插槽数目 0 表示 1 个插槽 1 表示 2 个插槽

PXA255 应用处理器的 16 位 PC 卡接口控制一个 16 位 PC 卡插槽，第二个插槽有一个 PSKTSEL 脚位。PXA255 应用处理器接口支持 8 位和 16 位的外围设备和处理共用存储器

（common memory）、I/O 和属性存储器（attribute memory）访问。每一次访问的时间根据 MCMEMx、MCATTx 和 MCIOx 寄存器各个域（field）所编程的数值来决定。图 4-46 所示为 16 位 PC 卡空间的存储器映像。

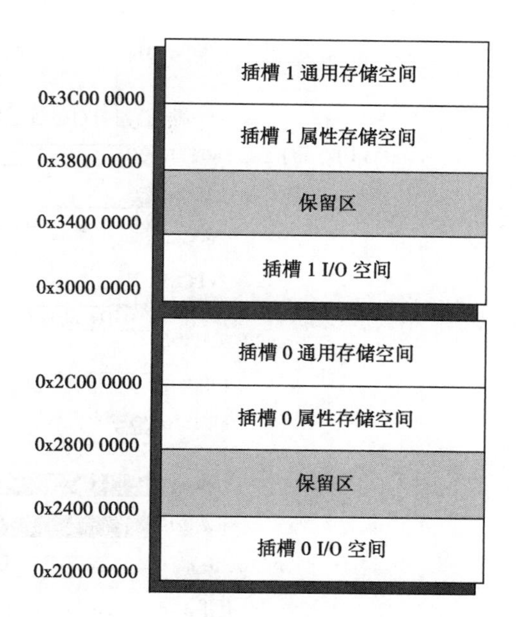

图 4-46　16 位 PC 存储器映射

16 位 PC 卡存储器映像空间分成 8 个分区，每个插槽有 4 个分区：共用存储器（common memory）、I/O、属性存储器（attribute memory）和保留空间。每一个分区皆以 64 MB 的边界对齐。在进行存取访问时，MA[25:0]、nPREG 和 PSKTSEL 脚位会同时被驱动。当驱动 nPCE1 和 nPCE2 时，同时会产生共用存储器和属性存储器存取的地址信号。进行 I/O 访问时，其数值是根据 nIOIS16 的值，且在 nIOIS16 为有效值的固定时间之后才有效。共用存储器和属性存储器存取触发 nPOE 和 nPWE 控制信号。I/O 存取触发 Nior 或 Niow 控制信号，使用 nIOIS16 输入信号来决定传输总线宽度（8 位或 16 位）。PXA255 应用处理器使用 nPCE2 来指定扩展设备的高字节数据总线（MD[15:8]）是否用来传输，而低字节（MD[7:0]）是由 nPCE1 来指定。nPCE1 和 nPCE2 同时被触发则用做 16 位的存取。当对卡式套接字进行写入时，如果使用一个内部字节使能信号屏蔽这个字节，则写入不会发生在外部总线。但进行读取时，即使只有请求了 1 字节（1 B），总是从插槽中读取半字（half-word，16 位）。甚至在一些情况中，即使只有请求读 1 字节，但由于内部的地址校正，会读取一个整字。

图 4-47 和图 4-48 分别显示了对 16 位存储器或 I/O 设备的一次 16 位和 8 位存取的时序图。当访问共用存储器时，根据定址卡槽 0 或 1 来决定使用到 MCMEM0 或 MCMEM1 寄存器。使用 MCIO0 与 MCIO1 来做 I/O 访问，而使用 MCATT0 与 MCATT1 来做属性存储器访问。

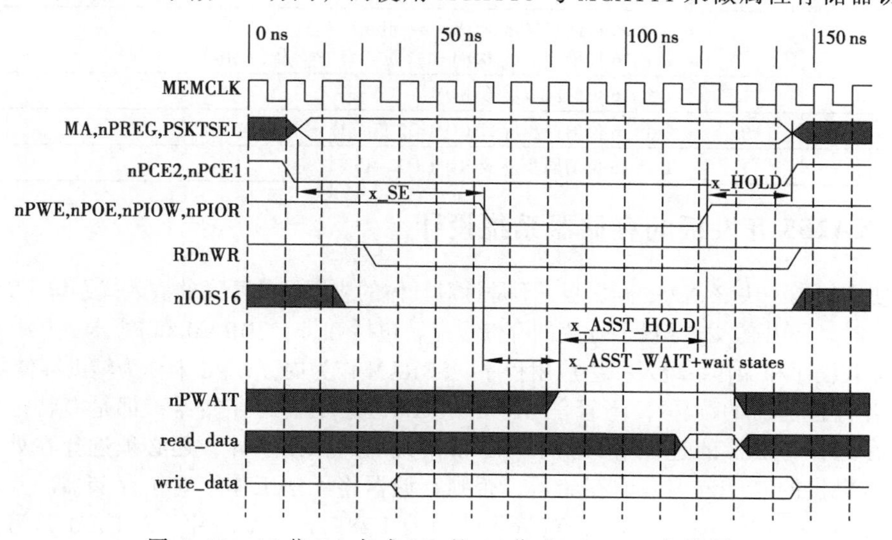

图 4-47　16 位 PC 卡或 I/O 的 16 位（half-word）访问

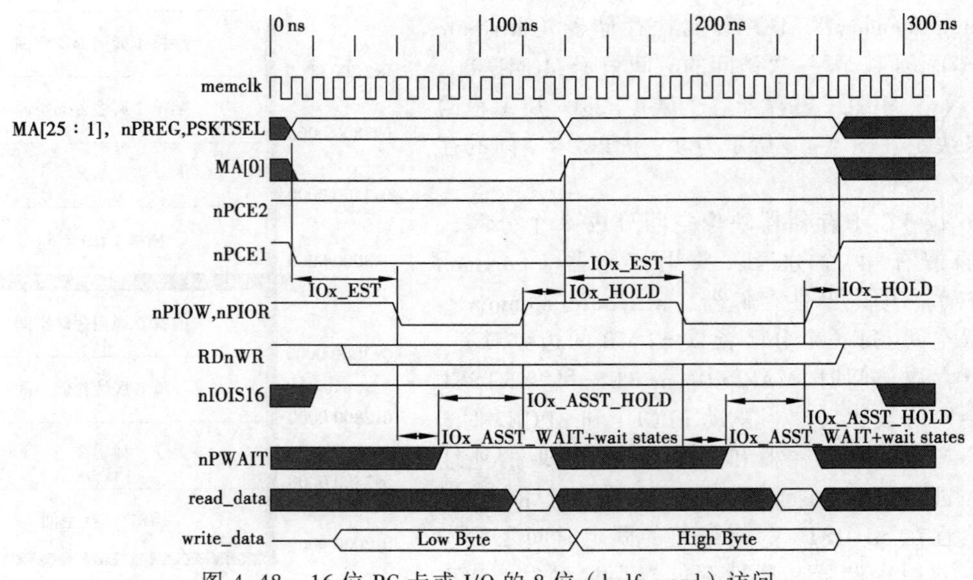

图 4-48　16 位 PC 卡或 I/O 的 8 位（half-word）访问

9. 启动存储器的选择和设置

PXA255 允许 6 个启动组态。通过 3 个引脚（BOOT_SEL(2:0)）来决定启动的组态，如表 4-13 所示。

表 4-13　BOOT_SEL 的定义

BOOT_SEL			启动位置
2	1	0	
0	0	0	非同步 32 位 ROM
0	0	1	非同步 16 位 ROM
0	1	0	保留
0	1	1	保留
1	0	0	1 个 32 位同步屏蔽 ROM（64 Mbit） 2 个 16 位同步屏蔽 ROM = 32 位（每一个为 32 Mbit）
1	0	1	1 个 16 位的同步屏蔽 ROM
1	1	0	2 个 16 位的同步屏蔽 ROM=32 位（每一个为 64 Mbit）
1	1	1	1 个 16 位的同步屏蔽 ROM（32 Mbit）

4.7.2　PXA255 开发板的存储器系统设计

由于使用的是一块 PAX255 开发板，不是针对具体的应用设计开发的嵌入式系统，所以在搭建存储器系统时，采用嵌入式系统所通用的存储设备，包括 flash、SDRAM 和 PC 卡。其中 flash 用来存储引导加载程序和操作系统及一些应用程序，SDRAM 作为内存，PC 卡作为辅助存储器。

对于各种存储器的读/写，不管是 ROM、RAM，还是辅助存储器，都是有特定时序要求的。所以在选择存储器的过程中，除了 4.6 节所说明的原则以外，还必须选择在处理器存储器控制器所提供的时序范围内的存储器，否则存储器将无法工作。对于存储器芯片的选择，应选择较常用的，如 flash 选择的是英特尔公司的 E28F128J3A 芯片，SDRAM 是海力士公司的 HY57V561620CT-H 芯片。

1. NorFlash E28F128J3A 简介

进行实际编程之前，首要应该深入了解 flash ROM E28F128J3A 的特性和读/写操作的要求。E28F128J3A 是 Intel 公司推出的容量为 1M × 16 的 StrataFlash ROM（一种典型的 NorFlash），它的主要特性如下：

① 存储空间组织为 1M × 16。

② 读/写操作采用单一电源 2.7 ~ 3.6 V。

③ 可靠性：

- 可擦写 10 000 个周期（典型值）。
- 数据可保存 100 年。

④ 低功耗。

⑤ 高密度的对称块架构，统一 128 KB 大小的块。

⑥ 高性能的页模式读操作　150/25 ns。

⑦ 128 位的保护寄存器：

- 64 位作为设备唯一的产品标识符。
- 64 位作为可编程的 OTP 单元。

⑧ 加强了数据保护功能（VPEN = GND 进入完全保护状态）：

- 灵活的块锁存方式。
- 电源切换模式是块的擦除/写入被封锁。

⑨ 交叉兼容的命令支持 Intel 的基本指令集。

⑩ 通用的 flash 存储器接口。

⑪ 可扩展的指令集。

⑫ 32 字节的写缓冲，每字节 6 μs 的有效编程时间。

⑬ 自动挂起功能：

- 块擦除时读挂起。
- 块擦除时写挂起。
- 写编程时读挂起。

⑭ 可用封装：

- 56 脚 TSOP。
- 64 脚 BGA。

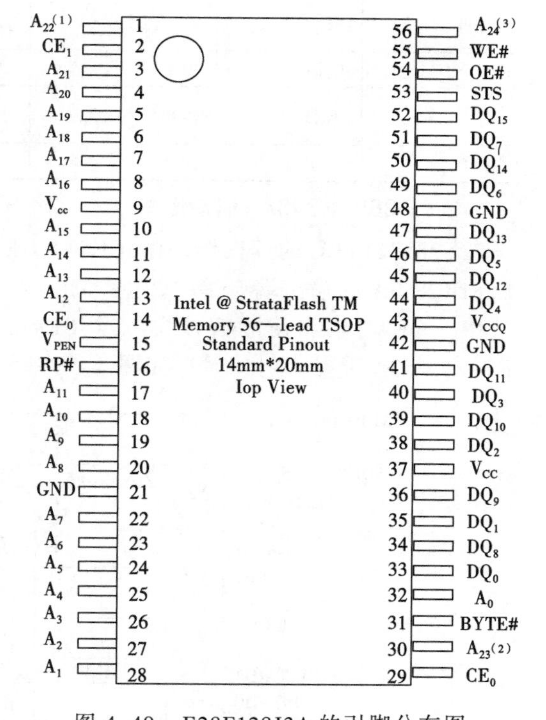

图 4-49　E28F128J3A 的引脚分布图

芯片引脚分布（TSOP 封装）如图 4-49 所示。引脚描述如表 4-14 所示。

表 4-14　E28F128J3A 引脚功能描述

引脚符号	引脚类型	引脚名称	功　能　描　述
A_0	输入	字节选择地址线	当设备在 ×8 模式时，用来选择高字节或低字节，×16 模式时没用到
A_1～A_{23}	输入	地址总线	读/写时地址信号的输入
DQ_0～DQ_7	输入/输出	低字节数据总线	写操作时用做输入；读操作时用做输出；在#OE 或#CE 为高电平时为高阻态

续表

引脚符号	引脚类型	引脚名称	功 能 描 述
DQ_8～DQ_{15}	输入/输出	高字节数据总线	×16 模式时选用。写操作时用做输入；读操作时用做输出，在#OE 或#CE 为高电平时为高阻态
CE_0, CE_1, CE_2	输入	片选时能信号	激活设备的控制逻辑
RP#	输入	复位/断电信号	控制内部自动复位和进入断电模式的信号
OE#	输入	输出使能信号	在读周期中激活设备使数据缓冲区的数据输出
WE#	输入	写使能信号	控制写命令到用户接口，当 WE#为低时设备被激活，当 WE#跳变到高时，地址和数据会在 WE#上升沿时刻被锁存
STS	输出	状态信号	输出内部状态机的状态。当配置为电平模式时，行为如 RY/BY#；脉冲模式时，能指明编程和/或擦除完成
BYTE#	输入	字节使能信号	0：×8 模式，数据通过 DQ_0～DQ_7 交换，DQ_8～DQ_{15} 为高阻态，通过 A0 选择高、低字节； 1：×16 模式
V_{PEN}	输入	擦除/编程/块锁使能信号	擦除块，数据编程，或配置 lock-bits。当 VPEN<VPEN 时，存储器内容不能被改变
V_{CC}	电源	电源	如果 V_{CC}< VLKO，则存储器禁止写操作
V_{CCQ}	电源	输出缓冲电源	这个电压控制设备的输出电压，为了使输出电压和系统的数据总线电压兼容，由系统提供电压
GND	电源	地	—

2. E28F128J3A 的读操作

E28F128J3A 的读操作是由 CE#和 OE#信号控制的。当两者都为低时，处理器就可以从 E28F128J3A 的输出端口读取数据。CE#是 E28F128J3A 的片选线，当 CE#为高时，芯片未被选中。OE#是输出使能信号线。当 CE#或 OE#为高时，E28F128J3A 的数据线为高阻态。E28F128J3A 读操作时的时序如图 4-50 所示。

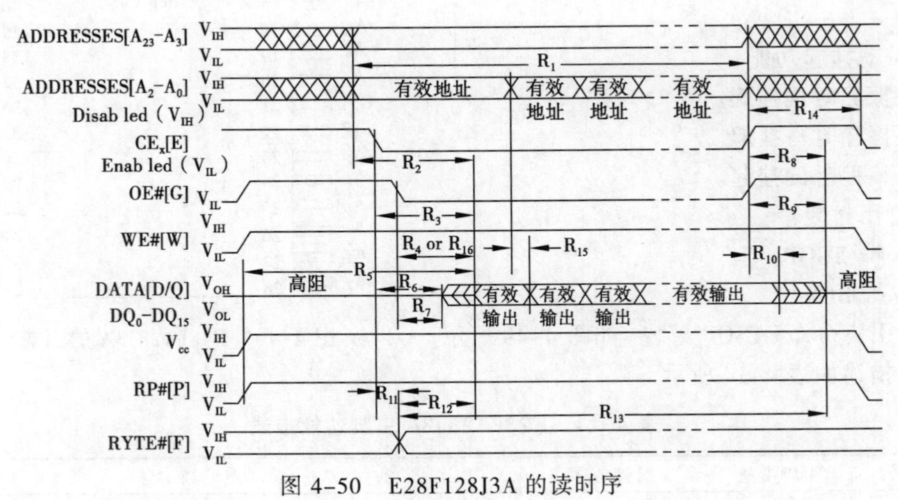

图 4-50 E28F128J3A 的读时序

读时序的参数如表 4-15 所示。

表 4-15　读操作的时序参数

序　号	符　号	描　述	3.0～3.6 V		2.7～3.6 V	
			Min	Max	Min	Max
R_1	tAVAV	读/写周期	150		150	
R_2	tAVQV	地址到输出延时		150		150
R_3	tELQV	到输出延时		150		150
R_4	tGLQV	OE#到非行输出延时		50		50
R_5	tPHQV	RP#高到输出延时		210		210
R_6	tELQX	CEx 到输出低阻	0		0	
R_7	tGLQX	OE#到输出低阻	0		0	
R_8	tEHQZ	CEx 高到输出高阻		55		55
R_9	tGHQZ	OE#高到输出高阻		15		15
R_{10}	tOH	从 Address、CEx 或 OE#任意改变的输出延时	0		0	
R_{11}	tELFL/tELFH	CEx 低到 BYTE#高或低		10		10
R_{12}	tFLQV/tFHQV	BYTE#到输出延时		1000		1000
R_{13}	tFLQZ	BYTE#到输出高阻		1000		1000
R_{14}	tEHEL	CEx 高到 CEx 低	0		0	
R_{15}	tAPA	页地址访问时间		25		30
R_{16}	tGLQV	OE#到行输出延时		25		30

3. E28F128J3A 的写操作

E28F128J3A 支持字/字节写入和写入到缓存两种写入方式。写入之前，如果将要写入的块中有数据（0，这是由 Flash 的结构决定的），则必须首先进行充分的擦除。字/字节写入的流程图如图 4-51 所示。

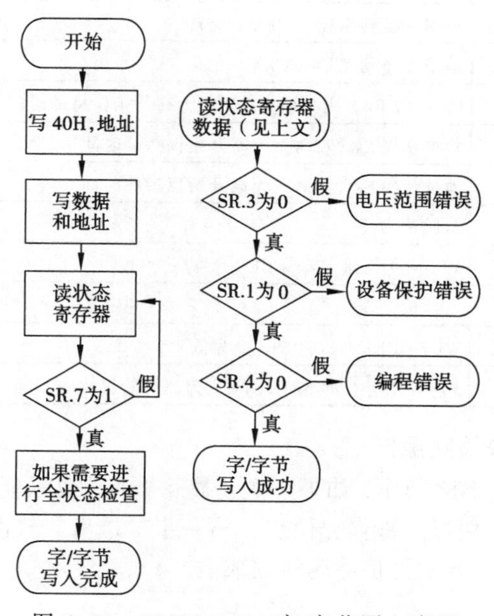

图 4-51　E28F128J3A 字/字节写入流程

写操作分 3 步：第一步，送出“软件数据保护”的 1 字节；第二步，送出地址和数据；第三步，内部写入处理阶段，此时可以通过检测状态寄存器来判断写操作是否完成。在写入到缓存时，需要做一些保障设置，比如设置超时以防无限期等待，设置需要写入数据的长度等。

E28F128J3A 写入操作的时序图如图 4-52 所示，写操作流程图如图 4-53 所示，写入时序参数表如表 4-16 所示。

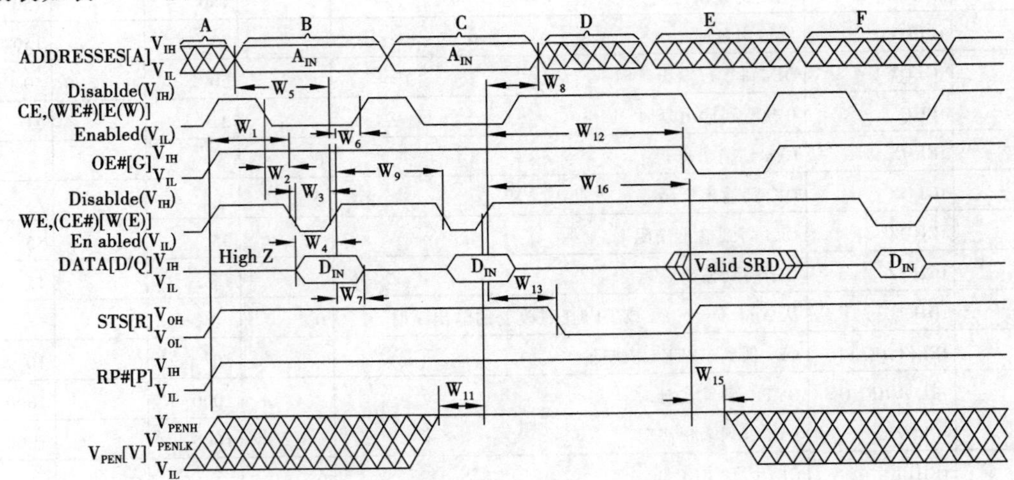

图 4-52 E28F128J3A 的写时序

表 4-16 E28F128J3A 写操作时序参数

序号	符号	描述	Min	Max	单位
W_1	tPHWL（tPHEL）	RP#高到 WE#（CEX）变为低	1		μs
W_2	tELWL（tWLEL）	CEX（WE#）低到 WE#（CEX）并为低	0		ns
W_3	tWP	写脉冲宽度	70		ns
W_4	tDVWH（tDVEH）	数据准备到 WE#（CEX）变高	50		ns
W_5	tAVWH（tAVEH）	地址准备到 WE#（CEX）变高	55		ns
W_6	tWHEH（tEHWH）	CEX（WE#）从 WE#（CEX）为高开始保持的时间	10		ns
W_7	tWHDX（tEHDX）	数据从 WE#（CEX）为高开始保持的时间	0		ns
W_8	tWHAX（tEHAX）	地址从 WE#（CEX）为高开始保持的时间	0		ns
W_9	tWPH	写脉冲为高	30		ns
W_{11}	Tvpwh（tVPEH）	VPEN 准备到 WE#（CEX）为高	0		ns
W_{12}	tWHGL（tEHGL）	写从读恢复	35		ns
W_{13}	tWHRL（tEHRL）	WE#（CEX）高到 STS 变为低		500	ns
W_{15}	tQVVL	VPEN 从有效的 SRD, STS 变为高开始保持的时间	0		ns

4. E28F128J3A 的块擦除操作

E28F128J3A 只支持块擦除操作，如果一次要擦除整片，也只能通过块擦除来实现。块擦除的流程如图 4-54 所示。块擦除操作分两步：第一步，送出“软件数据保护的 2 字节”；第二步，内部擦除处理阶段，并检测擦除是否完成。

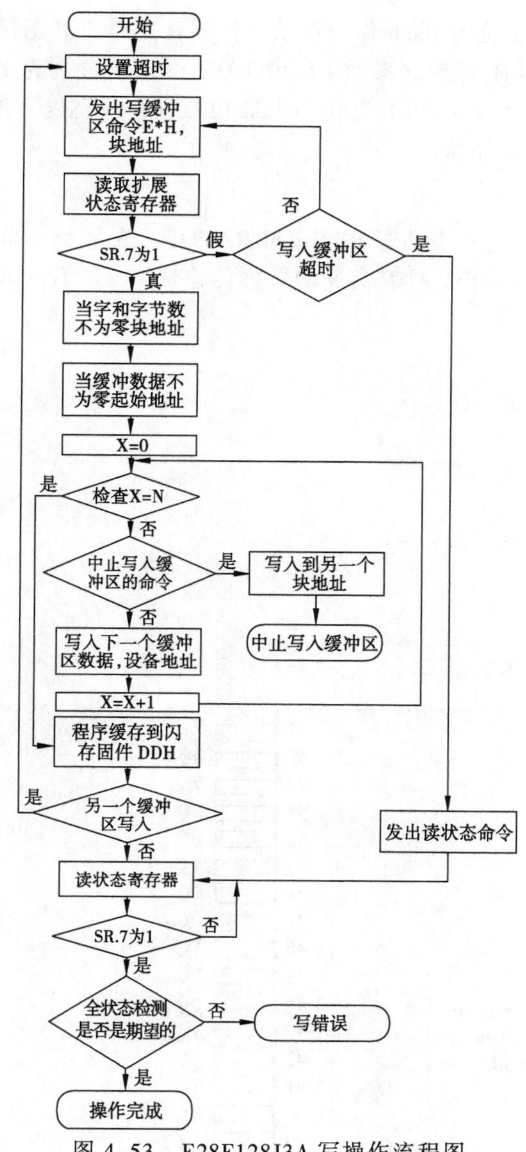

图 4-53　E28F128J3A 写操作流程图

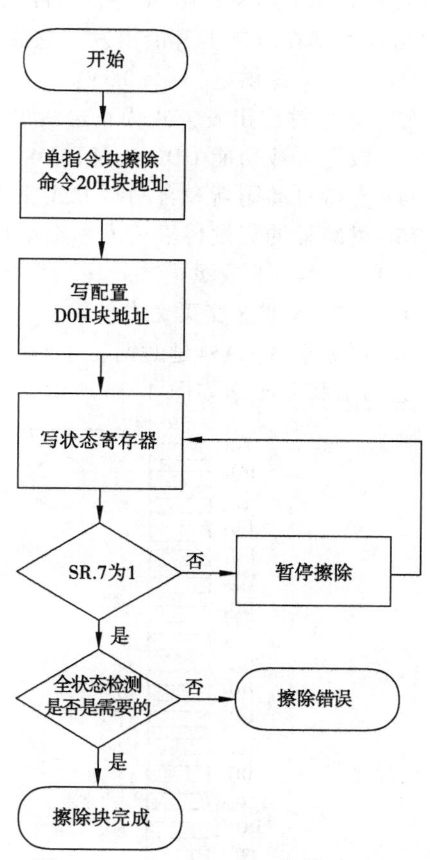

图 4-54　E28F128J3A 块擦除流程图

5. 接口电路与硬件的基本设置

在这个系统中，需要 32 MB 的非易失的存储器，用来存储引导加载程序、操作系统和一些应用程序。从而使用两片 E28F128J3A 芯片。E28F128J3A 和 PXA255 之间的接口电路如图 4-55 所示，数据总线宽度为 32 bit。由于非易失性存储器同时也要做启动存储器，所以它应该映射到静态去的 bank0 区间，即片选信号为 CS_0。

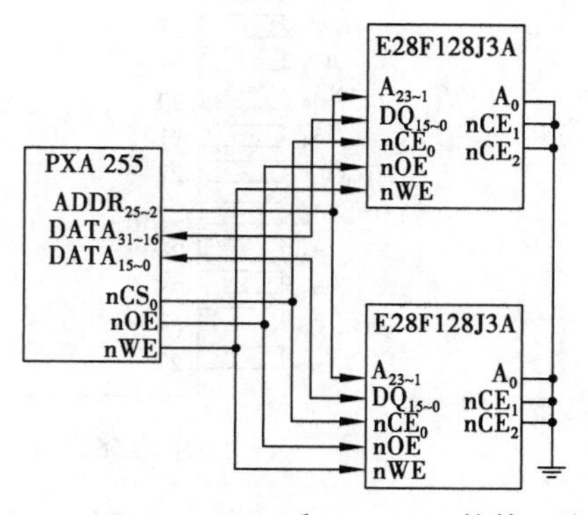

图 4-55　E28F128J3A 和 PXA255 的接口电路

由于这里采用 NorFlash 作为系统的启动存储器，根据 4.7.1 小节所述 PXA255 所需的启动配置信息可知，Boot_SEL[2:0]应设计为 000b，即 32 位的 flash 作为启动存储器。此时，静态存储器控制寄存器 MCS0 的启动默认值为 7FF07FF0H,即时序参数 RRR0、RDN 和 RDF 分别为 7H、FH 和 FH，都为所允许的最大值。RBW（read bus width）为 0，即 32 位数据总线宽度。RT0 为 000b，即 ROM 类型为非突发 ROM 或 flash 存储器。

6. SDRAM 器件 HY57V561620CT-H 简介

HY57V561620CT-H 是一种容量为 256 MB 的同步动态 RAM（SDRAM），它的存储空间组织方式是 4bank × 4M × 16bit。SDRAM 采用管道结构，具有高速的数据传输性能。所有的输入和输出信号都在时钟上升沿出发。它的特性如下：

① 单独电源供电 3V ± 0.3V。

② 输入/输出出发方式为正边沿出发。

③ 数据屏蔽功能 UDQM，LDQM。

④ 支持自动刷新和自刷新方式。

⑤ 可编程的突发传输长度和类型：

- 1、2、4、8 或页模式顺序突发传输。
- 1、2、4 或 8 交叉突发传输。

⑥ 可编程的 CAS#延时两三个时钟周期。

它的引脚分布图如图 4-56 所示，引脚描述如表 4-17 所示。

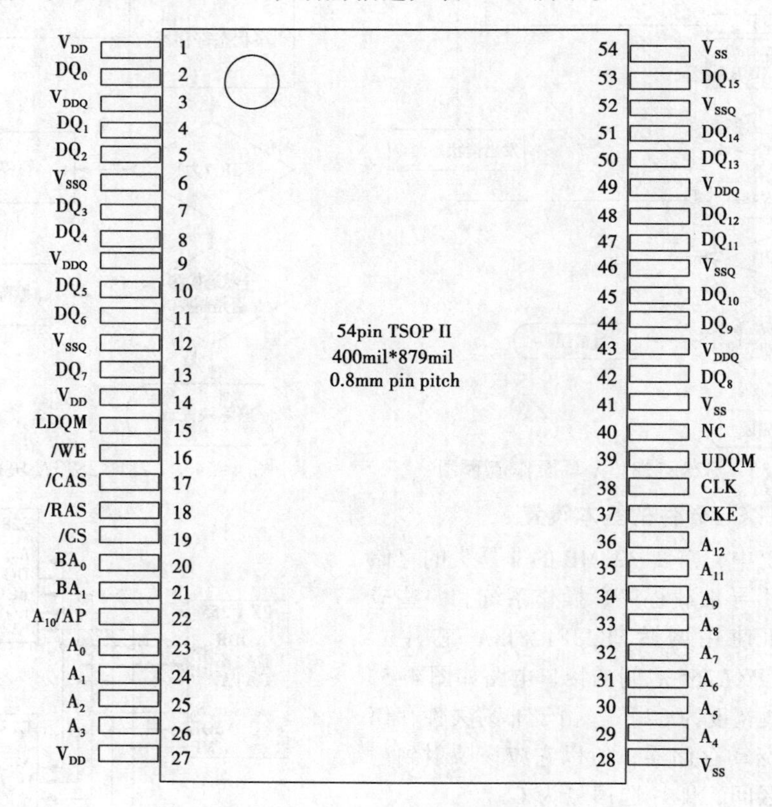

图 4-56 HY57V561620CT-H 的引脚分布图

表 4-17　HY57V561620CT-H 引脚描述表

引脚	名称	描　　　述
CLK	时钟	系统时钟输入，上升沿时将输入数据被锁存到 SDRAM 中
CKE	时钟使能信号	当 SDRAM 处于断电、挂起或自刷新时用来控制内部时钟信号的活动状态
/CS	片选信号	使能或者禁能除 CLK、CKE、UDQM 和 LDQM 以外的信号
BA_0,BA_1	块地址	在 RAS 激活时选择所要激活的 bank，在 CAS 激活时进行读/写操作
A_0～A_{12}	地址	地址输入：在激活指令中被采集，A_0～A_{12} 作为 bank 的行地址；在读/写指令被采集时，A_0～A_8 作为 bank 的列地址，A_{10} 定义为是否要进行自动预充电。A_{10} 在预充电指令被采集后，当 A_{10}=1 时，所有的 bank 都要被预充电；当 A_{10}=0 时，则被 B_{A0}、B_{A1} 选中的 bank 进行预充电
/RAS,/CAS,/WE	行地址选通，列地址选通，写使能	/RAS、/CAS 分别提供访问 bank 的行、列地址，WE 为写使能，它们组合形成指令信号
UDQM, LDQM	数据输入/输出屏蔽	LDQM 和 UDQM 控制着 I/O 缓存的低字节和高字节。在读入模式下，LDQM 和 UDQM 控制输出缓存器。当 LDQM 和 UDQM 为低电平时，相应的缓存器中的字节被使能，数据可以被写入到器件中；当 LDQM 和 UDQM 为高电平时，相应的缓存器的字节被屏蔽，不能够写入器件。当 LDQM 和 UDQM 全为高电平时，输出变为高阻态
DQ_0～DQ_{15}	数据输入/输出	数据输入/输出复用
V_{DD}/V_{SS}	电源/地	为内部电路和输入缓冲提供能源
V_{DDQ}/V_{SSQ}	数据输出电源/地	为数据输出缓冲提供能源
NC	无连接	无连接

HY57V561620CT-H 中的 bank 是由 8192 行 512 列的 16 位字构成，一个 bank 的大小为 64 MB。HY57V561620CT-H 共有 4 个 bank。

由于 PXA255 内部的存储器控制器提供了专门与 SDRAM 器件接口的控制线信号，所以对 SDRAM 的读/写不需要和 flash 一样的特殊编程操作。只需要根据所选择的存储器件的特性，在系统初始化时对与 PXA255 相关的寄存器进行相应的设置就可以了。

在 PXA255 开发板中，如果将 SDRAM 映射到 PXA255 的 SDRAM 接口的 0 分区，那么 SDRAM 的地址分配的开始地址为 A0000000H，结束地址为 A3FFFFFFH，总共 64 MB。根据 PXA255 存储器控制器接口提供的引脚映射关系，依照表 4-18 所示选择连接。

表 4-18　SDRAM 地址引脚到 PXA255 地址引脚的映射表

# bit bank× row× col× data	PXA255 与 SDRAM 地址映射的对应信号														
	MA 24	MA 23	MA 22	MA 21	MA 20	MA 19	MA 18	MA 17	MA 16	MA 15	MA 14	MA 13	MA 12	MA 11	MA 10
2×12×11×32	无效（非法的地址组合）														

续表

# bit bank× row× col× data	PXA255 与 SDRAM 地址映射的对应信号														
2×12×11×16	NOT VALID (illegal addressing combination)														
2×13×8×32	A_{12}	BA_1	BA_0	A_{11}	A_{10}	A_9	A_8	A_7	A_6	A_5	A_4	A_3	A_2	A_1	A_0
2×13×8×16	无效（非法的地址组合）														
2×13×9×32	A_{12}	BA_1	BA_0	A_{11}	A_{10}	A_9	A_8	A_7	A_6	A_5	A_4	A_3	A_2	A_1	A_0
2×13×9×16	A_{12}	BA_1	BA_0	A_{11}	A_{10}	A_9	A_8	A_7	A_6	A_5	A_4	A_3	A_2	A_1	A_0
2×13×10×32	无效（太大）														
2×13×10×16	A_{12}	BA_1	BA_0	A_{11}	A_{10}	A_9	A_8	A_7	A_6	A_5	A_4	A_3	A_2	A_1	A_0
2×13×11×32	无效（太大）														
2×13×11×16	无效（太大）														

系统计划采用 64 MB 的 SDRAM 作为内存，所以需要两片 HY57V561620CT-H 芯片，32 位数据总线宽度。从 PXA255 和 HY57V561620CT-H 的相关信息即上表信息，可以得到 PXA255 和 HY57V561620CT-H 芯片之间的电路连接图，如图 4-57 所示。

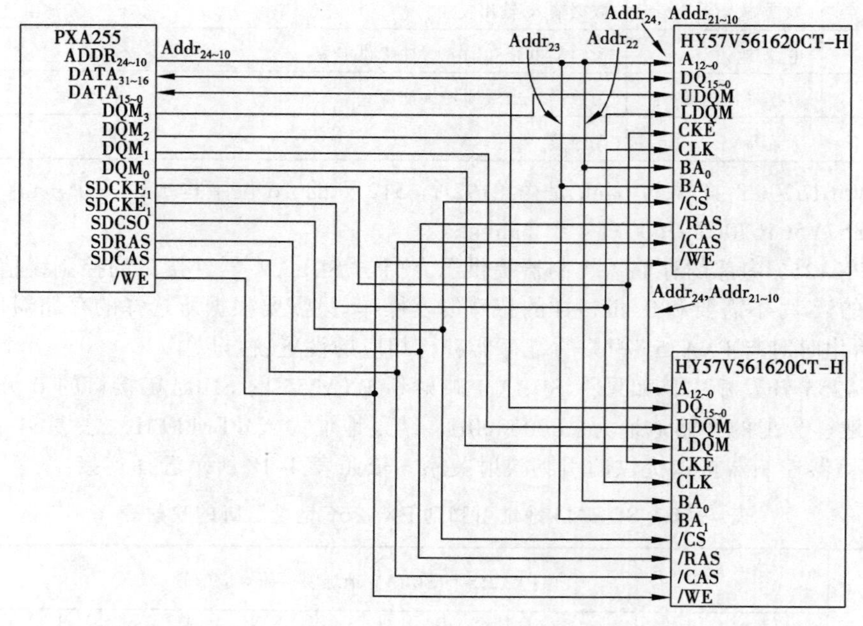

图 4-57　PXA255 和 HY57V561620CT-H 之间的电路连接图

在 SDRAM 能正常工作之前，需要对 SDRAM 相关的控制寄存器 MDCNFG 和 MDREFR 寄存器。寄存器 MDCNFG 的高 16 位和低 16 位分别用来控制 SDRAM 的分区对 2（分区 2 和 3）和 1（分区 0 和 1）的，SDRAM 在分区 0 属于分区 0（分区对 1），所以只要对这个寄存器的低 16 位进行配置。表 4-19 所示为这个寄存器低 16 位的功能描述（详情请参考 PXA255 的开发手册）。

表 4-19　MDCNFG 寄存器低 16 位功能描述

bit	名　称	描　述
0	DE0	SDRAM 分区 0 使能位： 0—SDRAM 分区禁能 1—SDRAM 分区使能
1	DE1	SDRAM 分区 1 使能位： 0—SDRAM 分区禁能 1—SDRAM 分区使能
2	DWID0	SDRAM 分区 0/1 的总线宽度： 0—32 位 1—16 位
4:3	DCAC0[1:0]	SDRAM 分区 0/1 列地址线的数量： 00—8 根列地址线 01—9 根列地址线 10—10 根列地址线 11—11 根列地址线
6:5	DRAC0[1:0]	SDRAM 分区 0/1 行地址线的数量： 00—11 根行地址线 01—12 根行地址线 10—13 根行地址线 11—预留
7	DNB0	SDRAM 分区 0/1 中的 bank 数： 0—2 内部 SDRAM bank 1—4 内部 SDRAM bank
9:8	DTC0[1:0]	SDRAM 分区对 1 的时序类型： 00—tRP = 2 CLK, CL = 2 CLK, tRCD = 1 CLK, tRAS (min) = 3 CLK, tRC = 4 CLK 01—tRP = 2 CLK, CL = 2 CLK, tRCD = 2 CLK, tRAS(min) = 5 CLK, tRC = 8 CLK 10—tRP = 3 CLK, CL = 3 CLK, tRCD = 3 CLK, tRAS(min) = 7 CLK, tRC = 10 CLK 11—tRP = 3 CLK, CL = 3 CLK, tRCD = 3 CLK, tRAS(min) = 7 CLK, tRC = 11 CLK tWR 固定为 2 CLK
10	DADDR0	预留
11	DLATCH0	总是为 1
12	DSA1111_0	SDRAM 采用地址 SA1111_模式，设置为 1
15:13	—	预留

HY57V561620CT-H 的所需要满足的操作时序如表 4-20 所示。

表 4-20　HY57V561620CT-H 操作时序要求

属性 频率	CAS 延时	tRCD	tRAS	tRC	tRP
133 MHz (/7.5 ns)	3 CLK	3 CLK	6 CLK	9 CLK	3 CLK
125 MHz (/8 ns)	3 CLK	3 CLK	6 CLK	9 CLK	3 CLK
100 MHz (/10 ns)	2 CLK	2 CLK	5 CLK	7 CLK	2 CLK

根据设计可知 DE0 = 1，DE1 = 0，总线宽度为 32 bit，9 根列地址线和 13 根行地址线，有 4 个内部 bank，DTC0 = 10 bit，DSA1111_0 = 1。即 MDCNFG 的低 16 位值应该设置为 0x1AC9。

MDCNFG 寄存器只是配置了存储器的基本属性，而 SDRAM 是易失性存储器，需要定时刷新才能保持数据，所以还需要设置刷新寄存器 MDREFR，以配置 SDRAM 的刷新周期，才能使 SDRAM 正常工作。MDREFR 寄存器中与设计相关部分的功能描述如表 4-21 所示，详情请参考 PXA255 开发手册。

表 4-21　MDREFR 功能描述

bit	名　称	描　述
31:26	—	预留
25	K2FREE	SDRAM 自由运行控制： 0—SDCLK2 非自由运行 1—SDCLK2 自由运行（忽略 MDREFR[APD]或 MDREFR[K2RUN] bit）
24	K1FREE	SDRAM 自由运行控制： 0—SDCLK1 非自由运行 1—SDCLK2 自由运行（忽略 MDREFR[APD]或 MDREFR[K1RUN] bit）
23	K0FREE	SDRAM 自由运行控制： 0—SDCLK0 非自由运行 1—SDCLK0 自由运行（忽略 MDREFR[APD]或 MDREFR[K0RUN] bit）
22	SLFRSH	SDRAM 自刷新控制： 0—自刷新禁能 1—自刷新使能
21	—	保留
20	APD	SDRAM/同步静态存储器自动掉电使能
19	K2DB2	SDRAM 时钟 2（SDCLK2）2 分频控制： 0—SDCLK2 与 MEMCLK 的时钟频率相同 1—SDCLK2 运行频率为 MEMCLK 的一半
18	K2RUN	SDRAM 时钟 2（SDCLK2）运行控制： 0—SDCLK2 禁能 1—SDCLK2 使能
17	K1DB2	SDRAM 时钟 1（SDCLK1）2 分频控制： 0—SDCLK1 与 MEMCLK 的时钟频率相同 1—SDCLK1 运行频率为 MEMCLK 的一半
16	K1RUN	SDRAM 时钟 1（SDCLK1）运行控制： 0—SDCLK1 禁能 1—SDCLK1 使能
15	E1PIN	SDRAM 时钟使能 1（SDCKE1）控制： 0—SDCKE1 禁能 1—SDCKE1 使能
14	K0DB2	S SDRAM 时钟 0（SDCLK0）2 分频控制： 0—SDCLK20 与 MEMCLK 的时钟频率相同 1—SDCLK0 运行频率为 MEMCLK 的一半
13	K0RUN	SDRAM 时钟 0（SDCLK0）运行控制： 0—SDCLK0 禁能 1—SDCLK0 使能
12	E0PIN	SDRAM 时钟使能 0（SDCKE0）控制： 0—SDCKE0 禁能 1—SDCKE0 使能
11:0	DRI	SDRAM 所有分区的刷新计数器： DRI = (刷新时间/行)×存储时钟频率/32

连接电路，适合选择 SDCLK1 和 SDCKE1，并设置 SDCLK1 为 MEMCLK，K1DB2=1，K1RUN=1，E1PIN=1。对于刷新计数器 DRI 的值，目前公认的标准是，存储体中电容的数据有效保存期上限是 64 ms，也就是说每一行刷新的循环周期是 64 ms。这样刷新速度就是 64 ms/行数量。由于行地址有 13 位（在 MDCNFG 寄存器的 DRAC0[1:0]中设置，需要与硬件一致），所以每行的刷新时间为 64 ms/213 = 64 ms/8192 = 7.8125 μs，7.8125 μs × 100 MHz / 32 = 0x018，这样就得到了系统的 DRI 值。所以 MDREFR 寄存器的值应该为 0x00038018。

有了这些基本的设置以后，SDRAM 芯片就可以正常工作了。

小　结

本章主要讲述存储器的一些基本知识，包括分类、特点和性能指标等内容；并针对 PXA 255 系统的嵌入式系统详细讲解了存储器的选择、存储器系统的设计和配置。通过本章的学习，应该对不同的存储器的种类、特点，在嵌入式系统中设计存储器子系统的方法，嵌入式系统存储子系统的组成、作用及设计、配置过程有清楚的认识。学习本章的目的是设计嵌入式系统的存储器子系统。

习　题

1. 存储器的基本模型是什么？
2. 存储器的技术指标有哪些？
3. 嵌入式系统中使用的存储器有哪几种？分别有什么特点？适用于哪些场合？
4. RAM 存储器有哪几种？有什么特点？应用于什么场合？
5. ROM 存储器分为哪几种？各有什么特点？应用于哪些场合？
6. 混合类型的存储器的特点和用途有哪些？
7. PXA 255 提供了哪几种类型的存储器接口？
8. 嵌入式系统的引导代码通常存放在哪里（哪种类型的存储器中）？
9. 在 PXA 255 系统中要使 flash 作为引导存储器，需要配置哪些最基本的寄存器？如何配置？
10. 要使 SDRAM 能正常工作，需要配置哪些基本参数？

第5章 嵌入式系统的I/O设备及接口

一个实用的嵌入式系统常常配有一定的外围设备，构成一个以微处理器为核心的计算机系统。嵌入式处理器在功能上有别于通用处理器，其区别在于嵌入式处理器上集成了大量的I/O电路，用户在开发嵌入式系统时，根据系统需求选择嵌入式处理器，而不是选择了处理器后还要另外再配备I/O电路。这些外围设备包括输入设备，例如键盘、触摸屏等；输出设备，例如显示器等；完成数据控制和转换的设备，例如定时器、计数器、模/数转换器、数/模转换器等。这些外围设备中，一部分以微控制器的形式集成片上设备，其他的通常是单独实现。本章主要介绍几个广泛应用于嵌入式系统的I/O设备。

另外，本章还介绍了嵌入式系统中常用的接口。通过对这些接口的描述，能够帮助读者建立嵌入式接口设计的基本概念，了解基本思路和基本方法。由于外设的多样性，本章主要介绍一些比较简单而又常用的接口电路的设计方法。

5.1 I/O接口概述

5.1.1 I/O接口的基本结构

I/O接口电路与嵌入式处理器之间通过内部总线交换信息。图5-1所示为I/O接口电路基本结构。

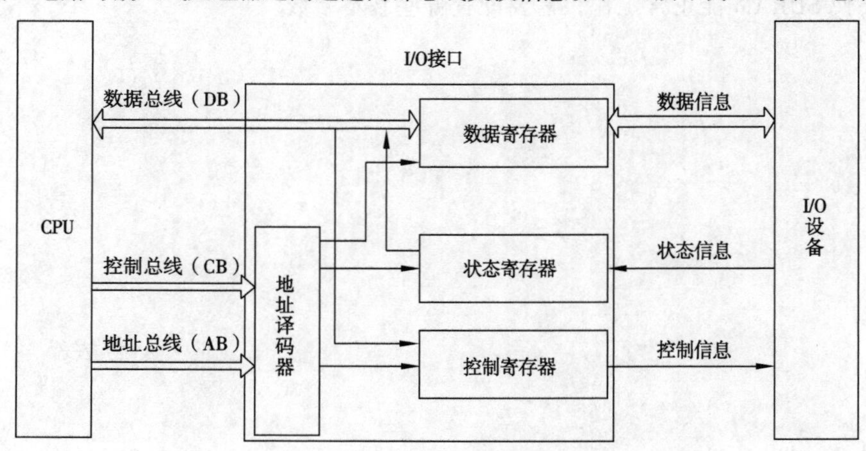

图5-1 I/O接口电路基本结构

接口是位于 CPU 与外设之间的用于控制微机系统与外设，或者外设与系统设备之间的数据交换和通信的硬件电路。设计 I/O 接口时必须注意解决两个基本问题，一个是 I/O 接口如何通过微机的系统总线（DB、AB、CB）与 CPU 连接，以便使 CPU 能够识别多个不同外设，即 CPU 如何寻址外设的问题；另一个是 I/O 接口如何与外设连接，以便使 CPU 能够与外设进行数据信息、状态信息和控制信息交换，即 CPU 如何与外设连接的问题。

I/O 设备不同，其接口电路也不相同，CPU 与 I/O 设备需传送的信号也不同。归纳起来，I/O 外设与 CPU 之间交换的信息有数据、状态及控制信号。

1）数据信息

根据不同的应用对象，数据信息可分为数字量、模拟量和开关量 3 种。

① 数字量：由键盘、CRT、打印机及磁盘等 I/O 外设与 CPU 交换的信息，是以二进制代码形式表示的数或以 ASCII 码表示的数或字符。

② 模拟量：模拟量是随时间变化的连续量，如温度、压力、电流、位移等。当计算机用于控制系统时，大量的现场信息经过传感器把非电量转换成电量，并经过放大处理得到模拟电压或电流。这些模拟量必须先经过 A/D 转换器转换后才能输入计算机；计算机输出的控制信号也必须先经过 D/A 转换器，把数字量转换成模拟量才能控制执行机构。

③ 开关量：由两个状态组成的量。如开关的断开和闭合，机器的运转与停止，阀门的打开与关闭等。这些开关量用一位二进制即可表示，故对字长为 8 位（或 16 位）的计算机，一次可输入或输出 8 个（或 16 个）开关量。

2）状态信号

状态信号是反映外设或接口电路当前工作状态的联络信号。CPU 通过对外设状态信号的读取，可得知其工作状态。如输入设备的数据是否准备好，输出是否空闲，若输出设备正在输出信息，则用 BUSY 信号通知 CPU 以便暂停数据的传输。因此，状态信号是 CPU 与 I/O 外设正确进行数据交换的重要条件。

3）控制信号

控制信号是 CPU 用来控制 I/O 外设（包括 I/O 接口）工作的各种命令信息。最常见的有 CPU 发出的读/写信号等。

需要指出的是，数据信息、控制信息和状态信息这三者的含义各不相同，应分别传送，但实际传送中，都是用输入、输出指令在系统数据线上传送的。也就是说，把状态信息和控制信息当成一种特殊的数据信息通过数据总线在 CPU 与 I/O 接口之间传送，此时状态信息作为一种输入数据，控制信息作为一种输出数据。

不同的外设对应的接口是不同的，但不论哪种接口，传送的都是上述三类信息，都必须具有数据寄存器、状态寄存器、控制寄存器和内部定时与控制逻辑等基本部件。

在 I/O 接口中，数据寄存器用于寄存 CPU 与外设之间传输的数据信息，对数据信息的传输起缓冲的作用；状态寄存器用于寄存外设向 CPU 发出的状态信息，以便于 CPU 查询，使 CPU 能够了解外设的当前工作状态；控制寄存器用于寄存 CPU 向外设发出的控制信息，控制信息可以决定 I/O 接口的工作方式，可以启动或停止外设的工作等。CPU 可借助于地址译码器识别。

5.1.2　I/O 接口的功能

接口是两个部件之间的连接点或边界，通过接口把 CPU 与外设连接在一起。因此，接口电路要面向 CPU 和外设两个方面。一般来说，I/O 接口应具有以下功能：

① 数据缓冲和锁存功能。为了协调高速主机与低速外设间的速度不匹配，避免数据的丢失，接口电路中一般都设有数据锁存器或缓冲器。

在输出接口中，一般都要安排锁存环节（例如锁存器），以便锁存输出数据，使较慢的外设有足够的时间进行处理，而 CPU 和总线可以去进行自己的其他工作；在输入接口中，一般要安排缓冲隔离环节（例如三态门），只有当 CPU 选通时，才允许某个选定的输入设备将数据送到系统总线，其他的输入设备此时与数据总线隔离。

② 信号转换功能。外设所需要的控制信号和它所能提供的状态信号往往和微机的总线信号不兼容，外设的电平和 CPU 规定的 0、1 电平不一致，因此需要信号的转换。信号转换包括 CPU 的信号与外设的信号在逻辑上、时序配合上以及电平匹配上的转换，这些是接口电路应完成的重要任务之一。

③ 数据格式变换功能。CPU 处理的数据均是 8 位、16 位或 32 位的并行二进制数据，而外设的数据位宽度不一定与 CPU 总线保持一致，如串行通信设备只能处理串行数据。这时，接口电路应具有相应的数据变换功能。

④ 接收和执行 CPU 命令的功能。一般 CPU 对外设的控制命令是以代码形式发送到接口电路的控制寄存器中的，再由接口电路对命令代码进行识别和分析，并产生若干与所连外设相适应的控制信号，并传送到 I/O 设备，使其产生相应的具体操作。

⑤ 设备选择功能。微机系统中一般接有多台外设，一种外设又往往要与 CPU 交换几种信息，因而一个外设接口中通常包含若干个端口，而 CPU 在同一时间内只能与一个端口交换信息，这时就要借助于接口电路中的地址译码电路对外设进行选择。只有被选中的设备或部件才能与 CPU 进行数据交换。

⑥ 中断管理功能。当外设需要及时得到 CPU 服务时，特别是在出现故障应得到 CPU 立即处理时，就要求在接口中设有中断控制器或优先级管理电路，使 CPU 能处理有关的中断事务。中断管理功能不仅使微机系统对外具有实时响应功能，还可使 CPU 与外设并行工作，提高了 CPU 的工作效率。

对一个具体的接口电路来说，不一定要求其具备上述全部功能，不同的外设有不同的用途，其接口功能和内部结构是不同的。

接口电路应根据所连的外设功能进行设计，因此种类繁多，按功能可分为 3 类：

① 与主机配套的接口，例如中断控制、DMA 控制、总线裁决、存储管理等。

② 专用外设接口，例如软盘控制、硬盘控制、显示器控制、键盘控制等。

③ 通用 I/O 控制，例如定时器、并行 I/O 接口、串行 I/O 接口等。

5.1.3 I/O 接口芯片的寻址

在嵌入式系统中，有多个 I/O 接口芯片，并且每个接口芯片内部又有若干个寄存器，CPU 识别接口芯片中的寄存器是通过唯一地分配其一个地址实现的。但是，由于受到接口芯片引脚的限制，芯片中寄存器的地址并不仅仅靠地址线确定，有时还要靠标志位、访问顺序等辅助地址来确定。但是，在本小节中讨论的 I/O 接口芯片寻址只涉及芯片的地址线。

嵌入式系统中的 I/O 接口芯片与存储器通常是共享总线的，即它们的地址信号线、数据信号线和读/写控制信号线等是连接在同一束总线上的。因而，目前在嵌入式系统设计中，对 I/O 接口芯片进行寻址常采用两种方法：存储器映像法和 I/O 隔离法。

1. 存储器映像法

存储器映像法的设计思想是将 I/O 接口芯片和存储器芯片做相同的处理，即 CPU 对它们的读/写操作没什么差别，I/O 接口被当做存储器的一部分，占用存储器地址空间的一部分。对 I/O 接口芯片内的寄存器读/写操作无须特殊的指令，用存储器的数据传送指令即可，其结构示意图如图 5-2 所示。图 5-2 中 I/O 接口芯片和存储器各占用存储器地址空间的一部分，通过地址译码器来分配。

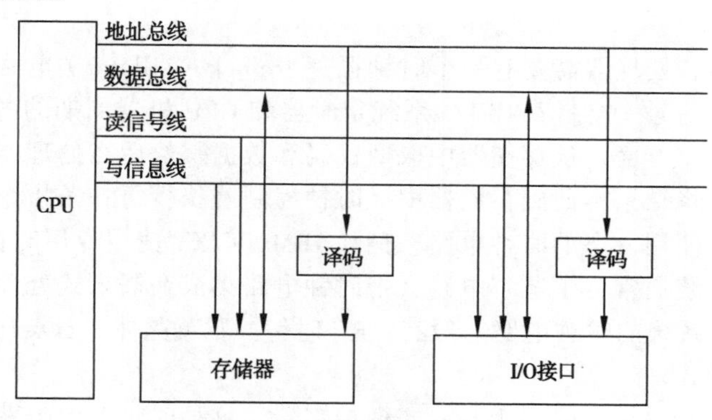

图 5-2　存储器映像结构

2. I/O 隔离法

I/O 隔离法的设计思想是将 I/O 接口芯片和存储器芯片做不相同的处理，在总线中用控制信号线来区分两者，达到使 I/O 接口芯片地址空间与存储器地址空间分离的作用。这种方法需要特殊的指令来控制 I/O 接口芯片内寄存器的读/写操作，例如，IN 指令和 OUT 指令。I/O 隔离法结构示意如图 5-3 所示。图 5-3 中 MERQ/IORIQ 信号线用来分离 I/O 接口芯片地址空间与存储器地址空间。例如，当 MERQ/IORIQ 信号线为 1 时，地址总线上的地址是存储器地址；当 MERQ/IORIQ 信号线为 0 时，地址总线上的地址是 I/O 接口芯片地址。

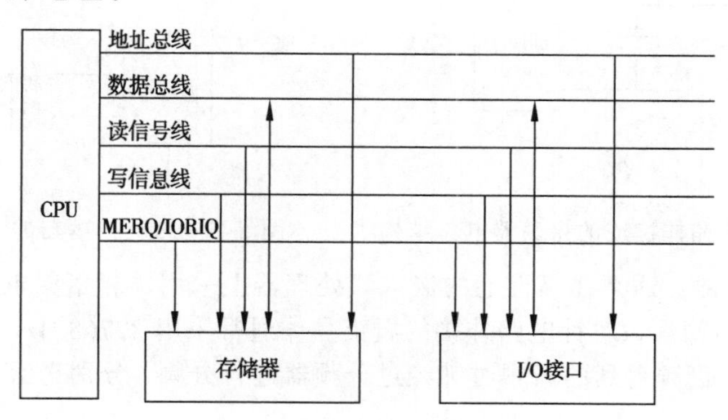

图 5-3　I/O 隔离法结构

I/O 隔离法和存储器映像法相比较有如下特点：

① I/O 隔离法需要 CPU 具有一条控制信号线，来分离 I/O 接口芯片地址空间与存储器地址空间，且需要独立的输入/输出指令来读/写 I/O 接口芯片内部的寄存器。存储器映像法则不需要。

② I/O 隔离法中 I/O 接口芯片不占用存储器的地址空间，而存储器映像法中 I/O 接口芯片需占用存储器的地址空间。

5.2 系统时钟及复位电路

5.2.1 系统时钟

在嵌入式系统中，处理器需要有一个时钟振荡（clock oscillator）电路。时钟电路用于产生处理器工作的时钟信号，控制着 CPU、系统定时器和 CPU 机器周期的各种时序需求。机器周期用于两个方面：一方面，从存储器中取回代码和数据，然后在处理器上对它们进行译码并运行；另一方面，将结果传回到存储器中。时钟控制着执行每一条指令的时间。

通用计算机可以使用分离的时钟电路，例如 IBM PC/XT 使用专用时钟芯片 8284 产生时钟信号。而嵌入式系统通常为了节省电路，把时钟电路集成在嵌入式处理器上，外面只需要接晶体即可。嵌入式系统的时钟电路一般有：RC 时钟、石英晶体、石英振荡器、锁相倍频时钟和多时钟源几种形式。

① RC 时钟：RC 时钟一般用于嵌入式微控制器。这种时钟源的振荡频率的稳定性低于时钟振荡器，但是功耗比较低。当嵌入式系统对时钟的稳定性要求不高时，例如家用电器的控制，可以采用这种电路，且其时钟频率可以动态修改。嵌入式处理器的功耗与时钟频率基本呈线性关系，因此根据处理器的负荷动态改变时钟频率以降低功耗是比较好的方法。

② 石英晶体：基于石英晶体的时钟电路，其振荡电路集成在处理器上，处理器引出两个引脚，分别是放大器的输入和输出，石英晶体接在这两个引脚上，如图 5-4 所示。

③ 石英振荡器：与石英晶体不同，石英振荡器把石英晶体和振荡电路集成于一体，形成石英振荡器电路，直接输出时钟信号给处理器。石英振荡器输出的时钟信号接在处理器的输入引脚上，如图 5-5 所示。

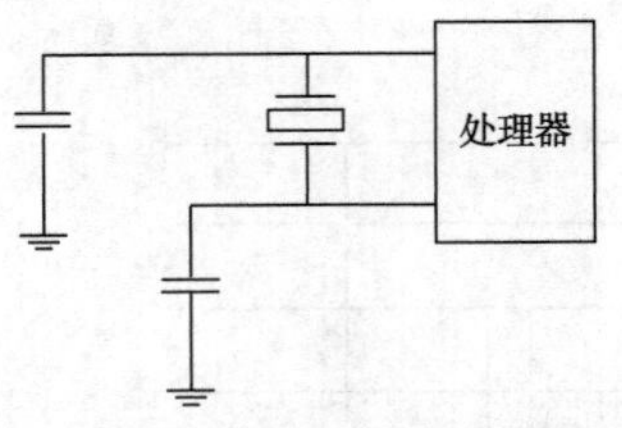

图 5-4 由石英晶体构成的振荡器电路结构

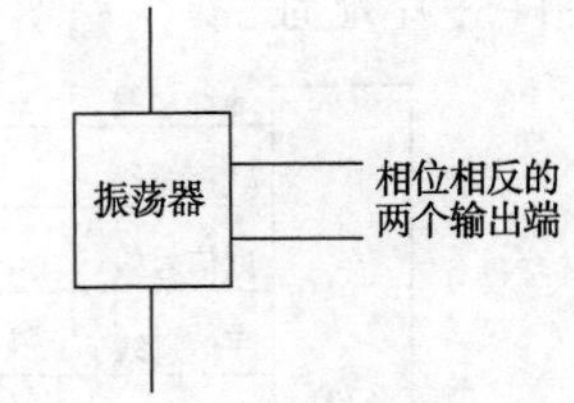

图 5-5 石英振荡器的振荡器电路

④ 锁相倍频时钟：通常在高性能的嵌入式处理器上采用锁相倍频电路。该时钟电路的锁相环是一个倍频锁相环，时钟电路外接的石英晶体通常采用 32768 Hz，锁相环的倍频系数可以通过编程设置，倍频得到的高频时钟经过分频器进行分频，分别送给处理器的 CPU 内核和各个 I/O 接口电路。

⑤ 多时钟源：高性能的嵌入式处理器如 32 位的处理器，功能强大，芯片上集成了众多的智能电路，很多的智能电路都需要不同频率的时钟源。并且，出于节电设计的考虑，不同 I/O 电路的工作状态可以由处理器编程控制。为此，这样的处理器设计了许多种时钟源，分别为 CPU 内核、实时时钟电路、不同的 I/O 电路提供时钟信号。

实时时钟（real time clock，RTC）是将定时器进行适当配置后产生的系统时钟。RTC 被调度程序使用，也可以用于实时编程。RTC 的设计方法有两种：一种是外接实时时钟芯片；

另一种是实时时钟与处理器的集成。例如，某一种嵌入式处理器外接两个时钟电路，一个是 32768 Hz 的用于实时时钟的电路，另一个是处理器的主时钟电路。实时时钟电路一直处于工作状态，以保证实时时钟的准确运行。主处理器的时钟在工作时运行，处于待机状态时停止运行，达到节电的目的。

5.2.2 复位电路

嵌入式处理器的复位电路就是使处理器从起始地址开始执行指令。这个起始地址是处理器程序计数器（x86 系列处理器中是指令指针和代码段寄存器）加电时的默认设置。处理器复位之后，从存储器的这个地址开始取程序指令。在一些存储器（例如 6HC11 和 HC12）中有两个起始地址，一个作为加电复位向量，另一个作为执行 Reset 指令后或者发生超时（例如来自把关定时器的超时）之后的复位向量。

复位电路激活固定的周期数后处于无效状态。处理器电路保持复位引脚处于有效状态，然后使之处于无效状态，使程序从默认的起始地址开始执行。如果复位引脚或内部复位信号与系统中其他的单元（例如 I/O 接口、串行接口）相连接，那么它会被处理器再次激活，成为一个输出引脚，用于驱动系统中其他单元处于复位状态。在处理器动作之后使复位信号无效，程序会从起始地址开始执行。

通常使用的复位电路有以下几种形式：阻容复位电路、手动复位电路、专用复位电路、把关定时器复位以及软件复位。

1. 阻容复位电路

阻容复位电路是最简单的复位电路，电路原理如图 5-6 所示。上电瞬间 RST/V_{PD}电位与 V_{CC}相同，随着充电电流的减少，RST/V_{PD}电位逐渐下降，时间常数为 82 ms。只要 V_{CC}上升时间不超过 1 ms，振荡器建立时间不超过 10 ms，这个时间常数足以保证完成复位操作。

2. 手动复位电路

手动复位一般配合自动复位电路工作。通常的处理器复位比较方便的设计是阻容复位，有时配合设计增加手动复位功能。通常的设计是手动复位开关产生的复位信号接在复位电路上，而不是直接接在处理器的复位信号输入端上。复位开关通过复位电路产生信号的优点是信号的波形比较好，并且复位电路可以去掉开关的抖动。

3. 专用复位电路

阻容复位电路的优点是成本低、电路简单，但是功能比较差，而专用复位电路是一种专用的集成电路。由于嵌入式处理器和智能芯片有的是高电平复位，有的是低电平复位，因此有的专用复位电路设计了两种复位信号的输出端。

专用复位电路（如 Maxim 公司的产品）把诸如电压监视、电池监视等电路功能集成在一起，成为处理器监视电路。图 5-7 所示为专用复位电路的功能图。图中输出复位脉冲信号 Reset 和 Reset*，分别支持高电平复位和低电平复位，输入可接复位开关。

4. 把关定时器复位

如果嵌入式系统的工作环境比较恶劣，则处理器运行过程中可能出现死机和跑飞的情况，这时需要使处理器强制复位。强制复位可以使用把关定时器（俗称看门狗）复位电路。

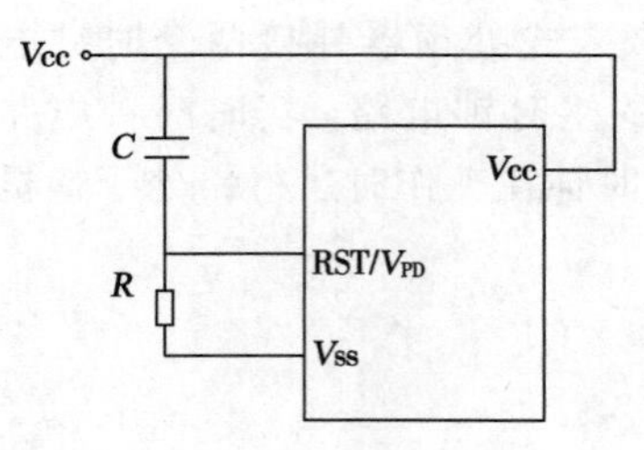

图 5-6　阻容复位电路

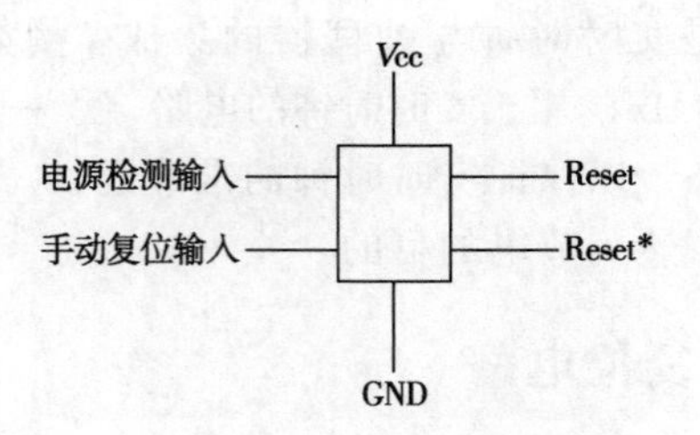

图 5-7　专用复位电路

把关定时器复位电路是一个定时设备，会在事先定义超时之后将系统复位。这个时间通常是配置好的，把关定时器在加电后的前几个时钟周期内被激活。在许多嵌入式系统中，通过把关定时器进行复位是最基本的。当系统产生错误或者程序中断之后，它会帮助恢复系统。重新启动后，系统可以正常运行。大多数的微控制器都有片上把关定时器。

5．软件复位

软件复位的方法是通过软件设置一个特殊功能寄存器的相应位完成控制器的复位，复位结构和硬件复位一样。软件复位后，程序从复位向量处开始运行。例如，L87LPC76X 系列在软件复位后，程序从 0000H 处开始运行。需要指出的是，嵌入式微控制器在软件复位后转入 0000H 处执行指令与程序直接跳转到 0000H 处执行指令的结构是不同的。软件复位后，控制器的其他寄存器也被初始化成复位状态；而直接跳转到 0000H 处执行指令不会初始化微控制器的硬件寄存器。

5.3　译　码　器

5.3.1　译码器的作用和种类

译码器通常用于对存储器和 I/O 接口电路分配地址空间。译码器的设计方案有如下 3 种：

① 普通集成电路译码器。

② 可编程器件。

③ 嵌入式处理器集成译码器。

5.3.2　普通的译码器

集成电路译码器有 74LS138（3-8 线译码器）、74LS154（4-16 线译码器）等。

74LS138 译码器如图 5-8 所示。

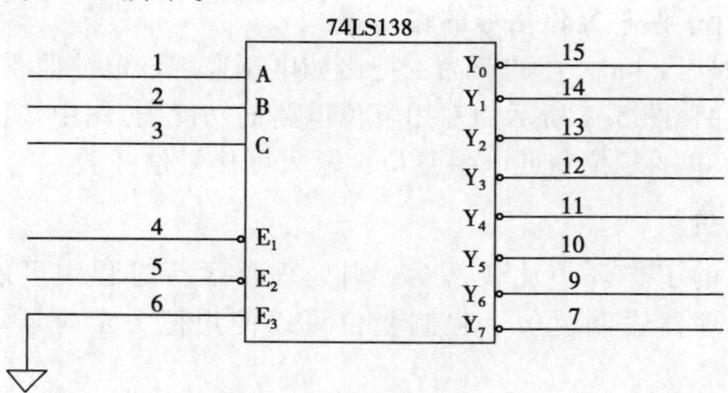

图 5-8　74LS138 译码器

5.3.3　可编程器件译码器

集成电路译码器属于标准设计，使用起来不太灵活，可以使用可编程器件（PAL、GAL、CPLD 等）设计定制的译码器，满足特殊设计的硬件电路的需要。

可编程器件设计的译码器可以完成特殊的译码，并且可编程器件的功能很强，它们的许多 I/O 引脚可以配置，非常灵活。

5.3.4　嵌入式处理器上的集成译码模块

高集成度的嵌入式处理器通常把译码器集成在处理器上，为了设计地址空间的灵活性，这些译码器通常是可编程的。设计计算机的存储器子系统时，一个存储器芯片的地址空间通常表示成 xxxxH～yyyyH 的形式，大多数嵌入式处理器的译码器的编程也设计成类似的形式，具体实现起来有以下两种方式：

1．起始地址—终止地址方式

对应于嵌入式处理器的每一个译码输出电路，有一对寄存器，其中一个寄存器设置译码地址空间的起始地址，另一个寄存器设置译码地址空间的终止地址。处理器访问存储器或 I/O 设备时，如果给出的地址空间位于这两个寄存器之间，那么译码输出的信号有效；否则无效。

2．起始地址—长度方式

另一种方式也使用两个寄存器，一个是地址空间的起始地址寄存器，另一个是译码空间的长度寄存器。

例如：起始地址 1000H，长度 100H，可以计算出译码的终止地址是 1100H。

由此可见，这两种形式表面不同，但实际是一样的，只是不同的厂家有不同的实现方法而已。

5.4　定时器/计数器

5.4.1　定时器/计数器的基本结构

定时器和计数器的基本结构是相同的，都是由带有保存当前值的寄存器和向当前寄存器值加 1 的增量输入的加法器逻辑电路组成的。但是定时器和计数器的用处不同，主要体现在：定时器的计数装置是连到周期性时钟信号上的，用来测量时间间隔；而计数器的计数装置是连到非周期性信号上的，用来计算外部事件的发生次数。通常的设计是定时器和计数器设计在一起，通过切换开关切换脉冲源使它工作于计数器状态或定时器状态。因为同样的逻辑电路可以有这两种使用方式，所以该设备经常称为“定时器/计数器”。

定时器/计数器通常包含下面的一些部件：控制寄存器、初始值寄存器、计数器、计数输出寄存器、状态寄存器。定时器/计数器的基本结构如图 5-9 所示。

① 控制寄存器：只写，用于设置定时器/计数器的工作方式，控制其工作。

② 初始值寄存器：只写，大多数的定时器/计数器是减法计数器，设置初值之后，进行减法计数，减到 0 之后产生溢出信号，溢出信号以脉冲或中断的形式提供。

③ 计数器：计数器的计数部件，是一个通用的计数器，可以通过控制寄存器控制它的工作。

④ 计数输出寄存器：只读，计数器当前的数值存放在计数输出寄存器中，用户程序可以读取计数器的当前值。

⑤ 状态寄存器：只读，存放计数器的工作状态。

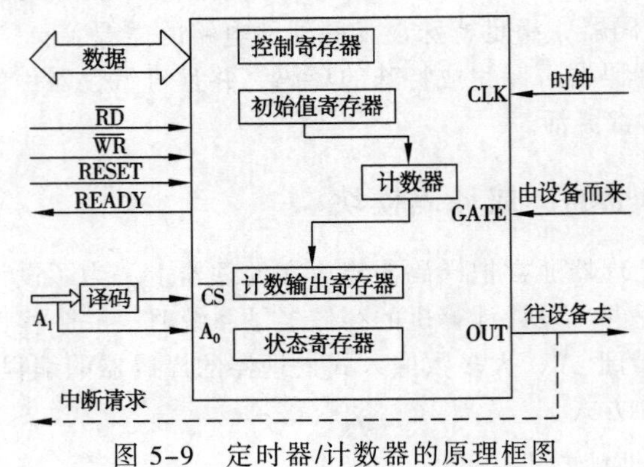

图 5-9 定时器/计数器的原理框图

5.4.2 定时器/计数器的工作模式

通常，定时器/计数器有下面的几种工作模式：

① 门脉冲控制时钟输入：当门脉冲到来时，时钟有效，开始计数；门脉冲结束时，停止计数。

② 利用门脉冲重新启动计数。

③ 利用门脉冲停止计数：即原来在不停地计数，当门脉冲到来时，停止计数，并使输出端 OUT 进入高电平。

④ 单一计数：只要门脉冲有效，计数器就进行计数，计数器计数过程中输出计数信号，计数到 0 时，输出停止。

⑤ 循环计数：每当计数到 0 时，给出输出信号，然后从初始值寄存器得到计数的初值，继续开始计数。

5.4.3 定时器/计数器的功能

所有的嵌入式处理器/控制器都集成了定时器/计数器单元，系统中至少有一个定时设备，用作系统时钟，可见它的重要性。

嵌入式处理器上的定时器/计数器可用于以下场合：

① 嵌入式操作系统的任务调度，特别是具有时间片轮转调度功能的嵌入式操作系统，必须使用定时器产生时间片。

② 嵌入式操作系统的软件时钟需要基于硬件定时器定时信号。

③ 通信电路的波特率发生器。

④ 实时时钟电路。

⑤ 一些智能芯片（如 DMA 控制器等）。

⑥ 具有液晶显示器的嵌入式处理器用于液晶的刷新。

⑦ 处理器监控电路（如把关定时器等）。

⑧ 集成的片上 A/D 转换和 D/A 转换电路等。

⑨ 集成的动态存储器控制器用于动态存储器的刷新。

5.5 串 行 接 口

串行输入/输出时在每个传输方向上使用一根信号线传输数据。所有的串行接口都要在发送数据端将并行数据转换为串行比特流，而在接收端则相反，将串行比特流转换为并行数据。当系统之间进行并行传输数据，无论是在具体实现上还是从价格上考虑都不太实用时，就可以采用串行通信。这样的串行通信可能发生在计算机和终端之间，也可以发生在计算机与打印机、掌上计算机或远程控制的红外设备之间，还可能是更高级的形式——高速网络通信，例如以太网。对于嵌入式系统来说，连接到一台主机采用简单的串行接口是最容易也最廉价的方式，这个串口可能是应用的一部分，也可能只是作为调试之用。

串行通信有 3 种基本传送方式（信道利用方式）：单工、半双工和全双工。图 5-10 给出了这 3 种传送方式的示意图。图 5-10（a）所示的单工传送方式，即设备 1 总是发送数据，设备 2 总是接收数据，任何时刻数据只在一个方向流动。图 5-10（b）所示的半双工传送表示设备 1 与设备 2 都可发送或接收数据，但它们不能同时发送。图 5-10（c）所示的全双工传送，即两个设备能同时发送与接收数据。

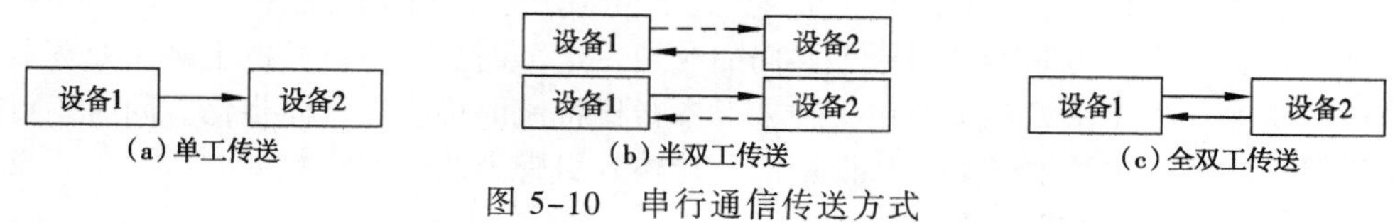

图 5-10　串行通信传送方式

串行通信有两种类型或者说两种方式：异步串行通信和同步串行通信。下面将分别介绍这两种通信方式。

5.5.1 通用异步收发器（UART）

串行接口最简单的形式是通用异步收发器（universal asynchronous receiver transmitter，UART），有时也称异步通信接口适配器（asynchronous communication interface adapter，ACIA），它遵守工业异步通信标准。之所以称为“异步的”，是因为时钟信号没有与串行数据一起传输，接收者必须时刻关注数据，对每个位进行探测，而不是花费一个时钟周期来达到同步。目前，大多数嵌入式处理器都配置了 UART 接口。

图 5-11 是 UART 的功能框图，它由两部分组成：一个将串行比特流转换为微处理器可以使用的并行数据的接收器（Rx）和一个将来自微处理器的并行数据转换为串行形式进行发送的发送器（Tx）。UART 还提供一些状态信息，例如接收器是否已满（有数据到达）或者发送器是否为空（有数据待发送）。许多微处理器芯片都内置了片上 UART，但对于大型系统来说，UART 通常是一个独立的设备。

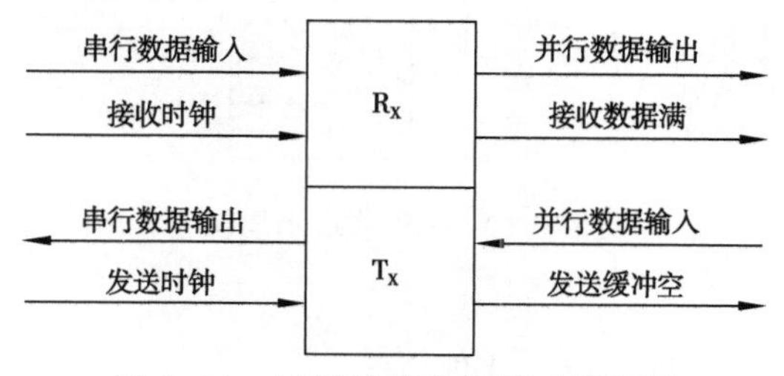

图 5-11　通用异步收发器功能框图

串行设备每次发送一个比特的数据，因此常规的“并行”数据在发送之前必须先要转换为串行形式。UART 实际上就是一个额外增加了一些特性的并—串行转换器，UART 发送器本质上是一个移位寄存器，可以并行装载数据，然后在串行时钟脉冲的控制下再将数据一位一位按顺序移出；反过来，接收器是把串行比特流接收到一个移位寄存器中，然后由处理器并行读取。

5.5.2 串行外围接口（SPI）

1．SPI 的原理

串行外围接口（serial peripheral interface，SPI）是 Motorola 首先在其 MC68HCXX 系列处理器上定义的一种在微控制器和外围设备芯片之间提供的一个低成本、易使用的接口（SPI 有时也称 4 线接口），主要应用在 E^2PROM、flash、实时时钟、A/D 转换器、LCD 驱动器、传感器、音频芯片等数字信号处理器和数字信号解码器之间。支持 SPI 的元件很多，并且还在一直增加。

SPI 接口是在 CPU 和外围低速器件之间进行同步串行数据传输，SPI 接口是以主从方式工作的，在主器件的移位脉冲下，数据按位传输，高位在前，低位在后，为全双工通信，数据传输速率总体来说比 I^2C 总线要快，可达到几 Mbit/s。与标准的串行端口不同，SPI 是一个同步协议接口，所有的传输都参照一个共同的时钟，这个同步时钟信号由主机（处理器）产生。接收数据的外设（从设备）使用时钟来对串行比特流的接收进行同步化，同时还可以有多个从设备。这时，主机通过触发从设备的片选输入引脚来选择接收数据的从设备，没有被选中的外设将不会参与 SPI 传输。

SPI 系统的工作原理好像一个分布式的 16 位移位寄存器，一半在微控制器里，另外一半在外设里。当微控制器准备好发送数据时，这个分布式 16 位寄存器循环位移 8 位，这样就有效地在微控制器与外设之间交换了数据。在某些情况下，这种循环位移是不完全的，因为数据可能只是从微控制器到外设或从外设到微控制器。

SPI 系统最常见的应用是一个嵌入式微控制器做主机，主机发起并控制数据的传送和流向，只有在主机发出通知后，从属设备才能从主机读取数据或向主机发送数据。SPI 总线示意如图 5-12 所示。

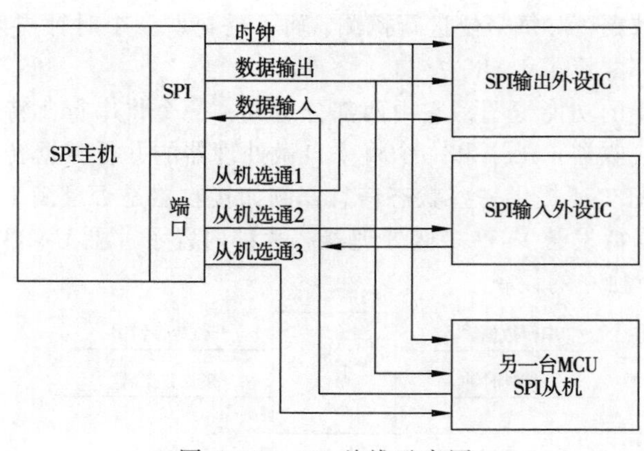

图 5-12　SPI 总线示意图

2．SPI 的数据传输

如图 5-13 所示，SPI 主要使用以下 4 种信号：

① MOSI：主机输出/从机输入。

② MISO：主机输/从机输出。

③ SCLK：串行时钟信号，由主器件产生。

④ $\overline{CS}$：从器件使能信号，由主器件控制。

MOSI 信号由主机产生，从机接收，如图 5-13 所示。在有些芯片上，MOSI 只被简单地标为串行输入（SI），或者串行数据输入（SDI）。MISO 信号由从机产生，不过还是在主机的控制下产生。在一些芯片上，MISO 有时称为串行输出（SO），或者串行数据输出（SDO）。外设片选信号通常只是由主机的备用 I/O 引脚产生的。

主机和从机都包含一个串行移位寄存器，主机通过向它的 SPI 串行寄存器写入一个字节来发起一次传输。寄存器是通过 MOSI 信号线将字节传送给从机，从机也将自己移位寄存器中的内容通过 MISO 信号线返回给主机，如图 5-14 所示。这样，两个移位寄存器中的内容就被交换了。从机的写操作和读操作是同步完成的。

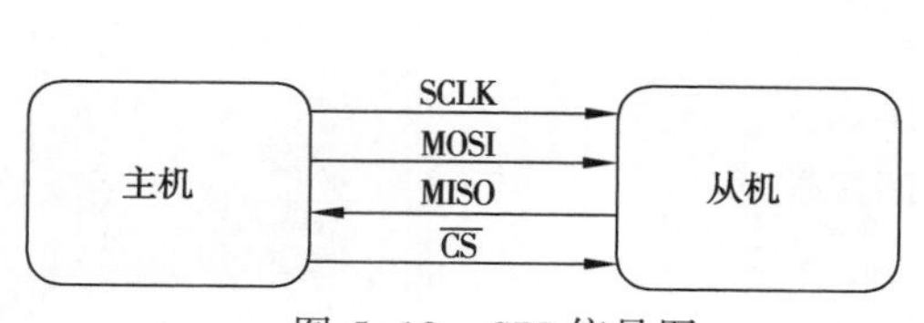

图 5-13　SPI 信号图

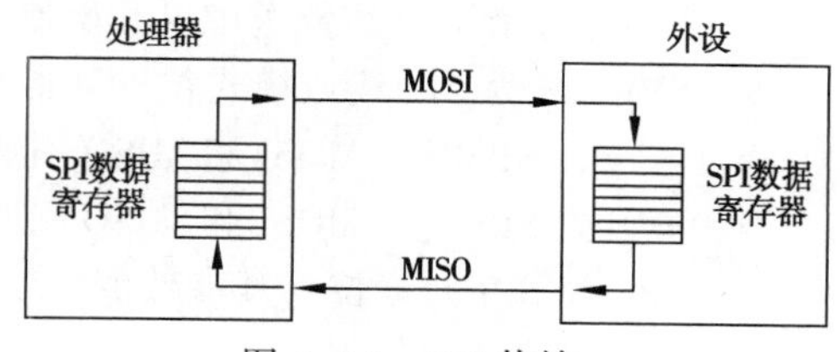

图 5-14　SPI 传输

有很多简单的设备只能从主机接收数据或只能向主机发送数据，例如串/并移位寄存器就只有一个 8 位的输出端口。如果一个有 SPI 系统的微控制器发起一次传送，向这个移位寄存器发送一个 8 位的数据，由于这个移位寄存器不能向主机回送任何数据，所以主机程序可以简单地忽略掉接收到的数据，然后结束这次传送。

3. SPI 的寄存器

SPI 系统提供了控制、状态和数据 3 个寄存器。这些寄存器包括 SPI 控制寄存器 SPCR、SPI 状态控制寄存器 SPSCR 和 SPI 数据寄存器 SPOR。

1）SPI 控制寄存器

在大多数系统中，这个寄存器只能在复位初始化 SPI 系统时写一次，图 5-15 给出了 8 位数据示意图。

	bit 7	6	5	4	3	2	1	bit 0
	SPRIE	DMAS	SPMSTR	CPOL	CPHA	SPWOM	SPE	SPTIE
是否可读写	可读可写	可读可写	可读可写	可读可写	可读可写	可读可写	可读可写	可读可写
复位值	0	0	1	0	1	0	0	0

图 5-15　SPI 控制寄存器

在图 5-15 中：

① SPRIE 为 SPI 接收中断允许位。其参数值：

- 1 = 允许 SPI 在 SPRF 位（SPSCR 中的一位）被置成 1 时接收中断请求。
- 0 = 禁止 SPI 在 SPRF 位被置成 1 时接收中断请求（大多数系统采用的配置）。

② DMAS 为 DMA 选择位。其参数值：

- 1=允许 SPRF 和 SPTE 的 DMA 服务请求。
- 0 = 禁止 SPRF 和 SPTE 的 DMA 服务请求。

③ SPMSTR 为 SPI 主机位。其参数值：

- 1 = 选择 SPI 主机模式。
- 0 = 选择 SPI 从机模式。

④ CPOL 为时钟奇偶位。其参数值：

- 1 = 选择低电平有效时钟，SPSCK 空闲状态为高电平。
- 0 = 选择高电平有效时钟，SPSCK 空闲状态为低电平。

⑤ CPHA 为时钟相位。其参数值：

- 1 = 从机以 SPSCK 的第一次沿跳变为移位开始信号。在多个字节的连续传送过程中，从机的 $\overline{CS}$ 引脚信号可始终保持为低电平。
- 0 = 从机以 $\overline{CS}$ 的下降沿作为移位开始信号。在 SPSCK 的第一次沿跳变启动第一次数据采样，因此在多个字节的连接传送过程中，从机的 $\overline{CS}$ 引脚信号需要不断地恢复为高电平，为每个字节的传送产生开始信号。

⑥ SPWOM 为 SPI 线或模式位。其参数值：

- 1 = 设置 SPSCK、MOSI 和 MISO 引脚为线或模式。
- 0 = 设置 SPSCK、MOSI 和 MISO 引脚为普通推拉模式。

⑦ SPE 为 SPI 允许位。其参数值：

- 1 = 允许 SPI 模块。
- 0 = 禁止 SPI 模块。

⑧ SPTIE 为 SPI 发送中断允许位。其参数值：

- 1 = 允许 SPI 在 SPTE 位（SPSCR 中的一位）被置成 1 时产生中断请求。
- 0 = 禁止 SPI 在 SPTE 位被置成 1 时产生中断请求（大多数系统采用配置）。

2）SPI 状态控制寄存器

SPI 状态控制寄存器有 4 个状态标志，用来指示 SPI 系统设置和数据传送过程中的状态。这些状态标志被 SPI 事件自动置位，由软件在复位时自动清零。SPI 状态控制寄存器同时还有设置 SPSCK 的时钟频率、允许/禁止错误中断等功能。其结构如图 5-16 所示。

	bit 7	6	5	4	3	2	1	bit 0
	SPRF	ERRIE	OVRF	MODF	SPTE	MODFEN	SPR1	SPR0
是否可读写	可读	可读可写	可读	可读	可读	可读可写	可读可写	可读可写
复位值	0	0	0	0	1	0	0	0

图 5-16　SPI 状态控制寄存器

在图 5-16 中：

① SPRF 为 SPI 接收结束位。当微控制器和外部设备之间的数据传送结束后，数据从移位寄存器进入接收数据寄存器中，微控制器将 SPRF 置成 1 以通知用户接收结束。SPRF 被置成 1 后，用户在程序里读一次 SPSCR 寄存器，再读一次接收数据寄存器后，SPRF 位就被自动清零。其参数值：

- 1 = 接收数据寄存器满。
- 0 = 接收数据寄存器未满。

② ERRIE 为错误中断允许位。其参数值：

- 1 = 允许 MODF 和 OVRF 产生 CPU 中断请求。
- 0 = 禁止 MODF 和 OVRF 产生 CPU 中断请求。

③ OVRF 为溢出标志位。当接收数据寄存器中的数据还没有被读取时，如果有新的数据进入移位寄存器，溢出标志位就会被置 1。OVRF 被置成 1 后，用户在程序里读一次 SPSCR 寄存器，再读一次接收数据寄存器后，再对 SPCR 做写操作，MODF 位就被自动清零。其参数值：

- 1 = 溢出。
- 0 = 未溢出。

④ MODF 为模式设置错误标志位。当 MODFEN 为 1，且$\overline{\text{CS}}$引脚信号与 SPI 当前工作方式（主机或从机）不符时，即当从机的$\overline{\text{CS}}$为高电平，或是主机的$\overline{\text{CS}}$为低电平时，MORF 会被置为 1。MODF 被置成 1 后，用户在程序里读一次 SPSCR 寄存器，再对 SPCR 做写操作，MODF 位就被自动清零。其参数值：

- 1 = $\overline{\text{CS}}$引脚逻辑电平不正确。
- 0 = $\overline{\text{CS}}$引脚逻辑电平正确。

⑤ SPTE 为 SPI 发送结束位。在微控制器和外部设备之间的数据过程中，数据从发送数据寄存器进入移位寄存器中，微控制器将 SPTE 置成 1 以通知用户发送结束。SPTE 被置成 1 后，只要用户在程序里向发送数据寄存器写入新的数据，SPTE 位就被自动清零。其参数值：

- 1 = 发送数据寄存器空。
- 0 = 发送数据寄存器未空。

⑥ MODFEN 为模式设置错误允许位。MODFEN 用于允许或禁止 MODF 标志置 1。如果 MODF 已经被置 1，将 MODFEN 清零并不会使 MODF 也被清零。对于主机而言，如果 MODFEN 为 0，$\overline{\text{CS}}$引脚就可以用做普通的 I/O 引脚。其参数值：

- 1 = 允许 MODF 标志置 1。
- 0 = 禁止 MODF 标志置 1。

⑦ SPR1/SPR0 为 SPI 移位频率选择位。

3）SPI 数据寄存器

如图 5-17 所示，SPI 数据寄存器由两个独立的发送数据寄存器（只写）和接收数据寄存器（只读）组成，二者共用一个内存地址（$0012）。当 CPU 向 SPDR 执行写操作时，数据被写入发送数据寄存器中，当 CPU 向 SPDR 执行读操作时，接收数据寄存器中的数据被读出。采用两个独立的数据寄存器使得它们可以同时存储不同的数据，也就是说向 SPDR 写入的数据并不能从 SPDR 中读出。

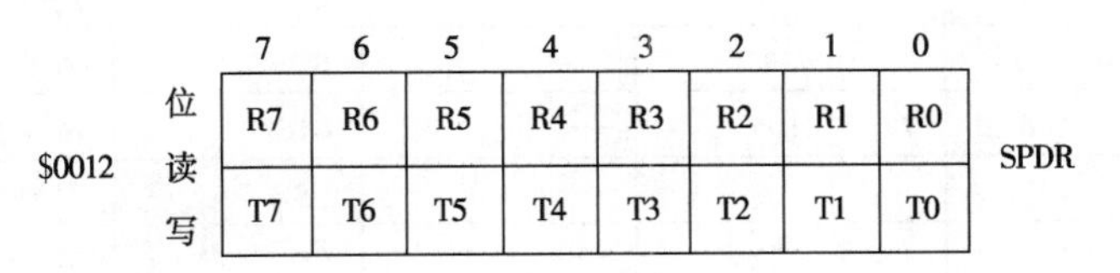

图 5-17　SPI 数据寄存器

5.5.3　串行接口 RS 系列标准

RS 系列标准有 RS-232、RS-422 与 RS-485，它们都是串行数据接口标准，最初都是由电子工业协会（EIA）制定并发布的。RS-232 在 1962 年发布，命名为 EIA-232-E，作为工业标准，以保证不同厂家产品之间的兼容。RS-422 由 RS-232 发展而来，它是为弥补 RS-232 的不足而提出的。为改进 RS-232 通信距离短、速率低的缺点，RS-422 定义了一种平衡通信接口，将传输速率提高到 10 Mbit/s，传输距离延长到约 1219 m（速率低于 100 kbit/s 时），并允许在一条平衡总线上最多连接 10 个接收器。RS-422 是一种单机发送、多机接收的单向、平衡传输规范，被命名为 TIA/EIA-422-A 标准。为扩展应用范围，EIA 又于 1983 年在 RS-422 基础上制定了 RS-485 标准，增加了多点、双向通信能力，即允许多个发送器连接到同一条总线上，同时增加了发送器的驱动能力和冲突保护特性，扩展了总线共模范围，后命名为 TIA/EIA-485-A 标准。由于 EIA 提出的建议标准都是以 RS 作为前缀，所以在通信工业领域，仍然习惯将上述标准以 RS 作前缀。

RS-232、RS-422 与 RS-485 标准只对接口的电气特性做出规定，而不涉及接插件、电缆或协议，在此基础上用户可以建立自己的高层通信协议。因此在视频界的应用，许多厂家都建立了一套高层通信协议，或公开或厂家独家使用。

1. RS-232C

RS-232C 是一种串行通信接口标准，自 20 世纪 60 年代开始，它就以各种不同的形式在使用。RS-232C 连接的串行设备之间的距离可达 25 m，传输速率可达 38.4 kbit/s，使用它可以连接其他计算机、调制解调器，甚至老式终端（在测试时监控状态信息非常有用的工具）。过去，打印机、绘图仪和其他设备的主机都是使用 RS-232C 接口；现在，由于要求高速传输大量数据，RS-232C 作为一种连接标准正逐渐被以太网等取代，不过它对于嵌入式系统来说，仍然是一种非常有用且简单的连接工具。

RS-232C 被定义为一种在低速率串行通信中增加通信距离的单端标准。RS-232C 采取不平衡传输方式，即所谓单端通信。EIA 为 RS-232C 规定了一个 25 脚针状的连接器，实际完全的 modem 通信只用了 21 个。EIA-574 使用 RS-232C 的电平并使用只有 9 根引脚的 DB9 连接器，EIA-561 使用 RS-232C 的电平并使用只有 8 根引脚的 RJ-45 连接器。这些引脚信号的定义如表 5-1 所示，其中 RS-232C DB25 的引脚分图如图 5-18 所示。

表 5-1 RS-232C 引脚信号定义

DB25 RS-232C 引脚命名	DB9 EIA-574 引脚命名	DB8 EIA-564 引脚命名	传送方向 DTE-DCE	信号	描述	True/V
1 AA				FG	地线/屏蔽	
2 BA	3 103	6 103	→	TxD	发送数据	-12
3 BB	2 104	5 104	←	RxD	接收数据	-12
4 CA	7 105/133	8 105/133	→	RTS	请求发送	+12
5 CB	8 106	7 106	←	CTS	清除发送	+12
6 CC	6 107		←	DSR	数据准备好	+12
7 AB	5 102	4 102	←	CG	信号地	
8 CF	1 109	2 109		DCD	数据信号检测	+12
9					正测试电压	
10					负测试电压	
11					未分配	
12 SCF			←	sDCD	次级 DCD	+12
13 SC			←	sCTS	次级 CTS	+12
14 SBA			→	sTxD	次级 TxD	-12

续表

DB25 RS-232C 引脚命名		DB9 EIA-574 引脚命名		DB8 EIA-564 引脚命名		传送方向 DTE-DCE	信　　号	描　　述	True/V
15	DB					←	TxC	发送时钟	
16	SBB					←	sRxD	次级 RxD	-12
17	DD					←	RxC	接收时钟	
18	LL							本地循环	
19	SCA					→	sRTS	次级 RTS	+12
20	CD	4	108	3	108	→	DTR	数据终端就绪	+12
21	RL					←	SQ	信号质量	+12
22	CE	9	125	1	125	←	RI	振铃指示	+12
23	CH					→	SEL	DTE 速度选择	
24	DA					→	TCK	DEC 速度选择	
25	TM						TM	测试模式	+12

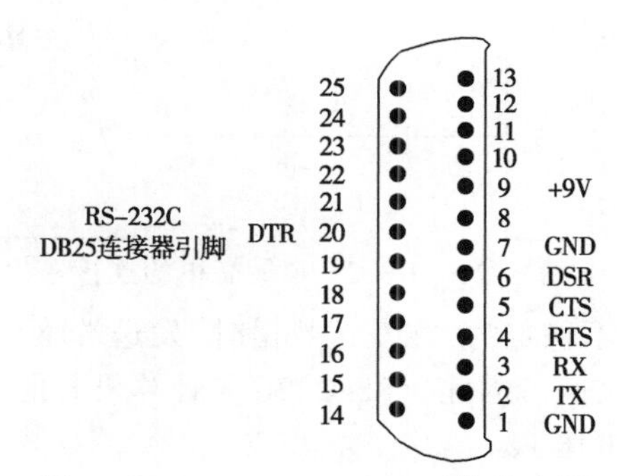

图 5-18　RS-232C DB25 引脚分布图

RS-232C 最初是作为数据终端（DTE）与数据通信设备（DCE）之间的一种物理接口标准用于电话网络中，如图 5-19 所示。早期的 RS-232C 只是为了使用 modem，通过电话把远程终端连到计算机系统上。后来 RS-232C 不与 modem 相连时，RS-232C 的信号中只使用一部分，与 modem 有关的信号不再使用，如图 5-20 所示。在一些最简单的连接中只使用 3 根信号线便可以进行通信，如图 5-21 所示。

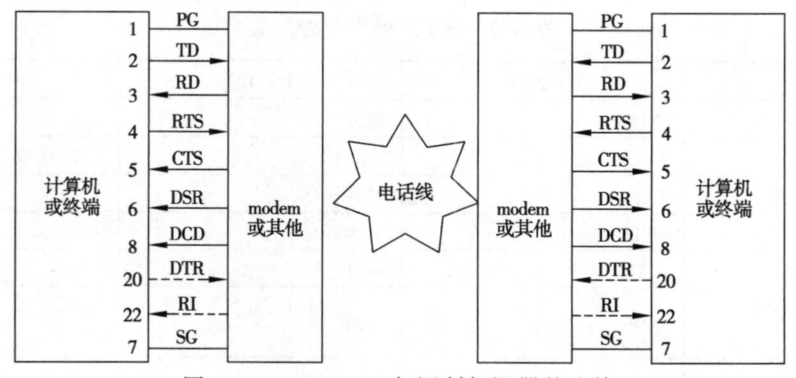

图 5-19　RS-232C 与调制解调器的连接

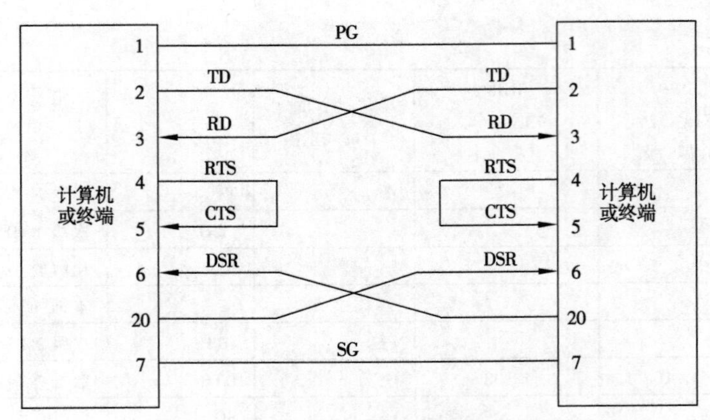

图 5-20 RS-232C 不使用调制解调器的连接

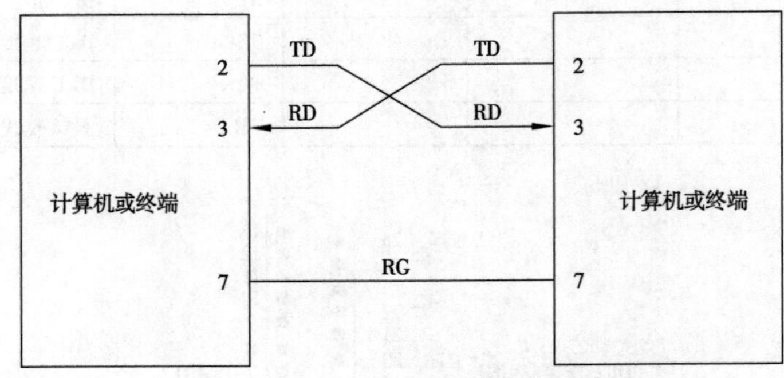

图 5-21 RS-232C 最简单的连接

典型的 RS-232C 信号是不稳定的，在发送数据时，发送端驱动器输出正电平在+5～+15 V 之间，负电平在-5～-15 V 之间。因此，RS-232C 与计算机其他部分的逻辑不同，它的高电平是负电压，而低电平是正电压。

当无数据传输时，线上为 TTL，从开始传送数据到结束，线上电平从 TTL 电平到 RS-232C 电平再返回 TTL 电平。接收器典型的工作电平在+3～+12 V 与-3～-12 V 之间。由于发送电平与接收电平的差仅为 2～3 V，所以其共模抑制能力差，再加上双绞线上的分布电容，其传送距离最大为约 15 m，最高速率为 20 kbit/s。RS-232C 是为点对点（即只用一对收、发设备）通信而设计的，其驱动器负载为 3～7 kΩ。所以，RS-232C 适合本地设备之间的通信。RS 系列有关电气参数如表 5-2 所示。

表 5-2 RS 系列电气参数表

规　　定	RS-232C	RS-422	R-485
工作方式	单端	差分	差分
结点数	1 收、1 发	1 发 10 收	1 发 32 收
最大传输电缆长度	15.24 m	1219 m	1219 m
最大传输速率	20 kbit/s	10 Mbit/s	10 Mbit/s
最大驱动输出电压/V	± 25	-0.25～+6	-7～+12
驱动器输出信号电平（负载最小值）负载/V	± 5～ ± 15	± 2.0	± 1.5
驱动器输出信号电平（空载最大值）/V	空载	± 25	± 6

续表

规　　定	RS-232C	RS-422	R-485
驱动器负载阻抗	3～7 kΩ	100 Ω	54 Ω
摆率（最大值）	30 V/μs	N/A	N/A
接收器输入电压范围/V	±15	-10～+10	-7～+12
接收器输入门限	±3V	±200 mV	±200 mV
接收器输入电阻/kΩ	3～7	4（最小）	≥12

2. RS-422

RS-422 的标准全称是"平衡电压数字接口电路的电气特性"。它与 RS-232C 的电压电平相对于本地地线而言不同，使用两根线之间的电压差来代表逻辑电平，这两根线称为双绞线或差分双绞线。因此，RS-422 是一种平衡传输，它的地线并不是相对于本地系统而言的，任何噪声或干扰都将会同时影响两根双绞线中的每一根，但对二者之间差异的影响却很小，这种现象称为共模抑制。由于这个特点，RS-422 可以在更远的距离上以更高的速率传输数据，而且抗干扰能力比 RS-232C 更强，RS-422 传输数据的距离可达 1200 m。

图 5-22 是典型的 RS-422 四线接口，实际上还有一根信号地线，共 5 根线。图 5-23 是其 DB9 连接器引脚定义。由于接收器采用高输入阻抗和发送驱动器比 RS-232C 更强的驱动能力，故允许在相同传输线上连接多个接收结点，最多可接 10 个结点。即一个主设备（master），其余为从设备（salve），从设备之间不能通信，所以 RS-422 支持点对多的双向通信。接收器输入阻抗为 4 kΩ，故发端最大负载能力是 10×4 kΩ+100 Ω（终接电阻）。RS-422 四线接口由于采用单独的发送和接收通道，因此不必控制数据方向，各装置之间任何必须的信号交换均可以按软件方式（XON/XOFF 握手）或硬件方式（一对单独的双绞线）实现。

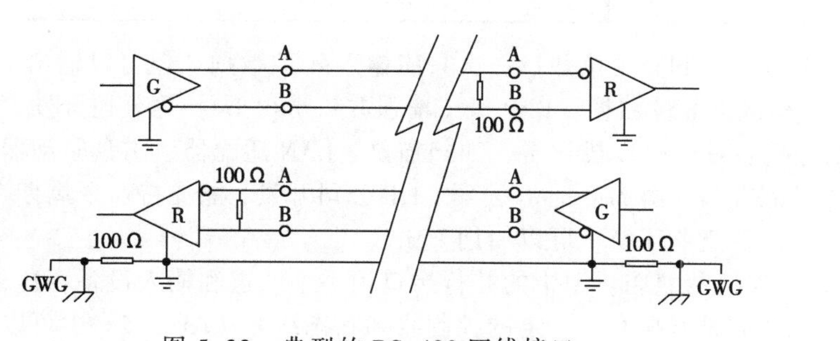

图 5-22　典型的 RS-422 四线接口

G—发送驱动器　R—接收地　—信号地

—保护地或机箱地　GWG—电源地

左列	引脚	引脚	右列
		1	GND
TX B	6	2	TX A
RX B	7	3	RX A
	8	4	
+9 V	9	5	GND

图 5-23　DB9 连接器引脚

RS-422 的最大传输距离约为 1219 m，最大传输速率为 10 Mbit/s。其平衡双绞线的长度与传输速率成反比，在 100 kbit/s 速率以下，才可能达到最大传输距离。只有在很短的距离下才能获得最高的传输速率。一般 100 m 长的双绞线上所能获得的最大传输速率仅为 1 Mbit/s。

RS-422 需要一个终接电阻，要求其阻值约等于传输电缆的特性阻抗。在短距离传输时可不接电阻，即一般在 300 m 以下不需终接电阻。终接电阻接在传输电缆的最远端。RS-422 有关电气参数如表 5-2 所示。

5.6 并行接口

并行接口简称“并口”。目前，计算机中的并行接口主要作为打印机端口。在嵌入式处理器的通用并行接口提供输入、输出、双向功能，大多数嵌入式处理的通用 I/O 端口与其他的端口复用引脚，因为在大多数的嵌入式系统设计中，不可能用到所有的引脚，这种复用节省了引脚，降低了成本。

并口之所谓“并行”，是指 8 位数据同时通过并行线进行传送，从而使数据传送速度大大提高，但并行传送的线路长度受到限制。因为长度增加，干扰就会增加，数据也就容易出错。现在有 5 种常见的并口：4 位、8 位、半 8 位、EPP 和 ECP，大多数计算机配有 4 位或 8 位的并口，支持全部 IEEE 1284 并口规格的计算机基本上都配有 ECP 并口。常用的 25 针并口功能如表 5-3 所示。

表 5-3 常用 25 针并口功能一览表

引　脚	功　能	引　脚	功　能
1	选通端（STROBE）	10	确认（ACKNLG），低电平有效
2	数据位 0（DATA0）	11	忙（BUSY）
3	数据位 1（DATA1）	12	缺纸（PE）
4	数据位 2（DATA2）	13	选择（SLCT）
5	数据位 3（DATA3）	14	自动换行（AUTO FEED），低电平有效
6	数据位 4（DATA4）	15	错误（ERROR），低电平有效
7	数据位 5（DATA5）	16	初始化（INIT 低电平），低电平有效
8	数据位 6（DATA6）	17	选择输入（SLCT IN 低电平），低电平有效
9	数据位 7（DATA7）	18～25	地线（GND）

标准并口指 4 位、8 位和半 8 位并口。4 位并口一次只能输入 4 位数据，但可以输出 8 位数据；8 位并口可以一次输入和输出 8 位数据。EPP 口（增强并口）由 Intel 等公司开发，允许 8 位双向数据传送，可以连接各种非打印机设备，如扫描仪、LAN 适配器、磁盘驱动器和 CD-ROM 驱动等。ECP 口（扩展并口）由 Microsoft 公司、HP 公司开发，能支持命令周期、数据周期和多个逻辑设备寻址，在多任务环境下可以使用 DMA。

图 5-24 是并行接口和外设的连接示意图。图中的并行接口用一个通道和输入设备相连，用另一个通道和输出设备相连。每个通道都配有一定的控制线和状态线。从图 5-24 中可以看出，并行接口中应该有一个控制寄存器用来接收 CPU 的控制命令，有一个状态寄存器提供各种状态位供 CPU 查询。为了实现输入和输出，并行接口中还必须有相应的输入缓冲寄存器和输出缓冲寄存器。

在输入过程中，外设将数据送给接口，并使“输入就绪”变为有效。接口在将数据接收到输入缓冲寄存器后使能应答信号作为给外设的响应。外设在收到应答信号后便撤销“输入就绪”信号。数据输入缓冲器后，接口设置状态寄存器的“接收数据就绪”位，并向 CPU 发送中断请求。在 CPU 将接口的输入数据读取后，接口会自动清除状态寄存器的“接收数据就绪”位。

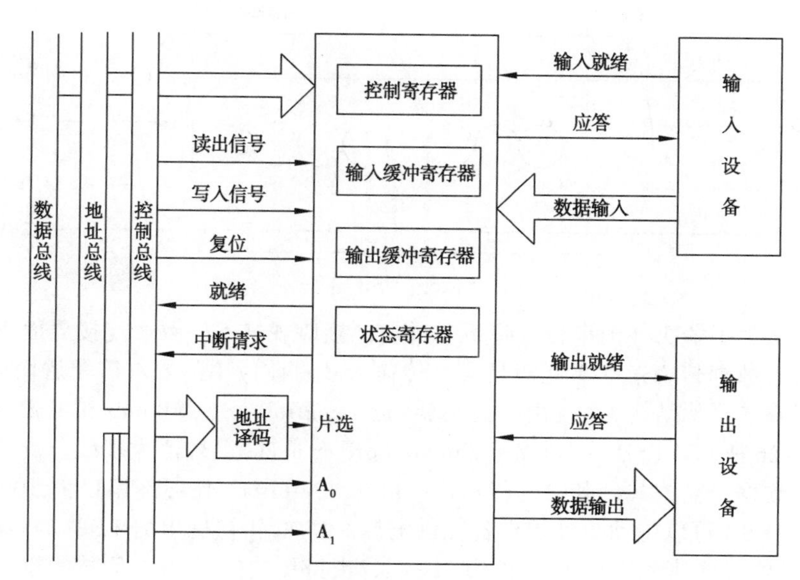

图 5-24　并行接口和外设连接示意图

在输出过程中，当外设从接口输出一个数据后，接口将状态寄存器中的输出缓冲器空位置为 1，并向 CPU 发送中断请求，表示 CPU 可以再次发送数据。CPU 将要发送的数据写入接口的输出缓冲寄存器，接口把输出数据送往输出设备并使能“输出就绪”信号启动输出设备。外设在数据发送完成后使能应答信号，接口根据应答信号重新使状态寄存器的发送缓冲器空位。

5.7　其 他 接 口

前面介绍了嵌入式控制器的最常用 I/O 模块接口，而在嵌入式系统中，还有很多其他的 I/O 接口，下面就介绍一些常见的 I/O 接口。

5.7.1　通用串行总线（USB）接口

在嵌入式系统中，最常见的串行总线扩展接口就是 USB (universal serial bus)，中文名为通用串行总线。它是一种连接外围串行设备的技术标准。使用 USB 接口时，与个人计算机连接的数据传输速率远远超过 RS-232 接口。

在 USB 的网络协议中，每个 USB 的系统有且只有一个主机 (host)，它负责管理整个 USB 系统，包括 USB 设备的连接与删除、主机与 USB 设备的通信、总线的控制等。主机端有一个根集线器 (root hub)，可提供一个或多个 USB 下行端口。每个端口可以连接一个 USB hub 或一个 USB 设备。USB hub 是用于 USB 端口扩展的，即 USB hub 可以将一个 USB 端口扩展为多个端口。USB 接口的针脚定义如表 5-4 所示，其对应的电缆如图 5-25 所示。

表 5-4　USB 的针脚定义

针　　脚	功　　能	针　　脚	功　　能
1	+5V 电压 (V_{CC})	3	数据通道 (+DATA)
2	数据通道 (-DATA)	4	地线 (GND)

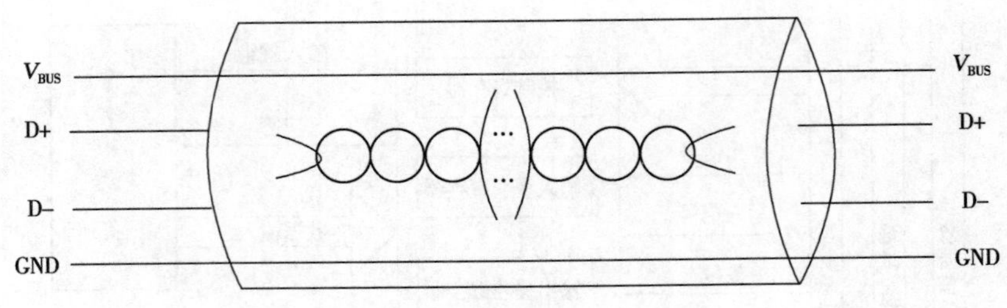

图 5-25 USB 电缆

USB 技术是为了解决外围串行设备不断增加、接口规格不一致、连接界面不同、计算机端口数量有限、数据传输速率不能满足实时传输与多媒体应用的要求等矛盾而出现的。USB 总线拓扑为层叠的星形结构，系统由主控制器（host controller）、USB hub 和 USB 器件（device）组成，如图 5-26 所示。USB 以 WDM（Windows driver model）规范为基础，支持同步数据传输方式和异步数据传输方式，其数据传输速率可达 12Mbit/s，比标准串口快 100 倍，比标准并口快 10 倍。USB 可以主动为外围设备提供电源。1999 年初提出的 USB 2.0 规范向下兼容 USB 1.1，数据的传输速率达到 120～240 Mbit/s，支持更快的 Web 访问技术以及各种各样的光介质和磁介质驱动器。

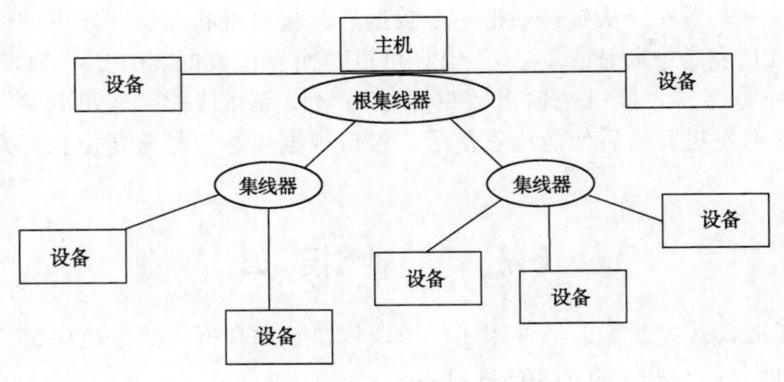

图 5-26 USB 的星形拓扑结构

USB 技术当前的不足之处在于最大传输距离只有 5m，不支持对等网络通信，不是真正的同步总线。它理论上可以连接 127 个外设，但菊花形的安装形式容易引起软件冲突。

5.7.2 IEEE 1394

IEEE 1394 是一个快速的数据传输接口，苹果公司称之为 FireWire，索尼公司称之为 i.Link，TI 公司称之为 Lynx。作为一种数据传输的开放式技术标准，IEEE 1394 被应用在众多的领域。就目前来说，使用最广泛的还是数字成像领域，支持的产品包括数码照相机或数字摄像机等。然而 IEEE 1394 的潜在市场远非这些，无论是在计算机硬盘还是网络互连等方面都有其广阔的用武之地。

IEEE 1394 分为两种传输方式：Backplane 模式和 Cable 模式。Backplane 模式最小的速率也比 USB 1.1 最高速率高，分别为 12.5 Mbit/s、25 Mbit/s、50 Mbit/s，可以用于多数的高带宽应用。Cable 模式是速度非常快的模式，分为 100 Mbit/s 、200 Mbit/s 和 400 Mbit/s 几种，在 200 Mbit/s 下可以传输不经压缩的高质量数据电影。

IEEE 1394 是真正的点对点传输协议，可以使得不同的数字设备之间通过 IEEE 1394 接口直接连接而无须计算机的干涉。另外，它还支持热插拔，可以在计算机运行的情况下接入或移除 IEEE 1394 设备而不会造成计算机系统的崩溃。目前，USB 的市场定位是对数据带宽要求相对较低的产品，例如鼠标、U 盘等；而 IEEE 1394 更适合于数据传输量更大的设备，如视频设备或计算机硬盘等，如图 5-27 所示。

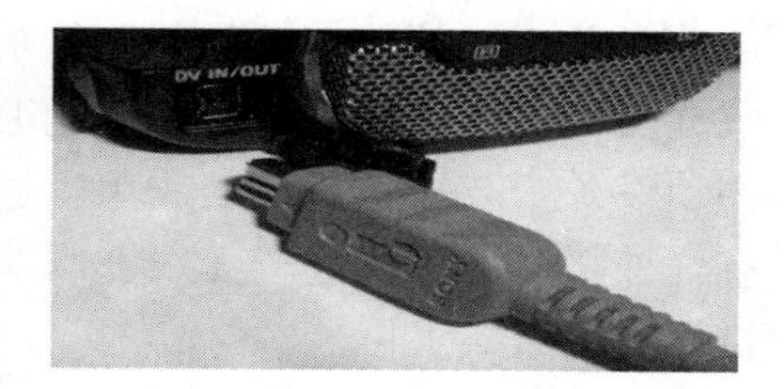

图 5-27　IEEE 1394 实物接口

5.7.3　红外通信接口

红外接口是目前在世界范围内被广泛使用的一种无线连接技术，被众多的硬件和软件平台所支持；通过数据电脉冲和红外光脉冲之间的相互转换实现无线的数据收发。

红外线收发模块主要由 3 部分组成，包括一个红外线发光二极管、一个硅 PIN 管光检测器以及一个控制电器。其中的红外线发光二极管就是发射红外线波的单元，硅 PIN 管光检测器是接收红外线信号的单元，所接收到的信号会传送到控制电路中，再传送到嵌入系统微处理器作数据处理或者数据存储。红外数据协会（infrared data association，IRDA）提供的红外通信电路标准方案如图 5-28 所示。

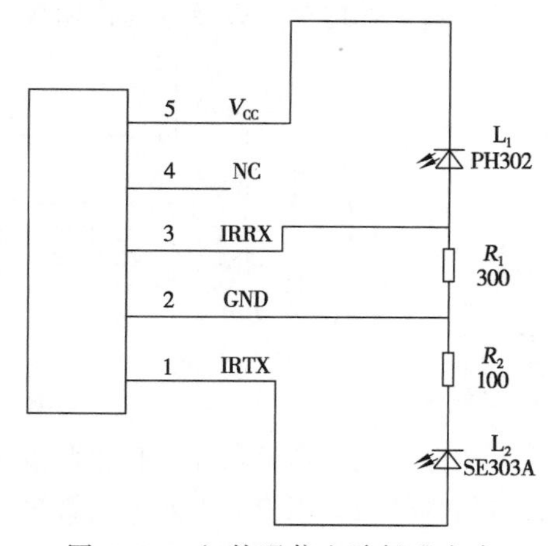

图 5-28　红外通信电路标准方案

红外发射电路由红外线发射管 L_2 和限流电阻 R_2 组成。当主板红外接口的输出端 IRTX 输出调制后的电脉冲信号时，红外线发射管将电脉冲信号转化为红外线光信号发射出去。电阻 R_2 起限制电流的作用，以免过大的电流将红外管损坏。R_2 的阻值越小，通过红外管的电流就越大，红外管的发射功率也随电流的增大而增大，发射距离就越远，但 R_2 的阻值不能过小，否则会损坏红外管或主板红外接口。

红外接收电路由红外线接收管 L_1 和采样电阻 R_1 组成。当红外接收管接收到红外线光信号时，其反向电阻会随光信号的强弱变化而相应变化，根据欧姆定律可以得知通过红外接收管 L_1 和电阻 R_1 的电流也会相应变化，而在采样电阻两端的电压也随之变化，此变化的电压经主板红外接口的输入端 IRRX 输入主机。由于不同的红外接收管的电气参数不同，所以采样电阻 R_1 的阻值要根据实际情况做一定范围的调整。

红外线是波长为 750 nm～1 mm 的电磁波，它的频率高于微波而低于可见光，是一种人的眼睛看不到的光线。由于红外线的波长较短，对障碍物的衍射能力差，所以更适合应用在需要短距离无线通信的场合，进行点对点的直线数据传输。红外数据协会（IRDA）将红外数据通信所采用的光波波长的范围限定在 850～900 nm。红外线接口大多是一个五针插座，其引脚定义如表 5-5 所示。

表 5-5　红外线接口五针插座引脚定义

引　脚	功　能	引　脚	功　能
1	IRTX（infrared transmit，红外传输）	4	NC（未定义）
2	GND（电源地线）	5	V_{CC}（电源正极）
3	IRRX（infrared receive，红外接收）		

目前，红外接口已是新一代手机的配置标准，它支持手机与计算以及其他数字设备进行数据交流。红外通信有着成本低廉、连接方便、简单易用和结构紧凑的特点，因此在小型的移动设备中获得了广泛的应用。通过红外接口，各类移动设备可以自由进行数据交换。配备有红外接口的手机进行无线上网非常简单，不需要连接线和 PC CARD，只要设置好红外连接协议就能直接上网。

5.7.4 蓝牙通信接口

蓝牙（bluetooth）是由东芝、爱立信、IBM、Intel 和诺基亚于 1998 年 5 月共同提出的近距离无线数据通信技术标准。它能够在 10 m 的半径范围内实现单点对多点的无线数据和声音传输，其数据传输带宽可达 1 Mbit/s，成为目前嵌入式系统中应用广泛的无线通信接口。

蓝牙模块的无线通信频率在 2.4 GHz 以内，也就是在 ISM 频带内，可以将数据正确地传输到蓝牙接收模块中进行数据处理工作。蓝牙模块主要由 3 部分组成，分别是无线传输收发单元、基带处理单元以及数据传输接口，如图 5-29 所示。

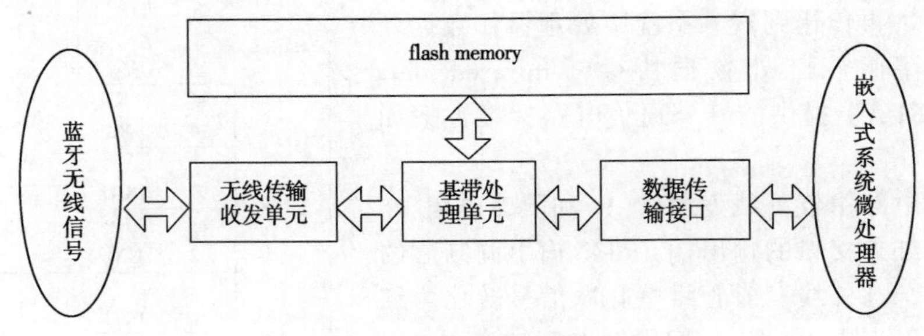

图 5-29　蓝牙模块架构图

当蓝牙无线信号由无线传输收发单元接收后，会将信号数据传送到基带处理单元，进行无线信号处理的工作。处理好的数字信号通过数据传输接口，传送到嵌入式系统微处理器之中进行数字数据处理的工作。

5.7.5 I^2C 总线接口

I^2C 总线是由数据线 SDA 和时钟 SCL 构成的串行总线，可发送和接收数据。在 CPU 与被控 IC 之间、IC 与 IC 之间进行双向传送，最高传送速率 100 kbit/s。各种被控制电路均并联在这条总线上，但就像电话机一样只有拨通各自的号码才能工作，所以每个电路和模块都有唯一的地址。在信息的传输过程中，I^2C 总线上并接的每一模块电路既是主控器（或被控器），又是发送器（或接收器），这取决于它所要完成的功能。CPU 发出的控制信号分为地址码和控制量两部分，地址码用来选址，即接通需要控制的电路，确定控制的种类；控制量决定该调整的类别（如对比度、亮度等）及需要调整的量。这样，各控制电路虽然挂在同一条总线上，却彼此独立，互不相关。

I^2C 总线在传送数据过程中共有 3 种类型信号，分别是开始信号、结束信号和应答信号。

① 开始信号：SCL 为高电平时，SDA 由高电平向低电平跳变，开始传送数据。

② 结束信号：SCL 为低电平时，SDA 由低电平向高电平跳变，结束传送数据。

③ 应答信号：接收数据的 IC 在接收到 8 bit 数据后，向发送数据的 IC 发出特定的低电平脉冲，表示已收到数据。CPU 向受控单元发出一个信号后，等待受控单元发出一个应答信

号，CPU 接收到应答信号后，根据实际情况作出是否继续传递信号的判断。若未收到应答信号，则判断为受控单元出现故障。

SDA 数据线上的数据要保持稳定，必须使时钟信号线保持高电平。如果 SDA 数据高低状态要变化，就需要等待 SCL 时钟信号线变为低电平，如图 5-30 所示。

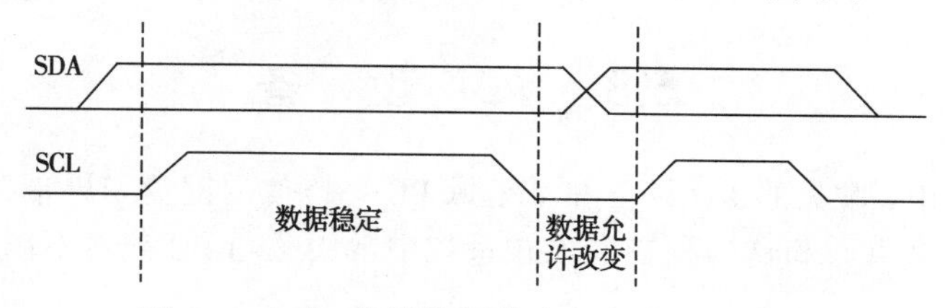

图 5-30　I²C 总线数据稳定与变化的时序

在数据传输时，有两个重要的传输位：START（开始位）和 STOP（结束位）。START 位处在当 SDA 信号线上的状态由高到低转换且 SCL 信号线为高时。STOP 位处在 SDA 信号线上的状态由低到高转换且 SCL 信号线为高时。在位传输时，开始与结束的位置如图 5-31 所示。

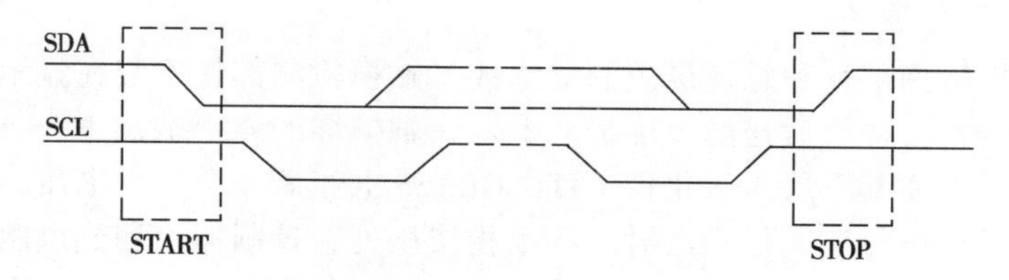

图 5-31　开始位与结束位的时序

在字节传输时，传输到 SDA 线上的第一个字节必须为 8 位；每次传输的字节数不限；每个字节后面必须跟一个响应位。数据在传输时，首先传输最有意义位 MSB。传输的过程中，如果从设备不能一次接收完一个字节，就使时钟置为低电平，迫使主设备等待；从设备能接收下一个字节后，释放 SCL 线，继续后面的数据传输，如图 5-32 所示。

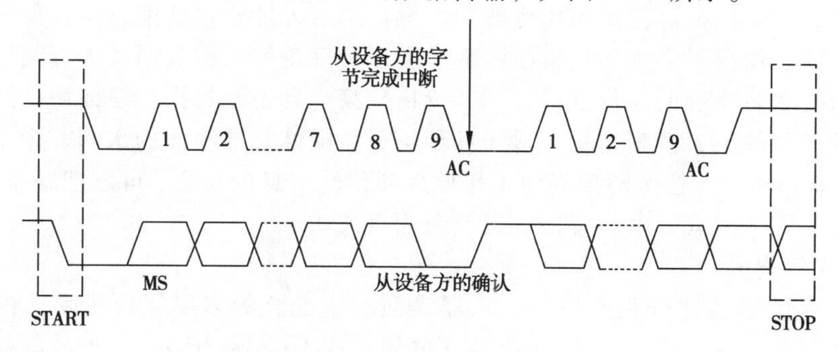

图 5-32　I²C 总线数据传输时序

5.7.6　IEEE 802.11

IEEE 802.11 是第一代无线局域网标准之一。该标准定义了物理层和媒体访问控制（MAC）协议的规范，允许无线局域网及无线设备制造商在一定范围内建立互操作网络设备。在 IEEE 802.11 系列中，IEEE 802.11b 标准的产品在目前的嵌入式系统中比较广泛。此标准又称 Wi-Fi 标准，之后的 IEEE 802.11i 标准结合 IEEE 802.1x 中的用户端口身份验证和设备验证，对无线局域网 MAC 层进行修改与整合，定义了严格的加密格式和鉴权机制，以改善无线局域网的安全性。IEEE 802.11i 新修订标准主要包括两项内容："Wi-Fi 保护访问"（WPA）技术和"强健安全网络"。Wi-Fi 联盟计划采用 802.11i 标准作为 WPA 的第二个版本，并于 2004 年初开始实行。

5.8 I/O 设备

在嵌入式系统中，常见的 I/O 设备并不是像 PC 一样使用键盘和屏幕，取而代之的是触摸屏和 LCD，本节就来看看和这两种在嵌入式系统中常用又与 PC 截然不同的输入/输出设备。

5.8.1 触摸屏

触摸屏作为一种最新的计算机输入设备，以简单、方便、自然的特点成为嵌入式系统中代替键盘的输入设备。用户只要用手指轻轻地触碰计算机显示屏上的图标或文字就能实现对主机操作，从而使人机交互更为直截了当。

1. 触摸屏的工作原理

触摸屏由触摸检测部件和触摸屏控制器组成。触摸检测部件安装在显示器屏幕前面，用于检测用户触摸位置，接收后送触摸屏控制器。在触摸屏的 4 个端点 RT、RB、LT、LB，均加入一个均匀电场，使其下层（氧化铟）ITO GLASS 上布满一个均匀电压，上层为接收信号装置，当笔或手指按压外表上任一点时，在手指按压处，控制器侦测到电阻产生变化，触摸点检测装置上接收触摸信息，并将它转换成触点坐标，再送给 CPU，它同时能接收 CPU 发来的命令并加以执行。

2. 触摸屏的主要类型

从技术原理来区别触摸屏，可分为 5 个基本种类：矢量压力传感技术触摸屏、电阻技术触摸屏、电容技术触摸屏、红外线技术触摸屏、表面声波技术触摸屏和近场成像触摸屏。其中矢量压力传感技术触摸屏已退出历史舞台。触摸屏红外屏价格低廉，但其外框易碎，容易产生光干扰，曲面情况下失真。电容技术触摸屏设计理论好，但其图像失真问题很难得到根本解决。电阻技术触摸屏的定位准确，但其价格颇高，且怕刮易损。表面声波触摸屏解决了以往触摸屏的各种缺陷，清晰抗暴，适于各种场合，缺憾是屏表面的水滴、尘土会使触摸屏变得迟钝，甚至不工作。按照触摸屏的工作原理和传输信息的介质，可以把触摸屏分为 4 种，分别为电阻式、红外线式、电容感应式以及表面声波式。

1）电阻式触摸屏

电阻触摸屏的屏体部分是一块与显示器表面非常配合的多层复合薄膜，由一层玻璃或有机玻璃作为基层，表面涂有一层透明的导电层（OTI，氧化铟），上面再盖有一层外表面硬化处理、光滑防刮的塑料层，它的内表面也涂有一层 OTI，在两层导电层之间有许多细小（小于 2.54×10^{-4}m）的透明隔离点把它们隔开绝缘。当手指接触屏幕时，两层 OTI 导电层出现一个接触点，因其中一面导电层接通 Y 轴方向的 5 V 均匀电压场，使得侦测层的电压由零变为非零。控制器侦测到这个接通后，进行 A/D 转换，并将得到的电压值与 5 V 相比，即可得出触摸点的 Y 轴坐标，同理得出 X 轴的坐标。这就是电阻技术触摸屏共同的最基本的工作原理。

这种触摸屏利用压力感应进行控制。它用两层高透明的导电层组成触摸屏，两层之间距离仅为 2.5 μm。当手指按在触摸屏上时，该处两层导电层接触，电阻发生变化，在 *X* 轴和 *Y* 轴两个方向上产生信号，然后送至触摸屏控制器。这种触摸屏能在恶劣环境下工作，但手感和透光性较差，适合佩戴手套和不能用手直接触摸的场合。

2）电容式触摸屏

电容式触摸屏的构造主要是在玻璃屏幕上镀一层透明的薄膜导体层，再在导体层外加上一块保护玻璃，双玻璃设计能彻底保护导体层及感应器。电容式触摸屏在触摸屏四边均镀上狭长的电极，在导电体内形成一个低电压交流电场。用户触摸屏幕时，由于人体电场，手指与导体层间会形成一个耦合电容，四边电极发出的电流会流向触点，而电流强弱与手指到电极的距离成正比，位于触摸屏幕后的控制器便会计算电流的比例及强弱，准确算出触摸点的位置。电容式触摸屏是在玻璃表面贴上一层透明的特殊金属导电物质。当手指触摸在金属层上时，触点的电容就会发生变化，使得与之相连的振荡器频率发生变化，通过测量频率变化可以确定触摸位置获得信息。由于电容随温度、湿度或接地情况的不同而变化，故其稳定性较差，往往会产生漂移现象。该种触摸屏适用于系统开发的调试阶段。

3）红外线式触摸屏

该触摸屏由装在触摸屏外框上的红外线发射与接收感测元件构成，在屏幕表面上，形成红外线探测网，任何触摸物体可改变触点上的红外线而实现触摸屏操作。

红外线触摸屏原理很简单，只是在显示器上加上光点距架框，无须在屏幕表面加上涂层或接驳控制器。光点距架框的四边排列了红外线发射管及接收管，在屏幕表面形成一个红外线网。用户以手指触摸屏幕某一点，便会挡住经过该位置的横竖两条红外线，计算机便可即时算出触摸点位置。因为红外触摸屏不受电流、电压和静电干扰，所以适宜某些恶劣的环境条件。其主要优点是价格低廉、安装方便、不需要卡或其他任何控制器，可以用在各档次的计算机上。不过，由于只是在普通屏幕增加了框架，在使用过程中架框四周的红外线发射管及接收管很容易损坏。

4）表面声波触摸屏

表面声波是一种沿介质表面传播的机械波。该种触摸屏由触摸屏、声波发生器、反射器和声波接收器组成。其中声波发生器能发送一种高频声波跨越屏幕表面，当手指触及屏幕时，触点上的声波即被阻止，由此确定坐标位置。表面声波触摸屏不受温度、湿度等环境因素影响，分辨率极高，有极好的防刮性，寿命长（5000 万次无故障）；透光率高（92%），能保持清晰透亮的图像质量；没有漂移，只需安装时一次校正；有第三轴（即压力轴）响应，最适合公共场所使用。表面声波触摸屏的触摸屏部分可以是一块平面、球面或是柱面的玻璃平板，安装在 CRT、LED、LCD 或是等离子显示器屏幕的前面。这块玻璃平板只是一块纯粹的强化玻璃，没有任何贴膜和覆盖层。玻璃屏的左上角和右下角各固定了竖直和水平方向的超声波发射换能器，右上角则固定了两个相应的超声波接收换能器。玻璃屏的 4 个周边则刻有 45° 由疏到密间隔非常精密的反射条纹。

5）近场成像触摸屏

近场成像（near field imaging，NFI）触摸屏的传感机构是中间有一层透明金属氧化物导电涂层的两块层压玻璃。在导电涂层上施加一个交流信号，从而在屏幕表面形成一个静电场。当有手指（带不带手套均可）或其他导体接触到传感器的时候，静电场就会受到干扰。而与之配套的影像处理控制器可以探测到这个干扰信号及其位置并把相应的坐标参数传给操作系统。

3. 触摸屏的3个基本技术特性

1）透明性能

触摸屏由多层的复合薄膜构成，透明性能的好坏直接影响到触摸屏的视觉效果。衡量触摸屏透明性能不仅要从它的视觉效果来衡量，还应该包括透明度、色彩失真度、反光性和清晰度这4个特性。

2）绝对坐标系统

传统的鼠标是一种相对定位系统，只和前一次鼠标的位置坐标有关。而触摸屏则是一种绝对坐标系统，要选哪就直接点哪，与相对定位系统有着本质的区别。绝对坐标系统的特点是每一次定位坐标与上一次定位坐标没有关系，每次触摸的数据通过校准转为屏幕上的坐标，不管在什么情况下，触摸屏这套坐标在同一点的输出数据是稳定的。不过由于技术原理的原因，并不能保证同一点触摸每一次采样数据相同，不能保证绝对坐标定位，点不准，这就是触摸屏最怕大问题——漂移。对于性能质量好的触摸屏来说，漂移的情况出现的并不是很严重。

3）检测与定位

各种触摸屏技术都是依靠传感器来工作的，甚至有的触摸屏本身就是一套传感器。各自的定位原理和各自所用的传感器决定了触摸屏的反应速度、可靠性、稳定性和寿命。

5.8.2 液晶显示屏（LCD）

嵌入式系统常常使用屏幕显示作为嵌入式系统数据处理结果的输出或者是信息的显示。传统的屏幕显示是采用CRT屏幕，也就是阴极射线管式的屏幕，这种屏幕所占的体积很大，这是因为CRT屏幕是利用内部的阴极射线管中的电子枪发射电子，去撞击显示区域的磷光质发光。这样的发光原理，在电子枪与磷光质之间需要很长的距离才能够将所发射的电子正确地偏移到显示区域，所有阴极射线管的体积都会很大，而且很笨重。除此之外，CRT屏幕还会有辐射、耗电量大的问题，所以现在的嵌入式系统包括很多家用PC屏幕都采用液晶显示器（liquid crystal display，LCD）。

1. LCD屏幕的工作原理

LCD屏幕的原理是利用液晶的特性来处理显示的效果。液晶是一种呈液体状的物质，它是一种几乎完全透明的物质，同时呈现固体与液体的某些特征。液晶从形状和外观看上去都是一种液体，但它的水晶式分子结构又表现出固体的形态。像磁场中的金属一样，当受到外界电场影响时，其分子会产生精确的有序排列；如对分子的排列加以适当的控制，液晶分子将会允许光线穿透；光线穿透液晶的路径可由构成它的分子排列来决定，这又是固体的一种特征。当通电时导通，排列变得有秩序，使光线容易通过；不通电时排列混乱，阻止光线通过。让液晶如闸门般地阻隔或让光线穿透。从技术上简单地说，液晶面板包含了两片相当精致的无钠玻璃素材，称为substrates，中间夹着一层液晶。当光束通过这层液晶时，液晶本身会排排站立或扭转呈不规则状，因而阻隔或使光束顺利通过。液晶屏幕显示器上具有一大堆的液晶物质数组，每一个图像像素就用一个液晶单元表示。当一个像素需要改变显示状态时，就对这一个液晶单元施以电压，它就会于背光所发射穿透液晶单元的光线进行显示角度的改变，从而控制所显示的光线明暗。

LCD屏幕的结构如图5-33所示，包括背光板、偏光板、液晶阵列以及彩色滤光膜等，工作时，先由背光板作为光源产生器发出光线。光线通过偏光板后，光线的一部分会由其方向性而被过滤掉，剩余通过第一块偏光板的光线会经过液晶阵列，液晶阵列会依照所给予的不同电压将内部的液晶结构改变。光线会依照这些改变后的液晶结构而改变方向，剩余能够通过液晶阵列的光线经过彩色滤光膜后，会显示出所给予的三原色色彩。最后一块的偏光板作用在于与第一块偏光板成 90° 垂直，若是将这两块偏光板直接叠起来，所有照射在这两块偏光板的光线都会挡下来，但是在这两块偏光板中间的光线经过液晶数组的光线角度改变后，原来该挡下来的直行光线会因为角度的改变而通过第二块偏光板，这样就可以将所不需要显示的光线很好地挡下来，不会显示在液晶屏幕上。

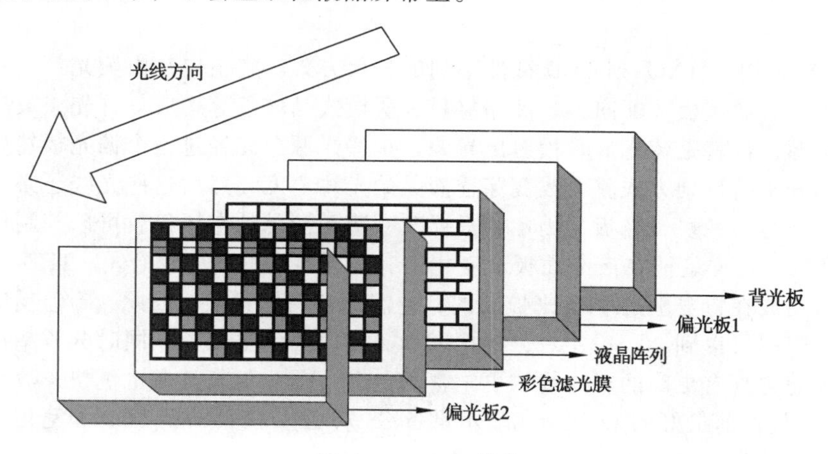

图 5-33　LCD 结构

2．LCD 的类型

常见的液晶显示器按物理结构分为 4 种。

① 扭曲向列（twisted nematic，TN）型。

② 超扭曲向列（super TN，STN）型。

③ 双层超扭曲向列（dual scan tortuosity nomograph，DSTN）型。

④ 薄膜晶体管（thin film transistor，TFT）型。

其中 TN－LCD、STN－LCD 和 DSYN－LCD 的基本显示原理都相同，只是液晶分子的扭曲角度不同而已。TN 型的显像原理是将液晶材料置于两片贴附光轴垂直偏光板的透明导电玻璃间，液晶分子会依附向膜的细沟槽方向按序旋转排列。如果电场未形成，光线就会顺利地从偏光板射入，液晶分子将其行进方向旋转，然后从另一边射出。在两片导电玻璃通电之后，玻璃间就会造成电场，进而影响其间液晶分子的排列，使分子棒进行扭转，光线便无法穿透，进而遮住光源。这样得到光暗对比的现象称为扭转式向列场效应，简称 TNFE（twisted nematic field effect）。电子领域中所用的液晶显示器，几乎都是用扭转式向列场效应原理制成的。

STN 型的显示原理与 TN 相类似。不同的是，TN 扭转式向列场效应的液晶分子是将入射光旋转 90°，而 STN 超扭转式向列场效应是将入射光旋转 180°～270°。

DSTN 是通过双扫描方式来扫描扭曲向列型液晶显示屏，从而完成显示目的。DSTN 是由超扭曲向列型显示器（STN）发展而来的。由于 DSTN 采用双扫描技术，因此显示效果相对 STN 来说，有大幅度提高。从液晶显示原理来看，STN 的原理是通过电场改变原为 180°以上扭曲的液晶分子的排列，达到改变旋光状态的目的。外加电场则通过逐行扫描的方式改变电场，因此在电场反复改变电压的过程中，每一点的恢复过程都较慢，这样就会产生“余辉”现象。用户能感觉到拖尾（余辉）现象，也就是一般俗称的“伪彩”。由于DSTN显示屏上每个像素点的亮度和对比度都不能独立控制，造成其显示效果欠佳。由这种液晶体所构成的液晶显示器对比度和亮度都比较差、屏幕观察范围也较小、色彩不够丰富，特别是反应速度慢，不适于高速全动图像、视频播放等应用，一般只用于文字、表格和静态图像处理。但是它结构简单并且价格相对低廉，耗能也比TFT-LCD少，而视角小也可以防止窥视屏幕内容达到保密作用，结构简单也减小了整机的体积和重量。因此，在少数笔记本式计算机中仍采用它作为显示设备。

TFT-LCD采用与TN系列LCD截然不同的显示方式。它主要是由荧光管、导光板、偏光板、滤光板、玻璃基板、配向膜、液晶材料、薄模式晶体管等构成。首先，液晶显示器必须先利用背光源，也就是荧光灯管投射出光源，这些光源会先经过一个偏光板然后再经过液晶。这时液晶分子的排列方式就会改变穿透液晶的光线角度，然后这些光线还必须经过前方的彩色的滤光膜与另一块偏光板。因此，只要改变刺激液晶的电压值就可以控制最后出现的光线强度与色彩，这样就能在液晶面板上变化出有不同色调的颜色组合了。TFT-LCD的每个像素点都是由集成在自身上的TFT来控制的，它们是有源像素点。因此，不但反应时间可以极大地加快，起码可以到80 ms左右，对比度和亮度也大大提高了，同时分辨率也得到了空前的提升。因为它具有更高的对比度和更丰富的色彩，荧屏更新频率也更快，故称之为“真彩”。TFT-LCD是目前最好的LCD彩色显示设备之一，是目前桌面型LCD和笔记本式计算机LCD显示屏的主流显示设备。

3. LCD的性能指标

1）LCD的分辨率

与CRT相同，液晶显示器分辨率也是显示器的关键指标之一，一般屏幕越大，分辨率越容易提高，也就是液晶的点阵可以做得相应比较粗一些。在现在流行的应用领域中，LCD基本上是有源矩阵显示，分辨率有640×480、600×800、1024×768、1280×1024、1920×1600像素等。

2）LCD的刷新率

与CRT比较，由于液晶所采用的矩阵显示技术，在视觉范围内基本无法察觉到它的闪烁显示，所以该指标已不再是它的关键因素，而CRT所采用的阴极射线技术则不然，如果刷新率太低将直接影响人的视觉，甚至于辐射，一般LCD刷新率都在60 Hz或75 Hz左右。

3）LCD的点距

综上所述，CRT的点距在0.297、0.30时已经相当高，而LCD则不然，根据技术的进一步成熟，点阵可以是0.30×0.30、0.297×0.297、0.264×0.264或者是更高。当然，点距越小，显示效果也就越圆滑，对比度、饱和度也就越高。

4）LCD的对比度

与CRT相同，对比度对LCD显示效果也起着决定性作用，一般它具有150∶1、200∶1、250∶1、300∶1、400∶1等。

5）LCD的响应时间

由于LCD矩阵成像自身具有传输时间上的延迟，故而具有响应时间参数，而响应时间就成了液晶应用领域里所考虑最多的因素。LCD的响应时间一般在15 ms左右是较佳的，时间参数太大了也容易使得显示内容出现马赛克现象。

6）LCD 的亮度

由于目前流行的 LCD 都需要外部配置液晶背光源，而背光源的多少以及好坏将直接影响液晶的整个显示亮度，亮度越高，则背光源的灯管越细，同时可能背光源的数量也就越多，在等亮度和背光源数量情况下，越亮越薄。

7）LCD 的视角

由于 LCD 成像系统中除了 LCD 坯板本身具有的可视角外，LCD 表面的偏光片也具有视角，那么依此在液晶的摆设当中，视角也就成了至关重要的环节。液晶摆正了边角用户则看不清楚，反之亦然。因此，LCD 视角越大，观看的角度越好，也就更具有适用性。

5.9　PXA255 LCD 接口电路

Intel PXA255 处理器是一款具有较好多媒体应用效果的处理器，利用该处理器可以令用户在通信设备上获得舒适的视觉享受。Intel PXA255 具有丰富的外设接口，如 LCD 控制器、I2S 控制器和 UART 控制器等，可以实现丰富的人机接口以及数据输入/输出。所以直接与用户交互的 LCD 屏效果的好坏成为消费者选择的重要标准之一。

本节将介绍以 PXA255 为核心 TFT 液晶屏的硬件接口，并在 Windows CE 上实现其设备驱动，为构建智能通信终端提供良好的视图界面。

5.9.1　PXA255 LCD 控制器

1. 概述

LCD 控制器的功能是产生显示驱动信号驱动 LCD，不同的控制器可以支持无源阵列显示屏（STN）和有源阵列显示屏（TFT）的显示，包括单色和彩色、单向刷新模式和双向刷新模式等不同显示的需求。用户只需要读/写一系列的寄存器，完成配置和显示控制。

PXA255 的 LCD 控制器结构如图 5-34 所示，包括 LCD DMA 控制器、输入 FIFO、控制寄存器、调色板 RAM、TIMED 抖动逻辑、输出 FIFO 等。由处理器产生的显示数据先被存放在外部存储器的帧缓冲中，这些数据由 LCD DMA 控制器按顺序加载到一个先入先出（FIFO）的缓冲队列中。当采用单向刷新模式时，只有一个 DMA 通道在工作，同时对应一个 FIFO 缓冲队列。当采用双向刷新模式时，两个 DMA 通道都会工作，同时对应两个 FIFO 缓冲队列。

帧缓冲中的数据称为帧缓冲数据，它们对应屏幕上一个个像素点的色彩值。帧缓冲数据可以是压缩编码后的色彩值，也可以是原始的色彩值，这要取决于 LCD 控制器选定的显示模式。在彩色模式中，原始的色彩值是 16 位的 RGB 色彩值，其中 Red 5 位、Green 6 位、Blue 5 位（因为人眼对绿色比较敏感，所以绿色多占用了 1 位），一个 16 位的数据描述了屏幕上一个像素点的色彩。压缩编码的色彩值可以用比较少的位描述一定的色彩值，减少了每像素点的色彩数据量可以相应地提高显示的刷新速率，减少数据的传输量。但是压缩编码的色彩值需要由色彩描述板（palette）解释后才能描述像素点真正的色彩值。

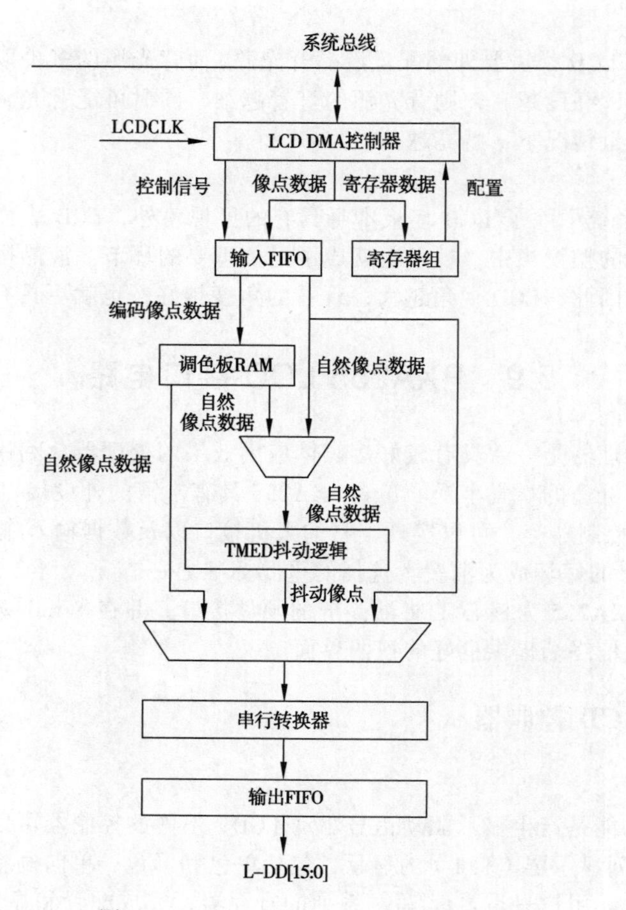

图 5-34　PXA255 的 LCD 控制器结构图

PXA255 LCD 控制器由以下引脚组成：

① L—DD[15:0]数据脚。在 16 位彩色主动显示模式下，LDD[4:0]输出像点的 5 位蓝色数据；LDD[10:5]输出像点的 6 位绿色数据；LDD[15:11]输出像点的 5 位红色数据。

② L—PCLK：像点时钟，用于把像点数据送入 LCD 显示器行移位寄存器。在主动模式下，像点时钟连续跳变。

③ L—LCLK：行时钟，用于向 LCD 指出像点行的结束。在该时钟下，显示器把移动寄存器的行数据送至显示屏，并增加行指针。主动模式下，它是水平同步信号。

④ L—FCLK：帧时钟，用于向 LCD 指出新的像点数据帧开始。显示器复位行指针指向显示器顶部。在主动模式下，它是垂直同步信号。

⑤ L—BISA：AC 偏置，用于向 LCD 指示切换显示屏的行和列驱动器的电源极性的补偿 DC 偏置。在主动模式下，它用于指示可使用像点时钟锁存数据脚的数据输出允许。

2．特性

LCD 控制器拥有以下几点特性。

① 支持单向刷新或双向刷新。

② 在被动单色模式中最多可以显示 256 级灰度（8 位压缩编码）。

③ 在主动彩色模式中最多可以显示 65536 种色彩（16 位瞬时抖动）。

④ 在主动彩色模式中最多可以显示 65536 种色彩（16 位不采用瞬时抖动）。

⑤ 支持被动 256 色伪彩单向刷新模式。

⑥ 支持被动 256 色伪彩双向刷新模式。

⑦ 最大分辨率可达 1024×1024 像素，建议使用 640×480 像素。

⑧ 支持外部 RAM 彩色色彩描述板，256 入口 16 位宽数据（能够在每帧开始时自动加载）。

⑨ 压缩编码像素支持 1 位、2 位、4 位和 8 位。

⑩ 可编程的像素时钟，频率范围 195 kHz～83 MHz（100 MHz/512～166 MHz/2）。

⑪ 具有双 DMA 通道（一个通道用来传输色彩描述板和单向刷新的数据，另一个通道用来在双向刷新模式中传输下半屏幕刷新的数据）。

5.9.2 PXA255 LCD 控制器的操作

1. LCD 显示流程

在系统初始化后，首先是对 LCD 控制寄存器及地址寄存器进行改写，设置一些 LCD 的参数，配置 Buffer 的起始地址和 Buffer 大小等一些参数；然后是清屏，最后是显示。

经过显示速度测试实现与 LCD 的速度匹配后，就可以实现对液晶的初始化、清屏和显示等操作了，而实现这些操作最基本的函数是对液晶控制器指令的操作函数，其显示实现过程如图 5-35 所示。这些操作主要功能如下：

① LCD 初始化。主要包括对控制器的显示频率、显示行数及显示缓冲区地址的设置。

② LCD 清屏。由于系统加电时，显示缓冲区的数据是不固定的，显示出乱码，因此在液晶显示操作之前应将缓冲区清零。

③ 数据显示。液晶初始化结束后，系统将采集来的信号通过处理后用文字、图形等显示到 LCD 上。

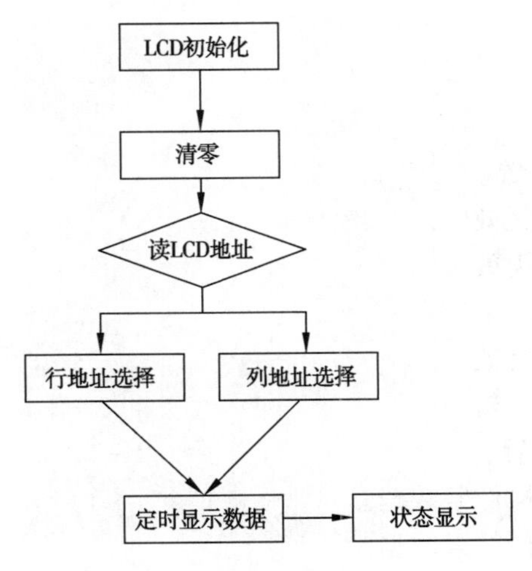

图 5-35 LCD 显示实现过程

2. 主动模式的时序

主动模式的时序如图 5-36 和图 5-37 所示。

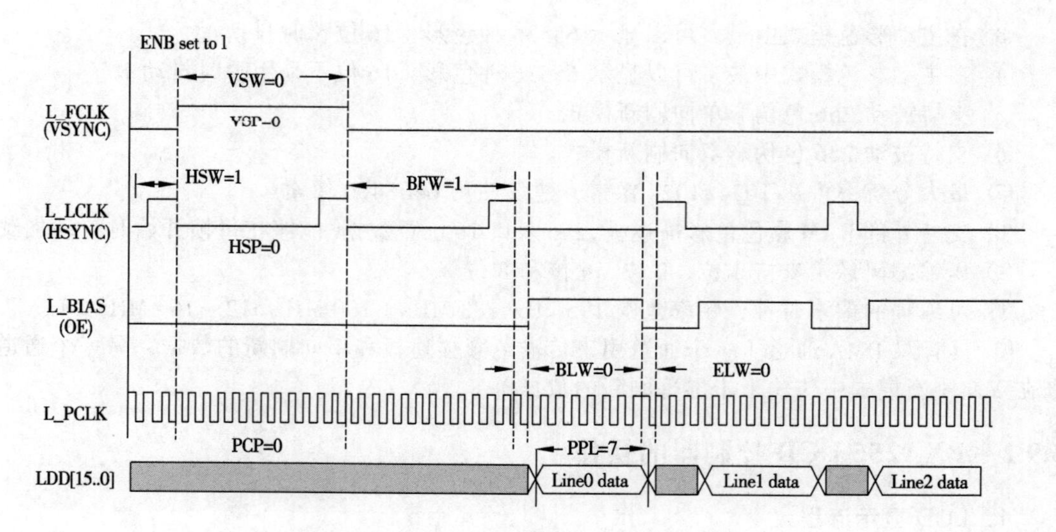

图 5-36 主动模式的时序

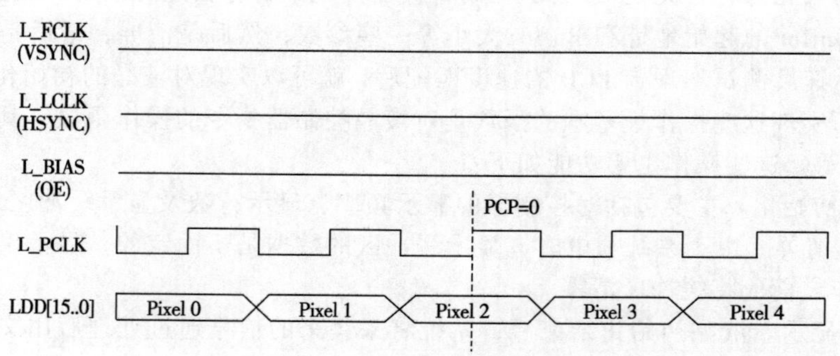

图 5-37 主动模式中像素时钟和数据引脚时序图

ENB – LCD 使能信号：

0 – LCD 禁止。

1 – LCD 使能。

HSP – 水平同步极性设置：

0 – 行时钟高有效，低无效。

1 – 行时钟低有效，高无效。

VSP – 垂直同步极性设置：

0 – 帧时钟高有效，低无效。

1 – 帧时钟低有效，高无效。

PCP – 像素时钟极性设置：

0 – 在时钟的上升沿采样像素数据。

1 – 在时钟的下降沿采样像素数据。

当 PCP=0 时，L_PCLK 的波形是反向的，但时序是相同的。

VSW = 垂直同步信号脉冲宽度 –1。

HSW = 水平同步信号（行时钟）脉冲宽度 –1。

BFW = 开始帧水平同步时钟等待个数。

BLW = 开始行像素时钟等待个数 – 1。

ELW = 结束行像素时钟等待个数 – 1。

PPL = 每行像素 – 1。

PCP – 像素时钟极性设置：

0 – 在时钟的上升沿采样像素数据。

1 – 在时钟的下降沿采样像素数据。

当 PCP=0 时，L_PCLK 的波形是反向的，但时序是相同的。

3. LCD 启动

将对应的通用 I/O 引脚配置给 LCD 控制器，设置正确的色彩描述板、帧描述符的内存地址和 LCCR0 以外的一些必要的寄存器，并置位 LCCR0 的 ENB 控制位后，LCD 控制器就会启动了。伪代码如下：

```
#define LCCR0_ADDRESS 0x44000000      // LCCR0 的地址
#define LCCR0(*((VOLATILE UNSIGNED INT*)LCCR0_ADDRESS))
#define LCD_ENB 0x00000001            // ENB 在 LCCR0 中的位置
LCCR0=LCCR0 | LCD_ENB;                // 置位 ENB
```

4. LCD 停止

1）正常停止

一般建议使用这个方式停止 LCD 控制器。这个操作是由设置 LCCR0 的 DIS 控制位来完成的。在 LCD 控制器加载了最后要显示的帧数据后，LCSR 的 LDD 状态位会被硬件自动置位，同时 LCCR0 中的 ENB 位也会被硬件清零。伪代码如下：

```
#define LCCR0_ADDRESS 0x44000000      //LCCR0 的地址
#define LCCR0(*((volatile unsigned int*)LCCR0_ADDRESS))
#define LCSR_ADDRESS 0x44000038       //LCSR 的地址
#define LCSR(*((volatile unsigned int*)LCSR_ADDRESS))
#define LCD_DIS 0x00000400            //DIS 在 LCCR0 中的位置
#define LCD_LDD 0x00000001            //LDD 在 LCSR 中的位置
LCCR0=LCCR0 | LCD_DIS;                //LCCR0 中的 LCD_DIS 位置位
while(!(LCSR & LCD_LDD));             //等待硬件置位 LDD
LCSR=LCSR & (~LCD_LDD);               //软件清除 LCD_LDD 位，以便下次使用
```

2）快速停止

直接清除 LCCR0 的 ENB 控制位可以实现快速停止的操作。清除了 ENB 位后 LCSR 的 QD 状态位会被置位，产生一个中断，中断响应后 LCD 控制器会马上停止加载了一切的帧数据，停止 LCD 控制器对 LCD 引脚的驱动。在电池电量不足时，CPU 为了保存重要的数据，快速停止模式被采用。伪代码如下：

```
#define LCCR0_ADDRESS 0x44000000      //LCCR0 的地址
#define LCCR0(*((volatile unsigned int*)LCCR0_ADDRESS))
#define LCD_ENB 0x00000001            //ENB 在 LCCR0 中的位置
LCCR0=LCCR0 &(~LCD_ENB);              //清除 ENB 位
```

5.9.3 显示屏 PDD 软件设计

显示屏 PDD 完成所有硬件相关的设置与控制工作，Windows CE 提供了 Xscale 平台下多款显示屏的参考源码，只需要做一定的更改，就可以写出其他显示屏的驱动。

1）显示驱动初始化 DispDrvrlnitiatize

显示驱动初始化软件流程和初始化工作如图 5-38 所示。

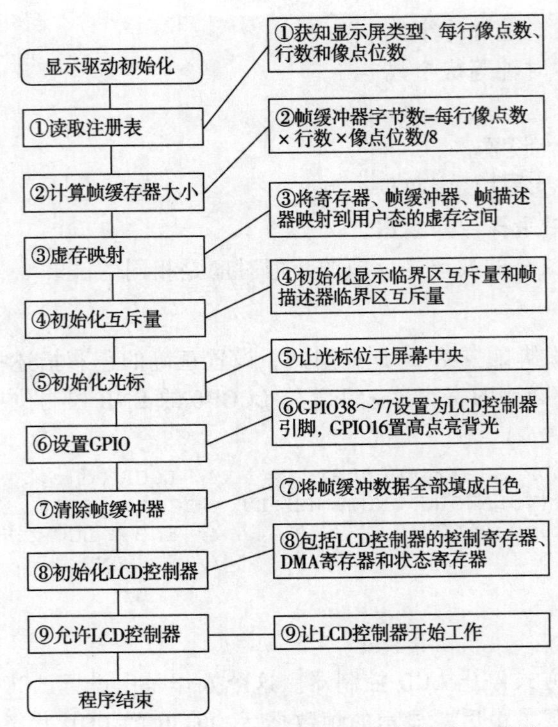

图 5-38　显示驱动初始化流程和初始化工作图

2）初始化 LCD 控制器 InitLcdController

LCD 控制器初始化就是向它的各个寄存器赋初值，设置其工作和各种参数。

3）页面切换和滚动 ScrottBuffer

在 PXA255 的显示存储区包含有多个帧缓冲器，每个帧缓冲器存有一页图像数据，当前显示的帧称为活动帧，该机制极大地方便了页面的切换和滚动操作。页面切换时，只要将 DMA 控制器的源地址寄存器 FSADR 指向目标页面对应的帧缓冲器的首地址；页面滚动时，通过 FSADR 中的地址值增加若干个行步幅（一行显示数据的双字数）实现向上滚动，通过 FSADR 中地址值减少若干个行步幅实现向下滚动。页面切换和滚动操作时，需要使用帧描述器互扩量，避免多个线程同时访问帧描述器临界造成冲突。

5.10　以太网控制器

PXA255 并没有直接提供以太网控制器接口，目前很多嵌入式微处理器并没有集成以太网控制器接口，如果所搭建的系统需要以太网接口，则需要外接以太网控制芯片。一般的以太网控制器芯片是一个独立的控制系统，通过总线（ISA、PCI 等）或直接与处理器进行数据交互。以太网控制器都有自己独立的存储空间、I/O 空间和配置空间，在设计系统时，把这些空间映射到处理器可访问的存储空间的某个空间段，然后通过访问这段空间来控制网卡控制器并进行数据交互。

在本节的示例中，对实验平台所采用的 CS8900A 以太网控制器芯片的驱动设计过程进行详细介绍。

5.10.1 以太网基础知识

下面简单地介绍一些关于以太网的背景知识。

1. 以太网的分类

通常所说的以太网主要是指以下 3 种不同的局域网技术。

① 以太网/IEEE 802.3：采用同轴电缆做网络介质，传输速率达到 10 Mbit/s。

② 100 Mbit/s 以太网：又称快速以太网，采用双绞线做网络介质，传输速率达到 100 Mbit/s。

③ 1000 Mbit/s 以太网：又称千兆以太网或吉比特以太网，采用光缆或双绞线做网络介质，传输速率达到 1000 Mbit/s（1 Gbit/s）。

本节仅涉及第①种 10 Mbit/s 以太网。

2. 以太网工作原理

以太网最早是由 Xeros 公司开发的一种基带局域网技术。它使用同轴电缆作为网络介质，采用载波多路访问和碰撞检测（CSMA/CD）机制，数据传输速率达到 10 Mbit/s。虽然以太网是由 Xeros 公司早在 20 世纪 70 年代最先研制成功，但是如今以太网一词更多地被用来指各种采用 CSMA/CD 技术的局域网。以太网被设计采用满足非持续性网络数据传输的需要，而 IEEE 802.3 规范则是基于最初的以太网技术于 1980 年制定的。以太网 2.0 版本由 Digital Equipment Corporation、Intel 和 Xeros 三家公司联合开发，并与 IEEE 802.3 规范相互兼容。

以太网/IEEE 802.3 通常使用专门的网络接口卡或通过系统主电路板上的电路实现。以太网使用收发器的网络媒体进行连接。收发器可以完成多种物理层功能，其中包括对网络碰撞进行检测。收发器可以作为独立的设备通过电缆与终端站连接，也可以直接被集成到终端站的网卡中。

以太网采用广播机制，所有与网络连接的工作站都可以看到网络上传输的数据。它们通过查看包含在帧中的目的地址，确定是否进行接收或放弃。如果确定数据是发给自己的，工作站就会接收数据并传递给高层协议进行处理。

以太网采用 CSMA/CD 介质访问技术，任何工作站都可以在任何时间访问网络。在发送数据之前，工作站首先需要侦听网络是否空闲，如果网络上没有任何数据传送，工作站就会把所要发送的数据投放到网络当中；否则，工作站只能等待网络下一次出现空闲的时候再进行数据发送。

作为一种基于竞争机制的网络环境，以太网允许任何一台网络设备在网络空闲时发送数据。因为没有任何集中式的管理措施，所以有可能出现多台工作站同时检测到网络处于空闲状态，进而同时向网络发送数据的情况。这时，发出的信息会相互碰撞而导致损坏，因此，工作站必须等待一段时间之后，重新发送数据。补偿算法就是用来决定在发生碰撞后，工作站应当在何时重新发送数据帧。

5.10.2 以太网控制器 CS8900A 简介

CS8900A 是用于嵌入式设备的低成本以太局域网控制器。它的高度集成设计使其不再需要其他以太网控制器所必需的昂贵的外部器件。CS8900A 包括片上 RAM、10Base-T 传输和接收滤波器，以及带 24mA 驱动的直接 ISA-总线接口。除了高度集成，CS8900A 还提供其他性能和配置选择。它独特的 PacketPage 结构可自动适应网络通信量模式的改变和现有系统资源，从而提高系统效率。CS8900A 为 100 引脚 TQFP 封装的芯片，是适合细小板型、对成本变化敏感的以太网应用产品的理想产品。

CS8900A 具有如下特性：

① 单片 IEEE 802.3 以太网解决方案。

② 完整的套装驱动软件。

③ 高效的 PacketPage 结构作为 DMA 从属，可以在输入/输出和存储空间内运行。

④ 全双工操作。

⑤ 片上 RAM 缓存传输和接收结构。

⑥ 10Base-T 端口和滤波器（极性检测/纠正）。

⑦ 10Base2、10Base5 和 10Base-F 的 AUI 端口。

⑧ 碰撞、填充和 CRC（循环冗余码检测）时的自动再发送。

⑨ 可编程接收性能。

⑩ 可降低 CPU 成本的流传送。

⑪ 在 DMA 和片上存储器之间的自动转换。

⑫ 结构预处理的早期中断。

⑬ 对错误信息包的自动抑制。

⑭ 无跳线配置的 E^2PROM 支持。

⑮ 无磁盘系统的启动程序（Boot PROM）支持。

⑯ 边界扫描和环路测试程序。

⑰ 连接状态和 LAN 运行的 LED 驱动。

⑱ 待机和延迟睡眠模式。

⑲ 3 V 或 5 V 电压下运行，商业或工业温度范围。

⑳ 5 V 电压下最大电流消耗为 120 mA，典型值为 90 mA。

㉑ 封装：100 引脚 TQFP，可选择无铅装配。

CS8900A 是高度集成的以太网控制器，其引脚分布如图 5-39 所示。

重要引脚说明：

① SA[0:19]：地址总线， I/O 模式的读/写操作使用 SA0～SA15；SA0～SA19 配合外部解码逻辑被 MEM 模式使用。

② SD[0:15]：数据总线。

③ RESET：复位信号，至少必须保持 400 ns 的高电平 CS8900A 才作为一个有效的复位信号。

④ $\overline{\text{MEMW}}$：MEM 模式写信号。

⑤ $\overline{\text{MEMR}}$：MEM 模式读信号。

⑥ $\overline{\text{REFRESH}}$：CS8900A 内部 DRAM 的刷新信号。

⑦ $\overline{\text{IOW}}$：I/O 模式写信号。

⑧ $\overline{\text{IOR}}$：I/O 模式读信号。

⑨ SBHE：系统总线高使能信号，为低时选择高字节（数据总线 SD[8:15]）。复位后，CS8900A 默认为 8 位模式，如要进入 16 位操作模式，则需要将 nSBHE 脚先从高拉到低，再从低拉到高。

⑩ INTRQ[0:3]：中断请求信号。

引脚的详细说明请参考 CS8900A 的数据手册。

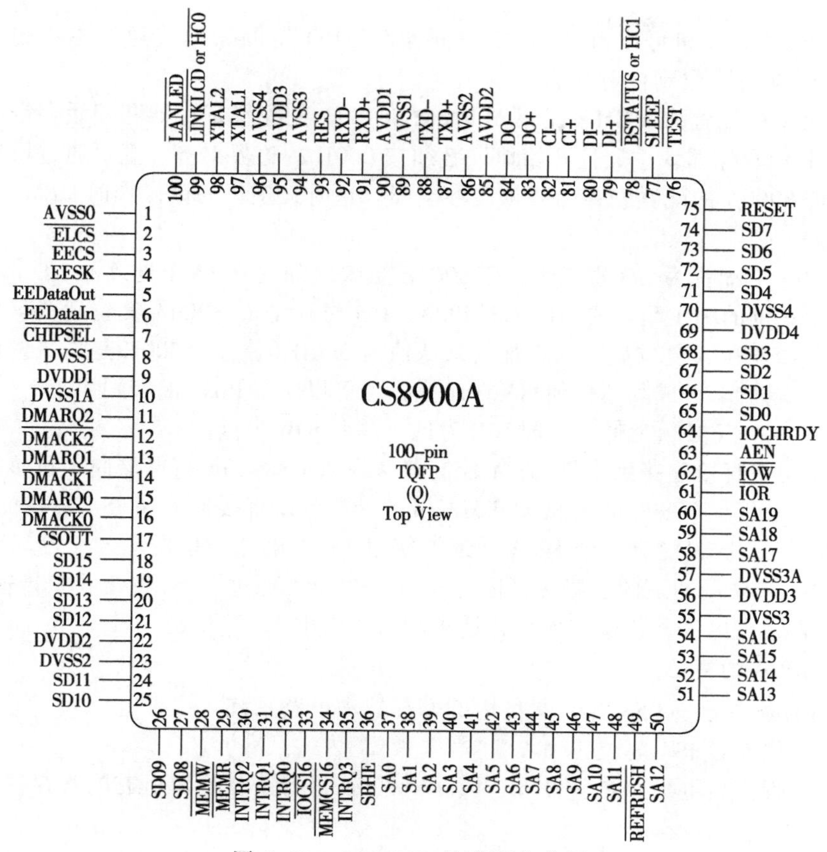

图 5-39　CS8900A 的引脚分布图

1. CS8900A 的功能简介

在 CS8900A 正常运行期间，它主要做两项工作，以太网包的发送和接收。在加电或者复位以后，CS8900A 进入正常工作以前，首先要对其进行相应的配置。各种参数（如存储空间基地址、以太网卡物理地址、接收帧的类型以及使用哪个媒体接口等）必须事先写入到 CS8900A 的内部的配置和控制寄存器中。可以通过主机配置或者自动从外部 E^2PROM 中读取参数配置。

包的传输分为两个阶段。第一阶段，主机转移以太网帧到 CS8900A 的缓存空间。这个阶段从主机发出一个传输指令开始，通知 CS8900A 有帧数据将要传输，什么时候开始发送和怎么发送这帧数据（如需不需要加 CRC 和填充位）。接下来发送指令，指明传输帧的长度。当缓存空间可用时，主机将该以太网帧写到 CS8900A 的内部存储器中。在传输的第二个阶段，CS8900A 把数据帧转换成网络包并发送到网络上。这个阶段一开始 CS8900A 把前同码（preamble）和帧的起始标志（start of frame）传输到发送缓存区。前同步码后面紧跟发送的目的地址、源地址、数据长度和 LLC 数据（主机传送下来的数据）。如果一帧包括 CRC 仍小于 64 B，CS8900A 将自动添加填充位（如果是这样配置的）。最后 CS8900A 添加 32 位的 CRC 到包的最后。

同样，包的接收也分为两个阶段。第一阶段，CS8900A 从以太网中接收一个包并保存到偏上存储器中。第一阶段以数据包通过模拟前端和曼彻斯特解码器把曼彻斯特数据解码成 NRZ 数据开始。然后，把去掉前同步码和帧起始标志的接收数据传递给地址过滤器。如果帧的目的地址与编程在地址过滤器中的地址相同，则将帧保存到 CS8900A 的内部存储器中。接下来，CS8900A 根据配置，检测 CRC，并通知主机已接收完一帧。第二阶段，主机读取接收帧到主机存储器中。主机可以通过 MEM 空间操作、I/O 空间操作或通过主机的 DMA 使用 DMA 操作将接收帧读取到内存中。

当 CS8900A 被配置为 MEM 操作模式时，CS8900A 的配置寄存器和帧缓存空间被映射到主机连续 4 KB 的存储器块中，且开始地址必须按 000H 的边界对齐。主机通过操作该内存空间直接操作 CS8900A 的配置寄存器和帧缓存空间。这时，主机的读操作时 $\overline{\text{MEMR}}$ 必须为低，写操作时 $\overline{\text{MEMW}}$ 必须为低。

当 CS8900A 被配置为 I/O 模式时，CS8900A 被映射到主机 16 个连续的 I/O 位置空间中。可以通过 8、16 位的 I/O 端口的访问 CS8900A。I/O 模式是 CS8900A 复位后的默认模式，且一直使能。当 CS8900A 复位后，基地址的默认值为 300H（注意：300H 是局域网设备的典型值），基地址可以被配置成其他任何 XXX0H 值，也可以从 E^{2}PROM 中读取配置。进行 I/O 模式读/写操作时，AEN 必须为低，读时 $\overline{\text{IOR}}$ 为低，写时 $\overline{\text{IOW}}$ 为低。

CS8900A 支持直接连接到主机 DMA 控制器，为从 CS8900A 存储器向主机传输接收帧时提供 DMA 传输功能。CS8900A 有 3 对 DMA 引脚，都可以直接连接到 ISA 总线的 3 个 16 位的 DMA 通道，但一次只能有一个 DMA 通道被使用。哪个通道被使用通过配置基地址+0024H 来决定。此时，未使用通道的引脚为高阻态。当 CS8900A 通过 DMA 将接收帧传输给主机时，将 DMA 请求脚置高电平，传输完成后将请求脚清为低电平。

2. CS8900A 的复位

7 个不同的条件导致 CS8900A 复位内部寄存器和电路系统。

1）外部复位或者 ISA 复位

当 RESET 脚为高电平至少 400 ns 时，CS8900A 进行全复位，所有的寄存器和电路都会被复位。

2）加电复位

加电复位时，CS8900A 一直保持复位状态，直到电压将近 2.5 V，当 DVDD 脚提供的电压大于 2.5 V，且晶振稳定后退出复位状态。

3）掉电复位

当电源提供的电压低于 2.5 V 时。

4）E^{2}PROM 复位

如果检测到一个 E^{2}PROM 的校验和错误，将会产生一次全复位。

5）软件初始化复位

当 selCTL 寄存器的第 6 位 RESET 被置位时触发。

6）硬件待机或挂起

CS8900A 进入或退出硬件待机或挂起模式时，将会进行一次全复位。

7）软件挂起

当 CS8900A 进入软件挂起模式时，除了 ISA I/O 基址寄存器和自控制寄存器（selCTL）以外的所有寄存器和电路都会被复位。退出软件挂起状态时，所有寄存器和电路都会被复位。

复位后，CS8900A 进入子配置状态，包括校准片上模拟电路，判断 E^{2}PROM 的有效性并读取配置。复位校准的典型时间是 10 ms，这段时间内，软件驱动不应该去访问 CS8900A 内部的任何寄存器。当校准完成时，寄存器 16 的 INITD 位被置位，标志着初始化已经完成。如果寄存器 16 的 SIBUSY 位被清零，标志着 E^{2}PROM 不再被读取或写入。

复位完成后，CS8900A 的包指针寄存器（IObase + 0AH）被设置成 0300H。中断输出引脚 INTRx 和 DMA 请求引脚 DMARQx 都为高阻态。

3. CS8900A 寄存器

CS8900A 通过一种独特高效的（称为 PacketPage）架构访问内部寄存器和存储空间。PacketPage 通过统一方式控制内存和 I/O 空间，以尽量减少 CPU 开销和简化软件。

CS8900A 内部集成了 4 KB 的 RAM 作为 PacketPage 存储器。PacketPage 存储器用做传输和接收数据帧及内部寄存器的临时存储空间。在 MEM 操作模式下，PacketPage 存储器可以直接访问，也可以通过 I/O 模式间接操作该空间。其中供用户访问的部分分为如表 5-6 所示的 6 个段。所有的寄存器只能按字（word）访问，简单描述如表 5-7 所示。其详细信息请参考 CS8900A 的数据手册。

表 5-6　CS8900A 存储器分配表

CS8900A 存储器地址	内　　容
0000H~0045H	总线接口寄存器
0100H~013FH	状态和控制寄存器
0140H~014FH	传输初始化寄存器
0150H~015DH	地址过滤器寄存器
0400H	接收帧位置
0A00H	传输帧位置

1）总线接口寄存器

总线接口寄存器用来配置 CS8900A 的 ISA 总线接口和映射 CS8900A 到主机的 I/O 和缓存空间。这些寄存器大部分只在初始化期间被写，在正常操作模式下不会被改变。

2）状态和控制寄存器

状态控制寄存器主要用来控制和获取 CS8900A 的状态。这部分寄存器分为两个组，配置/控制寄存器和状态/事件寄存器。每个寄存器 16 bit，最低位标示寄存器所属的组，bit0=1 为配置/控制寄存器，bit0=0 为状态/事件寄存器。第 1～5 位标示内部地址。第 6～F 位才是真正的状态和控制信息。

3）传输初始化寄存器

TxCMD/TxLenght 寄存器用来对传输帧的传输进行初始化。

4）地址过滤器寄存器

过滤器寄存器保存了被目标地址过滤器使用的物理地址和逻辑地址。

5）接收/传输帧位置

接收/传输帧位置用来与主机之间交换以太网帧。主机根据需要动态的读取或写入以太网帧到这些位置和缓存空间。缓存空间的使用提供更高效的网络总体性能。动态装载导致每次只有一个接收帧和/或传输帧直接可用。

表 5-7　CS8900A 寄存器简单描述

地　址	字 节 数	类　型	简　单　描　述
总　线　接　口　寄　存　器			
0000H	4	Read-only	产品 ID
0004H	28	—	预留

续表

地　　址	字 节 数	类　　型	简　单　描　述
总　线　接　口　寄　存　器			
0020H	2	Read/Write	I/O 基地址
0022H	2	Read/Write	中断号选择
0024H	2	Read/Write	DMA 通道选择
0026H	2	Read-only	DMA 帧开始
0028H	2	Read-only	DMA 帧技术器（12 bit）
002AH	2	Read-only	RxDMA 字节计数器
002CH	4	Read/Write	存储器基地址（20 bit）
0030H	4	Read/Write	启动 PROM 基地址
0034H	4	Read/Write	启动 PROM 地址掩码
0038H	8	—	预留
0040H	2	Read/Write	E^2PROM 指令
0042H	2	Read/Write	E^2PROM 数据
0044H	12	—	预留
0050H	2	Read only	接收帧字节计数器
0052H	174	—	预留
状　态　控　制　寄　存　器			
0100H	32	Read/Write	配置&控制寄存器（每个寄存器宽 2 B）
0120H	32	Read-only	状态&事件寄存器（每个寄存器宽 2 B）
0140H	4	—	预留
传　输　初　始　化　寄　存　器			
0144H	2	Write-only	TxCMD（传输指令寄存器）
0146H	2	Write-only	TxLength（传输长度寄存器）
0148H	8	—	预留
地　址　过　滤　器　寄　存　器			
0150H	8	Read/Write	逻辑地址过滤器（哈希表）
0158H	6	Read/Write	地址
015EH	674	—	预留
帧　位　置			
0400H	2	Read-only	RXStatus（接收状态寄存器）
0402H	2	Read-only	RxLength（接收的字节数）
0404H	—	Read-only	接收帧位置
0A00H	—	Write-only	传输帧位置

① 如下是与发送/传输相关的寄存器：

- ISQ（R0）：仅读，中断状态查询寄存器。为 MEM 模式和 I/O 模式提供中断信息给主机。当一个事件发生时，触发一个中断使能信号，且会设置 5 个寄存器中的相应位和把相应的内容填入 ISQ 寄存器，并驱动一个 IRQ 引脚为高。映射到 ISQ 的 5 个寄存器中有 3 个是事件寄存器：RxEvent（R4）、TxEvent（R8）和 BufEvent（Rc）；另外 2

个是计数溢出寄存器：RxMISS（R10）和 TxCOL（R12）。在 MEM 模式下，ISQ 的地址为系统基址+120H，在 I/O 模式为 I/O 基址+0008H。

- RxCFG（R3）：接收配置寄存器，读/写，地址为系统基址 + 102H。这个寄存器决定数据怎么传递给主机，什么样的帧类型产生中断。
- RxEvent（R4）：仅读，接收事件寄存器。接收帧时的状态信息。读出 RxEvent 后，它的每位都会清 0。RxStatus 寄存器功能与 RxEvent 的相同，区别是 RxEvent 读出后 RxStatus 中的值不会被清 0。
- RxCTL（R5）：读/写，接收控制寄存器，系统基址+0104H。RxCTL 有两个功能，第 8、C、D 和 E 位确定什么类型的数据帧被接收；第 6、7、9、A 和 B 位配置目的地址过滤器。
- TxCFG（R7）：读/写，传输配置寄存器，系统基址+0106H。TxCFG 的每一位都是一个中断使能位，其中 TxOKiE 被设置时，一个包被传输完成时产生中断。
- TxEvent（R8）：仅读，传输状态寄存器，系统基址+0128H。TxEvent 提供最后一个传输包的传输时间状态。
- TxCMD（R9）：仅读，传输命令寄存器，系统基址+0108H。这个寄存器保存最新的传输命令，在下一个包发送时起作用。命令必须被写到系统基址+0144H 中，而这个地址只能读。
- BufCFG（RB）：读/写，缓冲区配置寄存器，系统基址+010AH。BufCFG 的每一位都是一个中断使能位。被设置时，中断使能。
- BufEvent（RC）：仅读，缓存区时间寄存器，系统基址+012CH。给出传输/接收缓存区的状态。
- RxMISS（R10）：仅读，接收遗失寄存器，系统基址+0130H。RxMISS 计数器记录当缺少接收缓存空间时漏接的字节数。如果 MissOvfloiE（BufCFG、RB、BitD）被置位，当 RxMISS 计数器从 1FFH 增加到 200H 时，产生一次中断。读完 RxMISS 后它会被自动清 0。
- LineCTL（R13）：读/写，线控制寄存器，系统基址+0112H。LineCTL 确定 MAC 引擎和以太网物理接口的配置。
- LineST（R14）：仅读，线状态寄存器，系统基址+0134H。LineST 报告以太网物理接口的状态。

② 传输初始化寄存器：

- TxCMD：仅写，传输命令寄存器，系统基址+0144H。CS8900A 通过该寄存器确定怎么传输下一个数据帧。如果想要获得该寄存器的值，只能通过读系统基址+0108H 的只读寄存器 TxCMD 获得。如果 TxLength（系统基址+0146H）的值比 3 小，则 CS8900A 不会传输该帧。它各位的功能描述如表 5-8 所示。

表 5-8　TxCMD 位功能描述

bits	名　称	描　述
5~0	001001	CS8900A 提供的内部地址和属性
7~6	TxStart	这两位指定在 MAC 传输包之前主机传送到 CS8900A 中数据的字节数 0 0—5B 0 1—381B 1 0—1021B 1 1—整个帧传送完

续表

bits	名　称	描　　述
8	Force	如果一个新的传输命令中该位被置位，则传输缓冲区中等待传输的数据会被删除；如果一个包正在被传输，则在 64 位的时间里用一个错误的 CRC 终止传输，并删除数据
9	Onecoll	如果该位被设置，则在传输过程中仅检测到一次碰撞就终止传输，否则，会检测到 16 次碰撞才停止传输
B~A		预留
C	InhibitCRC	被置位，则 CRC 不会附加传输
D	TxPadDis	被置位，则 CS8900A 允许传输小于 64B 的包
F~E		预留

- TxLength：仅写，传输长度寄存器，系统基址+0146H。这个寄存器包括两部分，高 8 位指定传输的最大字节数，低 8 位指定传输的最少字节数。配置好这个寄存器以后，其值可能会根据 TxCMD 的 InhibitCRC 和 TxPadDis 的配置修改。TxLength 必须大于 3，小于 1519。

4. IEEE 地址（IA）

在完成对寄存器的初始化后，以太网控制器还不能正确地接收数据包，因为还没有对以太网控制器的 IA（即 48 位的以太网控制器地址）进行设置，以太网控制器还不知道它应该接收什么地址的数据包。要对网卡的 IA 地址进行设置，就必须知道网卡的 IA 地址是多少。

CS8900A 中 015DH～0158H 的 6 个地址中，0158H 为低字节地址。在配置网卡的 IA 地址时，第 0 位决定该地址是物理地址还是逻辑地址，IA[00] =0 表示配置的地址为物理地址，IA[00] = 1 表示配置的地址为逻辑地址。

5.10.3　CS8900A 与 PXA255 的接口

在本例中，CS8900A 直接通过地址数据总线相连，而不是通过 ISA 总线与 PXA255 连接，且采用 16 位的 I/O 操作模式，且不外接 E^2PROM。所以，它与 PXA255 的连接电路如图 5-40 所示。

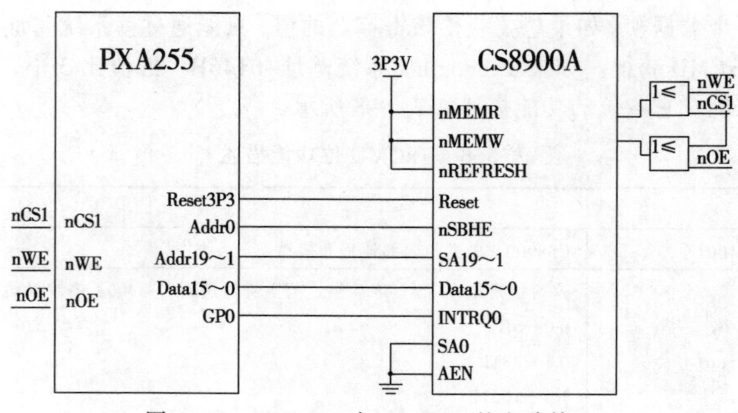

图 5-40　CS8900A 与 PXA255 的电路接口

通过图可以知道，系统对 CS8900A 的读/写操作，是通过 nCS1 分别与 nWE 和 nOE 进行逻辑或操作控制，即 nIOW = CS1 | nWE，nIOR = CS1 | nOE，这样 CS8900A 的存储器空间直接映射到 PXA255 的静态分区 1 中，其起始地址为 04000000H。

5.10.4　CS8900A 寄存器地址映射

由于采用 16 位的 I/O 模式访问 CS8900A，所以只能通过简介方式访问 CS8900A 内部的寄存器和存储空间，且在访问 CS8900A 之前必须清楚 I/O 基地址。在 5.10.3 节中已经提到，CS8900A 的存储器空间映射到了 PXA255 的从 04000000H 开始的地址空间中。在 5.10.2 节中已经指出，CS8900A I/O 模式的默认基地址是 0300H，所以 I/O 的最终基地址是 04000300H。由此，在写程序对 CS8900A 进行基本配置时，I/O 的端口地址如下：

```
#define IO_BASE      0x04000300
#define IO_RTX_DATA  *((volatile short *)(IO_BASE + 0x00000000))
                                                    // RTx data.
#define IO_TXCMD     *((volatile short *)(IO_BASE + 0x00000004))
                                                    //RTx command.
#define IO_TXLEN     *((volatile short *)(IO_BASE + 0x00000006))
                                                    //transmit length.
#define IO_ISQ       *((volatile short *)(IO_BASE + 0x00000008))
                                                    // interrupt.
#define IO_PPPTR     *((volatile short *)(IO_BASE + 0x0000000a))
                                                    //packet page point.
#define IO_PPDATA    *((volatile short *)(IO_BASE + 0x0000000c))
                                                    // packet page data.
```

在 5.10.2 节中已经提到，当采用 I/O 模式访问 CS8900A 时，CS8900A 被映射到 CPU 的 16 个连续的 I/O 位置空间中。它们映射到 CS8900A 的 8 个 16 位 I/O 端口，每个端口占 CPU 连续的两个 I/O 位置空间，如表 5-9 所示。

表 5-9　CS8900A 的 I/O 端口

偏　移　量	类　　型	描　　述
0000H	读/写	16 位的接收/传输数据端口（Port0）
0002H	读/写	16 位的接收/传输数据端口（Port1），和 Port0 组成 32 位数据端口，低端为 Port0
0004H	仅写	每次传输命令的写端口，它映射到 PacketPage+0144H，TxCMD 寄存器（R9）
0006H	仅写	映射到 PacketPage+0146H，TxLength 寄存器
0008H	仅读	映射到 PacketPage+120H，ISQ 寄存器
000AH	读/写	PacketPage 地址指针
000CH	读/写	16 位的 PacketPage 数据端口（Port0）
000EH	读/写	16 位的 PacketPage 数据端口（Port1），与 Port0 组成 32 位数据端口，Port0 为低端

上面代码定义的 6 个寄存器就是其中的 6 个 I/O 端口，由于仅采用 16 位访问模式，所以数据端口都只声明了 Port0。

其他寄存器的地址如下：

```
// ID.
#define PP_ChipID           0x0000  // First Chip ID. CS8900A : 0x630E
#define PP_ChipID2          0x0002  // Second Chip ID. CS8900A : 0x0800
```

```
#define PP_ISAIOB           0x0020  //  IO base address
#define PP_CS8900_ISAINT    0x0022  //  ISA interrupt select
#define PP_CS8920_ISAINT    0x0370  //  ISA interrupt select
#define PP_CS8900_ISADMA    0x0024  //  ISA Rec DMA channel
#define PP_CS8920_ISADMA    0x0374  //  ISA Rec DMA channel
#define PP_ISASOF           0x0026  //  ISA DMA offset
#define PP_DmaFrameCnt      0x0028  //  ISA DMA Frame count
#define PP_DmaByteCnt       0x002A  //  ISA DMA Byte count
#define PP_CS8900_ISAMemB   0x002C  //  Memory base
#define PP_CS8920_ISAMemB   0x0348  //

#define PP_ISABootBase      0x0030  //  Boot Prom base
#define PP_ISABootMask      0x0034  //  Boot Prom Mask

// E2PROM data and command registers.
#define PP_EECMD            0x0040  //  NVR Interface Command register
#define PP_EEData           0x0042  //  NVR Interface Data Register
#define PP_DebugReg         0x0044  //  Debug Register

#define PP_RxCFG            0x0102  //  Rx Bus config
#define PP_RxCTL            0x0104  //  Receive Control Register
#define PP_TxCFG            0x0106  //  Transmit Config Register
#define PP_TxCMD            0x0108  //  Transmit Command Register
#define PP_BufCFG           0x010A  //  Bus configuration Register
#define PP_LineCTL          0x0112  //  Line Config Register
#define PP_SelfCTL          0x0114  //  Self Command Register
#define PP_BusCTL           0x0116  //  ISA bus control Register
#define PP_TestCTL          0x0118  //  Test Register
#define PP_AutoNegCTL       0x011C  //  Auto Negotiation Ctrl
```

CS8900A 在 I/O 模式下 CPU 不能直接访问其 PacketPage 存储空间，只能通过 I/O 端口间接访问。在访问 CS8900A 的内部寄存器和存储空间时，通过 PacketPage 内部地址指针和数据端口操作。写过程的 C 语言代码如下：

```
static void WriteToPPR(short addr, short value)
{
    IO_PPPTR=addr;
    IO_PPDATA=value;
    return;
}   // WriteToPPR.
```

读过程的 C 语言代码如下：

```
static short ReadFromPPR(short addr)
{
    IO_PPPTR=addr;
    return IO_PPDATA;
}   // ReadFromPPR.
```

比如要给 CS8900A 发送传输指令，让 CS8900A 在主机把整帧数据传送到 CS8900A 的传输缓存区后再传输，则可以通过如下代码实现：

```
WriteToPPR(PP_TxCMD,0x00C0);
```

需要注意的是，从 CS8900A 中读出或写入帧时，不是 IO_PPPTR 端口和 IO_PPDATA 端口配合使用，而是使用接收/传输数据端口（I/O 基地址+0000H）。比如从主机内存 pFrame 地址开始写入 100 B 数据到 CS8900A 的传输缓冲区的代码可以是：

```
While(i<50)
    IO_RTX_DATA=*pFrame;
```

5.10.5　CS8900A 的相关配置

1. 接收配置

每次复位后，CS8900A 都要重新配置接收操作。它可以通过外部连接的 E^2PROM 自动配置，也可以通过直接写命令到相关的配置寄存器来完成。必须配置的接收内容包括：

① 使用哪一个物理接口。

② 接收哪种类型的帧。

③ 什么样的接收事件产生中断。

④ 接收帧怎么传送给主机。

1）配置物理接口

这个过程包括：决定哪个以太网接口被激活；使能串行接收的接收逻辑电路。这个过程通过配置 LineCTL 寄存器来完成。LineCTL（R13）的描述如表 5-10 所示。

表 5-10　物理接口配置

bit	名　称	描　述
6	SerRxON	置位，则接收使能
8	AUIonly	置位，则选择 AUI 方式
9	AutoAUI/10BT	置位，则自动接口选择使能，如果第 8、9 位都清 0，则选择 10Base-T 方式
E	LoRx Squelch	置位，则接收器静噪水平大约减少 6 dB

2）选择接收帧的类型

RxCTL（R5）用来确定被 CS8900A 接受的接收帧的类型（一个接收帧被“接收”，是指该帧已被缓存到 CS8900A 中或通过 DMA 缓存到主机的系统内存中）。表 5-11 描述了 RxCTL 的配置位。

表 5-11　帧的接收规则

bit	名　称	描　述
6	IAHashA	置位，则通过 hash 过滤器的指定地址帧被接收
7	Promis cuousA	置位，则所有帧被接收
8	RxOKA	置位，则通过 DA 过滤器的长度和 CRC 都正确的帧被接收
9	MulticastA	置位，则通过 hash 过滤器的多播帧被接收
A	IndividualA	置位，则通过 DA 匹配 PacketPage+0158H 寄存器里的 IA 值的包被接收
B	BroadcastA	置位，则所有的广播帧被接收
C	CRCErrorA	置位，则通过 DA 过滤器的坏 CRC 的帧会被接收
D	RuntA	置位，则通过 DA 过滤器的帧长度小于 64 B 的帧被接收
E	ExtradataA	置位，则通过 DA 过滤器的帧长度大于 1518 B 的帧的被接收，首先的 1518 B 被缓存

3）产生中断的接收事件

RxCFG（R3）和 BufCFG（RB）用来决定什么样的接收事件产生中断给主处理器。表 5-12 和表 5-13 描述了这两个寄存器的中断使能（iE）位。

表 5-12　RxCFG 的中断使能位

bit	名　称	描　述
8	RxOKiE	置位，则接收到一个正确的长度和 CRC 的帧产生一次中断
C	CRCerroriE	置位，则接收到一个坏 CRC 的帧产生一次中断
D	RuntiE	置位，则接收到一个长度小于 64 B 的帧产生一次中断
E	ExtradataiE	置位，则接收到一个长度大于 1518 B 的帧产生一次中断

表 5-13　BufCFG 的中断使能位

bit	名　称	描　述
7	RxDMAiE	置位，则如果有一个或更多的帧要通过 DMA 传送会产生一次中断
A	RxMissiE	置位，则如果一个帧因为缓存空间不足而遗失则产生一次中断
B	Rx128iE	置位，则缓存接收到数据的最先的 128 B 后产生一次中断
D	MissOvfloiE	置位，则 RxMiss 技术数溢出时产生一次中断
F	RxDestiE	置位，则一个帧被缓存后产生一次中断

4）传送配置

RxCFG（R3）和 BusCTL（R17）用来设定数据帧通过什么样的方式传输给主机。其描述如表 5-14 和表 5-15 所示。

表 5-14　RxCFG 传送配置

bit	名　称	描　述
7	StreamE	置位，则流传送使能
9	RxDMAonly	置位，则采用 DMA 从方式
A	AutoRX DMAE	置位，则自动设置 DMA 的开/关
B	BufferCRC	置位，则接收到的 CRC 被缓存

表 5-15　BusCTL 传送配置

bit	名　称	描　述
B	DMABurst	置位，则 DMA 保持高大约 28 μs；清零则继续
D	RxDMAsize	置位，则 DMA 缓存区大小为 64 KB；清零则只有 16 KB

下面是网卡初始化的相关代码：

```
int initCS()
{
   //选择网卡端口类型为 10BASE-T
   CS8900WriteRegister(PKTPG_LINE_CTL, LINE_CTL_10_BASE_T);
   //设置 RX_CFG 使能接收中断
   CS8900WriteRegister(PKTPG_RX_CFG, RX_CFG_RX_OK_I_E);
   // 设置 RX_CTL 的 BROADCAST_A、RX_OK_A、IAHASH_A 位，使得网卡可以接收特定的包
   CS8900WriteRegister(PKTPG_RX_CTL,
      RX_CTL_RX_OK_A | RX_CTL_IND_ADDR_A |
      RX_CTL_BROADCAST_A);
```

```
//将 PKTPG_TX_CFG 和 PKTPG_BUF_CFG 清零，TXCFG 和 BUFCFG 寄存器的配置信息参见下面的说明
    CS8900WriteRegister(PKTPG_TX_CFG, 0);
    CS8900WriteRegister(PKTPG_BUF_CFG, 0);

    //设置 MAC 地址
    CS8900WriteRegister(PKTPG_INDIVISUAL_ADDR, CS8900Mac[0]);
    CS8900WriteRegister(PKTPG_INDIVISUAL_ADDR + 2, CS8900Mac[1]);
    CS8900WriteRegister(PKTPG_INDIVISUAL_ADDR + 4, CS8900Mac[2]);
    //初始化中断，主要选择中断号，使用发送和接收等
    initIrq();

    return TRUE;
}
```

5）接收帧预处理

CS8900A 的帧接收预处理过程分为 4 步：

① 目的地址过滤。

② 早期中断产生。

③ 接收过滤。

④ 正常中断产生。

接收帧预处理过程如图 5-41 所示。

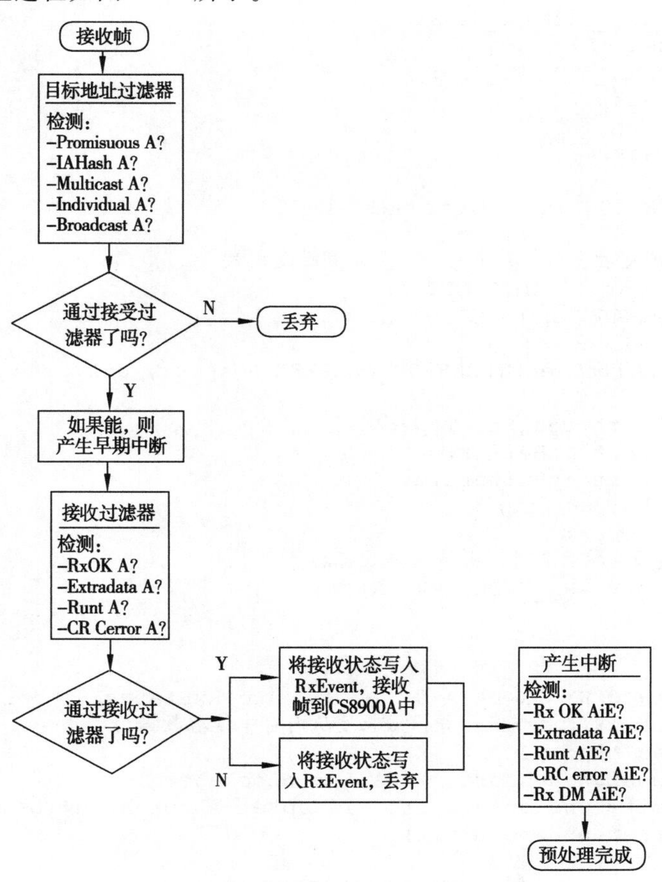

图 5-41　CS8900A 的帧接收预处理过程

下面是接收函数实现的相关代码：

```
VOID CS8900HandleInterrupt(IN NDIS_HANDLE MiniportAdapterContext)
{
   //对各种中断类型进行具体处理
   PCS8900_ADAPTERAdapter= ((PCS8900_ADAPTER)MiniportAdapterContext);
   unsigned short Event;
   /*1. 读取 CS8900 中断队列中的值，当读出值后，后续的事件会依次队列头移动，直到读出全
        为 0 时，表示事件已经全部处理完
     2. 根据读出来的事件，判断其事件类型，然后根据不同的事件做相应的处理，在此我们只对
        接收事件做处理
   */
   Event=CS8900ReadRegister(PKTPG_ISQ);
   while(Event!=0)
   {
       switch (Event & REG_NUM_MASK)
       {
          case REG_NUM_RX_EVENT:
             CS8900ReceiveEvent(Adapter, Event);
             break;
          case REG_NUM_TX_EVENT:
             break;
          case REG_NUM_BUF_EVENT:
             break;
          case REG_NUM_RX_MISS:
             break;
          case REG_NUM_TX_COL:
             break;
          default:
             break;
       }
       Event=CS8900ReadRegister(PKTPG_ISQ);
   }
   //3. 事件处理完后重新打开中断，以及设置触发方式
   v_pICReg->icmr |= INTC_GPIO0;
   v_pGPIOReg->GRER_x |= GPIO_0;
}
void CS8900ReceiveEvent(PCS8900_ADAPTER Adapter, unsigned short RxEvent)
{
    unsigned short Length, Type;
    unsigned short *pBuffer;
    unsigned short *pBufferLimit;
    unsigned char  *cptr;
    WORD PacketOper;
    //1. 判断是否为接收事件，并清除接收标志位
    if(!(RxEvent & RX_EVENT_RX_OK))
    {
        return;
    }
    readIoPort(IO_RX_TX_DATA_0);// Discard RxStatus
    //2. 读取出数据的长度信息，并根据长度从内存中读取数据
    Length=readIoPort(IO_RX_TX_DATA_0);
    pBuffer=(unsigned short *)Adapter->Lookahead;
    pBufferLimit=(unsigned short *)Adapter->Lookahead+(Length+1)/2;
    while(pBuffer<pBufferLimit)
    {
        *pBuffer=readIoPort(IO_RX_TX_DATA_0);
        pBuffer++;
    }
```

```
    pBuffer=(unsigned short *)Adapter->Lookahead;
    Type=pBuffer[6];
    PacketOper=pBuffer[10];
    cptr=(unsigned char *)Adapter->Lookahead;
    /*3. 调用 NdisMEthIndicateReceive 函数通知上边缘协议有数据包到达。此函数最后两个
    参数 LookaheadBufferSize, PacketSize 设置为相等表示不用再调用
    MiniportTransferData，进行进一步处理。*/
    NdisMEthIndicateReceive(
       Adapter->MiniportAdapterHandle,
        (NDIS_HANDLE)Adapter,
        (PCHAR)(Adapter->Lookahead),
       CS8900_HEADER_SIZE,
        (PCHAR)(cptr)+CS8900_HEADER_SIZE,
       Length-CS8900_HEADER_SIZE,
       Length-CS8900_HEADER_SIZE);
    //4. 调用 NdisMEthIndicateReceiveComplete 通知 NDIS 表示此次数据包传送完成
    NdisMEthIndicateReceiveComplete(Adapter->MiniportAdapterHandle);
    return;
}
```

2. 发送配置

同接收配置一样，CS8900A 每次复位后，都需要重新进行传输配置。配置过程可以通过 E^2PROM 自动完成，也可以手动写入命令到相关寄存器进行配置。传输配置包括选择物理接口和哪些传输事件产生中断两个内容。

1）配置物理接口

配置物理接口包括确定那一个以太网接口被激活(10Base-T 还是 AUI)和使能串行传输逻辑电路。这个过程通过配置 LineCTL 寄存器来完成。相关的 LineCTL（R13）的位描述如表 5-16 所示。

表 5-16　物理接口配置

bit	名　称	描　述
7	SerTxON	置位，则传输使能
8	AUIonly	置位，则选择 AUI；清零为 10Base-T
9	AutoAUI/10BT	置位，则自动选择接口
B	Mod BackoffE	置位，则改用其他的回退算法，否则选择标准的回退算法
D	2-part DefDis	置位，则 two-part 延迟禁能

2）产生中断的传输事件

TxCFG 和 BufCFG 用来设定哪些传输时间产生中断。表 5-17 和表 5-18 描述了 TxCFG 和 BufCFG 相关使能位的功能。

表 5-17　TxCFG 中断配置

bit	名　称	描　述
6	Loss-of-CRSiE	置位，则当采用 AUI 传输方式时，如果在传输完同步码之后载波侦听检测失败，则产生一次中断
7	SQErroriE	置位，则当出现 SQE 错误时，产生一次中断
8	TxOKiE	置位，则成功传输完一帧数据后产生一次中断
9	Out-ofwindowiE	置位，则当传输时检测到碰撞，产生一次中断
A	JabberiE	置位，则当遇到超时情况时产生一次中断
B	AnycolliE	置位，则检测到碰撞就产生一次中断
F	16colliE	置位，则当 CS8900A 第 16 次试图传输同一个包时产生一次中断

表 5-18 BufCFG 中断配置

bit	名 称	描 述
8	Rdy4TxiE	置位，则当传输缓存区变得可用时产生一个中断
9	TxUnder runiE	置位，当传输完所有数据时产生一次中断
C	TxCol OvfloiE	置位，则当 TxCol 计数器溢出时产生一次中断

3）查询模式传输过程

在查询模式下，BufCFG 寄存器的 Rdy4TxiE 必须被清零。其传输过程如下：

① 写传输命令到 TxCMD 寄存器。

② 写传输帧长度到 TxLength 寄存器，如果长度信息不正确，则丢弃这条命令并置位 BusST 寄存器的 TxBidErr 位。

③ 读 BusST 寄存器。

④ 如果 BusST 的 Rdy4TxNOW 位为 1，则能传送帧到 CS8900A；如果为 0，则要继续读 BusSt 寄存器直到 Rdy4TxNOW 位被置位。

详细流程如图 5-42 所示。

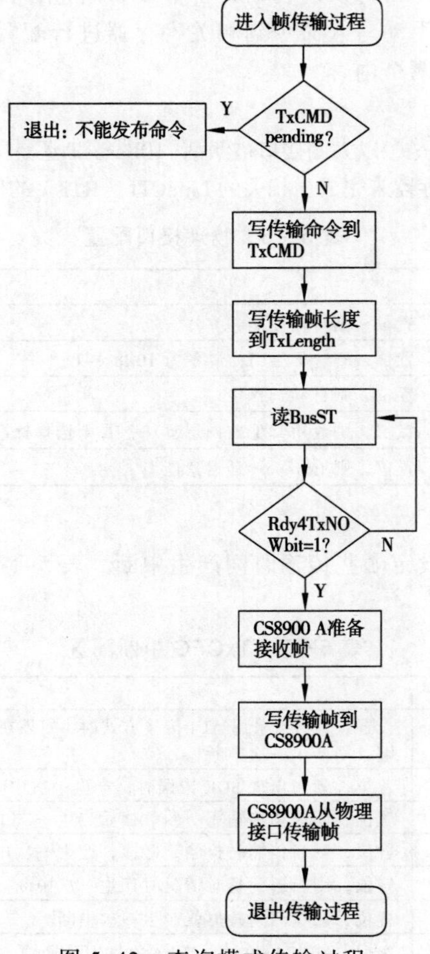

图 5-42 查询模式传输过程

4）中断传输模式

中断传输模式下，BufCFG 寄存器的 Rdy4TxiE 位必须被设置。其过程如下：

① 写传输命令到 TxCMD 寄存器。

② 写传输帧长度到 TxLength 寄存器，如果长度信息不正确，则丢弃这条命令并置位 BusST 寄存器的 TxBidErr 位。

③ 读 BusST 寄存器，如果 BusST 的 Rdy4TxNOW 位为 1，则能传送帧到 CS8900A，如果为 0，则要等到 CS8900A 产生一次中断。主机进入中断子程序读取 ISQ 寄存器的 Rdy4Tx。如果 Rdy4Tx 位为 0，则等到下一次产生中断；为 1，则 CS8900A 准备接收帧。

④ 主机从内存传送整帧数据到 CS8900A 的缓存中。

详细的流程如图 5-43 所示。

如果 CS8900A 成功地传输了一帧，将置位 TxEvent 寄存器的 TxOK 位，如果同时 TxCFG 寄存器的 TxOKiE 位被置位，则产生一次相应的中断。

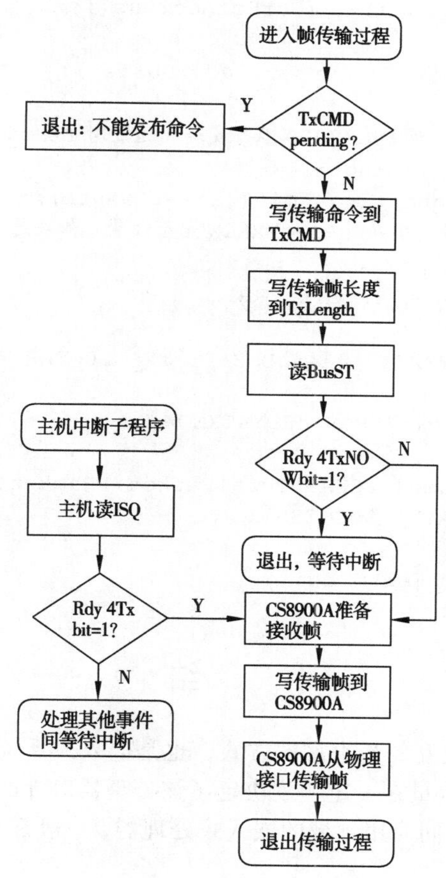

图 5-43　中断传输模式

下面是发送函数实现的相关代码：

```
NDIS_STATUS CS8900Send(
   IN NDIS_HANDLE MiniportAdapterContext,
   IN PNDIS_PACKET Packet,
   IN UINT Flags
```

```
)
{
    /*1. 调用 NdisQueryPacket 获取包中缓冲描述符的数量以及要传输的字节数。然后调用
    NdisQueryBuffer, NdisQueryBuffer 来获取数据及数据描述*/
    NdisQueryPacket(Packet, NULL, NULL, &CurBuffer, &PacketLength);
    NdisQueryBuffer(CurBuffer, (PVOID *)&CurBufAddress, &CurBufLen);
    for(i=0;i<CurBufLen;i++)
    TotalPacket[Count++]=CurBufAddress[i];
    NdisGetNextBuffer(CurBuffer,&CurBuffer);
    while (CurBuffer&&(CurBufLen!=0))
    {
        NdisQueryBuffer(CurBuffer, (PVOID *)&CurBufAddress, &CurBufLen);
        for(i=0;i<CurBufLen;i++)
        {
            TotalPacket[Count++]=CurBufAddress[i];
        }
        NdisGetNextBuffer(CurBuffer, &CurBuffer);
    }
    /*2. 获取数据信息以后，通知 CS8900 准备发送（通过写 TxCmd 寄存器），并将要发送的数
    据包长度写到 CS8900 的 TxLength 寄存器*/
    BusStatus=CS8900RequestTransmit(PacketLength);
    /*3. 读取 BusST 寄存器，并判断 RDY4TXNOW 是否设置，如果是，则使用一个循环将所有数据
    全部复制到 CS8900 内存中*/
    if(BusStatus & BUS_ST_TX_BID_ERR)
    {
        RETAILMSG(1, (TEXT("##### BUS_ST_TX_BID_ERR #####\r\n")));
    }
    else if (BusStatus & BUS_ST_RDY4TXNOW)
    {
        CS8900CopyTxFrame((PCHAR)TotalPacket, PacketLength);
        return(NDIS_STATUS_SUCCESS);
    }
    return(NDIS_STATUS_FAILURE);
}
```

小　　结

I/O 设备是系统和外界交互的最直接的方式，也是嵌入式系统应用的最终目的。处理器上集成的 I/O 设备的种类及数量在一定程度决定了该处理器对外的扩展功能。集成的 I/O 种类和数量越多，功能越强。不同应用领域的嵌入式处理器，一般都集成了该领域最常用的 I/O 接口。

本章首先讨论了 I/O 接口的基本原理，并对各通用接口进行了详细介绍。针对目前比较流行的 LCD 接口和网络接口，我们结合实例对它们进行了详细的说明。虽然不同 I/O 接口的实现方法不尽相同，编程方法也会有差别，但其基本原理是一致的。读者可以在本章知识的基础上，学习如何通过查阅各数据手册，快速地了解所要开发的接口的特征，从而进行相应的硬件电路设计及软件开发。

习　　题

1. I/O 接口在系统中起什么样的作用?
2. I/O 接口的寻址方式有哪些?
3. 嵌入式处理器的辅助电路有哪些?
4. 嵌入式系统的时钟电路有哪几种形式? 分别有什么特点?
5. 嵌入式处理器一般都集成了哪些 I/O 接口? 它们有什么用途? 对于这些 I/O 接口电路，不同的处理器的实现方法有什么相同和不同的地方?
6. CS8900A 是怎样发送/接收数据的?

第6章 嵌入式操作系统

随着嵌入式系统性能的不断提升，以及各种嵌入式软件对系统的要求越来越高，嵌入式操作系统（embedded operating system，EOS）将在嵌入式系统中扮演着越来越重要的角色。本章将对 EOS 的原理、特点及其开发流程进行全面的介绍。

本章首先从嵌入式操作系统的发展历程、特点、应用前景等出发对嵌入式操作系统进行了概括性的描述。在 6.2 节中以几种常用的嵌入式操作系统为例说明了嵌入式操作系统的分类，以及如何根据实际开发需要选择操作系统。6.3 节介绍了嵌入式操作系统在嵌入式领域的一个非常重要、必不可少的特点——实时性。最后，以嵌入式领域非常流行的两个操作系统 Linux 和 Windows CE 具体描述在特定硬件平台下如何进行操作系统的定制和开发。

6.1 概　　述

嵌入式操作系统是嵌入式系统极为重要的组成部分，是嵌入式系统的灵魂。它通常包括与硬件相关的底层驱动软件、系统内核、设备驱动接口、通信协议、图形界面、标准化浏览器等。嵌入式操作系统从一开始便在通信、交通、医疗、安全方面展现出足够的魅力和强劲的发展潜力。图 6-1 所示的各种应用，嵌入式操作系统都在其中发挥着重要作用。

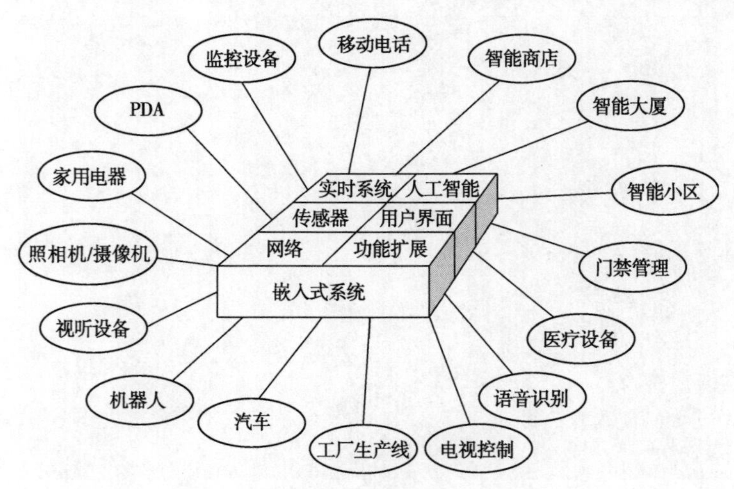

图 6-1　嵌入式操作系统的各种应用

6.1.1　嵌入式操作系统的发展历程

事实上，在很早以前，嵌入式系统就已经存在。在通信方面，嵌入式系统在 20 世纪 60 年代就用于对电子机械电话交换的控制，当时被称为“存储式程序控制系统”（stored program control），但那时并没有具体提出嵌入式操作系统的概念。当时要处理的任务一般也比较简单，因而程序员可以在应用程序中自己管理微处理器的工作流程，很少需要用到嵌入式操作系统。

1971 年 11 月，Intel 公司成功地把算术运算器和控制器电路集成在一起，推出了第一款微处理器 Intel 4004，其后嵌入式系统的发展就步入了层出不穷、群雄并起的时代。各种高性能的嵌入式处理器相继产生，如 ARM、DSP、MIPS 等，这时的系统变得极为复杂，对系统中断的处理以及多个功能模块之间的协调需要由程序员自己来控制和解决，这样做的结果是，随着程序内部的逻辑关系变得越来越复杂，软件开发小组对于驾驭复杂的功能模块逐渐显得力不从心。为了保证中断处理的正确性和完整性，保证不同模块之间对硬件资源的共享和互斥，保证系统能定期执行各种任务，软件开发小组不得不编写和维护一个复杂的专用操作系统和应用程序的结合体。这样做使得系统的开发和维护成本加大，也不利于系统的升级。所以，在逐渐变得复杂的嵌入式系统中采用成熟的嵌入式操作系统成为更好的解决方案。

可以看出，嵌入式操作系统是伴随着嵌入式系统而发展的，它主要经历了 4 个比较明显的阶段：

第一阶段：无操作系统的嵌入算法阶段，通过编写汇编语言对系统进行直接控制，运行结束后清除内存。系统结构和功能都相对单一，处理效率较低，存储容量较小，几乎没有用户接口，比较适合于各类专用领域中。

第二阶段：以嵌入式 CPU 为基础、简单操作系统为核心的嵌入式系统阶段。CPU 种类繁多，通用性比较差；系统开销小，效率高；一般配备系统仿真器，操作系统具有一定的兼容性和扩展性；应用软件较专业，用户界面不够友好；系统主要用来控制系统负载以及监控应用程序运行。

第三阶段：通用的嵌入式实时操作系统阶段，以嵌入式操作系统为核心的嵌入式系统。它能运行在各种类型的微处理器上，兼容性好；内核精小、效率高，具有高度的模块化和扩展性；具备文件和目录管理、设备支持、多任务、网络支持、图形窗口以及用户界面等功能；具有大量的应用程序接口 API；嵌入式应用软件丰富。

第四阶段：以基于 Internet 为标志的嵌入式系统，这是一个正在迅速发展的阶段。目前大多数嵌入式系统还孤立于 Internet 之外，但随着 Internet 的发展以及 Internet 技术与信息家电、工业控制技术等结合日益密切，嵌入式设备与 Internet 的结合将代表着嵌入式技术的真正的未来。

6.1.2　嵌入式操作系统的特点

1. 体积小

嵌入式系统有别于一般的计算机处理系统，它不具备硬盘那样大容量的存储介质，而大多使用闪存（flash memory）作为存储介质。这就要求嵌入式操作系统只能运行在有限的内存中，不能使用虚拟内存，中断的使用也受到限制。因此，嵌入式操作系统必须结构紧凑，体积微小。

2. 实时性

在信息时代，人们需要在有效的时间里对接收的信息进行处理，为进一步的工作和决策争取时间，这就要求工作系统具有很高的实时性。所谓实时性，其核心含义在于操作系统在规定时间内准确完成应该做的事情，并且操作系统的执行线索是确定的，而不是单纯速度快。比如，用于控制火箭发动机的嵌入式系统，它所发出的指令不仅要求速度快，而且多个发动机之间的时序要求非常严格，否则就会失之毫厘，谬以千里。在这样的应用环境中，非实时的普通操作系统无论如何是无法适应的。因此，实时性是嵌入式系统最大的优点，在嵌入式软件中最核心的莫过于嵌入式 RTOS 实时操作系统。

3. 可剪裁性

能否根据要求对系统的功能模块进行配置是嵌入式系统与普通系统的另一区别。

4. 可靠性

一般来说，嵌入式系统一旦开始运行就不需要人的过多干预。在这种条件下，要求负责系统管理的嵌入式操作系统具有较高的稳定性和可靠性。而普通操作系统则不具备这种特点。

5. 低功耗

嵌入式系统一般需要长时间工作，例如手机，PDA 等，在电池功率一定的情况下，就需要系统尽可能小地消耗能量。

6.1.3 嵌入式操作系统的应用前景

以信息家电为代表的互联网时代嵌入式产品，不仅为嵌入式市场展现了美好前景，注入了新的生命，同时也对嵌入式系统的技术，特别是软件技术提出了新的挑战。这主要包括：支持日趋增长的功能集成度、灵活的网络连接、轻便的移动应用和多媒体的信息处理，此外，当然还需应对更加激烈的市场竞争。

1. 嵌入式应用软件的开发需要强大的开发工具和操作系统的支持

随着因特网技术的成熟、带宽的提高，ICP 和 ASP 在网上提供的信息内容日趋丰富、应用项目多种多样，像电话手机、电话座机及电冰箱、微波炉等嵌入式电子设备的功能不再单一，电气结构也更为复杂。为了满足应用功能的升级，设计师们一方面采用更强大的嵌入式处理器如 32 位、64 位 RISC 芯片或数字信号处理器（DSP）增强处理能力；同时还采用实时多任务编程技术和交叉开发工具技术来控制功能的复杂度，简化应用程序设计、保障软件质量和缩短开发周期。

目前，商品化的嵌入式实时操作系统有 WindRiver、Microsoft、QNX 和 Nucleus 等产品。我国也有自主开发的嵌入式系统软件产品，如科银（CoreTek）公司的嵌入式软件开发平台 DeltaSystem，它不仅包括 DeltaCore 嵌入式实时操作系统，而且还包括 LamdaTools 交叉开发工具套件、测试工具、应用组件等。此外，中科院也推出了 Hopen 嵌入式操作系统。

2. 联网成为必然趋势

为适应嵌入式分布处理结构和应用上网需求，面向 21 世纪的嵌入式系统要求配备标准的一种或多种网络通信接口。针对外部联网要求，嵌入设备必须配有通信接口，相应需要 TCP/IP 协议簇支持；由于家用电器相互关联（如防盗报警、灯光能源控制、影视设备和信息终端交换信息）及实验现场仪器的协调工作等要求，新一代嵌入式设备还需具备 IEEE 1394、USB、

CAN、Bluetooth 或 IrDA 通信接口，同时也需要提供相应的通信组网协议和物理层驱动软件。

3．支持小型电子设备，实现小尺寸、微功耗和低成本

为满足这种特性，要求嵌入式产品设计者相应降低处理器的性能，限制内存容量和复用接口芯片。这就相应提高了对嵌入式软件设计技术的要求。例如，选用最佳的编程模型和不断改进算法，采用 Java 编程模式，优化编译器性能。因此，既要软件人员有丰富经验，更需要发展先进嵌入式软件技术，如 Java、Web 和 WAP 等。

4．提供精巧的多媒体人机界面

嵌入式设备之所以为亿万用户接受，重要因素之一是它们与使用者之间的亲和力，自然的人机交互界面，如司机操纵高度自动化的汽车主要还是通过习惯的转向盘、脚踏板和操纵杆。人们与信息终端交互要求以 GUI 屏幕为中心的多媒体界面。手写文字输入、语音拨号上网、收发电子邮件以及彩色图形、图像已取得初步成效。目前一些先进的 PDA 在显示屏幕上已实现汉字写入、短消息语音发布，但离掌式语言同声翻译还有很大距离。

6.2　常用嵌入式操作系统

6.2.1　嵌入式操作系统分类

嵌入式系统根据应用来分类，可以分为面向低端设备的嵌入式操作系统和面向高端设备的嵌入式操作系统。

低端：各种工业控制系统、计算机外设、民用消费品的微波炉、洗衣机、冰箱等（如 μC/OS）。

高端：信息化家电、掌上计算机、机顶盒、WAP 手机、路由器（例如 Wince、Linux）。

6.2.2　典型嵌入式操作系统

1．VxWorks

VxWorks 操作系统是美国 WindRiver 公司于 1983 年设计开发的一种嵌入式实时操作系统（RTOS），是 Tornado 嵌入式开发环境的关键组成部分。良好的持续发展能力、高性能的内核以及友好的用户开发环境，在嵌入式实时操作系统领域逐渐占据一席之地。VxWorks 具有以下特点：可裁剪微内核结构；高效的任务管理；灵活的任务间通信；微秒级的中断处理；支持 POSIX 1003.1b 实时扩展标准；支持多种物理介质及标准的、完整的 TCP/IP 网络协议等。但是其价格昂贵。由于操作系统本身以及开发环境都是专有的，价格一般都比较高，通常需花费 10 万元人民币以上才能建起一个可用的开发环境，对每一个应用一般还要另外收取版税。其一般不提供源代码，只提供二进制代码。由于它们都是专用操作系统，需要专门的技术人员掌握开发技术和维护，所以软件的开发和维护成本都非常高，支持的硬件数量有限。

2．Windows CE

自 1996 年 11 月发布 Windows CE 1.0 后，微软正式进入嵌入式市场。Windows CE 最大的优点是与 Windows 系列有较好的兼容性，这也使得 Windows CE 一出世就在嵌入式操作系统市场中占据主导地位，成为众多嵌入式产品的首选，比如 PDA、SmartPhone 等。随着该操作

系统后续版本的发布，Windows CE 有了显著的进步，其中包括基于向导程序的简化操作系统配置，软件开发工具包（SDK）的推出实现了应用程序的开发，如 2.12 版对多媒体的支持，以及 3.0 版增强的 Internet 功能及对实时的支持。目前，Windows CE 最新版本是 6.0。Windows CE 6.0 的新核心经过了重新设计，在性能上的改善非常明显，如并发进程数从 32 个猛增至 32 000 个，每个进程的最大虚拟内存利用量高达 2GB，可提供实时数据连接等，有的组件还可以利用 Windows Vista 内建的新功能来遥控桌面并在投影仪上显示给观众。另外，6.0 还增强了对多媒体的支持，并且其公开化核心源代码也由 5.0 的 56%提高到 100%。

3．嵌入式 Linux

这是嵌入式操作系统的一个新成员，其最大的特点是源代码公开并且遵循 GPL 协议，近年其成为研究热点。据 IDG 预测嵌入式 Linux 将占未来两年的嵌入式操作系统份额的 50%。由于其源代码公开，人们可以任意修改，以满足自己的应用，并且查错也很容易。优秀的网络功能在 Internet 时代尤其重要。稳定——这是 Linux 本身具备的一个很大优点。内核精悍，运行所需资源少，十分适合嵌入式应用。支持的硬件数量庞大。嵌入式 Linux 和普通 Linux 并无本质区别，PC 上用到的硬件嵌入式 Linux 几乎都支持。而且各种硬件的驱动程序源代码都可以得到，为用户编写自己专有硬件的驱动程序带来了很大方便。

在嵌入式系统上运行 Linux 的一个缺点是 Linux 体系提供的实时性，需要添加实时软件模块。而这些模块运行的内核空间正是操作系统实现调度策略、硬件中断异常和执行程序的部分。由于这些实时软件模块是在内核空间运行的，因此代码错误可能会破坏操作系统从而影响整个系统的可靠性，这对于实时应用将是一个非常严重的弱点。

4．UC/OS-Ⅱ

UC/OS-Ⅱ是著名的源代码公开的实时内核，是专为嵌入式应用设计的，可用于 8 位、16 位和 32 位单片机或数字信号处理器（DSP）。它在原版本 μC/OS 的基础上做了重大改进与升级，并有了近十年的使用实践，有许多成功应用该实时内核的实例。

5．QNX

QNX 是由 QNX 软件系统有限公司开发的一套实时操作系统，它是一个实时的、可扩展的操作系统，部分遵循了 POSIX 相关标准，可以提供一个很小的微内核及一些可选择的配合进程。其内核仅提供 4 种服务：进程调度、进程间通信、底层网络通信和中断处理。其进程在独立的空间中运行，所有其他操作系统服务都实现为协作的用户进程，因此 QNX 内核非常小巧，大约几千字节，而且运行速度极快。这个灵活的结构可以使用户根据实际的需求，将系统配置为小型的嵌入式系统或者包括几百个处理器的超级虚拟机系统。

6．Palm OS

3Com 公司的 Palm OS 在 PDA 市场上占有很大的份额，它有开放的操作系统 API，开发商可以根据需要自行开发所需要的应用程序。目前大约有 3 500 个应用程序可以在 Palm 上运行，这使得 Palm 的功能得以不断增多。这些软件包括计算器、各种游戏、电子宠物、GIS（地理信息）等。

7．uClinux

uClinux 开始于 Linux 2.0 的一个分支，它被应用于微控制领域。uClinux 最大的特征是没有 MMU（内存管理单元）模块。它很适合那些没有 MMU 的处理器。这种没有 MMU 的处理器在嵌入式领域中应用得相当普遍。同标准的 Linux 相比，在 uCLinux 上运行的绝大多数用户程序并不需要多任务。另外，针对 uClinux 内核的二进制代码和源代码都经过了重新编写，以紧缩和裁剪基本的代码。这就使得 uClinux 的内核同标准的 Linux 内核相比非常小，但是它仍能保持 Linux 操作系统常用的 API、小于 512 KB 的内核和相关的工具。uClinux 操作系统所有的代码加起来小于 900 KB。uClinux 有完整的 TCP/IP 协议栈，同时对其他多种网络协议都提供支持，这些网络协议都在 uClinux 上得到了很好的实现。uClinux 可以称为是一个针对嵌入式系统的优秀网络操作系统，它所支持的文件系统很多，其中包括最常用的 NTFS（网络文件系统）、ext2（第二扩展文件系统，它是 Linux 文件系统的标准）、MS-DOS 及 FAT16/32、Cramfs、jffs2、ramfs 等。

8．Nucleus

Nucleus 操作系统是由美国 ATI(Accelerated Technology Inc)公司于 1990 年开发的。Nucleus PLUS 是为实时嵌入式应用而设计的一个抢先式多任务操作系统内核，其 95%的代码是用 ANSI C 写成的，因此，非常便于移植并能够支持大多数类型的处理器。从实现角度来看，Nucleus PLUS 是一组 C 函数库，应用程序代码与核心函数库连接在一起，生成一个目标代码，下载到目标板的 RAM 中或直接烧录到目标板的 ROM 中执行。在典型的目标环境中，Nucleus PLUS 核心代码区一般不超过 20 KB。Nucleus PLUS 采用了软件组件的方法，每个组件具有单一而明确的目的，通常由几个 C 及汇编语言模块构成，提供清晰的外部接口，对组件的引用就是通过这些接口完成的。除了少数特殊情况外，不允许从外部对组件内的全局进行访问。由于采用了软件组件的方法，Nucleus PLUS 的各个组件都非常易于替换和复用。现在 Nuclues 也被移植到如 x86、ARM 系列、MIPS 系列、PowerPC 系列、ColdFire、TI DSP、StrongARM、H8/300H、SH1/2/3、V8xx、Tricore、Mcore、Panasonic MN10200、Tricore 等处理器上。

9．Hopen OS

Hopen OS 是由国内凯思集团自主研制的实时操作系统，由一个很小的内核及一些可以根据需要定制的系统模块组成。核心 Hopen Kernel 一般为 10 KB 左右，占空间小，具有多任务、多线程的系统特性。

10．EEOS

EEOS 是由中科院计算所组织开发的、开放源码的实时操作系统，支持 P-Java，其具有小型化、可以重用 Linux 的驱动和其他模块等特点。目前 EEOS 已经发展成为一个较为完善、稳定、可靠的嵌入式操作系统平台。

6.2.3　嵌入式操作系统的选择

在设计信息电器、数字医疗设备等嵌入式产品时，嵌入式操作系统的选择至关重要。一般而言，在选择嵌入式操作系统时，可以遵循以下原则。总的来说，就是“做加法还是做减法”的问题。

1．市场进入时间

制订产品时间表与选择操作系统有关系，实际产品和一般的演示效果是不同的。现成资源最多的可能是 Windows CE。使用 Windows CE 能够很快进入市场。因为 Windows CE+x86 做产品实际上是在做减法，去掉不要的功能，能很快出产品，但伴随的可能是高成本，核心竞争力差。对于某些高效的操作系统，可能由于编程人员缺乏，或由于这方面的技术积累不够，会影响开发进度。

2. 可移植性

当进行嵌入式软件开发时，可移植性是要重点考虑的问题。良好的软件可移植性应该比较好，可以在不同平台、不同系统上运行，跟操作系统无关。软件的通用性和软件的性能通常是矛盾的，即通用以损失某些特定情况下的优化性能为代价。很难设想开发一个嵌入式浏览器而仅能在某一特定环境下应用。反过来说，当产品与平台和操作系统紧密结合时，往往产品的特色就蕴含其中。

3. 可利用资源

产品开发不同于学术课题研究，它是以快速、低成本、高质量地推出适合用户需求的产品为目的的。集中精力研发出产品的特色，其他功能尽量由操作系统附加或采用第三方产品，因此操作系统的可利用资源对于选型是一个重要参考条件。Linux 和 Windows CE 都有大量的资源可以利用，这是它们被看好的重要原因。有些其他的实时操作系统由于比较封闭，开发时可以利用的资源比较少，因此多数功能需要自己独立开发，从而影响了开发进度。近来的市场需求显示，越来越多的嵌入式系统，均要求提供全功能的 Web 浏览器。而这要求有一个高性能、高可靠的 GUI 的支持。

4. 系统定制能力

信息产品不同于传统 PC 的 Wintel 结构的单纯性，用户的需求是千差万别的，硬件平台也都不一样，所以对系统的定制能力提出了要求。要分析产品是否对系统底层有改动的需求，这种改动是否伴随着产品特色。Linux 由于其源代码开放的天生魅力，在定制能力方面具有优势。随着 Windows CE 3.0 源代码的开放，以及微软在嵌入式领域力度的加强，其定制能力会有所提升。

5. 成本

成本是所有产品不得不考虑的问题。操作系统的选择会对成本造成什么影响呢？Linux 免费，Windows CE 等商业系统需要支付许可证使用费，但这都不是问题的答案。成本是需要综合权衡以后进行考虑的——选择某一系统可能会对其他一系列的因素产生影响，如对硬件设备的选型、人员投入以及公司管理和与其他合作伙伴的共同开发之间的沟通等许多方面的影响。

6. 中文内核支持

国内产品需要对中文的支持。由于操作系统多数是采用西文方式，是否支持双字节编码方式，是否遵循 GBK 和 GB 18030—2005《信息技术　中文编码字符集》，是否支持中文输入与处理，是否提供第三方中文输入接口是针对国内用户的嵌入式产品必须考虑的重要因素。

上面提到用 Windows CE+x86 做产品是减法，这实际上就是所谓的 PC 家电化。另外一种做法是加法，利用家电行业的硬件解决方案（绝大部分是非 x86 的）加以改进，加上嵌入式操作系统，再加上应用软件，这是所谓的家电 PC 化的做法。这种加法的优势是成本低，特色突出，缺点是产品研发周期长，难度大（需要深入了解硬件和操作系统）。如果用这种做法，Linux 是一个好的选择，它可让用户深入到系统底层。

6.3　嵌入式实时操作系统（RTOS）

6.3.1　实时操作系统概述

所谓实时，其并不完全等同于执行速度“快”，根据实时的定义：系统的正确性不仅取决于计算的逻辑结果，而且还依赖于产生结果的时间。也就是说，实时与非实时的区别就在于时间上多了一层限制，即特定操作所消耗的时间（以及空间）的上限是可预知的。通常实时操作系统又可分为软实时和硬实时两种。

软实时系统不能严格保证执行的时间，只能是在某一个可以接受的范围内。如电视会议系统，图像的传输对时间有一定的要求，但允许在传输的过程中丢失个别帧图像。

硬实时系统则要求系统能够在确定的时间内执行相应的功能，并对外部的异步事件做出响应。例如，嵌入式医疗设备。

6.3.2　实时操作系统的发展过程

1. 早期的实时操作系统

早期的实时操作系统，还不能称为真正的 RTOS，它只是小而简单的、带有一定专用性的软件，功能较弱，可以认为是一种实时监控程序。它一般为用户提供对系统的初始化管理以及简单的实时时钟管理,有的实时监控程序也引入了任务调度及简单的任务间协调等功能，属于这类实时监控程序的有 RTMX 等。这个时期，实时应用较简单，实时性要求也不高。应用程序、实时监控程序和硬件运行平台往往是紧密联系在一起的。

2. 专用实时操作系统

随着应用的发展，早期的 RTOS 已越来越显示出不足。有些实时系统的开发者为了满足实时应用的需要，自己研制与特定硬件相匹配的实时操作系统。这类专用实时操作系统在国外称为 Real-Time Operating System Developed in House。它是在早期用户为满足自身开发需要而研制的，它一般只能适用于特定的硬件环境，且缺乏严格的评测，移植性也不太好。属于这类实时操作系统的有 Intel 公司的 iMAX86 等。

3. 通用实时操作系统

在各种专用 RTOS 中，一些多任务的机制如基于优先级的调度、实时时钟管理、任务间的通信、同步互斥机构等基本上是相同的，不同的只是面向各自的硬件环境与应用目标。实际上，相同的多任务机制是能够共享的，因而可以把这部分很好地组织起来，形成一个通用的实时操作内核。这类实时操作系统大多采用软组件结构，以一个个软件“标准模块”构成通用的实时操作系统，一方面，在 RTOS 内核的底层将不同的硬件特性屏蔽掉；另一方面，对不同的应用环境提供了标准的、可剪裁的系统服务软组件。这使得用户可根据不同的实时应用要求及硬件环境选择不同的软组件，也使得实时操作系统开发商在开发过程中减少了重复性工作。

这类通用实时操作系统有 Integrated System 公司的 Psos+、Intel 公司的 iRMX386、Ready System 公司（后与 Microtec Research 合并）的 VRTX32 等。它们一般都提供了实时性较好的

内核、多种任务通信机制、基于 TCP/IP 的网络组件、文件管理及 I/O 服务，提供了集编辑、编译、调试、仿真为一体的集成开发环境，支持用户使用 C、C++语言进行应用程序的开发。

实时操作系统经过多年的发展，先后从实模式进化到保护模式，从微内核技术进化到超微内核技术，在系统规模上也从单处理器的 RTOS 发展到支持多处理器的 RTOS 和网络 RTOS，在操作系统研究领域中形成了一个重要分支。

6.3.3 实时操作系统评价指标

RTOS 是操作系统研究的一个重要分支，它与一般商用多任务 OS（如 UNIX、Windows、Multifinderel 等）有共同的一面，也有不同的一面。对于商用多任务 OS，其目的是方便用户管理计算机资源，追求系统资源利用率最大化；而 RTOS 追求的是实时性、可确定性、可靠性。评价一个实时操作系统一般可以从任务调度、内存管理、任务通信、内存开销、任务切换时间、最大中断禁止时间等几个方面来衡量。

1．任务调度机制

RTOS 的实时性和多任务能力在很大程度上取决于它的任务调度机制。从调度策略上来讲，分优先级调度策略和时间片轮转调度策略；从调度方式上来讲，分可抢占、不可抢占、选择可抢占调度方式；从时间片来看，分固定与可变时间片轮转。

2．内存管理

内存管理分为实模式与保护模式。

3．最小内存开销

RTOS 的设计过程中，最小内存开销是一个较重要的指标，这是因为在工业控制领域中的某些工控机（如上下位机控制系统中的下位机），由于基于降低成本的考虑，其内存的配置一般都不大。因此，在 RTOS 的设计中，其占用内存大小是一个很重要的指标，这是 RTOS 设计与其他操作系统设计的明显区别之一。

4．最大中断禁止时间

当 RTOS 运行在核态或执行某些系统调用的时候，是不会因为外部中断的到来而中断执行的。只有当 RTOS 重新回到用户态时才响应外部中断请求，这一过程所需的最大时间就是最大中断禁止时间。

5．任务切换时间

当由于某种原因使一个任务退出运行时，RTOS 保存它的运行现场信息、插入相应队列、并依据一定的调度算法重新选择一个任务使之投入运行，这一过程所需时间称为任务切换时间。

上述几项中，最大中断禁止时间和任务切换时间是评价一个 RTOS 实时性最重要的两个技术指标。

6.4 PXA255 操作系统实例

前面分析了嵌入式操作系统的特点及其基本原理，并介绍了几种常用的嵌入式操作系统及其选择的标准。接下来将通过两个实例来对特定嵌入式平台下操作系统的开发进行详细介绍。

与前面章节一样，本节选取基于 PXA255 芯片的嵌入式系统作为硬件平台，并选取两个典型且应用广泛的嵌入式操作系统——嵌入式 Linux 和 Windows CE 作为实例，来展开嵌入式操作系统内核如何应用到特定硬件平台下的相关讨论。这里只针对如何分析和选择 PXA255 的嵌入式操作系统的一些核心问题进行介绍。

6.4.1 基于 Linux 操作系统的开发

1．概述

Linux 是一个成熟而稳定的网络操作系统。将 Linux 植入嵌入式设备具有众多的优点。首先，Linux 的源代码是开放的，任何人都可以获取并修改，用于开发自己的产品。其次，Linux 是可以定制的，其系统内核最小只有约 134 KB。一个带有中文系统和图形用户界面的核心程序也可以做到不足 1 MB，并且同样稳定。另外，它和多数 UNIX 系统兼容，应用程序的开发和移植相当容易。同时，由于具有良好的可移植性，人们已成功使 Linux 运行于数百种硬件平台之上。

然而，Linux 并非专门为实时性应用而设计，因此如果想在对实时性要求较高的嵌入式系统中运行 Linux，就必须为之添加实时软件模块。Linux 的众多优点使它在嵌入式领域获得了广泛的应用，并出现了数量可观的嵌入式 Linux 系统。其中有代表性的包括：uClinux、ETLinux、ThinLinux、LOAF 等。ETLinux 通常用于在小型工业计算机，尤其是 PC/104 模块。ThinLinux 面向专用的照相机服务器、X-10 控制器、MP3 播放器和其他类似的嵌入式应用。LOAF 是 Linux On A Floppy 的缩略语，它运行在 386 平台上。

2．嵌入式 Linux 的优势和挑战

1）嵌入式 Linux 的优势

嵌入式 Linux 的开发和研究是操作系统领域中的一个热点，目前已经开发成功的嵌入式系统中，大约有一半使用的是 Linux。Linux 之所以能在嵌入式系统市场上取得如此辉煌的成果，与其自身的优良特性是分不开的。

（1）广泛的硬件支持

Linux 能够支持 x86、ARM、MIPS、ALPHA、PowerPC 等多种体系结构，目前已经成功移植到数十种硬件平台上，几乎能够运行在所有流行的 CPU 上。Linux 有着异常丰富的驱动程序资源，支持各种主流硬件设备和最新硬件技术，甚至可以在没有存储管理单元（MMU）的处理器上运行，这些都进一步促进了 Linux 在嵌入式系统中的应用。

（2）内核高效稳定

Linux 内核的高效和稳定已经在各个领域内得到了大量事实的验证，Linux 的内核设计非常精巧，分成进程调度、内存管理、进程间通信、虚拟文件系统和网络接口五大部分，其独特的模块机制可以根据用户的需要，实时地将某些模块插入到内核或从内核中移走。这些特性使得 Linux 系统内核可以裁剪得非常小巧，很适合嵌入式系统的需要。

（3）开放源码，软件丰富

Linux 是开放源代码的自由操作系统，它为用户提供了最大限度的自由度，由于嵌入式系统千差万别，往往需要针对具体的应用进行修改和优化，因而获得源代码就变得至关重要了。Linux 的软件资源十分丰富，每一种通用程序在 Linux 上几乎都可以找到，并且数量还在不断增加。在 Linux 上开发嵌入式应用软件一般不用从头做起，而是可以选择一个类似的自由软件作为原型，在其上进行二次开发。

（4）优秀的开发工具

开发嵌入式系统的关键是需要有一套完善的开发和调试工具。传统的嵌入式开发调试工具是在线仿真器（in-circuit emulator，ICE），它通过取代目标板的微处理器，给目标程序提供一个完整的仿真环境，从而使开发者能够非常清楚地了解到程序在目标板上的工作状态，便于监视和调试程序。在线仿真器的价格非常昂贵，而且只适合做底层的调试，如果使用的是嵌入式 Linux，一旦软/硬件能够支持正常的串口功能时，即使不用在线仿真器也可以很好地进行开发和调试工作，从而节省了一笔不小的开发费用。嵌入式 Linux 为开发者提供了一套完整的工具链（ToolChain），它利用 GNU 的 gcc 作为编译器，用 gdb、kgdb、xgdb 作为调试工具，能够很方便地实现从操作系统到应用软件各个级别的调试。

（5）完善的网络通信和文件管理机制

Linux 从诞生之日起就与 Internet 密不可分，支持所有标准的 Internet 网络协议，并且很容易移植到嵌入式系统当中。此外，Linux 还支持 ext2、Fat16、Fat32、romfs 等文件系统，这些都为开发嵌入式系统应用打下了很好的基础。

2）嵌入式 Linux 的挑战

目前，嵌入式 Linux 系统的研发热潮正在蓬勃兴起，并且占据了很大的市场份额，除了一些传统的 Linux 公司（如 RedHat、MontaVista 等）正在从事嵌入式 Linux 的开发和应用之外，IBM、Intel、Motorola 等著名企业也开始进行嵌入式 Linux 的研究。虽然前景很好，但就目前而言，嵌入式 Linux 的研究成果与市场的真正要求仍有一定差距，要开发出真正成熟的嵌入式 Linux 系统，还需要从以下几个方面做出努力。

（1）提高系统实时性

Linux 虽然已经被成功地应用到了 PDA、移动电话、车载电视、机顶盒、网络、微波炉等各种嵌入式设备上，但在医疗、航空、交通、工业控制等对实时性要求非常严格的场合中还无法直接应用。原因在于现有的 Linux 是一个通用的操作系统，虽然它也采用了许多技术来加快系统的运行和响应速度，并且符合 POSIX 1003.1b 标准，但从本质上来说并不是一个嵌入式实时操作系统。Linux 的内核调度策略基本上沿用 UNIX 系统的，将它直接应用于嵌入式实时环境会有许多缺陷，如在运行内核线程时中断被关闭，分时调度策略存在时间上的不确定性，以及缺乏高精度的计时器等。正因为如此，利用 Linux 作为底层操作系统，在其上进行实时化改造，从而构建出一个具有实时处理能力的嵌入式系统，是现在日益流行的解决方案。

（2）改善内核结构

Linux 内核采用的是整体式结构（monolithic），整个内核是一个单独的、非常大的程序，这样虽然能够使系统的各个部分直接沟通，有效地缩短任务之间的切换时间，提高系统响应速度，但与嵌入式系统存储容量小、资源有限的特点不符。嵌入式系统经常采用的是另一种称为微内核（microkernel）的体系结构，即内核本身只提供一些最基本的操作系统功能，如任务调度、内存管理、中断处理等，而类似于文件系统和网络协议等附加功能则运行在用户空间中，并且可以根据实际需要进行取舍。microkernel 的执行效率虽然比不上 monolithic，但却大大减小了内核的体积，便于维护和移植，更能满足嵌入式系统的要求。可以考虑将 Linux 内核部分改造成 microkernel，使 Linux 在具有很高性能的同时，又能满足嵌入式系统体积小的要求。

（3）完善集成开发平台

引入嵌入式 Linux 系统集成开发平台，是嵌入式 Linux 进一步发展和应用的内在要求。传统上的嵌入式系统都是面向具体应用的，软件和硬件之间必须紧密配合，但随着嵌入式系统规模的不断扩大和应用领域的不断扩展，嵌入式操作系统的出现成了一种必然，因为只有这样才能促成嵌入式系统朝层次化和模块化的方向发展。很显然，嵌入式集成开发平台也是符合上述发展趋势的，一个优秀的嵌入式集成开发环境能够提供比较完备的仿真功能，可以实现嵌入式应用软件和嵌入式硬件的同步开发，从而摆脱"嵌入式应用软件的开发依赖于嵌入式硬件的开发，并且以嵌入式硬件的开发为前提"的不利局面。一个完整的嵌入式集成开发平台通常包括编译器、连接器、调试器、跟踪器、优化器和集成用户界面，目前 Linux 在基于图形界面的特定系统定制平台的研究上，与 Windows CE 等商业嵌入式操作系统相比还有很大差距，整体集成开发环境有待提高和完善。

3. 为 PXA255 选择内核

从 http://www.kernel.org 网站可以获取通用版本的 Linux 内核。但嵌入式领域中的架构很多，从网上所下载的内核多数不能使用在每个架构上的。要想让 Linux 跑到开发板上，还必须给内核打一些补丁。这些补丁通常是由专门负责开发相应处理器架构的团队维护的。打过补丁的内核一般都在其版本后面加一个后缀，比如"-rmk7"，该后缀往往表示的是针对某个平台的补丁。常见的后缀及含义如下：

Rmk：表示由 Russell King 维护的 ARM Linux。

Np：表示由 Nicolas Pitre 维护的基于 StrongARM 和 XScale 的 ARM Linux。

Ac：表示由 Alan Cox（Alan Cox 是仅次于 linus 的 Linux 的维护人员，他主要负责网络部分和 OSS 等的维护工作）维护的 Linux 代码。

Hh：表示由 www.handhelds.org 网站发布的 ARM Linux 代码。主要是基于 XScale 的，它包括工具链、内核补丁、嵌入式图形系统等。

表 6-1 列出了每个处理器最适合的内核供应网站及下载方式。

表 6-1　处理器适合的内核供应网站及下载方式

处理器架构	内核供应网站	可用下载方式
x86	http://www.kernel.org/	ftp，http，rsync
ARM	http://www.arm.Linux.org.uk/developer/	ftp，rsync
PowerPC	http://penguinppc.org/	ftp，http，rsync，bitkeeper
MIPS	http://www.Linux-mips.org/	cvs
SuperH	http://Linuxsh.sourceforge.net/	cvs
M68k	http://www.Linux-m68k.org/	ftp，http

当然还有其他方法可以获得某个架构的内核，比如可以从开发商那里获得整套的开发工具。

下面以 PXA255 开发板为例，简单介绍如何选择内核，PXA255 是基于 ARM 核的，所以可以下载基于 ARM 架构的 Linux 内核，然后再打上 PXA255 相关补丁即可。内核相关文件列表如下：

Linux-2.4.18.tar.gz：就是通用的 Linux 版本。

patch-2.4.18-rmk7.gz：针对 ARM 架构的补丁。可以从 http://www.arm.Linux.org.uk/developer/

下载。

diff-2.4.18-rmk7-pxa1.gz：是针对 PXA255 的架构补丁。

xhyper255-patch-0.1.gz：是针对 X-HYPER255 平台的补丁。

2.4.18-rmk7-pxa1-xhyper255.tar.gz ：Linux-2.4.18.tar.gz 打过补丁后的最终版本。

下面是简单的内核制作过程：

```
[root$hybus Patch]# tar xvzf Linux-2.4.18.tar.gz
[root$hybus Linux]# cd Linux
[root$hybus Linux]# gzip -cd ../patch-2.4.18-rmk7.gz | patch -p1
[root$hybus Linux]# gzip -cd ../diff-2.4.18-rmk7-pxa1.gz | patch -p1
[root$hybus Linux]# gzip -cd ../xhyper255-patch-0.1.gz | patch -p1
```

通常情况下，选择的版本越新越好。当然也有一些例外，所以选择内核之前最好经过仔细的调查，密切关注内核开发的相关论坛。

4. 内核代码结构

在源程序树的最上层会看到一些目录：

① COPYING：GPL 版权申明。对具有 GPL 版权的源代码改动而形成的程序，或使用 GPL 工具产生的程序，具有使用 GPL 发表的义务，如公开源代码。

② CREDITS：光荣榜。对 Linux 做出过很大贡献的一些人的信息。

③ MAINTAINERS：维护人员列表，对当前版本的内核各部分都由谁负责。

④ Makefile：第一个 Makefile 文件。用来组织内核的各模块，记录了各模块间的相互联系和依托关系，编译时使用。仔细阅读各子目录下的 Makefile 文件对弄清各个文件之间的联系和依托关系很有帮助。

⑤ ReadMe：核心及其编译配置方法的简单介绍。

⑥ Rules.make：各种 Makefilemake 所使用的一些共同规则。

⑦ REPORTING-BUGS：有关 Bug 报告的一些内容。

⑧ Arch：arch 子目录包括所有和体系结构相关的核心代码。它还有更深的子目录，每一个代表一种支持的体系结构，例如 i386 和 alpha、arm 等 。

⑨ Include：include 子目录包括编译核心所需要的大部分 include 文件。它也有更深一层的子目录，每一个支持的体系结构一个。Include/asm 是这个体系结构所需要的真实的 include 目录的软链接，例如在 arm 体系结构下则链接到 include/asm-arm。为了改变体系结构，需要编辑核心的 makefile，重新运行 Linux 的核心配置程序。

⑩ Init：这个目录包含核心的初始化代码，它里面包含了两个文件 main.c（内核 main 入口函数）和 version.c，这是研究核心如何工作的一个非常好的起点。

⑪ Mm：这个目录包括所有独立于 CPU 体系结构的内存管理代码。和体系结构相关的内存管理代码位于 arch/*/mm/ ，例如 arch/i386/mm/fault.c。

⑫ Driver：系统所有的设备驱动程序在这个目录。它们被划分成设备驱动程序类，如 block。

⑬ Ipc：这个目录包含核心进程间通信的代码。

⑭ Modules：这只是一个用来存放建立好的模块的目录，一般为空目录。

⑮ Fs：所有的文件系统代码。被划分成子目录，每一个支持的文件系统一个，例如 vfat 和 ext2。

⑯ Kernel：主要的核心代码。同样，和体系相关的核心代码放在 arch/*/kernel 下。

⑰ Net：核心的网络代码。

⑱ Lib：这个目录放置核心的库代码。与体系结构相关的库代码在 arch/*/lib/下。

⑲ Scripts：这个目录包含脚本（例如 awk 和 tk 脚本），用于配置核心。

5. 内核配置的基本结构

Linux 内核的配置系统由 3 部分组成，分别是：

① Makefile：分布在 Linux 内核源代码中的 Makefile，定义 Linux 内核的编译规则。

② 配置文件（config.in）：给用户提供配置选择的功能。

③ 配置工具：包括配置命令解释器（对配置脚本中使用的配置命令进行解释）和配置用户界面（提供基于字符界面、基于 Ncurses 图形界面以及基于 Xwindow 图形界面的用户配置界面，各自对应于 make config、make menuconfig 和 make xconfig）。

这些配置工具都是使用脚本语言，如 Tcl/TK、Perl 编写的（也包含一些用 C 编写的代码）。本文并不是对配置系统本身进行分析，而是介绍如何使用配置系统。所以，除非是配置系统的维护者，一般的内核开发者无须了解它们的原理，只需要知道如何编写 Makefile 和配置文件就可以。所以在本文中，只对 Makefile 和配置文件进行讨论。另外，凡是涉及与具体 CPU 体系结构相关的内容，都以 ARM 为例，这样不仅可以将讨论的问题明确化，而且对内容本身不产生影响。

1）Makefile

（1）Makefile 概述

Makefile 的作用是根据配置的情况，构造出需要编译的源文件列表，然后分别编译，并把目标代码连接到一起，最终形成 Linux 内核二进制文件。

由于 Linux 内核源代码是按照树形结构组织的，所以 Makefile 也被分布在目录树中。与 Linux 内核中的 Makefile 以及与 Makefile 直接相关的文件有：

① Makefile：顶层 Makefile，是整个内核配置、编译的总体控制文件。

② .config：内核配置文件，包含由用户选择的配置选项，用来存放内核配置后的结果（如 make config）。

③ arch/*/Makefile：位于各种 CPU 体系目录下的 Makefile，如 arch/arm/Makefile，是针对特定平台的 Makefile。

④ 各个子目录下的 Makefile：例如 drivers/Makefile，负责所在子目录下源代码的管理。

⑤ Rules.make：规则文件，被所有的 Makefile 使用。

用户通过 make config 配置后，产生了.config。顶层 Makefile 读入.config 中的配置选择。顶层 Makefile 有两个主要的任务：产生 vmLinux 文件和内核模块（module）。为了达到此目的，顶层 Makefile 递归地进入到内核的各个子目录中，分别调用位于这些子目录中的 Makefile。至于到底进入哪些子目录，取决于内核的配置。在顶层 Makefile 中，有一条语句：include arch/$(ARCH)/Makefile，包含了特定 CPU 体系结构下的 Makefile，这个 Makefile 中包含了平台相关的信息。

位于各个子目录下的 Makefile 同样也根据.config 给出的配置信息，构造出当前配置下需要的源文件列表，并在文件的最后有 include $(TOPDIR)/Rules.make。

Rules.make 文件起着非常重要的作用，它定义了所有 Makefile 共用的编译规则。比如，如果需要将本目录下所有的 C 程序编译成汇编代码，需要在 Makefile 中有以下的编译规则：

```
%.s: %.c
$ (CC) $ (CFLAGS) -S $< -o $@
```

有很多子目录下都有同样的要求，就需要在各自的 Makefile 中包含此编译规则，这会比较麻烦。而 Linux 内核中则把此类的编译规则统一放置到 Rules.make 中，并在各自的 Makefile 中包含进了 Rules.make（include Rules.make），这样就避免了在多个 Makefile 中重复同样的规则。对于上面的例子，在 Rules.make 中对应的规则：

```
%.s: %.c
$ (CC) $(CFLAGS) $(EXTRA_CFLAGS) $(CFLAGS_$(*F)) $(CFLAGS_$@) -S $< -o $@
```

（2）Makefile 中的变量

顶层 Makefile 定义并向环境中输出了许多变量，为各个子目录下的 Makefile 传递一些信息。有些变量，比如 SUBDIRS，不仅在顶层 Makefile 中定义、赋初值，而且在 arch/*/Makefile 还做了扩充。

常用的变量有以下几类：

① 版本信息。版本信息有：VERSION，PATCHLEVEL，SUBLEVEL，EXTR***ERSION，KERNELRELEASE。版本信息定义了当前内核的版本，例如 VERSION=2，PATCHLEVEL=4，SUBLEVEL=18，EXAT***ERSION=-rmk7，它们共同构成内核的发行版本 KERNELRE。

LEASE：2.4.18-rmk7。

② CPU 体系结构：ARCH。在顶层 Makefile 的开头，用 ARCH 定义目标 CPU 的体系结构，例如，ARCH:=arm。许多子目录的 Makefile 中，要根据 ARCH 的定义选择编译源文件的列表。

③ 路径信息：TOPDIR，SUBDIRS。TOPDIR 定义了 Linux 内核源代码所在的根目录。例如，各个子目录下的 Makefile 通过$ (TOPDIR)/Rules.make 就可以找到 Rules.make 的位置。

SUBDIRS 定义了一个目录列表，在编译内核或模块时，顶层 Makefile 就是根据 SUBDIRS 来决定进入哪些子目录。SUBDIRS 的值取决于内核的配置，在顶层 Makefile 中 SUBDIRS 赋值为 kernel drivers mm fs net ipc lib；根据内核的配置情况，在 arch/*/Makefile 中扩充了 SUBDIRS 的值，参见以下的例子。

④ 内核组成信息：HEAD，CORE_FILES，NETWORKS，DRIVERS，LIBS。

Linux 内核文件 vmLinux 是由以下规则产生的：

```
vmLinux: $(CONFIGURATION) init/main.o init/version.o Linuxsubdirs
$(LD) $(LINKFLAGS) $(HEAD) init/main.o init/version.o \
--start-group \
$(CORE_FILES) \
$(DRIVERS) \
$(NETWORKS) \
$(LIBS) \
--end-group \
-o vmLinux
```

可以看出，vmLinux 是由 HEAD、main.o、version.o、CORE_FILES、DRIVERS、NETWORKS 和 LIBS 组成的。这些变量（如 HEAD）都是用来定义连接生成 vmLinux 的目标文件和库文件列表的。其中，HEAD 在 arch/*/Makefile 中定义，用来确定被最先连接进 vmLinux 的文件列表。例如，对于 ARM 系列的 CPU，HEAD 定义为：

```
HEAD := arch/arm/kernel/head-$(PROCESSOR).o \
        arch/arm/kernel/init_task.o
```

表明 head-$ (PROCESSOR).o 和 init_task.o 需要最先被连接到 vmLinux 中。PROCESSOR 为 armv 或 armo，取决于目标 CPU。CORE_FILES，NETWORK，DRIVERS 和 LIBS 在顶层 Makefile 中定义，并且由 arch/*/Makefile 根据需要进行扩充。CORE_FILES 对应着内核的核心文件，有 kernel/kernel.o，mm/mm.o，fs/fs.o，ipc/ipc.o，可以看出，这些是组成内核最为重要的文件。同时，arch/arm/Makefile 对 CORE_FILES 进行了扩充：

```
# arch/arm/Makefile
# If we have a machine-specific directory, then include it in the build.
MACHDIR := arch/arm/mach-$(MACHINE)
ifeq ($(MACHDIR),$(wildcard $(MACHDIR)))
SUBDIRS += $(MACHDIR)
CORE_FILES := $(MACHDIR)/$(MACHINE).o $(CORE_FILES)
endif
HEAD := arch/arm/kernel/head-$(PROCESSOR).o \
arch/arm/kernel/init_task.o
SUBDIRS += arch/arm/kernel arch/arm/mm arch/arm/lib arch/arm/nwfpe
CORE_FILES := arch/arm/kernel/kernel.o arch/arm/mm/mm.o $(CORE_FILES)
LIBS := arch/arm/lib/lib.a $(LIBS)
```

⑤ 编译信息：CPP，CC，AS，LD，AR，CFLAGS，LINKFLAGS。在 Rules.make 中定义的是编译的通用规则，具体到特定的场合，需要明确给出编译环境，编译环境就是在以上的变量中定义的。针对交叉编译的要求，定义了 CROSS_COMPILE。比如：

```
CROSS_COMPILE = arm-Linux-
CC = $(CROSS_COMPILE)gcc
LD = $(CROSS_COMPILE)ld
...
```

CROSS_COMPILE 定义了交叉编译器前缀 arm-Linux-，表明所有的交叉编译工具都是以 arm-Linux-开头的，所以在各个交叉编译器工具之前，都加入了$ (CROSS_COMPILE)，以组成一个完整的交叉编译工具文件名，例如 arm-Linux-gcc。

CFLAGS 定义了传递给 C 编译器的参数。

LINKFLAGS 是连接生成 vmLinux 时，由连接器使用的参数。LINKFLAGS 在 arm/*/Makefile 中定义，例如：

```
# arch/arm/Makefile
LINKFLAGS :=-p -X -T arch/arm/vmLinux.lds
```

⑥ 配置变量 CONFIG_*。.config 文件中有许多的配置变量等式，用来说明用户配置的结果。例如 CONFIG_MODULES=y 表明用户选择了 Linux 内核的模块功能。

.config 被顶层 Makefile 包含后，就形成许多配置变量，每个配置变量具有确定的值：y 表示本编译选项对应的内核代码被静态编译进 Linux 内核；m 表示本编译选项对应的内核代码被编译成模块；n 表示不选择此编译选项；如果根本就没有选择，那么配置变量的值为空。

（3）Rules.make 变量

前面讲过，Rules.make 是编译规则文件，所有的 Makefile 中都会包括 Rules.make。Rules.make 文件定义了许多变量，最重要的是那些编译、链接列表变量。

O_OBJS，L_OBJS，OX_OBJS，LX_OBJS：本目录下需要编译进 Linux 内核 vmLinux 的目

标文件列表，其中 OX_OBJS 和 LX_OBJS 中的“X”表明目标文件使用了 EXPORT_SYMBOL 输出符号。

M_OBJS, MX_OBJS: 本目录下需要被编译成可装载模块的目标文件列表。同样，MX_OBJS 中的“X”表明目标文件使用了 EXPORT_SYMBOL 输出符号。

O_TARGET，L_TARGET：每个子目录下都有一个 O_TARGET 或 L_TARGET，Rules.make 首先从源代码编译生成 O_OBJS 和 OX_OBJS 中所有的目标文件，然后使用 $(LD) -r 把它们链接成一个 O_TARGET 或 L_TARGET。O_TARGET 以.o 结尾，而 L_TARGET 以.a 结尾。

（4）子目录 Makefile

子目录 Makefile 用来控制本级目录以下源代码的编译规则。下面通过一个例子来讲解子目录 Makefile 的组成：

```
#
# Makefile for the Linux kernel.
#
# All of the (potential) objects that export symbols.
# This list comes from 'grep -l EXPORT_SYMBOL *.[hc]'.
export-objs := tc.o
# Object file lists.
obj-y :=
obj-m :=
obj-n :=
obj-  :=
obj-$(CONFIG_TC) += tc.o
obj-$(CONFIG_ZS) += zs.o
obj-$(CONFIG_VT) += lk201.o lk201-map.o lk201-remap.o
# Files that are both resident and modular: remove from modular.
obj-m := $(filter-out $(obj-y), $(obj-m))
# Translate to Rules.make lists.
L_TARGET := tc.a
L_OBJS := $(sort $(filter-out $(export-objs), $(obj-y)))
LX_OBJS := $(sort $(filter $(export-objs), $(obj-y)))
M_OBJS := $(sort $(filter-out $(export-objs), $(obj-m)))
MX_OBJS := $(sort $(filter $(export-objs), $(obj-m)))
include $(TOPDIR)/Rules.make
```

① 注释。对 Makefile 的说明和解释，由#开始。

② 编译目标定义。类似于 obj-$(CONFIG_TC) += tc.o 的语句是用来定义编译的目标，是子目录 Makefile 中最重要的部分。编译目标定义那些在本子目录下，需要编译到 Linux 内核中的目标文件列表。为了只在用户选择了此功能后才编译，所有的目标定义都融合了对配置变量的判断。

前面说过，每个配置变量取值范围是：y，n，m 和空。obj-$ (CONFIG_TC)分别对应着 obj-y，obj-n，obj-m，obj-。如果 CONFIG_TC 配置为 y，那么 tc.o 就进入了 obj-y 列表。obj-y 为包含到 Linux 内核 vmLinux 中的目标文件列表；obj-m 为编译成模块的目标文件列表；obj-n 和 obj-中的文件列表被忽略。配置系统就根据这些列表的属性进行编译和链接。

export-objs 中的目标文件都使用了 EXPORT_SYMBOL()定义了公共的符号，以便可装载模块使用。在 tc.c 文件的最后部分，有“EXPORT_SYMBOL(search_tc_card);”，表明 tc.o 有符号输出。

这里需要指出的是，对于编译目标的定义，存在着两种格式，分别是老式定义和新式定义。老式定义就是前面 Rules.make 使用的那些变量，新式定义就是 obj-y，obj-m，obj-n 和 obj-。Linux 内核推荐使用新式定义，不过由于 Rules.make 不理解新式定义，需要在 Makefile 中的适配段将其转换成老式定义。

③ 适配段。适配段的作用是将新式定义转换成老式定义。在上面的例子中，适配段就是将 obj-y 和 obj-m 转换成 Rules.make 能够理解的 L_TARGET，L_OBJS，LX_OBJS，M_OBJS，MX_OBJS。

L_OBJS := $ (sort $ (filter-out $ (export-objs)，$ (obj-y))) 定义了 L_OBJS 的生成方式：在 obj-y 的列表中过滤掉 export-objs(tc.o)，然后排序并去除重复的文件名。这里使用到了 GNU Make 的一些特殊功能，具体的含义可参考 Make 的文档（info make）。

④ include $ (TOPDIR)/Rules.make。

2）配置文件

（1）配置功能概述

除了 Makefile 的编写，另外一个重要的工作就是把新功能加入到 Linux 的配置选项中，提供此项功能的说明，让用户有机会选择此项功能。所有的这些都需要在 config.in 文件中用配置语言来编写配置脚本。

在 Linux 内核中，配置命令有多种方式：

配置命令	解释脚本
Make config，make oldconfig	scripts/Configure
Make menuconfig	scripts/Menuconfig
Make xconfig	scripts/tkparse

以字符界面配置（make config）为例，顶层 Makefile 调用 scripts/Configure，按照 arch/arm/config.in 来进行配置。命令执行完后产生文件.config，其中保存着配置信息。下一次再做 make config 将产生新的.config 文件，原.config 被改名为.config.old。

（2）配置语言

① 顶层菜单。mainmenu_name /prompt/ /prompt/是用'或"包围的字符串，'与"的区别是'…'中可使用$引用变量的值。mainmenu_name 设置最高层菜单的名字，它只在 make xconfig 时才会显示。

② 询问语句：

```
bool /prompt/ /symbol/
hex /prompt/ /symbol/ /word/
int /prompt/ /symbol/ /word/
string /prompt/ /symbol/ /word/
tristate /prompt/ /symbol/
```

询问语句首先显示一串提示符/prompt/，等待用户输入，并把输入的结果赋给/symbol/ 所代表的配置变量。不同的询问语句的区别在于它们接受的输入数据类型不同，比如 bool 接受布尔类型（y 或 n），hex 接受十六进制数据。有些询问语句还有第三个参数/word/，用来给出默认值。

③ 定义语句：

```
define_bool /symbol/ /word/
define_hex /symbol/ /word/
```

```
define_int /symbol/ /word/
define_string /symbol/ /word/
define_tristate /symbol/ /word/
```

不同于询问语句等待用户输入，定义语句显式地给配置变量/symbol/赋值/word/。

④ 依赖语句：

```
dep_bool /prompt/ /symbol/ /dep/ ...
dep_mbool /prompt/ /symbol/ /dep/ ...
dep_hex /prompt/ /symbol/ /word/ /dep/ ...
dep_int /prompt/ /symbol/ /word/ /dep/ ...
dep_string /prompt/ /symbol/ /word/ /dep/ ...
dep_tristate /prompt/ /symbol/ /dep/ ...
```

与询问语句类似，依赖语句也是在定义新的配置变量。不同的是，配置变量/symbol/的取值范围将依赖于配置变量列表/dep/…。这就意味着：被定义的配置变量所对应功能的取舍取决于依赖列表所对应功能的选择。以 dep_bool 为例，如果/dep/…列表的所有配置变量都取值为 y，则显示/prompt/，用户可输入任意值给配置变量/symbol/，但是只要有一个配置变量的取值为 n，则/symbol/被强制成 n。

不同依赖语句的区别在于它们由依赖条件所产生的取值范围不同。

⑤ 选择语句：

choice /prompt/ /word/ /word/

choice 语句首先给出一串选择列表，供用户选择其中一种。比如 Linux for ARM 支持多种基于 ARM core 的 CPU，Linux 使用 choice 语句提供一个 CPU 列表，供用户选择：

```
choice 'ARM system type' \
"Anakin CONFIG_ARCH_ANAKIN \
Archimedes/A5000 CONFIG_ARCH_ARCA5K \
Cirrus-CL-PS7500FE CONFIG_ARCH_CLPS7500 \

SA1100-based CONFIG_ARCH_SA1100 \
Shark CONFIG_ARCH_SHARK" RiscPC
```

Choice 首先显示/prompt/，然后将/word/分解成前后两个部分，前一部分为对应选择的提示符，后一部分是对应选择的配置变量。用户选择的配置变量为 y，其余的都为 n。

⑥ if 语句：

```
if [ /expr/ ] ; then
/statement/

fi

if [ /expr/ ] ; then
/statement/

else
/statement/

fi
```

if 语句对配置变量（或配置变量的组合）进行判断，并作出不同的处理。判断条件/expr/可以是单个配置变量或字符串，也可以是带操作符的表达式。操作符有：=，!=，-o，-a 等。

⑦ 菜单块（menu block）语句：

```
mainmenu_option next_comment
```

```
comment '…'

endmenu
```

引入新的菜单。在向内核增加新的功能后，需要相应增加新的菜单，并在新菜单下给出此项功能的配置选项。Comment 后带的注释就是新菜单的名称。所有归属于此菜单的配置选项语句都写在 comment 和 endmenu 之间。

⑧ Source 语句：

source /word/

/word/是文件名，source 的作用是调入新的文件。

（3）默认配置

Linux 内核支持非常多的硬件平台，对于具体的硬件平台而言，有些配置就是必需的，有些配置就不是必需的。另外，新增加功能的正常运行往往也需要一定的先决条件，针对新功能，必须作相应的配置。因此，特定硬件平台能够正常运行对应着一个最小的基本配置，这就是默认配置。

Linux 内核中针对每个 ARCH 都会有一个默认配置。在向内核代码增加了新的功能后，如果新功能对于这个 ARCH 是必需的，就要修改此 ARCH 的默认配置。修改方法如下（在 Linux 内核根目录下）：

备份.config 文件

cp arch/arm/deconfig .config

修改.config

cp .config arch/arm/deconfig

恢复.config

如果新增的功能适用于许多的 ARCH，只要针对具体的 ARCH，重复上面的步骤就可以了。

（4）帮助文件（help file）

通常，在配置 Linux 内核时，遇到不懂含义的配置选项，可以查看它的帮助，从中可得到选择的建议。下面就看看如何给一个配置选项增加帮助信息。

所有配置选项的帮助信息都在 Documentation/Configure.help 中，它的格式为

```
<description>
<variable name>
<help file>
```

<description>给出本配置选项的名称，<variable name>对应配置变量，<help file>对应配置帮助信息。在帮助信息中，首先简单描述了此功能，其次说明选择了此功能后会有什么效果，不选择又有什么效果，最后，不要忘了写上“如果不清楚，选择 N（或者）Y”，给不知所措的用户以提示。

6．内核配置选项

① Code maturity level options：代码成熟等级。

Prompt for development and/or incomplete code/drivers：如果要测试一下现在仍处于实验阶段的功能，比如 khttpd、IPv6 等，就选择为 Y 了；在 Linux 的世界里，每天都有许多人为它发展支持的 driver 和加强它的核心。但是有些 driver 还没进入稳定的阶段。这个问题是说，有一些 driver 还在做测试中，问是否要选择这些 driver 或支持的程序码。如果键入 Y，往后将会出现一些还在测试中的东西以供选择。

② Loadable module support：对模块的支持。

Linux 的模块是可以在系统启动之后任何时候动态链接到核心的代码块。它们可以在不需要的时候从核心删除并卸载。大多数 Linux 核心模块是设备驱动程序、伪设备驱动程序，例如网络驱动程序或文件系统。其选项如下：

- Enable loadable module support：除非准备把所有需要的内容都编译到内核里，否则该项应该是必选的。
- Set version information on all module symbols：通常，内核版本更新之后，模块要重新编译。这个选项使系统不必重新编译模块就可以使用它们，一般不需要则选择 N。
- Kernel module loader：让内核在启动时有自己装入必需模块的能力，建议选上。注意：千万不要将文件系统部分的代码编译为可加载模块，如果犯了这个错误，将文件系统部分的代码编译为可加载模块，结果将是内核无法读取它自己的文件系统。然后内核无法加载它自己的配置文件——一些很明显是在正常启动 Linux 时所必需的东西。

③ System Type：系统类别。

在这里用户可以选择处理器类型和特色。这里以 PXA255 为例(PXA250/210-based) ARM System Type()内的是默认值这里表示使用的是基于 PXA250/210 处理器。进入选项 Intel PXA250/210 Implementations 里面会有很多种处理器选项，默认为(X-Hyper255B) Board Style。

④ General setup：常规内核选项。具体选项如下：

- Support for hot-pluggable devices：支持热插拔设备。可根据情况选择。
- PCMCIA/CardBus support：有 PCMCIA 就必须选择该项。
- MMC device drivers：多媒体存储卡驱动。
- Networking support：通常都会选择 Y，操作系统的其他部分需要有网络支持。
- System V IPC：允许程序通信和同步，必须要选。
- BSD Process Accounting：将进程的统计信息写入文件的系统调用。
- Sysctl support：除非内存少得可怜，否则应该启动这个功能，启用该选项后内核会大 8KB，但能直接改变内核的参数而不必重新编译内核或重新开机。
- NWFPE math emulation：由于 arm 没有浮点协处理器，所以需要一个模拟浮点机制，在配置内核时一定要选择一个浮点模拟器 NWFPE。
- （ELF）Kernel core (/proc/kcore) format：前面的（ ）表示默认选择 ELF，现在的 Linux 发行版以 ELF 格式作为它们的“内核核心格式”。
- Kernel support for A.OUT binaries：a.out 的执行文件是比较古老的可执行码，用在早期的 UNIX 系统上。Linux 最初也是使用这种码来执行程序，一直到 ELF 格式的可执行码出来后，有越来越多的程序随着 ELF 格式的优点而变成了 ELF 的可执行码。将来势必完全取代 a.out 格式的可执行码。可根据对 a.out 格式依赖性进行选择。
- Kernel support for MISC binaries：用于支持 Java 等代码的自动执行，可根据需要选择。
- Power Management support：支持电源管理。

⑤ Parallel port support：配置并口。并口设备如打印机等。

⑥ Memory Technology Devices（MTD）：配置存储设备。

这个选项可使 Linux 读取闪存卡（flash card）一类的存储器。闪存卡通常用于数码照相机。通过这个选项，Linux 可以读取闪存卡，并且将图片保存为.jpg 格式。除非确定需要它，否则不必打开它：如果发现自己需要，可以在以后加上。

⑦ Plug and Play configuration：即插即用支持。

几乎所有人都有即插即用设备，因此需要这个选项的支持。打开这个选项使内核能够自动配置即插即用设备并且使它们在系统中能够使用。

⑧ Block devices：块设备支持。具体选项如下：

- Normal PC floppy disk support：普通PC软盘支持。倘若/etc/modules.conf或者/etc/conf.modules文件在Linux发行版中已经被适当配置了，当需要访问软盘的时候，内核会自动加载必须的模块。其他的选项在使用并口连接IDE存储设备的时候是必需的，但是它们通常是关闭的。loopback device support选项可能例外。在Linux下，刻录（burn）光盘之前通常需要制作一个光盘镜像，在查看镜像文件的内容时需要loopback device。
- Loopback device support：这个选项的意思是说，可以将一个文件挂成一个文件系统。如果要刻录光盘，那么很有可能在把一个文件刻录进去之前，查看一下这个文件是否符合ISO 9660的文件系统的要求，是否符合自己的需求。而且，可以对这个文件系统加以保护。不过，如果想做到这点的话，必须有最新的mount程序，版本是在2.5x版以上的。而且如果希望对这个文件系统加上保护，则必须有des.1.tar.gz程序。注意：此处与网络无关。

⑨ Multiple devices driver support：多设备驱动支持。

- Multiple devices driver support（RAID and LVM）：普通Linux用户通常不需要RAID（廉价冗余磁盘阵列）或者LVM的支持。"RAID"的意思是系统使用两块或两块以上硬盘存储并行信息。当一块磁盘出现问题的时候另一块可以继续工作，系统不停止工作。LVM让增加一块硬盘来扩展一个分区成为可能。在实际应用中，这意味着不必重新分区或将一个小的分区复制到一个大分区中。路径名也不会改变。普通用户并不需要它。

⑩ Networking options：网络选项。

- Packet Socket：一般情况下选择Y，因为需要这个选项用来与网卡进行通信而不需要在内核中实现网络协议。
- TCP/IP networking：选择Y，内核将支持TCP/IP。这个选项最好选择Y，即使没有网卡，或是没有连到网络上的设备，在Linux上仍有所谓的lookback设备而且有些程序需要这个选项。在说明文件中提到，如果没有打开这个设定，则X-Window system可能会有问题（因为它也需要TCP/IP）。
- IP：multicasting：所谓的multicasting是群组广播，它是用在视频会议上的协议，如果想送一个网络封包（网络的数据），同样的一份数据将送往10台机器上，可以连续送10次给10台机器（点对点的传送），也可以同时送一次，然后让10台机器同时接收到。当然后者比前者好，由于视频会议要求是最好每个人都能同时收到同一份信息，所以如果有类似的需要，这个选项就要打开。同时还必须去找相关的软件。

⑪ Network Device Support：网络设备支持。具体选项如下：

网络设备支持。上面选好协议了，现在该选设备了。里面有ARCnet设备、Ethernet（10 or 100 Mbit/s）、Ethernet（1000 Mbit/s）、Wireless LAN（non-hamradio）、Token Ring device、Wan interfaces、PCMCIA network device support几大类。

以PXA255使用10/100 Mbit/s的以太网设备为例，所以在后面的选择中，将Ethernet（10 or 100 Mbit/s）选项设为Y，这时会出现很多种设备，这里选中CS8900 support for X-Hyper255。具体选项如下：

- ARCnet support：这也是一种网卡，通常一般人用不到，所以选 N。
- Dummy net driver support：如果有 SLIP 或 PPP 的传输协议，那么要把这一项打开。
- Ethernet（10 or 100 Mbit/s）：如果使用网卡，那么这个选项一定要选 Y，否则以下对网卡的选择将不会出现。如果有网卡，同样也要选 Y。之后，下面会列出许多网卡以供选择。
- PPP（point－to－point protocol）support：点对点协议，近年来，PPP 已经慢慢地取代 SLIP，原因是 PPP 可以获取相同的 IP 地址，而 SLIP 则一直在改变 IP 地址，在许多的方面，PPP 都胜过 SLIP。
- SLIP（serial lineprotocol）support：这是 Modem 常用的一种通信协议，必须通过一台 Server（称为 ISP）获取一个 IP 地址，然后利用这个 IP 地址，可以模拟以太网络，使用有关 TCP/IP 的程序。
- Wireless LAN (non-hamradio)：无线局域网支持。
- Token Ring driver support：Token Ring 是 IBM 计算机上的网络。它称为令牌环网络，和以太网络是很类似的网络。如果希望使用的 Token Ring 网卡以便连接到这种网络，那么选 Y，一般人都选 N。

⑫ Amateur Radio support：配置业余广播支持。

如果希望使用业余广播支持，应该打开这个选项，并且打开相应的驱动。多数人不需要这个选项。

⑬ IrDA（infrared）support：配置红外线（无线）通信支持。

如果有无线设备，比如无线鼠标或无线键盘，应该打开这个选项。多数桌面机器不需要这个选项。

⑭ ATA/IDE/MFM/RLL support：配置对 ATA，IDE，MFM 和 RLL 的支持。

⑮ SCSI support：SCSI 设备的支持。具体选项如下：

- SCSI support：如果有一块 SCSI 卡，需要打开相关选项。
- SCSI disk support：指硬盘而言，如果有 SCSI 硬盘，那么就要选择这个选项。
- SCSI tape support：指磁带机而言，如果有 SCSI 磁带机，那么就要选择这个选项。
- SCSI CDROM support：指 CDROM，如果有 SCSI 光驱，这一项一定要选。
- SCSI generic support：如果有其他有关 SCSI 的设备，例如 SCSI 的扫描仪或是刻录机等，就要选择这一项。
- Probe all LUNs on each SCSI device：通常这个选项大部分的人都不会选。举个例子来说，如果 SCSI 光驱是那种多片装的，就是一台光驱，但可以一次放好几片光盘片，这种称为 LUN。
- Verbose SCSI error reporting（kernel size+=12KB）：如果认为 SCSI 硬件配备有些问题，想了解一下它出现的错误信息。那么可以把这个选项选 Y，Linux 核心会介绍有关 SCSI 配备的问题（如果有的话）。不过，它会增加核心约 12 KB。
- SCSI low-level drivers：下面总共有接近 30 张的 SCSI 卡，可以依需求做选择 SCSI 卡牌子。

⑯ I/O Device Support：I/0 设备支持。

如果有 I/O 界面，必须选择这个选项。

⑰ ISDN subsystem：配置 ISDN。

如果使用ISDN上网，这个就必不可少了。ISDN（integrated services digital network），它的中文名称是综合业务数字网，是一个利用电话线，把声音，影片信息以数字的方式传送的数字网络，它需要电话交换机设备并支持ISDN，这通常需要电信局来做安装，对于在家工作的人来说，ISDN可能是最舒适最便宜的一种方式，因此有越来越多的人使用它。不过，除非是公司，一般人很少会使用到ISDN的，所以这部分的选项大多选N。如果选择Y，则下面会出现一些有关ISDN的问题。如果需要用到ISDN，可以去看看介绍。只要是有关网络的杂志应该都会有介绍。还需要启用Support synchronous PPP选项（参考PPP over ISDN）。

⑱ Input Core Support：输入核心支持这个选项提供了2.4.x内核中最重要的特性之一的USB支持。 Input core support是处于内核与一些USB设备之间的层（Layer）。如果用户拥有其中一种USB设备，用户必须打开Input Core Support选项。

⑲ Character devices：字符设备。具体选项如下：

- Virtual terminal：选择Y，内核将支持虚拟终端。它允许在X-Window中打开xterm和使用字符界面登录。
- Support for console on virtual terminal：选择Y，内核可将一个虚拟终端用作系统控制台。它告诉内核将诸如模块错误、内核错误启动信息之类的警告信息发送到什么地方，在X-Window下，通常设置一个专门的窗口来接收内核信息，但是在字符界面下，这些信息通常被发送到第一个虚拟终端（virtual terminal）。
- Standard/generic (dumb) serial support：选择Y，内核将支持串行口。标准序列接口的选定。如果使用serial的鼠标（大部分的人都是用这个），或是Modem的话，则这一项一定要选。大部分情况这一项都选Y。
- Support for console on serial port：选择Y，内核可将一个串行口用作系统控制台。
- I^2C support：I^2C是Philips极力推荐的微控制应用中使用的低速串行总线协议。如果系统有I^2C设备，该项必选。
- Mice：鼠标。现在可以支持总线、串口、PS/2、C&T 82C710 mouse port、PC110 digitizer pad等，根据需要选择。
- Joysticks：手柄。
- Watchdog Cards：虽然称为Cards，这个可以用纯软件来实现，当然也有硬件的。如果选中这个选项，那么就会在/dev下创建一个名为watchdog的文件，它可以记录用户系统的运行情况，一直到系统重新启动的1min左右。有了这个文件就可以恢复系统到重启前的状态了。

⑳ Multimedia Devices：配置多媒体设备。如果有一块视频处理卡或者广播卡，需要打开这个选项。这个选项不是必需的。

㉑ File System：配置文件系统。具体选项如下：

- Quota support：Quota可以限制每个用户可以使用的硬盘空间的上限，在多用户共同使用一台主机的情况中十分有效。
- Kernel automounter support：选择Y，内核将提供对automounter的支持，使系统在启动时自动mount远程文件系统。
- DOS FAT fs：DOS FAT文件格式的支持，可以支持FAT16、FAT32。这个选项是DOS的文件系统，如果没有选Y，则下面的MSDOS、VFAT、umsdos将不会出现。

- MSDOS fs support：如果想要在 Linux 下使用硬盘中的 MS-DOS 分区，或是想将用 MS-DOS 格式化的磁盘挂进来的话，应选 Y。
- Journalling Flash File System v2 (JFFS2) support：它是在闪存上使用非常广泛的读/写文件系统，在嵌入式系统中被普遍的应用。
- ISO 9660 CD-ROM file system support：光盘使用的就是 ISO 9660 的文件格式。
- Minix fs support：用于创建启动盘的文件系统，可根据需要选择。
- NTFS file system support：Ntfs 是 Windows NT 等系统使用的文件格式。
- /proc file system support：这是一个伪文件系统。它不是用户硬盘分区里的任何东西，不占用硬盘的空间，而是核心与程序之间的文件系统界面，它表示的只是内存的状况和各个程序执行的情形，它也记录了硬件上的配备。许多程序工具（像 ps）都会用到它。如果已经将它安装好了，有空不妨使用 cat/proc/meminfo 或者是 cat /proc/devices。有些 shells，像 rc，会用 proc/self/fd（在其他系统上为/dev/fd ）来处理输出/输入。几乎可以确定用户在这里要选择 Y，有许多重要的 Linux 标准工具是靠它来运作的，否则有些指令会出问题。
- UFS filesystem support：这是 BSD、SunoS、FreeBSD、NetBSD 或 Nextstep 所使用的文件系统。如果在计算机上有这些操作系统的话，那么可以选择这一项。否则选择 N。
- Network File Systems：网络文件系统。其选项如下：
  - ◆ NFS file system support.：如果用户在网络环境下而且想要分享档案，选择 Y。如果希望挂上别的计算机的文件系统，那么这个选项一定要选进去。它可以让用户利用网络把别人的硬盘当成自己的来使用（把它变成一个目录）。一般来说，这个选项选择 Y。
  - ◆ SMB filesystem support：这个文件系统让用户可以挂上 Windows 95 或 Windows NT 的文件系统，也就是说，用户也可以找到在 Windows 的网上邻居上的计算机。
- Partition Types：分区类型，该选项支持一些不太常用的分区类型，用户如果需要，在相应的选项上选择 Y 即可。
- Native Language Support：本地语言支持。

㉒ Console drivers：配置控制台驱动。

㉓ Sound sound：声卡驱动。

在这部分，用户可以配置声卡。如果用户的发行版使用的是内核的标准声卡驱动，必须正确选择使用的声卡。事实上，这里列出了所有牌子的声卡，因此理论上选择声卡不成问题。

㉔ USB support：配置 USB 支持。

㉕ kernel hacking：配置 kernel hacking 选项。

6.4.2 基于 Windows CE 操作系统的开发

1. Windows CE 介绍

1）Windows CE 概述

在早期的版本的 Windows CE 中，微软公司都是沿用 Windows CE + 版本号的方式来命令的，而到了 6.0 版本，微软把名称定为 Windows Embedded CE 6.0。下面为了便于叙述，本书在有些场合还是采取传统的方式将 Windows Embedded CE 6.0 简称为 Windows CE 6.0。对于名字 Windows CE，Windows 当然指它是属于 Windows 家族的一员，而关于 CE 由来，众说纷纭，但是一般认为其中 CE 中的 C 代表袖珍（compact）、消费（consumer）、通信能力（connectivity）和伴侣（companion）；E 代表电子产品（electronics）。和桌面版本的 Windows 操作系统不同，Windows CE 是一个模块化、可定制的操作系统。Windows CE 包含了各种组件，用户可以根据自己的需要定制操作系统。可以形象地理解为 Windows CE 就像一个积木，里面有各种各样的材料，用户可以按照自己的需要来挑选（也就是使用 Platform Builder 定制）组件搭建平台。并且 Windows CE 会自动检查组件之间的相关性。

2）Windows CE 的设计目标

Windows CE 的设计目标在一定程度上也可以理解为 Windows CE 的特性。Windows CE 的设计目标如下。

（1）模块化和小内存占用

Windows CE 是高度模块化的嵌入式操作系统，正因为如此，用户可以为满足特定的要求而对操作系统进行定制。在用户定制中，不需要的模块可以拿走，只有所需的模块才会被包含进来。

Windows CE 的可裁剪性，使其体积也非常小。一个最小的可运行的 Windows CE 内核只占 200 KB 左右；增加网络支持需要 800 KB；增加图形界面支持需要大概 4 MB；增加 Internet Explorer 支持，需要额外的 3MB。这样就可以充分适应一些硬件资源不足的嵌入式设备的要求。

（2）多硬件平台支持

嵌入式系统的专用性特点决定了嵌入式系统的硬件设备必定是多种多样的。为了适应嵌入式系统的要求，Windows CE 支持在多种不同的 CPU 硬件平台上运行，包括 x86，ARM，MIPS，SuperH 等嵌入领域主流的 CPU 结构。

（3）多种无线与有线连接支持

Windows CE 不但支持传统的有线网络连接，还支持各种无线网络标准，包括蓝牙、红外及 802.11 等。可基于 Windows CE 构建有扩展性的无线平台，将移动设备彼此连接或连接到现有设备上；也可通过网络进行远程登录，验证和管理，或为设备上的应用程序和服务提供更新。

（4）强大的实时性能力

实时性的强弱以完成规定功能和做出响应时间的长短来衡量。提高硬件的处理能力可以在一定程度提高计算机控制系统的实时性，但是当硬件确定以后，控制系统的实时性能主要由操作系统来决定。

Windows CE 是一个实时操作系统。实时支持功能在以下几个方面提升了 Windows CE 的性能：

① 支持嵌套中断。

② 允许更高优先级的中断首先得到响应，而不是等待低级别的中断服务程序（ISR）完成。

③ 更好的线程响应能力。

④ 对高级别 IST 的响应时间上限的要求更加严格，在线程响应能力方面的改进，可帮助开发人员创建更好的嵌入式应用程序。

⑤ 更多的优先级别，256个级别可使开发人员在控制嵌入式系统的时序安排方面有更大的灵活性。

⑥ 更强的控制能力，对系统内的线程数量的控制能力可使开发人员更好地掌握调度程序的工作情况。

（5）丰富的多媒体和多语言支持

丰富的多媒体支持是 Windows CE 的一大特性，基于 DirectX API 和 Windows Media 的技术可以提供高性能的视频、音频、流媒体和 3D 图形处理服务。这些功能可满足大部分的多媒体娱乐和游戏的需求。

同时，Windows CE 是基于 Unicode 的，可支持国际语言，这样就可以针对特定的市场调整产品。它可以对那些想要创建本地化操作系统版本的 OEM 提供本地化支持。

（6）强大的开发工具支持

与其他嵌入式操作系统相比，Windows CE 为开发人员提供了友好的开发工具支持。这些开发工具可帮助开发人员简化开发流程并提高开发效率。

对于 Windows CE 的应用程序开发人员，可选择的开发工具有 eMbedded Visual C++和 Visual Studio.NET；对于操作系统定制，设计人员可使用 Platform Builder。 Platform Builder 是一个集成操作系统的“构建—调试—发布”三者为一体的集成开发环境。

此外，Windows CE 还提供了多种模拟器，它们可以模拟硬件设备，使开发人员无须拥有真实的硬件，即可进行部分 Windows CE 下的开发。

3）Windows Embedded CE 6.0 新特点

Windows Embedded CE 6.0 相对于 Windows CE 5.0 有很大改进。下面介绍 Windows Embedded CE 6.0 相对于 Windows CE 5.0 的一些改进。

① 同时运行进程数上升到 32 000 个。在 Windows CE 5.0 及其以前版本的 Windows CE 嵌入式操作系统里，能同时运行的进程数仅为 32 个，这其中还包括系统进程，也就是说，除去的 NK.exe（提供系统服务）、Filesys.exe（提供对象存储等服务）这两个必需的系统进程，还有 Gwes.exe（提供图形界面 GUI 支持）、Device.exe（提供加载和管理设备驱动服务）、Service.exe（提供服务管理服务）、Explorer.exe（提供窗口管理服务）这几个比较常用的进程外，系统可用的进程数目只有 26 个，也就是说，最多能够同时加载 26 个非系统进程，虽然对于大多数嵌入式设备来说已经够用，但是，并不代表所有的情况下都够用，尤其是在网络和分布式计算环境下，这就更显得捉襟见肘了。但在 Windows Embedded CE 6.0 里，32 000 个进程让你几乎不用考虑进程数的限制问题。

② 每个进程拥有 2 GB 的虚拟内存。Windows CE 是一个保护模式的嵌入式操作系统。因此程序对内存的访问只能通过虚拟地址实现。另外，Windows CE 是一个 32 位的嵌入式操作系统，所以它就有了 2^{32}B（4 GB）的虚拟空间地址，这又被分为两部分，其中一半是内核空间，另外一半是用户空间，在 Windows CE 5.0 中，用户空间又被分为 64 份（每份 32 MB），每一份称为一个 Slot，每个进程只能有一个 Slot，即每个进程只能有 32 MB 的虚拟内存。在 Windows Embedded CE 6.0 中采用了新的储存机制，使得每个进程可以使用最大 2 GB 的虚拟内存。也正是这个原因，才有下面这个改进。

③ 移去共享内存空间。在以前版本的 Windows CE 中进程有 32 MB 虚拟内存的限制，为了解决这一问题，提出了共享内存空间（shared memory area）这一概念，即定义了一个共享内存空间，在这一区域所有进程都可以进行共享，这一区域大约有 350 MB。但在 Windows

Embedded CE 6.0 中每个进程有 2 GB 的虚拟内存空间，使得这一区域完全没有必要存在，所以在 Windows Embedded CE 6.0 中移去了这个“区域”。

④ 开发工具也有大变化。一直以来 Windows CE 的平台定制工具都是 Platform Builder，伴随着 Windows CE 版本的演进，Platform Builder 也发展到了 5.0 版，但在 Windows Embedded CE 6.0 中，Platform Builder 已经不是一个单独发行的工具，在 Windows CE 6.0 的程序菜单里，已经没有 Platform Builder 的启动菜单，如图 6-2 所示。Platform Builder for CE 6.0 是 Visual Studio .NET 2005 的一个插件。而且如果是进行 Windows Embedded CE 6.0 的开发，微软公司会为用户免费提供 Visual Studio .NET 2005 Professional Edition，如图 6-3 所示。

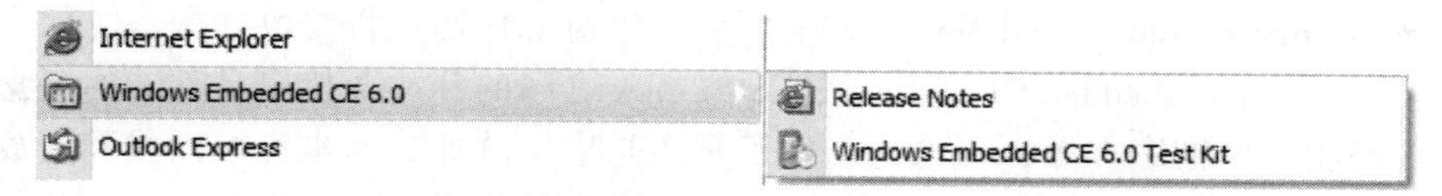

图 6-2 Windows Embedded CE 6.0 的安装菜单中没有 Platform Builder for Windows CE 6.0

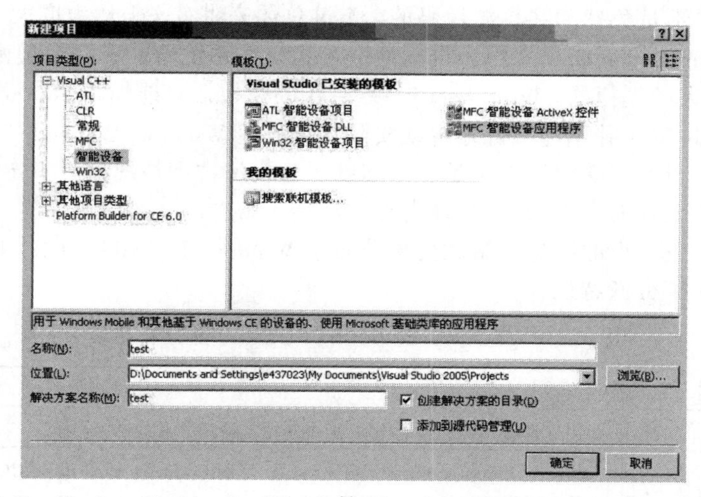

图 6-3 Platform Builder for CE 6.0 是 Visual Studio .NET 2005 的一个插件

⑤ 内核态与用户态的转变。在新的系统中的这两个概念已经与以前版本的 Windows CE 中有所不同，很多 Windows CE 5.0 中处于用户态的进程和模块被调到了 Windows Embedded CE 6.0 的内核态。主要的模块变化如表 6-2 所示。

表 6-2 Windows CE 5.0 与 Windows CE 6.0 中主要模块变化对比

Windows CE 5.0 进程	Windows Embedded CE 6.0 DLL	说明
NK.exe（OAL 和内核）	NK.exe (OAL)kernel.dll（内核）	从 CE 6.0 开始，OEM 代码从 CE 内核代码中分离
Filesys.exe	Filesys.dll	注册表、文件系统和属性数据库
device.exe	device.dll	管理内核模式设备驱动程序
device.exe	udevice.exe	新增到 CE 6.0 中，用于管理用户模式设备驱动程序的独立进程
gwes.exe	gwes.dll	图形和窗口化事件子系统
services.exe	servicesd.exe	系统服务的宿主进程
services.exe	services.exe	用于配置服务的命令行接口

⑥ 提供了对 VoIP 支持。Windows CE 5.0 及其早期版本使用 TUI（telephone user interface）来管理与话音通信有关的服务，而在 Windows Embedded CE 6.0 中使用 IP Phone Suit 来加入了对 VoIP 的支持，使得独立软件开发商（independent software vendor，ISV）和原始设备制造商（original equipment manufacturer，OEM）能够在针对 VoIP 业务进行定制时具有更多的灵活性和更少的工作量。

⑦ 100%共享 Windows Embedded CE 6.0 内核源代码。在 Windows CE 3.0 中，微软共享了其中 400 000 行源代码。在 Windows CE 5.0 中微软公司共享了其核心源代码的近 70%，而到 Windows Embedded CE 6.0 这一百分比被提升到了 100%。不过，用微软公司所使用的术语准确地讲应该是 Shared Source。OEMs 和 ISVs 厂商可以对源代码进行修改并保留（保密）自己的修改，但 Windows Embedded CE 6.0 与嵌入式 Linux 之间的开放源代码是不同的概念，Linux 的开放源代码相对要彻底得多，不论是开发工具还是应用软件，基本都可以找到开放源代码的产品或者替代品，但 Windows Embedded CE 6.0 只是开放了核心源代码，与之相关的开发工具和应用软件并不是免费和共享源代码的。不过总体来讲，这仍然为广大 OEMs 和 ISVs 厂商选择 Windows Embedded CE 6.0 作为自己的嵌入式操作系统增加了一个理由。

⑧ 功能更强大的模拟器。Windows CE 5.0 时代的模拟器只能模拟 x86 框架的 CPU，对于其他框架（如 Scale 等）并不能很好地再现实际环境，但 Windows Embedded CE 6.0 的模拟器解决了这一问题，当然，模拟器无论是启动速度还是资源占用情况都有一定的上升，推荐运行模拟器的开发机最好能有 1 GB 的物理内存。

以上是几个比较突出的改进，微软公司公布了 Windows Embedded CE 6.0 的 64 个新的改进。表 6-3 所列是部分新特性。

表 6-3 Windows Embedded CE 6.0 部分新功能

改进内容	描述
程序兼容性工具	利用这个工具能够检查 DLL 是否使用了已经废弃的 APIs
BIB 和 REG 文件查看器	提供对 Platform Builder 生成的用于定制 Windows Embedded CE 6.0 的*.bib 和*.reg 文件的查看和编辑
Catalog 视图	增加了 Platform Builder for Windows Embedded CE 6.0 的新功能，提供了对诸如文件类型和图标等其他的管理功能
CellCore	主要提供了对无线通信的支持，包括 RIL、SMS、WAP、扩展 TAPI 和 TSP、SIM 卡支持等
ExFAT	新的文件系统解决了很多以前 FAT 文件系统的限制。例如，最大文件为 2 GB 的限制。ExFAT 将整体性管理所有外部存储器
增加和删除了多个 APIs	伴随着新的存储管理机制和内核改变，产生和去掉了多个 APIs
BSP	增加了 Intel PXA27x 处理器相关的开发包、SDP2420 开发板支持、TI OMAP5912 开发板支持。更新了 NEC Solution Gear 2-Vr5500 和 Renesas US7750R（Aspen）SDB 相关的 BSP
用户模式驱动框架	让驱动程序可以运行在用户模式下
WMM	Wi-Fi MultiMedia 让不同的应用程序可以共享网络资料
DRM 10	提供了对 Windows Media DRM 10 的支持

另外，值得一提的是，Windows Embedded CE 6.0 提供了对.NET Compact Framework 2.0 的支持，还支持 Win32、MFC、ATL、WTL、STL 等程序开发。基本上支持了完整的软件开发

环境。

4）基于 Windows CE 的新产品的开发流程

（1）硬件设计

首先，要确定系统所运行的硬件平台，这涉及根据具体的应用，选择合适的硬件。但是，嵌入式系统的硬件设计与通用 PC 的硬件设计不同。由于嵌入式系统通常都是专用的系统，嵌入系统硬件设计强调的一点是“够用”而不是“功能强大”。也就是说，在可实现应用功能的前提下，尽可能去掉用不到的接口及外设，以降低成本。

（2）确定 BSP

得到硬件平台后，必须有针对这个硬件平台的板级支持包才能让 Windows CE 运行起来，BSP 是操作系统与硬件平台之间的重要交互接口。

根据硬件获取方法的不同，BSP 也有两种获取方式。如果硬件是从 OEM 处采购，并且 OEM 宣称此款硬件板支持 Windows CE，那么通常 OEM 都会提供 Windows CE 的 BSP，默认的运行时映像和 SDK。利用 OEM 提供的 BSP 就可以在硬件上运行 Windows CE。

如果硬件是自主研发的，那么 BSP 通常也须自主研发。

（3）定制操作系统

下一步工作是决定是否进行操作系统定制。是否进行操作系统定制也完全取决于应用的需要，如果从 OEM 处获得的默认运行时映像不能满足应用的需求，那么就需要操作系统定制。

操作系统定制过程是通过 Platform Builder 工具来完成的。使用 Platform Builder，可以根据具体的应用需求，选择需要的操作系统功能组件，然后生成操作系统的运行时映像。例如，如果开发一款随身视频播放系统，那么在操作系统中添加 Windows Media 视频编码/解码组件可能对应用程序开发很有帮助。

（4）编写应用程序

当硬件和操作系统都已经具备后，所剩的工作就是为自己的平台开发一些必要的应用程序。这一步骤与通常 Windows 下的应用程序开发没有太大的区别。唯一不同的是，在 Windows CE 下，编写的应用程序即可以像桌面 Windows 一样通过安装包的形式进行安装，也可以把应用程序作为操作系统的一个组件，打包进操作系统的安装程序。

2．Windows Embedded CE 6.0 的体系结构

1）Windows Embedded CE 6.0 的体系结构简介

Windows Embedded CE 6.0 的体系结构如图 6-4 所示。

Windows CE 采用了典型的分层结构。和 Windows CE 5.0 的 4 个分层（硬件层，OEM 层，操作系统层，应用程序层）不同，Windows Embedded CE 6.0 总体上分为 User Mode（用户模式）和 Kernel Mode（内核模式）两个“层”，CoreDLL 等 DLL 同时出现在两个层中，部分驱动程序也可以被加入到内核中，以前的.exe 可执行模块基本上都变成了.dll。Windows CE 5.0 被设计成一种围绕服务而存在的用户模式的进程，称做进程服务库（process server libraries，PSLs），NK.exe 在内核态下运行，而操作系统的其他部分则各自独立地运行在用户模式下，例如文件系统 Filesys.exe、图形窗口和事件子系统 Gwes.exe、驱动管理器 Device.exe。这样分开的设计让操作系统更加健壮，但这些整个操作系统主要功能的服务提供者却是以不同进程的身份出现，如果要使用某操作系统提供的服务，则会使得至少发生一次进程切换，就连一个简单的函数调用都不例外。这对系统的效率影响是比较大的。

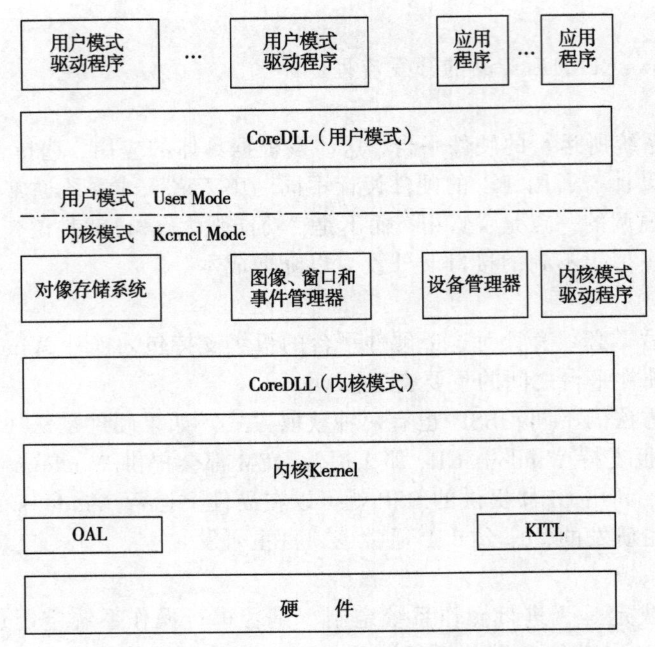

图 6-4 Windows Embedded CE 6.0 的体系结构

而 Windows Embedded CE 6.0 却不同，它将所有系统需要提供的服务部分“转移”到系统内核的虚拟机（kernel’s virtual machine），这样做的好处是当发生系统调用时，其已经变成了进程内的一个调用。这样做也引入了一些不稳定机制，例如驱动程序被加入到内核，Windows Embedded CE 6.0 默认情况下就是将驱动运行在内核模式。虽然提高了系统的效率，但如果驱动程序不稳定，将对系统的整体稳定性产生非常严重的影响。当然，并不是所有的驱动程序都是在内核运行的，在 Windows Embedded CE 6.0 安装完成之后的驱动程序是在用户模式下运行的，这样更有利于系统的安全，但以牺牲设备的性能为代价。图 6-5 所示为 Windows Embedded CE 6.0 里的系统模块。

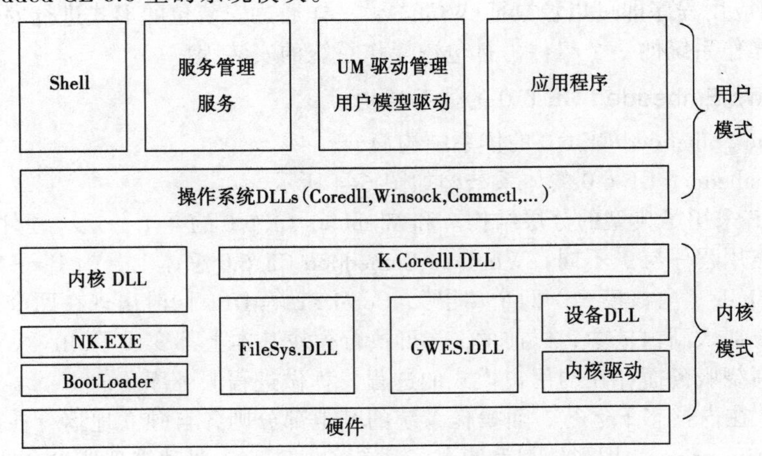

图 6-5 Windows Embedded CE 6.0 模块图

正如前面所讲的，以前在 Windows CE 5.0 中的各种系统模块，例如 Filesys.exe、Device.exe、Gwes.exe 等，都变成了 Filesys.dll、Gwes.dll、Device.dll，只有 NK.exe 还是原来的名字，变的

不仅仅是名字，因为在 Windows Embedded CE 6.0 中这些服务已经不再是一个个单独的进程，而是一个个系统调用。虽然 NK.exe 的名字没有变，但已经不再是 Windows CE 5.0 中的 NK.exe 了，Windows CE 5.0 中 NK.exe 提供的各种功能将由 Kernel.dll 来替代，NK.exe 中仅仅包含一些 OAL 代码和保证兼容性的程序，这样做的好处是使得 OEMs 和 ISVs 厂商定制的代码和微软提供的 Windows Embedded CE 6.0 的代码进行了分离，使得内核代码的升级更加容易且更加方便。

需要注意的是 Windows Embedded CE 6.0 中的驱动程序。驱动程序是一种抽象了物理或者虚拟设备功能的软件或者代码，相应设备被其驱动程序管理的操作。物理设备比较常见，例如 USB 存储器、打印机等，虚拟设备如文件系统、虚拟光驱等。

在 Windows Embedded CE 6.0 中，驱动程序有两种模式，一种是内核模式，另外一种是用户模式。在默认状况下，驱动程序运行在内核模式下，这有利于设备性能的提高，但也增加了影响系统各方面性能的不确定因素，如果不稳定的驱动被加入到内核，将会对嵌入式系统的可靠性、稳定性等多方面的性能产生致命的影响。这使得驱动程序在发布和认证时必须有严格的性能保证措施。

驱动根据各自类的不同将会被不同的进程加载，一般情况下，驱动会被以下 3 种进程加载：

- 文件系统 Filesys.dll：专门用于加载文件系统的驱动。
- 设备管理器 device.dll：加载诸如声卡驱动、电池驱动、键盘驱动、NDIS 驱动、串口设备驱动、USB 驱动等其他使用流接口来驱动的外围设备。
- 图像窗口事件管理器（GWES）Gwes.dll：当 GWES 是某个驱动的唯一使用者时，这个驱动会由 Gwes.dll 加载，被 GWES 加载的驱动不公限于流接口，一般地，GWES 会加载显示驱动、打印驱动，如果有触摸屏，则还会加载触摸屏驱动。

这三种不同的进程将加载各自的驱动而不发生冲突。

在最上层的应用程序方面，Windows Embedded CE 6.0 提供了对.NET Compact Framework 的支持，使得开发应用程序有了良好的应用编程接口。开发 CE 6.0 的应用程序，可以使用现有的开发工具和环境，也可以仅仅使用一些 SDK（software development kit）。

Windows Embedded CE 6.0 支持 Unicode 超大字符集，其对 NLS（national language support）的支持使得应用其开发国际化的软件更加方便，对已有软件的国际化和本地化也更容易实现。

通常使用 Visual Studio .NET 2003 / 2005 来开发 Windows Embedded CE 6.0 上的应用程序。

下面将分别从进程，线程，调度，同步，进程间通信和内存管理来简单介绍 Windows Embedded CE 6.0 的体系结构。

2）进程

Windows Embedded CE 6.0 是基于优先级的抢占式多任务（priority based preemptive multitasks）操作系统。在 Windows CE 中，每个运行着的应用程序都是一个进程。在一个进程中可包含一个或多个线程。和桌面 Windows 操作系统不同，Windows CE 调度系统负责对系统中多个线程进行调度，而不是进程。从这个角度来说，进程仅仅是线程的容器。Windows CE 的调度是基于优先级的。此外，Windows CE 还提供了多种方法提供多个线程进行同步，多个进程之间相互通信。需要注意的是，Windows CE 不支持环境变量，也没有当前目录的概念。

应用程序可使用 CreatProcess()函数创建一个新进程。函数原形如下：

```
BOOL CreateProcess (
  LPCWSTR pszImageName,                    //可执行文件的路径和名字
  LPCWSTR pszCmdLine,                      //命令行参数
  LPSECURITY_ATTRIBUTES psaProcess,        //不支持，设置为 NULL
  LPSECURITY_ATTRIBUTES psaThread,         //不支持，设置为 NULL
  BOOL fInheritHandles,                    //不支持，设置为 NULL
  DWORD fdwCreate,                         //控制进程创建的附加参数
  LPVOID pvEnvironment,                    //不支持，设置为 NULL
  LPWSTR pszCurDir,                        //不支持，设置为 NULL
  LPSTARTUPINFOW psiStartInfo,             //不支持，设置为 NULL
  LPPROCESS_INFORMATION pProcInfo          //返回的进程相关的信息
);
```

由于 Windows CE 不支持安全和当前目录，也不处理句柄继承，大多数参数必须被设置为 NULL 或者 0。所以，函数原形可以简化成下面的样子。

```
BOOL CreateProcess (
  LPCWSTR pszImageName,
  LPCWSTR pszCmdLine,NULL,NULL,FALSE,
  DWORD fdwCreate,NULLNULLNULL
  LPPROCESS_INFORMATION pProcInfo
);
```

第一个参数是可执行文件的路径和名称，如果没有明确指明可执行文件的路径，那么 Windows CE 会按照如下的顺序搜索：

① Windows 目录（“\Windows”）。

② 对象存储的根目录（“\”）。

③ OEM 指定的目录，通过修改注册表实现（在系统注册表的“HKEY_LOCAL_MACHINE\Loader\SystemPath”下添加，这是一个 Multistring 的值，可以添加多个搜索路径）。

第二个参数 pszCmdLine 指定要传递给新进程的命令行参数，命令行参数必须以 Unicode 字符串的形式传递。

第三个参数 fdwCreate 指定进程加载后的初始状态。表 6-4 列出了参数所支持的标记。

表 6-4 CreateProcess 的 fdwCreate 参数

标　　记	描　　述
0	创建一个常规进程
CREATE_SUSPENED	进程的主线程初始状态为挂
DEBUG_PROCESS	创建被调用该 API 的进程调用的进程
DEBUG_ONLY_THIS_PROCESS	创建的进程被调用进程调试，但是该进程所创建的任何子进程都不被调试，这个参数必须与 DEBUG_PROCESS 同时使用
CREATE_NEW_CONSOLE	创建命令行程序

最后一个参数 pProcInfo 指向一个 LPPROCESS_INFORMATION 结构体，LPPROCESS_INFORMATION 结构体返回进程和主线程的句柄以及 ID。如果不需要这些信息，可以将这些参数设置为空。

进程终止的最佳的方法是从 WinMain 函数返回，它能够保证所有线程所占用的资源被正确地清除或者释放。也可以调用函数 ExitThread()使进程的主线程退出从而终止进程，Windows CE 中如果进程的主线程退出，那么整个进程就随之结束，不管进程内是否还有其他活动的线程。也可使用 TermianteProcess()退出，无条件地中止进程。一般用于一个进程关闭另外一个

进程，当然线程可以调用这个函数来关闭自己所处的进程。

3）线程

当系统创建进程时，会为每个进程创建一个默认的线程作为进程的执行体，称为主线程。一个进程可拥有的线程数理论上没有限制，只与当前可用的内存有关，也就是说只要进程还有可用内存，就可以创建线程，进程中所有的线程共享进程所占用的资源，包括地址空间和打开的文件等内核对象。

线程除了占有内存外，还占有其他资源，例如处理器的寄存器和栈，每个线程都有自己独立的栈。这些资源构成了线程的上下文。线程切换时，就负责保存和恢复线程上下文。在 Windows CE 中，线程可以运行在用户态或内核态中，它们之间的区别是运行在核心态的线程可以访问系统保留的 2GB 地址空间而不引发访问违例（access violation）异常。一般操作系统和 ISR（interrupt service routine）运行在核心态，应用程序和设备驱动程序的 IST（interrupt service thread）运行在用户态，Windows CE 允许所有的线程都运行在核心态下，在生成系统的时候选择 Full Kernel Mode，这样可能导致整个系统不稳定，但是也可以提高系统的效率。

在 CreateProcess()执行后如果返回值是 TRUE，表明它成功地创建了一个进程和这个进程的主线程。要创建辅助统一线程，需要使用 CreateThread()函数。函数原型如下：

```
HANDLE CreateThread(
  LPSECURITY_ATTRIBUTES lpsa,               // 不支持，设为 NULL
  DWORD cbStack,                            // 线程栈的大小，通常被忽略，使用默认值
  LPTHREAD_START_ROUTINE lpStartAddress,    // 指向线程执行函数的指针
  LPVOID lpThreadParam,                     // 用来为线程传递一个应用程序自定义的值
  DWORD fdwCreate,                          // 控制线程创建的附加参数
  LPDWORD lpIDThread                        // 返回新创建线程的 ID
);
```

如果线程创建成功，那么函数返回新创建线程的句柄；否则返回 NULL。可把 fdwCreate 参数设置为 CREATE_SUSPENDED 来创建一个起始状态为挂起的线程，否则线程创建结束后就会立即执行。

如果要结束线程，那么最好的方法是从线程的执行函数返回。也可以使用函数 ExitThread() 和 TerminateThread()函数，使线程结束执行。

4）调度

Windows CE 是一个抢占式多任务（preemptive multitasks）操作系统。调度程序使用基于优先级的时间片算法对线程进行调度。

Windows CE 中每个线程都有一个优先级，Windows CE 调度系统根据线程的优先级进行调度。自 Windows CE 3.0 起，线程可拥有 256 个优先级。0 表示优先级最高，255 表示优先级最低。比较高级别的优先级供驱动程序和内核使用。Windows CE 的优先级映射示例如表 6-5 所示。

表 6-5　Windows CE 的优先级映射示例

优先级	组件	优先级	组件
0～19	高于驱动程序的实时	100～108	USB OHCI UHCI、串口
20	图形垂直回描（vertical retrace ）	109～129	红外、NDIS、触摸屏
99	电源管理唤醒线程	130	内核无关传输层（KITL）

续表

优先级	组件	优先级	组件
131	Vmini	248	电源管理
132	CxPort	249	WaveDev、鼠标、PnP、Power
145	PS2 键盘	250	WaveAPI
148	IRComm	251	正常
150	TAPI	252～255	应用程序

在线程获得处理器后，会执行特定的一段时间，然后重新调度，这段时间称做时间片大小（quantum）。每个线程都有一个时间片大小，默认的时间片大小是 100 ms，OEM 可在内核初始化的时候改变此值的大小。线程的状态可有以下几种：

① 运行（running）：线程正在处理器上执行。

② 就绪（ready）：线程可以执行，但是此刻没有占用处理器。如果就绪的线程被调度程序选中，则占用处理器就进入运行状态。

③ 挂起（suspended）：创建线程时指定了 CREATE_SUSPENDED 参数或者调用 SuspendThread()函数都可导致线程挂起。

④ 睡眠（sleeping）：调用 Sleep 函数可使线程进入睡眠状态，处于睡眠状态的线程不能占有处理器。当睡眠时间结束后，线程转入就绪态。

⑤ 阻塞（blocked）：如果线程申请的共享资源暂时无法获得，那么线程就进入阻塞状态，处于阻塞状态的线程不能占有处理器。

⑥ 终止（terminated）：线程运行结束。

Windows CE 的调度系统具有以下的特点：

① 具有高优先级的进程如果处于就绪状态，则总是会被调度系统选中执行。

② 如果系统中存在多个优先级相同的就绪进程，这些进程以时间片轮转算法调度。

③ 如果线程的时间片大小被设置为 0，那么它会一直占用处理器运行，直到线程结束或者进入阻塞、挂起及睡眠状态。

④ 调度系统不提供对线程饥饿（starvation）的自动检测。

按照上面的调度算法，假设出现这种情况：系统存在 3 个线程，一个高实时性要求的优先最高的实时程序线程，一个中优先级的驱动程序线程，还有一个优先最低的应用程序线程。假设运行到某个时刻，优先级最低的应用程序线程占有了优先级最高的实时程序线程运行所必需的资源时，优先级最高的实时程序将会因为缺乏运行条件而被迫进入阻塞状态，等待被优先最低的线程所占有的资源。此时，中优先级的驱动程序由于优先级比低优先级的应用程序线程的优先级高，那么它将会得到时间片而运行。只要存在优先级比应用程序线程高的线程，那么低优先级的应用程序线程始终得不到执行，从而优先级最高的实时程序线程也将无法执行。这就是优先级反转（priority inversion）问题。优先级反转问题轻则导致系统的响应时间大大增加，重则导致系统崩溃。

一般解决优先级反转问题有两种方法：完全嵌套（full nested）和单级（single level）。在完全嵌套方法中，操作系统将遍历系统中所有的阻塞线程，然后使每个阻塞的线程都上台执行，直到高优先级的线程可以运行为止，这种方法不考虑优先级。但是这种方法的缺点也是明显的，它增加了系统的响应时间。

Windows CE 从 3.0 版开始，就使用单级方法解决优先反转。系统找出是哪个优先级低的线程占有了高优先级线程运行所必需的资源，然后将这个低优先级进程的优先级提高到与高优先级进程同样的优先级，并执行这个线程。直到这个线程释放出高优先级线程运行所必需的资源。正是由于低优先级线程在这一方法中优先级被提高到与高优先级线程相同的水平，所以这种方法又称为优先级继承（priority inheritance）。

5）同步

Windows CE 中提供了 Mutex、Event 和 Semaphore 等 3 种内核机制来实现线程之间的同步，所有的这些同步对象都有两种状态：通知（signaled）和未通知（non-signaled）。未通知状态表示该同步对象被某一个或多个线程占用，不能被其他等待线程占有。当某个同步对象的状态变为通知状态时，等待在它上面的阻塞线程会得到通知，并且转为就绪状态，等待调度执行。这种方法可使线程锁步（lockstep）执行，这也是同步的基本原理。3 种内核机制如下：

① 互斥（Mutex）：Mutex 是 mutual exclusion 的缩写。同时只能有一个线程占有 Mutex 对象，其他的线程如果希望占有 Mutex，则必须使用等待函数在该对象上等待，当占有 Mutex 的线程释放它后，其他线程才有机会获取 Mutex。

② 信号量（Semaphore）：Mutex 对象只能被一个线程所使用，而信号量对象则可同时被多个线程使用，但使用的线程数有一个上限，信号量是为了保证同时使用被保护资源对象的线程不超过上限。互斥体其实就是一个特殊的信号量。

③ 事件（Event）：如果一个线程需要通知其他线程某个事件发生了，那么可使用 Event 同步对象，前一个线程组事件发送通知信号，其他对此事件有兴趣的线程一般调用等待函数在事件上等待。如果没有线程发送事件的通知信号，那么其他等待的线程将一直阻塞。

除此之外，Windows CE 还提供了两种用户态下的同步方法：临界区（critical section）和互锁函数（interlocked function）。这两种方法都没有相对应的 Windows CE 内核对象，因此它们不能跨进程，但优点是运行效率要远远比前面的几种同步对象高。Critical Section 是应用程序分配的一个数据结构。它用来把一段代码标记为临界区。临界区可保证对其内部代码的访问是串行的。如果临界区导致线程阻塞，那么 Critical Section 的效率非常高，因为代码无须进入操作系统内核；如果临界区导致了阻塞，临界区使用与 Mutex 相同的机制。因此，如果发生了很多阻塞，那么 Critical Section 的效率也不会很高。互锁函数可对变量和指针进行原子的读/写操作。因为它们不需要额外的同步对象，所以有时候这些互锁函数特别有用。Windows CE 提供的互锁函数如下：

- InterlockedIncrement：对一个变量进行加 1 操作。
- InterlockedDecrement：对一个变量进行减 1 操作。
- InterlockedExchange：对两个变量进行交换值操作。
- InterlockedTestExchange：如果变量符合，则交换两个变量的值。
- InterlockedCompareExchange：基于比较，交换两个变量的值。
- InterlockedCompareExchangePointer：基于比较，交换两个指针的值。
- InterlockedExchangePointer：交换两个指针的值。
- InterlockedExchangeAdd：给某个变量增加某个特定值。

6）进程间通信

Windows CE 中实现了内存保护机制，这可防止一个进程偶尔或者访问另外一个进程的地址空间。但是，这些机制也不允许应用程序间有计划地共享数据。使用线程可以避开地址空间的隔离障碍，限一个进程中的线程运行在同一个地址空间内。然而，如果并发在不同的进程之间，那么操作系统就必须提供一种机制，可以把一个进程地址空间中的数据复制到另外一个进程的地址空间中，这是进程间的通信。

Windows CE 提供了多种进程间通信的方式：

① Socket：一个 Socket 即一个 IP 地址加一个端口，IP 地址定位了通信的主机，而端口则指定了通信的进程，因为一个进程可以使用一个 Socket 本机或者其他机器上的进程进行通信。

② COM/DCOM： 通过 COM 组件的代理/存根方式进行进程间数据交换，但只能在调用接口函数时传送数据；通过 DCOM 可在不同主机间传送数据。

③ WM_COPYDATA：一般用于窗口间通信，且数据为只读。

④ Memory Mapped File：内存文件映射。

⑤ Point-to-Point Message Queues：点对点消息队列。

7）内存管理

Windows CE 采用层次化的结构进行内存管理。从上到下依次可分为物理内存，虚拟内存，逻辑内存和 C/C++运行时库。存在管理的每一层都会向外提供一些编程接口函数，这些编程接口可被上一层使用，也可以直接被应用程序使用。内存分层模型如图 6-6 所示。

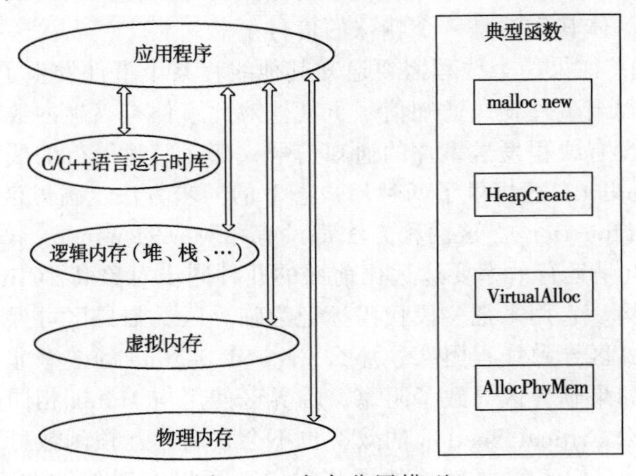

图 6-6 内存分层模型

前面提到过 Windows CE 5.0 和 Windows CE 6.0 在内存管理方面有很大的不同。Windows CE 6.0 为每个正在运行的进程提供低地址的 2 GB 虚拟地址空间，而不是 Windows CE 5.0 里的每个进程 32 MB 的用户虚拟地址空间。用户虚拟空间的用途如图 6-7 所示。

其中低 1 GB 即 0x00010000～0x40000000 的虚拟地址空间，主要用来加载进程所需要的代码，这 1GB 也是进程能够自由分配的地址空间，进程所有的栈和各线程所需要的虚拟地址空间都要从这 1GB 中分配。在这里进行的虚拟地址分配是从低地址到高地址进行的。另外最低的 64 KB 即从 0x00000000～0x00010000 是被系统保留的。在 0x40000000～0x5FFFFFFF 这段存储区域，主要是用来加载正在运行的不同进程的 DLL 代码和只读数据，如同早期的 Windows CE 一样，这些加载的 DLL 对于所有进程来讲，它们的地址是相同的，不同的是 Windows CE 6.0 为加载这些 DLL 分配址空间是自底向顶的，而不是以前的自顶向底。而从 0x60000000～0x6FFFFFFF 的 512 MB 虚拟地址空间，主要是用来分配给 RAM 的内存映射文件备份（RAM-backed Memory Mapped File），又称内存映射对象（memory mapped object）。内存映射对象主要用来进行中间过程的通信。它将被分配给至少一个进程，但所有进程都以相同的基地址映射到内存映射对象，如果某个进程通过内存映射打开了文件，那这个缓冲区将从低 1 GB 的用户虚拟空间中分配。

0x70000000～0x7FFFFFFF 的这 256 MB 的区域主要用来进行操作系统和应用程序之间的通信，这个区域对于应用程序来说是只读的，但操作系统可以进行写操作。余下的 1 MB 地址无论是对于操作系统还是应用程序，都是无法访问的。

图 6-8 所示为 Windows CE 6.0 的内核虚拟地址分配情况。低 1 GB 用于静态地址映射，与 Windows CE 5.0 具有同样的功能和组成，也分为有缓冲和无缓冲两类。也正是因为这个静态虚拟地映射的范围问题，使 Windows CE 6.0 仍然只支持 512 MB RAM。在 0xC0000000 以上的 128 MB 虚拟地址区域里，是内核加载的 ROM DLLs。在 0xC8000000 以上的 128 MB 是文件系统中的对象存储虚拟地址区域。从 0xD0000000 开始，是操作系统中内核模式的程序执行的区域，所有操作系统相关的进程都将在这个区域执行和加载，比如 Filesys.exe 和 Gwes.exe。还有像处于内核模式的驱动程序，这个区域的大小取决于处理器的类型，除了 SH4 架构的 CPU 是 256 MB，其他架构的 CPU 都是 512 MB，从 0xF0000000 到 0xFFFFFFFF 区域因 CPU 的不同而有不同的用处。

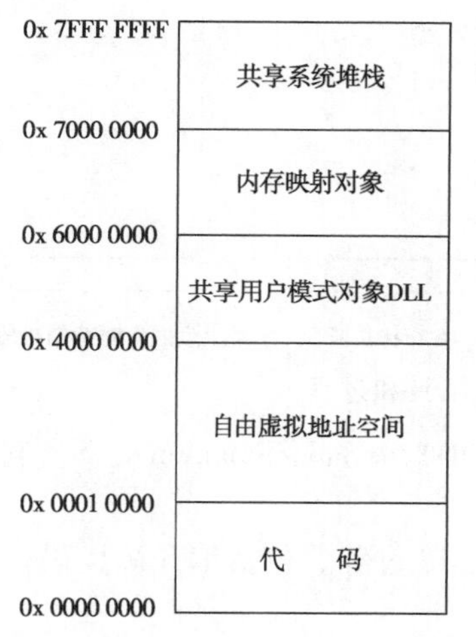

图 6-7　Windows CE 6.0 的用户虚拟地址空间

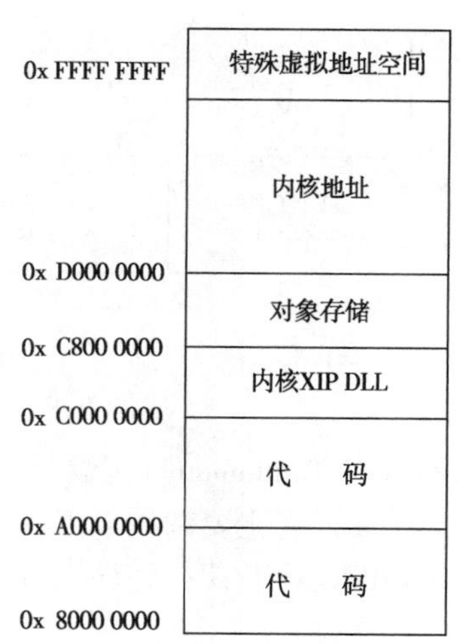

图 6-8　Windows CE 6.0 的内核虚拟地址空间

3. 操作系统的定制

得到 BSP 以后就可以根据具体的应用需要，选择合适的 OS 组件，定制操作系统，生成运行时映像。操作系统的定制可以从自由微软提供的几种设计模板开始，进行进一步的自定义。也可以从头开始，自己选择所有的组件。在完成操作系统定制以后，最终可能得到的映像文件有以 bin 和 nb0 为扩展名的两种格式。

生成运行时映像有两种选择方式：使用 Platform Builder 集成开发环境构建或者使用命令行工具构建。从 Windows CE 5.0 开始，使用 Platform Builder 集成开发环境构建运行时映像的机制与使用命令行是完全一致的。Platform Builder 集成开发环境仅仅是命令行构建系统的一个简单封装。所有工作最终都是通过命令行构建系统工程完成的。在创建的过程中，需要使用到各种配置文件，包括二进制映像创建工作文件（binary image builder，*.bib 文件），数据库文件（database，*.db 文件），文件系统文件（file system file，*.dat 文件。）和注册表文件（registry，*.reg 文件）。

生成运行时映像的工具和过程如图 6-9 所示。

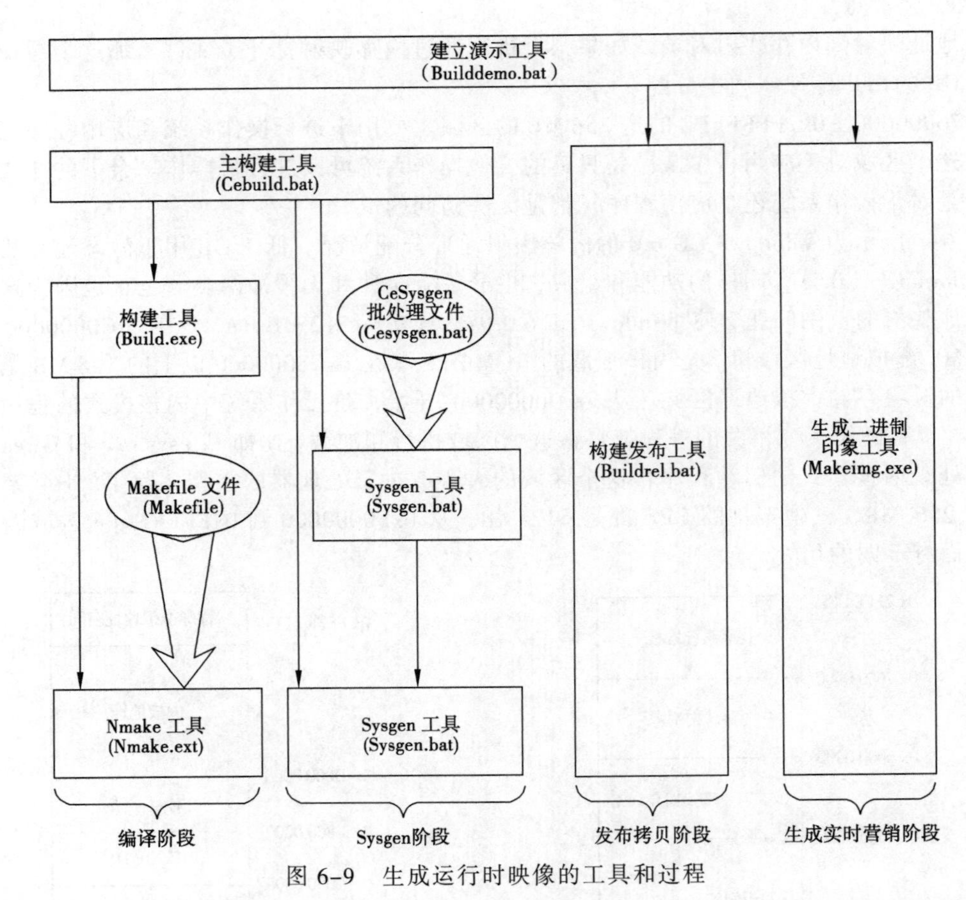

图 6-9　生成运行时映像的工具和过程

批处理文件 Blddemo.bat 通常存放在%_PUBLICROOT%\common\oak\misc 下。它的全称是 Build Demo Tool，它主要调用以下 3 个工具：

① CeBuild.bat 工具：负责执行整个 Sysgen 和 Build 过程，包括编译源代码树和链接库文件。

② BuildRel.bat 工具：负责执行 Release Copy 过程，把生成的文件复制到_FLATRELEASEDIR 目录。

③ MakeImg.bat 工具：负责把_FLATRELEASEDIR 目录下的文件按照 BIB 文件的批示打包成最终的 bin 文件。

根据以上工具的调用，一般生成内核映像分为以下几个阶段。

1）Sysgen 过程

Sysgen 是 system genneration（系统生成）的简写。它的主要功能是根据用户设备的一些组件环境变量，生成相应的头文件及可执行文件，供最终的 Windows CE 运行中映像打包时使用。Sysgen 是一个最能体现 Windows CE 是一个模块化和可定制操作系统的步骤。Sysgen 的输入包括一系列从 Pubic 和 Private 目录编译好的 Lib 文件，未经过筛选的头文件与主控文件 CeSysgen.bat（通常位于%_PROJECTROOT%\oak\misc\cesysgen.bat）。Sysgen 的输出包括经过筛选的头文件与用户选择组件包含的可执行文件（.exe）和动态链接库文件（.dll）。其中 Sysgen 过程产生的头文件会被打包到导出的 SDK 中，而产生的可执行文件和动态链接库文件会被打包到 Windows CE 运行时的映像中。在整个 Sysgen 的过程所有操作都是按照用户事先设置的环境变量进行的。因此，只有用户选择的组件最终被处理和输出，才能达到操作系统定制的目的。表 6-6 列出了 Sysgen 的输入和输出目录。

表 6-6　Sysgen 的输入和输出目录

输入文件的目录 %_COMMONPUBROOT%	输出目录 %_PROJECTROOT%
Sdk\Inc*.*	Cesysgen\Sdk\Inc
Oak\Inc*.*	Cesysgen\Oak\Inc
Ddk\Inc*.*	Cesysgen\Ddk\Inc
Oak\Files\Common*.*	Cesysgen\Oak\Files

Sysgen 过程还将调用其他工具，例如 Cesysgen.bat，Cebasecesysgen.bat，Nmake.exe 等。具体可查看 MSDN。

需要注意的是在这过程中并不对源代码进行编译。如果对 Windows CE 的公共代码（不是 BSP 下面的源代码）进行了修改，那么需要先对修改的组件进行 Build 过程，生成 Sysgen 过程的输入，这样才能保证所做的修改最终被包含在内核映像中。

Build 过程:当 Sysgen 过程已经完成，一般就进入 Build 过程。这一过程主要针对 BSP 源代码和 Platform Builder 中新建的应用程序,它们都在这一过程被编译。源代码是通过 Build.exe 进行编译的。Build.exe 使用 SOURCES 文件和 DIRS 文件编译源代码。Build.exe 通过 DIRS 文件来查找要递归编译哪些目录，通过 SOURCES 来确定要编译哪些源代码文件。因此在同一个目录下，不能同时存在 DIRS 文件和 SOURCE 文件。在要构建的目录中，如果该目录包含 SOURCE 文件，那么在相同目录一定还会有另外一个 Makefile 文件。通常，Makefile 是调用 %_PUBLICROOT\COMMON\OAK\MISC% 的 makefile.def 文件。Makefile 一般是不用修改的。SOURCE 文件通过一系列的宏告诉编译器和连接器怎么进行编译和连接。了解这些宏的含义对熟悉 Build 过程有很大的帮助。

2）Release Copy 过程

当系统和平台都已经构建结束后，现在的构建任务就是收集前两步构建所生成的所有的文件，把它们复制到一个平坦的目录中。环境变量_FLATRELEASEDIR 显示了要复制的目标文件夹。整个复制过程都由 BuildRel.bat 来完成，它主要从下面这些目录复制文件：

① %_PROJECTROOT%\Cesysgen\Oak\Files.

② %_PROJECTROOT%\Oak\Files.

③ %_PLATFORMROOT%\%_TGTPLAT%\Files.

④ %_PROJECTROOT%\Cesysgen\Oak\Target\%_TGTCPU%\%WINCEDEBUG%.

⑤ %_PROJECTROOT%\Oak\Target\%_TGTCPU%\%WINCEDEBUG%.

⑥ %_PLATFORMROOT%\%_TGTPLAT%\Target\%_TGTCPU%\%WINCEDEBUG%.

3）MakeImg 过程

当所有构建生成的文件都被收集起来后，构建的最后一步是把_FLATRELEASEDIR 目录下的相关文件打包，以生成最后运行时的映像。工具 MakeImg.exe 负责完成整个 Make Image 操作。MakeImg.exe 会调用很多工具来完成打包工作。其中一个重要的过程是合并平台配置文件。表 6-7 所示为需要打包的文件和最后生成的文件。

表 6-7　最后打包生成的文件

原 始 文 件	合 并 后 的 文 件
Common.bib，Config.bib，Project.bib，Platform.bib	Ce.bib，它包含要打包到 NK.bin 中的所有文件列表，后面调用 RomImage.exe 时会用到这个文件
Common.reg，Project.reg，Platform.reg	Reginit.ini，系统初始化的注册表，是将 3 个注册表合并在一起生成的，后面会被 RegComp.exe 压缩，压缩后的名称为 Default.fdf
Common.dat，Project.dat，Platform.dat	Initobj.tmp，系统初始化的内存文件系统配置文件，后面会被 Txt2ucde.exe 转化为 Unicode 码，转换后的名称为 Initobj.dat
Common.db，Project.db，Platform.db	Initdb.ini，系统初始化的数据库配置文件

至此，如果一切都正确，就可以生成内核映像了。

4. 板级支持包

板级支持包（board support package，BSP）是介于主板硬件和操作系统之间的一层软件系统，严格意义上来说 BSP 应该属于操作系统的一部分。

操作系统需要与硬件进行交互，而不同体系结构的硬件平台之间通常具体的实现差异较大，因此操作系统实现跨 CPU 体系结构很困难。解决办法之一是把操作系统与硬件交互的接口抽取出来，作为单独的一层函数，操作系统访问底层硬件时（例如初始化硬件及关中断等），不再直接访问硬件，而是调用抽象出来的这一层函数完成操作，这样在不同的硬件平台上，只要重写这一层代码就可简化操作系统跨体系结构的工作。而 BSP 就是充当了这样的角色——抽象操作系统与硬件之间的交互接口。BSP 在体系结构中的位置和功能如图 6-10 所示。

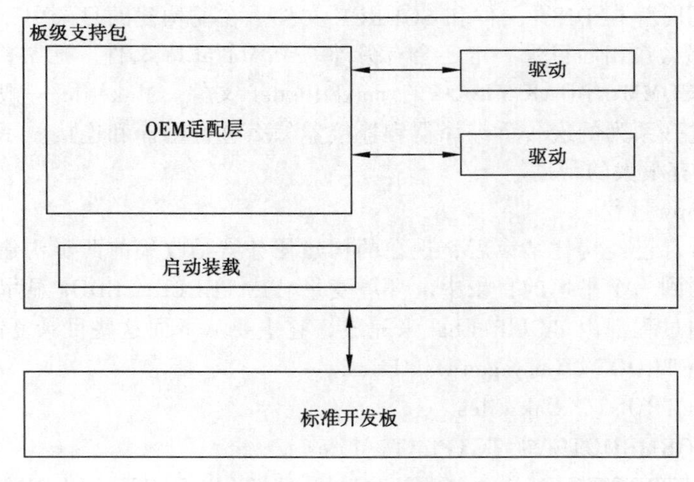

图 6-10　BSP 的主要组成

在 Windows CE 中，BSP 的主要组成如图 6-10 所示，主要由 4 部分构成：OEM 抽象层（OEM abstraction layer，OAL），引导装入程序（boot loader），驱动程序和配置文件。

OAL 是操作系统内核抽象出来的与硬件交互的接口，它的实现代码通常是与硬件高度相关的。OAL 主要负责 Windows CE 内核与硬件通信。当 boot loader 引导操作系统结束后，由 OAL 负责硬件平台初始化，中断服务程序（interrupt service routines，ISR），实时钟（real time clock，RTC），计时器（timer），内核调试，开关中断和内核性能监测等工作。OAL 的代码在物理上是内核的一部分，经编译连接，OAL 成为内核的一部分。

boot loader 是在硬件开发板上执行的一段代码。它的主要功能是初始化硬件，加载操作系统映象到内存，然后跳转到操作系统代码去执行。boot loader 可通过不同的方法获得操作系统映像，例如从串口，USB 及以太网下载，boot loader 也可以从本地的存储设备，例如 CF 卡和硬盘中读取操作系统映像。当 boot loader 得到操作映像后，它可把操作存放到内存里或者本地的存储设备中以便以后使用。boot loader 有很多种，最常见的 boot loader 通过以太网从工作站下载操作系统映像到目标机，然后把映像放到内存里执行，称为 Eboot（ethernet boot）。

配置文件是一些包含配置信息的文本文件。这些配置信息通常与操作系统映像或源代码有关。例如告诉编译系统如何编译某些源代码，或告诉编译系统如何配置最终的操作系统映像文件。BSP 中的配置文件包括.bib、.db、.reg 和.dat 四类平台初始化文件，这些文件告诉 Make Image 工具如何生成操作系统映像；配置文件还应包括 SOURCES 和 DIRS 文件，它们告诉构建系统如何构建代码；最后，还应该包括一个.pxcxml 文件，这样 BSP 可与 Platform Builder 集成。

驱动程序是 BSP 的另外一个重点。对于某个特定的 BSP 来说，BSP 当中应该包含在这块开发板上的所有外设驱动程序，这样才可保证 Windows CE 操作系统能够发挥此开发板的最大效能。如果很多外设的驱动程序都不能使用，那么启动操作系统的用处也不是很大。

小　　结

本章首先从嵌入式操作系统的发展历程、特点、应用前景等出发对嵌入式操作系统进行了概括性地描述。在 6.2 节中，以几种常见的嵌入式操作系统为例说明了嵌入式操作系统的分类，以及如何根据实际开发需要选择操作系统。6.3 节介绍了嵌入式操作系统在嵌入式领域一个非常重要、必不可少的特点——实时。最后本章以嵌入式领域非常流行的两个操作系统 Linux 和 Windows CE，具体描述了嵌入式领域如何进行操作系统的定制开发。

在 Linux 方面，本章概括性地介绍了嵌入式 Linux 的特点，并从内核选择、内核配制、内核的基本结构等方面进行了系统描述。

在 Windows CE 方面，本章从 Windows CE 嵌入式操作系统的特点出发，介绍了 6.0 版本的特点，然后系统地论述了 Windows CE 的体系结构，包括变化最大的内存管理部分，进程，线程，调度，同步和进程间的通信。在对理论进行阐述以后，从实际角度介绍了操作系统的定制过程，最后介绍了板级支持包，为想进一步往底层开发方向发展的读者打下基础。

Windows CE 发展到 6.0 的版本，无论在性能和开放源代码方面都有很大的进步。使用 Windows CE 可以快速响应市场变化，定制出内容多样的操作系统，同时作为一个开放内核源代码的操作系统对理解操作系统的运行也很有帮助。由于它接口方面和桌面操作系统很类似，因此，如果有基于桌面操作系统的开发的经历，对于 Windows CE 的开发就能很容易上手。

习　　题

1. 举几个你或者你周围的人使用的嵌入式设备的例子，以及其所使用的操作系统。
2. 嵌入式 Linux 的特点是什么？你认为嵌入式 Linux 的发展前景如何？
3. 嵌入式 Linux 同通用 Linux 的区别是什么？

4. 通过搜集资料，说明如何提高嵌入式 Linux 的实时性能。

5. 试着自己动手配置一个嵌入式 Linux 内核和一个通用 Linux 内核并分别使它们在各自的平台上运行起来，对比配置及运行过程中每一个细节有什么不同。

6. 比较在内存管理方面 Windows CE 6.0、Windows CE 5.0 以及桌面操作系统的不同之处。

7. 由于生成一个操作系统映像需要比较长的时间，因此知道定制过程 Platform Builder 在每个过程做了什么对于减少生成时间很有帮助。请对照操作系统的定制过程，思考每个过程的输入文件是什么，输出文件是什么，以及输出文件放在哪里。假如对于一个已经生成的操作系统，如果修改了 BSP，那么最快的生成新内核的方法是什么？如果是新增或删除了组件，最快的生成新内核的方法又是什么？如果是修改了配置文件如注册表或.bib 文件呢？

8. 查看 Windows CE 自带的 BSP 的文件结构。阅读 boot loader 的 startup 代码，理清系统初始化的顺序。

第7章 基于 Linux 的嵌入式系统开发实例

通过前面章节的介绍，读者从嵌入式系统的概念、系统设计流程及各个部分的组成等方面对嵌入式系统有了基本的认识。本章从一个实例出发，详细讲述嵌入式系统的实际开发过程。

为了将重点放在系统设计流程上，本章使用的实例是一个相对简单的基于 Linux 的嵌入式多媒体播放系统。多媒体信息存储在移动存储设备中，系统通过 USB 接口或 CF 卡接口读取数据，通过音、视频解码，在 LCD 上显示，从而实现播放功能。本系统基于作者所在实验室自制的 PXA255 平台，具有 LCD、USB 接口等通用外设，系统频率达到 400 MHz，可以满足本任务的需求。

本章首先介绍嵌入式开发环境的搭建，然后从 boot loader、Linux 内核、嵌入式文件系统以及应用程序等几个层次对嵌入式多媒体播放系统开发设计进行介绍。通过实例讲解，让读者对嵌入式系统的开发过程有一个全面的认识。

7.1 开发环境的搭建

在进行嵌入式系统开发之前，首先需要搭建一个开发平台。与主流软件开发类似，嵌入式系统的开发也需要用到编译器、连接器、解释程序、集成开发环境以及诸如此类的其他开发工具。绝大多数 Linux 上的软件开发都是以本地方式进行的，即在本机进行开发、调试，并在本机运行的方式。然而这种方式通常不适合嵌入式系统的软件开发，因为对于嵌入式系统的开发，开发人员用来执行应用程序的平台与用来建立应用程序的平台不同，且没有足够的资源在嵌入式目标系统上运行开发工具和调试工具。因此，通常的嵌入式系统的软件开发采用交叉编译调试的方式。交叉编译调试环境建立在宿主机（通常是一台 PC）上，对应的开发板称做目标板。

在嵌入式开发过程中，需要在宿主机上建立交叉编译环境，并由宿主机提供 BOOTP、TFTP 和 NFS 等服务。在嵌入式开发环境下使用的工具常被称为跨平台开发工具或交叉开发工具。在本实验中，目标板是作者所在实验室自制的 PXA255 系统，它具备本实验所需的基本功能；宿主机是一台通用的 PC，其基本配置为：3.0 GHz 的 CPU，512 MB 内存，系统是 Fedora 7，具有通用 PC 的常用接口。下面对目标板和宿主机以及交叉编译环境的搭建过程分别进行介绍。

7.1.1 PXA255 系统开发平台介绍

本章实例中所用到的 PXA255 平台是由作者所在实验室自行开发，系统经过调试确保可以正常运行。此嵌入式平台中的核心处理器是 Intel 公司的 Xscale-pxa255，主频为 400 MHz，内存是 64 MB SDRAM（2 片 16 位的 SDRAM 芯片组成 32 位接口），系统还具有 32 MB 的闪存（2 片 Intel E28F128 组成 32 位接口），这些可以很好地满足嵌入式视频播放系统对于平台性能的要求；平台具有标准 JTAG 接口和串口，方便系统调试，具有 CS8900A 以太网控制器，方便在调试过程中实现系统的快速下载；系统还具有 LCD、USB 接口和音频输出接口等标准的接口设备，可以很好地满足视频播放系统对于外设的需求。本章所使用的实验平台的主要硬件资源如表 7-1 所示。

表 7-1 PXA255 开发板集成的硬件资源表

项 目	描 述	项 目	描 述
处理器	PXA255	USB Host	2Slot
SDRAM	Samsung 2 片 64 MB	USB Slave	1Slot
Flash	Intel E28F128 2 片 32 MB	PCMCIA	1Slot
以太网卡	CS8900A 10BaseT	实时时钟	Realtime clock RTC4513
声卡	AC'97 Stereo Audio	红外	HDSL3600
显示屏	LG TFT LCD 6.4in（640×480 像素）	CF	1Slot
JTAG	20 针接口	串口	9 针

对于本章实例中所需要使用的资源，则主要有处理器、SDRAM、JTAG、串口、以太网卡、闪存、声卡、显示屏、USB Host、实时时钟等，这些资源在前面的章节中均已进行过介绍，此处不再赘述。

图 7-1 所示为 PXA255 开发板实物照片。

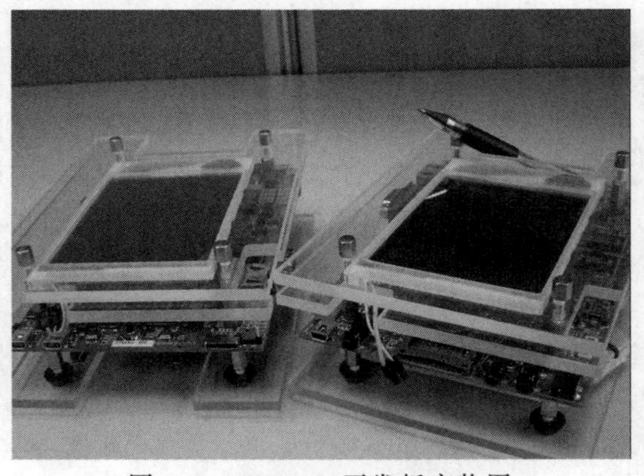

图 7-1 PXA255 开发板实物图

7.1.2 宿主机环境搭建

为了编译 Linux 内核，必须在宿主机上建立 Linux 环境，在本实验中宿主机预装的操作系统是 Fedora 7，它的内核是 2.6 版本的。在此环境下才可以对目标机的内核进行编译和定制。主机操作系统的安装过程在这就不介绍了。由于目标机的 boot loader 是通过 BOOTP 和 TFTP 将 Linux 内核及文件系统下载到开发板上运行的，因此在操作系统安装之后，接下来的工作就是在宿主机上配置 BOOTP 和 TFTP。

BOOTP 远程启动是一种产生于早期 UNIX 的远程启动方式，在现在的 UNIX、Linux 的无盘网络中是较常用的远程启动方式之一，用于在目标机启动时配置 IP 地址、网关等信息。BOOTP 服务的全称是 bootstrap protocol，是一种比较早出现的远程启动的协议，而经常用到的 DHCP 服务就是从 BOOTP 服务扩展而来的。BOOTP 使用 TCP/IP 网络协议中的 UDP 67/68 两个通信端口。BOOTP 主要是用于无磁盘的客户机从服务器得到自己的 IP 地址、服务器的 IP 地址、启动映像文件名、网关 IP 等。这个过程如下：

第一步，由 BOOTROM 芯片中的 BOOTP 启动代码启动客户机，此时客户机还没有 IP 地址，它就用广播形式以 IP 地址 0.0.0.0 向网络中发出 IP 地址查询的请求，这个请求帧中包含了客户机网卡的 MAC 地址。

第二步，网络中运行 BOOTP 服务的服务器接收到的这个请求帧，根据这帧中的 MAC 地址在 BOOTPTAB 启动数据库中查找这个 MAC 的记录，如果没有此 MAC 的记录则不响应这个请求，如果有就将 FOUND 帧发送回客户机。FOUND 帧中包含的主要信息有客户机的 IP 地址、服务器的 IP 地址、硬件类型、网关 IP 地址、客户机 MAC 地址和启动映像文件名。

第三步，客户机根据 ROUND 帧中的信息通过 TFTP 服务器下载启动映像文件，并将此文件模拟成磁盘，从这个模拟磁盘启动。

TFTP 服务的全称是 trivial file transfer protocol，可以翻译为“普通文件传送协议”。FTP 大家很熟悉了，TFTP 可以看成一个简化了的 FTP，主要的区别是没有用户权限管理的功能，也就是说 TFTP 不需要认证客户端的权限，这样远程启动的客户机在启动一个完整的操作系统之前就可以通过 TFTP 下载启动映像文件，而不需要证明自己是合法的用户。这样 TFTP 服务也就存在着比较大的安全隐患，现在黑客和网络病毒也经常用 TFTP 服务来传输文件。所以 TFTP 在安装时一定要设立一个单独的目录作为 TFTP 服务的根目录，例如：\tftpboot，作为下载启动映像文件的目录，这样除了这个目录以外 TFTP 服务就不能访问，并且可以设置 TFTP 服务只能下载，不能上传等，以减少安全隐患。

下面对 BOOTP 和 TFTP 的配置过程进行详细介绍。

1. 在宿主机上安装 xinetd

为了使用 BOOTP 和 TFTP，首先要在宿主机上安装 xinetd。xinetd 是被动式的超级服务，也就是服务程序是被 ftp、telnetd、pop3、imap、auth 等应用程序所启动，平时则无须存在。它的工作原理如下：

① 启动时读取/etc/xinetd.conf 文件并为文件中指定的所有服务创建相应的套接字（流或数据报），xinetd 能处理的服务的数目依赖于所创建的套接字数目。每个新创建的套接字都被加入到 select 调用所用到的描述符集中。

② 对每一个套接字调用 bind，绑定服务端口（/etc/services 中定义），端口号通过调用 getservbyname 获得。

③ 所有套接字建立后，调用 select 等待其变为可读，当 tcp 套接字上有数据报到来时变为可读。xinetd 在大部分时间阻塞在 select 的调用处。

④ xinetd 守护进程 fork，由子进程处理服务请求；子进程关闭除了要处理的套接字之外的所有描述字，子进程三次调用 dup2，把套接字描述字复制到 0、1、2，然后关闭原套接字；

以后程序对套接字操作就是对 0、1、2 进行操作；子进程 exec 执行相应的服务器程序，并将配置文件中的参数传递。

⑤ 因为 tcp 服务器通常设置 nowait 标记，表示 xinetd 在该套接字上再次选择之前，必须等待在该套接字上服务的子进程终止。所以，父进程中的 fork 返回时，把子进程的进程号记录下来，这样，在子进程终止时，父进程可以用 waitpid 的返回值查知是哪一个子进程；父进程用 FD_CLR 宏关闭 select 使用的描述字集中与这个套接字对应的位，以便不对该套接字查询；当子进程终止时，父进程收到一个 SIGCHLD 信号，父进程的信号处理程序得到终止子进程的进程号，父进程通过打开描述字集中对应的位恢复对该套接字的查询。

进行安装之前，首先用 rpm 命令查询 xinetd rpm 包的安装信息。

```
[arm@localhost root]# rpm -qa | grep xinetd
```

如果没有安装 xinetd，可以从 Linux 安装包中取得 xinetd rpm 包，并运行 rpm 命令进行安装。

```
[arm@localhost root]# rpm -Uvh xinetd-2.1.8.9pre15-2.i386.rpm
```

这时如果没有 xinetd，则会显示“需要 xinetd”的信息，先安装所需的 rpm 即可。安装完毕后可以再用 rpm 命令查询是否安装正确。

最后启动 xinetd，正常情况下，系统会显示服务启动信息。

```
[arm@localhost root]# etc/rc.d/init.d/xinetd start
```

2．在宿主机上安装 BOOTP

先用 rpm 命令检查是否已经安装 BOOTP rpm 包，如果没有则参照 xinetd rmp 包的安装方法进行安装。

安装完毕之后会生成/usr/sbin/bootpd 文件，这个文件运行时会激发守护进程 xinetd 运行，需要创建/etc/xinetd.d/bootp 文件并进行如下设置：

```
[arm@localhost root]# cd /etc/xinetd.d
[arm@localhost xinetd.d]# vi bootp
Service bootps
{
   disable=no
   socket_type=dgram
   protocol=udp
   wait=yes
   user=root
   server=/usr/sbin/bootpd
}
```

生成并配置 bootptab 文件，其参数设置的格式如下：

```
hostname:\
tg=value:\
tg=value:\
tg=value
```

其中 hostname 是 BOOTP 目标机的名字，tg 是由两个字符构成的符号标志，value 是各符号标志具体的值。

在目标板上发送 BOOTP 请求时，宿主机上安装的 BOOTP 服务器(bootpd)根据/etc/bootptab 中定义的目标机信息来生成 BOOTP 回应包以作应答。所以为了使用 BOOTP，需事先在/etc/bootptab 中输入目标机的 MAC 地址和分配的 IP 等信息，如下面代码段。

```
test:\
ht=1:\
ha=0x151436188A11:\
ip=192.168.0.195:\
sm=255.255.255.0
```

其中：

① 字段 ht 表示 hardware type，因为使用 10 Mbit/s Ethernet，所以设置为 1（Ethernet）。

② ha 表示 hardware address，是发送 bootp 请求的目标机的 MAC 地址。

③ ip 表示分配给目标机的 IP 地址。

④ sm 表示 Subnet Mask，应与宿主机相同。

需要注意的是，宿主机的网段和分配给目标机的网段要保持一致。

3. 在宿主机上搭建 TFTP 服务器

首先应确认宿主机上是否正确安装了 TFTP rpm 包，方法同上。安装以后，会生成 /etc/xinetd.d/tftp 文件。如同 BOOTP 一样，TFTP 也将激发守护进程 xinetd 的执行，需要对 /etc/xinetd.d/tftp 文件进行如下修改：

```
Service tftp
{
    disable=no
    socket_type=dgram
    protocol=udp
    wait=yes
    user=root
    server=/usr/sbin/in.tftpd
    server_args=-s /tftpboot
}
```

为了操作方便，通常需要在根目录下建立一个/tftpboot 目录，并将 server_args 设置为该目录（当然也可以自行设定其他目录）。这样，使用 TFTP 传输的宿主机文件只能在该目录下被传送，使得操作简便，同时减少安全隐患。

7.1.3　交叉编译环境的搭建

交叉编译是嵌入式开发过程中的一项重要技术，它的主要特征是某机器中执行的程序代码不是在本机编译生成。使用 PC 平台上的 Windows 工具开发针对 Windows 本身的可执行程序，这种编译过程称为本机编译。然而，在进行嵌入式系统的开发时，运行程序的目标平台通常具有有限的存储空间和运算能力，例如常见的 ARM 平台，其一般的静态存储空间大概是 16～32 MB，而 CPU 的主频大概在 100～500 MHz 之间。这种情况下，在 ARM 平台上进行本机编译就不太可能了，这是因为一般的编译工具链（compilation tool chain）需要很大的存储空间，并需要很强的 CPU 运算能力。为了解决这个问题，交叉编译工具应运而生。通过交叉编译工具，就可以在 CPU 能力很强、存储空间足够的宿主机平台上（例如 PC 上）编译出针对其他平台的可执行程序。由于在嵌入式开发过程中，宿主机和目标机往往在体系结构及指令集等方面存在着巨大差异，在宿主机上编译可运行的程序是不能在目标机上直接运行的，这时就需要有一个交叉编译环境。交叉编译环境由一系列的交叉编译工具链组成，通过这些工具进行编译，可以在一个平台上生成另一个平台上的可执行代码。

Linux 内核被设计为必须使用 GUN 的 C 编译器 gcc 来编译，而不是任何一种 C 编译器都可以使用。gcc 的主要目的是为 32 位 GNU 系统提供一个好的编译器。gcc 所有源代码是和硬件平台无关的，当然有一些必要的硬件参数是需要给出的。在讲述 gcc 对给出的计算机源程序进行编译之前，需要明确一点的就是 gcc 为了实现与具体计算机硬件平台无关的编译过程，它使用了 RTL 语言用于对目标平台的指令进行一般描述。在 RTL 语言中，指令被表述成与之一一对应的描述性语言，而寄存器也被相应的伪寄存器代替。

gcc 对标准 C 进行了必要的扩展，这使得它更适合开发操作系统内核。Linux 内核和编译器的关系非常紧密，甚至不同的内核版本需要不同的 gcc 编译器。

Linux 应用程序编译时，需要交叉编译 gcc，而 gcc 最终输出的是汇编语言源程序。想要进一步编译成所需要的机器代码，需要引入一些新的工具，例如汇编程序等。Binutils 工具集提供了一些这样的工具，事实上，gcc 和 Binuitls 是经常在一起捆绑使用的。另外，对 C 语言而言，需要有相应的函数库支持 C 语言源程序的编译。而在 Linux 中应用最多的则是 glibc。此外，在 Linux 环境下，生成相应的交叉编译器还需要 Linux 内核头文件的支持。

针对 ARM 处理器平台建立交叉编译环境，通常是要在 PC（x86 体系）上建立目标代码为 ARM 的编译工具链（toolchains），它可以编译和处理 Linux 内核及应用程序。由前面的分析可知，交叉编译工具通常由 gcc、Binutils、glibc 、glibc –Linuxthreads、Linux 内核头文件几部分组成，以下对它们进行简单介绍。

① gcc 是 Linux 中最重要的软件开发工具，是一组编译工具的总称。它是 GNUC 和 C++ 的编译器。gcc 编译器能将 C、C++语言源程序、汇编程序和目标程序编译、连接成可执行文件。如果没有给出可执行文件的名字，gcc 将生成一个名为 a.out 的文件。在 Linux 系统中，可执行文件没有统一的扩展名，系统从文件的属性来区分可执行文件和不可执行文件。而 gcc 则通过扩展名来区别输入文件的类别，gcc 所遵循的部分约定规则如下：

- .c 为扩展名的文件，C 语言源代码文件。
- .a 为扩展名的文件，是由目标文件构成的档案库文件。
- .C、.cc 或.cxx 为扩展名的文件，是 C++源代码文件。
- .h 为扩展名的文件，是程序所包含的头文件。
- .i 为扩展名的文件，是已经预处理过的 C 源代码文件。
- .ii 为扩展名的文件，是已经预处理过的 C++源代码文件。
- .m 为扩展名的文件，是 Objective–C 源代码文件。
- .o 为扩展名的文件，是编译后的目标文件。
- .s 为扩展名的文件，是汇编语言源代码文件。
- .S 为扩展名的文件，是经过预编译的汇编语言源代码文件。

虽然称 gcc 是 C 语言的编译器，但使用 gcc 由 C 语言源代码文件生成可执行文件的过程不仅仅是编译的过程，而是要经历 4 个相互关联的步骤：预处理（preprocessing）、编译（compilation）、汇编（assembly）和连接（linking）。

命令 gcc 首先调用 cpp 程序进行预处理，在预处理过程中，对源代码文件中的文件包含（include）、预编译语句（例如宏定义 define 等）进行分析。接着调用 cc1 进行编译，这个阶段根据输入文件生成以.o 为扩展名的目标文件。汇编过程是针对汇编语言的步骤，调用 as 进行工作，一般来讲，.S 以及.s 为扩展名的汇编语言文件经过预编译和汇编之后都生成以.o 为扩展名的目标文件。当所有的目标文件都生成之后，gcc 就调用 ld 来完成最后关键性的连接工作。在连接阶段，所有的目标文件被安排在可执行程序中的恰当位置，同时，该程序所调用到的库函数也从各自所在的档案库中连接到合适的地方。

② Binutils 是一套用来构造和使用二进制的工具集，其中两个最为关键的 Binutils 是 GNU 连接器——ld 和 GNU 汇编程序——as，这两个工具是 GNU 工具链中的两个完整部分，通常是由 Gcc 前端进行驱动的。Binutils 包括以下命令：

- add2line：把程序地址转换为文件名和行号对。在命令行中给它一个地址和一个可执行文件名，它就会使用这个可执行文件的调试信息指出在给出的地址上是哪一个文件以及行号，以便于调试程序。
- ar：在文件中建立、修改、扩展文件。
- asGNU：主要用来编译 GNUC 编译器（gcc）输出的汇编文件，生成二进制形式的目标代码。
- c++filt：使用它来过滤 C++和 Java 符号，防止重载函数冲突。
- gprof：显示程序调用段的各种数据。
- ldGNU：把多个目标文件连接成可执行程序。通常，建立一个新编译程序的最后一步就是调用 ld。
- nm：从目标代码文件中列举所有的变量（包括变量值和变量类型类型），如果没有指定目标文件，则默认为 a.out 文件。
- objcopy：把一种目标文件中的内容复制到另一种类型的目标文件中。
- objdump：显示一个或更多目标文件的信息，使用选项来控制其显示的信息。所显示的信息很有用，可以观察到程序中全局变量和函数编译所处的数据段和地址。
- ranlib：产生归档文件索引，并将其保存到这个归档文件中，加快对归档文件的访问。在索引中列出了归档文件各成员所定义的可重分配的目标文件。
- readelf：显示 elf 格式可执行文件的信息。
- size：列出目标文件每一段的大小以及总体的大小。
- strings：打印某个文件的可打印字符串。这些字符串最少 4 个字符长，也可使用选项 -n 设置字符串的最小长度。默认情况下，只打印目标文件初始化和可加载段中的可打印字符；对于其他类型的文件，只打印整个文件的可打印字符。这个程序对于了解非文本文件的内容很有帮助。
- strip：丢弃目标文件中的全部或者特定符号。通常，连接完成的 elf 格式的文件是没有经过.strip 的，它包括符号表等多余的信息，可使用这个让 elf 文件更精简。通常会在应用程序发布时使用。
- libiberty：包含许多 GNU 程序都会用到的函数，这些程序有 getopt、obstack、strerror、strtol 和 strtoul。
- libbfd：二进制文件描述库。
- libopcodes：用来处理 opcodes 的库，在生成一些应用程序的时候也会用到它，例如 objdump.Opcodes 是文本格式可读的处理器操作指令。

③ glibc 是提供系统调用和基本函数的 C 库，例如 open、malloc、printf 等。所有动态链接的程序都要共享它（除了 kernel、bootload 和其他完全不用 C 库的功能代码），因此 glibc 的存在有利于小系统或嵌入系统缩减系统总代码尺寸与存放空间。glibc-linuxthreads 源码包中则包含了 glibc 安装线程库的手册页，整个 glibc 包含以下命令：

- catchsegv：当程序发生 segmentation fault 的时候，用来建立一个堆栈跟踪。

- gencat：建立消息列表。
- getconf：针对文件系统的指定变量显示其系统设置值。
- getent：从系统管理数据库获取一个条目。
- glibc bug：建立 glibc 的 bug 报告并且按 bug 报告的邮件地址发送。
- iconv：转化字符集。
- iconvconfig：建立快速读取的 iconv 模块所使用的设置文件。
- ldconfig：设置动态链接库的实时绑定。
- ldd：列出每个程序或者命令需要的共享库。
- lddlibc4：辅助 ldd 操作目标文件。
- locale：一个 Perl 程序，可以告诉编译器打开或关闭内建的 locale 支持。
- localedef：编译 locale 标准。
- mtrace：用于进行网络测试、测量和管理。
- nscd：提供对常用名称设备调用缓存的守护进程。
- nscd_nischeck：检查在进行 NIS+侦查时是否需要使用安全模式。
- pcprofiledump：打印 PC profiling 产生的信息。
- pt_chown：是一个辅助程序，帮助 grantpt 设置子虚拟终端的宿主、用户组和读/写权限。
- rpcgen：产生实现 RPC 协议的 C 代码。
- rpcinfo：对 RPC 服务器产生一个 RPC 呼叫。
- sln：用来创建符号链接，由于它本身是静态链接的、在动态链接不起作用的时候，sln 仍然可以建立符号链接。
- sprof：读取并显示共享目标的特征描述数据。
- tzselect：对用户提出关于当前位置的问题，并输出时区信息到标准输出。
- xtrace：通过打印当前执行的函数跟踪程序执行情况。
- zdump：显示时区。
- zic：时区编译器。
- ld.so：帮助动态链接库的执行。
- libBrokenLocale：帮助程序处理破损 locale，例如 Mozilla。
- libSegFault：处理 segmentation fault 信号，试图捕捉 segfaults。
- libanl：异步名称查询库。
- libbsd-compat：为了在 Linux 下执行一些 BSD 程序，libbsd-compat 提供了必要的可移植性。
- libc：是主要的 C 库，包含程序运行时所需的常用函数。
- libcrypt：加密编码库。
- libdl：动态链接接口。
- libg：g++库文件，包含程序运行时所需的常用函数。
- libieee：IEEE 浮点运算库。
- libm：数学函数库。
- libmcheck：包括启动时需要的代码。
- libmemusage：帮助 memusage 搜集程序运行时内存占用的信息。
- libnsl：网络服务库。

- libnss*：名称服务切换库，包含了解释主机名、用户名、组名、别名、服务、协议等的函数。
- libpcprofile：帮助内核跟踪函数，源代码行和命令在 CPU 中的使用时间。
- libpthread：POSIX 线程库。
- libresolv：创建、发送及解释到互联网域名服务器的数据包。
- librpcsvc：提供 RPC 的其他服务。
- librt：提供了大部分 POSIX.1b 实时扩展的接口。
- libthread_db：对建立多线程程序的调试。
- libutil：包含了在很多不同的 UNIX 程序中使用的“标准”函数。

使用以下版本的文件为例子建立 arm-Linux 交叉编译环境，可以在 http://www.arm.Linux.org.uk 等网站上下载到这些源代码：

- binutils-2.19.tar.bz2。
- gcc-2.95.3.gz。
- glibc -2.3.2.gz。
- glibc-Linuxthreads-2.3.2.tar.gz。
- Linux-2.6.10.gz。
- patch-2.6.10-bk4.bz2　　　# Linux kernel patch。

工作路径是：

.../ ----- ~ -- tars -------- SourceDir

.../.../---- BuildDir

.../--- armtools

工作目录的作用如表 7-2 所示。

表 7-2　工作目录的作用

Tars	在这里存放的下载的.tar.gz 文件
SourceDir	这个临时目录存放解压缩后的源文件
BuildDir	程序在这里被编译
Armtools	arm-Linux 交叉编译环境的安装位置

首先，安装 Linux 头文件，先使用 tar 命令解压 Linux-2.6.10.tar.gz 文件，然后使用 patch 命令打上 patch-2.6.10-bk4.bz2 补丁：

```
cd ~/tars/SourceDir
tar -zxf ../Linux-2.6.10.tar.gz
cd Linux
zcat ../../ patch-2.6.10-bk4.bz2  | patch -p1
```

进入交叉编译工具解压后的目录，修改 Makefile 文件。建议先删除 config 文件，否则以后可能会出现问题。将 Makefile 文件中“ARCH :=...”改为“ARCH= arm”，将目标板设置为 ARM，执行 make clean 命令，通过如下方式建立依赖关系：

```
make clean
make ARCH=arm menuconfig
make dep
```

接下来，使用 cp 命令将 include/Linux 下的头文件复制到~/armtools/arm-Linux/include 文件夹当中，并将 include/asm-arm 下的头文件复制到~/armtools/arm-Linux/include/asm 文件夹当

中，执行命令如下：

```
cp -dR include/Linux ~/armtools/arm-Linux/include
cp -dR include/asm-arm ~/armtools/arm-Linux/include/asm
```

进入~/tars/SourceDir 文件夹下，使用 tar 命令对 binutils-2.19.gz 文件解压，然后在~/tars/BuildDir 文件夹下建立 binutils 文件夹，对 binutils 进行编译安装。

解压缩：

```
cd ~/tars/SourceDir
tar -zxf ../binutils-2.19.gz
```

编译：

```
cd ~/tars/BuildDir
mkdir binutils
cd binutils
../../SourceDir/binutils-2.19/configure --target=arm-Linux
    --prefix=~/armtools
make all install
```

然后需要把 binutils 的路径输出到环境变量中。可以把它加到 .bashrc 中，这样的话需要重启才能生效。也可以在 bash 的命令行上输入 export PATH=$PREFIX/bin:$PATH 让它立即生效，但重启之后就无效了。

接下来编译安装 gcc 的 C 编译器，首先需要解压缩：

```
cd ~/tars/SourceDir
tar -zxf ../gcc-2.95.3.tar.gz
cd gcc-2.95.3/ gcc/config/arm
```

修改 gcc 的 t-Linux 文件，在 t-Linux 文件中的 TARGET_LIBGCC2_CFLAGS 上加上_gthr_posix_h 和 inhibit_libc，命令如下：

```
mv t-Linux t-Linux-orig
sed 's/TARGET_LIBGCC2_CFLAGS =/TARGET_LIBGCC2_CFLAGS = -D_gthr_posix
_h -Dinhibit_libc/' < t-Linux-orig > t-Linux-core
cp ./t-Linux-core ./t-Linux
```

接下来对 gcc 进行编译和安装，其过程如下：

```
cd ~/tars/BuildDir
mkdir gcc-core
cd gcc-core
../../SourceDir/gcc-2.95.3/configure \
        --target=arm-Linux \
        --prefix=~/armtools \
        --enable-languages=c \
        --with-local-prefix=~/armtools/arm-Linux \
        --without-headers \
        --with-newlib \
        --disable-shared
make all install
```

编译安装 glibc。

解压缩：

```
cd ~/tars/SourceDir
tar -zxf ../glibc-2.3.2.tar.gz
cd glibc-2.3.2
tar -zxf ../../glibc  -Linuxthreads-2.3.2.tar.gz
```

编译：

```
cd ~/tars/BuildDir
mkdir glibc
cd glibc
CC=arm-Linux-gcc AR=arm-Linux-ar RANLIB=arm-Linux-ranlib \
../../SourceDir/glibc  -2.3.2/configure \
    --host=arm-Linux \
    --prefix=~/armtools/arm-Linux \
    --enable-add-ons \
    --with-headers=~armtools/arm-Linux/include
make all install
```

编译安装 gcc 的 C、C++ 编译器，恢复 t-Linux 文件，其命令如下：

```
cd ~/tars/BuildDir
mkdir gcc
cd gcc
cp ../../SourceDir/gcc-2.95.3/gcc/config/arm/t-Linux-orig \
../../SourceDir/gcc-2.95.3/gcc/config/arm/t-Linux
```

再次进行编译：

```
../../SourceDir/gcc-2.95.3/configure \
    --target=arm-Linux \
    --prefix=~/armtools \
    --enable-languages=c,c++ \
    --with-local-prefix=~armtools/arm-Linux
make all install
```

至此，宿主机的基本环境已经基本建立完毕，接下来就要进行 boot loader（引导加载程序）移植、ARM-Linux 内核定制、Linux 根文件系统构建等工作。

7.2　boot loader 移植

7.2.1　boot loader 简介

通常来说，系统加电或复位后，所有的 CPU 通常都会从某个由 CPU 制造商预先设定的地址上取指令。例如，在本实验中所使用的 Intel 公司的 PXA255 CPU，它复位时是从地址 0x00000000 读取第一条指令。基于处理器构建的嵌入式系统通常都将某种类型的固态存储设备（例如，ROM、E^2PROM 或 flash memory 等）映射到这个预先安排的第一条指令的地址上。对于大部分的含有 CPU 的嵌入式系统，固态存储设备的空间分布都与图 7-2 类似。

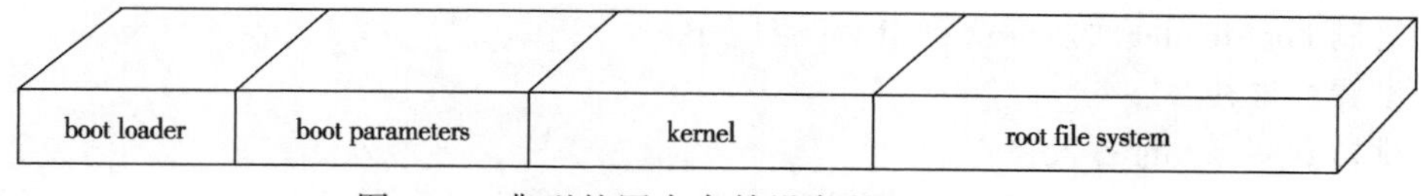

图 7-2　典型的固态存储设备的空间分布图

从图 7-2 可以看出，引导加载程序占据着最底端的位置，也就是说，在系统加电后，CPU 将首先执行引导加载程序。引导加载程序就是在操作系统内核运行之前运行的一段小程序。通过这段小程序可以初始化硬件设备、建立内存空间的映射图，从而将系统的软/硬件环境带到一个合适的状态，以便为最终调用操作系统内核准备好正确的环境。下面对 boot loader 进行简单的介绍。

1. boot loader 的功能

boot loader 是系统加电后运行的第一段软件代码。由 PC 的体系结构可以知道，PC 中的引导加载程序由 BIOS（其本质就是一段固件程序）和位于硬盘 MBR 中的 OS Boot Loader（例如，LILO 和 GRUB 等）一起组成。BIOS 在完成硬件检测和资源分配后，将硬盘 MBR 中的 boot loader 读到系统的 RAM 中，然后将控制权交给 OS Boot Loader。boot loader 的主要运行任务就是将内核映像从硬盘上读到 RAM 中，然后跳转到内核的入口点去运行，即开始启动操作系统。

而在嵌入式系统中，通常并没有像 BIOS 那样的固件程序（也有例外，有极少数嵌入式 CPU 也会内嵌一段短小的启动程序），因此整个系统的加载启动任务就完全由 boot loader 来完成。例如在一个基于 PXA255 CPU 的嵌入式系统中，系统在上电或复位时通常都从 0x00000000 地址处开始执行，而在这个地址处安排的通常就是系统的 boot loader 程序。

通常，boot loader 是严重依赖于硬件而实现的，对于嵌入式系统尤其如此。因此，在嵌入式领域里建立一个通用的 boot loader 几乎是不可能的。尽管如此，仍然可以对 boot loader 归纳出一些通用的概念来，以指导用户进行特定的 boot loader 设计与实现。

2. boot loader 启动流程

从操作系统的角度看，boot loader 的总目标就是正确地调用内核来执行。由于 boot loader 的实现依赖于 CPU 的体系结构，因此大多数 boot loader 都分为 step1 和 step2 两大部分。依赖于 CPU 体系结构的代码，例如设备初始化代码等，通常都放在 step1 中，而且通常都用汇编语言来实现，以达到短小精悍的目的。而 step2 则通常用 C 语言来实现，这样可以实现复杂的功能，而且代码会具有更好的可读性和可移植性。

运行 boot loader 的 step1 通常包括以下步骤（以执行的先后顺序）：

① 硬件设备初始化。其过程如下：

a. 屏蔽所有中断。

b. 设置 CPU 的速度和时钟频率。

c. RAM 初始化。

d. 初始化 LED。

e. 关闭 CPU 内部指令/数据 Cache。

② 为加载 boot loader 的 step2 准备 RAM 空间。

a. 除了 step2 可执行映像的大小外，还必须把堆栈空间也考虑进来。

b. 必须确保所安排的地址范围的确是可读/写的 RAM 空间。

③ 复制 boot loader 的 step2 到 RAM 空间中。

④ 设置好堆栈。

⑤ 跳转到 step2 的 C 入口点。

运行 boot loader 的 step2 通常包括以下步骤（以执行的先后顺序）：

① 初始化本阶段要使用到的硬件设备。其过程如下：

a. 初始化至少一个串口，以便和终端用户进行 I/O 输出信息。

b. 初始化计时器等。

② 检测系统内存映射（memory map）。具体内容如下：

a. 内存映射的描述。

b. 可以用如下数据结构来描述 RAM 地址空间中的一段连续的地址范围：

```
typedef struct memory_area_struct {
  u32 start; /* 内存空间的基址 */
  u32 size;  /* 内存空间的大小 */
  int used;
} memory_area_t;
```

c. 内存映射的检测。

③ 将 kernel 映像和根文件系统映像从 flash memory（本章以下简写为 flash）上读到 RAM 空间中。

a. 规划内存占用的布局：内核映像所占用的内存范围和根文件系统所占用的内存范围。

b. 从 flash 上复制映像文件。

④ 为内核设置启动参数。具体内容如下：

a. 标记列表（tagged list）的形式来传递启动参数，启动参数标记列表以标记 ATAG_CORE 开始，以标记 ATAG_NONE 结束。

b. 嵌入式 Linux 系统中，通常需要由 boot loader 设置的常见启动参数有：ATAG_CORE、ATAG_MEM、ATAG_CMDLINE、ATAG_RAMDISK、ATAG_INITRD。

⑤ 调用内核。具体内容如下：

a. CPU 寄存器的设置：

- R0 = 0。
- R1 = 机器类型 ID；关于机器类型号，可以参见 Linux/arch/arm/tools/mach-types。
- R2 = 启动参数标记列表在 RAM 中起始基地址。

b. CPU 模式：

- 必须禁止中断（IRQs 和 FIQs）。
- CPU 必须为 SVC 模式。

c. Cache 和 MMU 的设置：

- MMU 必须关闭。
- 指令 Cache 可以打开也可以关闭。
- 数据 Cache 必须关闭。

3. 几种常用的 boot loader

由于 boot loader 的重要性，许多研究机构或社团都对其进行了研究，也形成了许多不同的 boot loader 版本，下面就比较流行的几种 boot loader 进行介绍。

1）BLOB

BLOB 是 boot loader object 的缩写，是一款功能强大的 boot loader。它遵循 GPL，源代码完全开放。BLOB 既可以用于简单的调试，也可以启动 Linux kernel。BLOB 最初是 Jan-Derk Bakker 和 Erik Mouw 为一块名为 LART（Linux advanced radio terminal）的板子编写的，该板使用的处理器是 StrongARM SA-1100。现在 BLOB 已经被移植到了很多 CPU 上，包括 S3C44B0。图 7-3 显示了

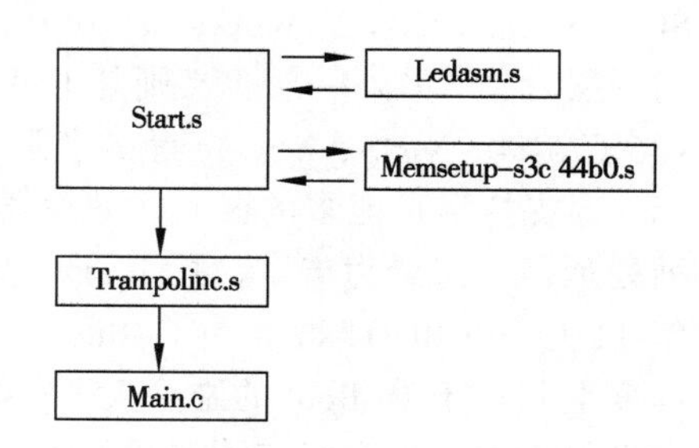

图 7-3　BLOB 程序启动流程

S3C44B0 中 BLOB 的启动顺序。

BLOB 编译后的代码定义最大为 64 KB，并且这 64 KB 又分成两个阶段来执行。第一阶段的代码在 start.s 中定义，大小为 1KB，它包括从系统上电后在 0x00000000 地址开始执行的部分。这部分代码运行在 flash 中，它包括对 S3C44B0 的一些寄存器的初始化和将 BLOB 第二阶段代码从 flash 复制到 SDRAM 中。除去第一阶段的 1KB 代码，剩下的部分都是第二阶段的代码。第二阶段的起始文件为 trampoline.s，被复制到 SDRAM 后，就从第一阶段跳转到这个文件开始执行剩余部分代码。第二阶段最大为 63 KB，在这个程序中进行一些 BSS 段设置、堆栈的初始化等工作后，最后跳转到 main.c 进入 C 函数。

2）ARMboot

ARMboot 是一个基于 ARM 平台的开源固件项目，是为基于 ARM 或者 StrongARM CPU 的嵌入式系统所设计的。它所支持的处理器构架有 StrongARM、ARM720T、PXA250 等。ARMboot 发布的最后版本为 ARMboot-1.1.0,2002 年 ARMboot 终止了维护,其发布网址为:http://sourceforge.net/projects/armboot。

ARMboot 的目标是成为通用的、容易使用和移植的引导程序，非常轻便地运用于新的平台上。ARMboot 是 GPL 下的 ARM 固件项目中唯一支持 flash（闪存），BOOTP、DHCP、TFTP 网络下载，PCMCLA 寻线机等多种类型来引导系统的。特性为:

① 支持多种类型的 flash。

② 允许映像文件经 BOOTP、DHCP、TFTP 从网络传输。

③ 支持串行口下载 S-record 或者 binary 文件。

④ 允许内存的显示及修改。

⑤ 支持 jffs2 文件系统等。

ARMboot 对 S3C44B0 板的移植相对简单，在经过删减完整代码中的一部分后，仅仅需要完成初始化、串口收发数据、启动计数器和 flash 操作等步骤，就可以下载引导 μClinux 内核完成板上系统的加载。总的来说，ARMboot 介于大型、小型 boot loader 之间，相对较轻便，基本功能完备，缺点是缺乏后续支持。

3）U-Boot

U-Boot 全称为 universal boot loader，是遵循 GPL 条款的开放源代码项目。从 FADSROM、8xxROM、PPCBOOT 逐步发展演化而来。其源代码目录、编译形式与 Linux 内核很相似，事实上，不少 U-Boot 源代码就是相应的 Linux 内核源程序的简化，尤其是一些设备的驱动程序，从 U-Boot 源代码的注释中就能体现这一点。当前，U-Boot 不仅支持嵌入式 Linux 系统的引导，还支持 NetBSD，VxWorks，QNX，RTEMS，ARTOS，LynxOS 嵌入式操作系统。其目前要支持的目标操作系统是 OpenBSD，NetBSD，FreeBSD，4.4BSD，Linux，SVR4，Esix，Solaris，Irix，SCO，Dell，NCR，VxWorks，LynxOS，pSOS，QNX，RTEMS，ARTOS。这是 U-Boot 中 universal 的一层含义，另外一层含义则是 U-Boot 除了支持 PowerPC 系列的处理器外，还能支持 MIPS、x86、ARM、NIOS、XScale 等诸多常用系列的处理器。这两个特点正是 U-Boot 项目的开发目标，即支持尽可能多的嵌入式处理器和嵌入式操作系统。就目前来看，U-Boot 对 PowerPC 系列处理器支持最为丰富，对 Linux 的支持最完善。其他系列的处理器和操作系统基本是在 2002 年 11 月 PPCBOOT 改名为 U-Boot 后逐步扩充的。从 PPCBOOT 向 U-Boot 的顺利过渡，很大程度上归功于 U-Boot 的维护人——德国 DENX 软件工程中心 Wolfgang Denk（以下简称 W.D）精湛的专业水平和坚持不懈的努力。当前，U-Boot 项目正在他的领军之下，众多有志于开放源代码，进行boot loader移植工作的嵌入式开发人员正如火如荼地将各个不同系列嵌入式处理器的移植工作不断地展开和深入，以支持更多的嵌入式操作系统的装载与引导。

U-Boot具有如下特点：

① 开放源代码。

② 支持多种嵌入式操作系统内核，例如Linux、NetBSD、VxWorks、QNX、RTEMS、ARTOS、LynxOS。

③ 支持多个处理器系列，例如PowerPC、ARM、x86、MIPS、XScale。

④ 较高的可靠性和稳定性。

⑤ 较高的可靠性和稳定性。

⑥ 高度灵活的功能设置，适合U-Boot调试、操作系统不同引导要求、产品发布等。

⑦ 丰富的设备驱动源码，例如串口、以太网、SDRAM、flash、LCD、NVRAM、E^2PROM、RTC、键盘等。

⑧ 较为丰富的开发调试文档与强大的网络技术支持。

U-Boot所支持的主要功能有：

① 系统引导。支持NFS挂载、RAMDISK（压缩或非压缩）形式的根文件系统。

② 支持NFS挂载、从flash中引导压缩或非压缩系统内核。

③ 基本辅助功能。强大的操作系统接口功能；可灵活设置、传递多个关键参数给操作系统，适合系统在不同开发阶段的调试要求与产品发布，尤其对Linux支持最为强劲。

④ 支持目标板环境参数多种存储方式，例如flash、NVRAM、E^2PROM。

⑤ CRC32校验，可校验flash中内核、RAMDISK镜像文件是否完好。

⑥ 设备驱动。串口、SDRAM、flash、以太网、LCD、NVRAM、E^2PROM、键盘、USB、PCMCIA、PCI、RTC等驱动支持。

⑦ 上电自检功能 SDRAM、flash大小自动检测；SDRAM故障检测；CPU型号。

⑧ 特殊功能 XIP内核引导。

4）Redboot

Redboot是Redhat公司随eCos发布的一个BOOT方案，是一个开源项目。其官方发布网址为:http://sources. redhat.com/redboot/。

Redboot支持的处理器构架有ARM，MIPS，MN10300，PowerPC，Renesas SHx，v850，x86等，是一个完善的嵌入式系统Boot Loader。

Redboot是在ECOS的基础上剥离出来的，继承了ECOS的简洁、轻巧、可灵活配置、稳定可靠等品质优点。它可以使用X-modem或Y-modem协议经由串口下载，也可以经由以太网口通过BOOTP/DHCP服务获得IP参数，使用TFTP方式下载程序映像文件，常用于调试支持和系统初始化（flash下载更新和网络启动）。Redboot可以通过串口和以太网口与GDB进行通信，调试应用程序，甚至能中断被GDB运行的应用程序。Redboot为管理flash映像，映像下载，Redboot配置以及其他如串口、以太网口提供了一个交互式命令行接口，自动启动后，REDBOOT用来从TFTP服务器或者从flash下载映像文件加载系统的引导脚本文件保存在flash上。当前支持单板机的移植版特性有：

① 支持ECOS，Linux操作系统引导。

② 在线读/写flash。

③ 支持串行口kermit，S-record下载代码。

④ 监控（minitor）命令集：读/写（I/O），内存，寄存器、内存、外设测试功能等。

Redboot 是标准的嵌入式调试和引导解决方案，支持几乎所有的处理器构架以及大量的外围硬件接口，并且还在不断完善的过程中。

5）Bios-lt

Bios-lt 是专门支持三星（Samsung）公司 ARM 构架处理器 S3C4510B 的 loader，可以设置 CPU/ROM/SDRAM/EXTIO，管理并烧写 flash，装载引导 μClinux 内核.这是国内工程师申请 GNU 通用公共许可发布的。Bios-lt 的最新版本是 Bios-lt-0.74，另外还提供了 S3C4510B 的一些外围驱动，其发布网址为:http://sourceforge.net/projects/bios-lt。

6）Bootldr

Bootldr 是康柏（Compaq）公司发布的，类似于 compaq iPAQ Pocket PC，支持 SA1100 芯片。它被推荐用来引导 Linux，支持串口 Y-modem 协议以及 jffs 文件系统。Bootldr 的最后版本为 Bootldr-2.19，其发布网址为：http://www.wearablegroup.org/software/bootldr/。

7）ViVi

ViVi 是由 Mizi 公司设计为 ARM 处理器系列设计的一个 boot loader，因为 ViVi 目前只支持使用串口和主机通信，所以必须使用一条串口电缆来连接目标板和主机。

ViVi 有如下作用：

① 把内核（kernel）从 flash 复制到 RAM，然后启动它。

② 初始化硬件。

③ 下载程序并写入 flash（一般是通过串口或者网口先把内核下载到 RAM 中，然后再写入到 flash）。

④ 检测目标板（boot loader 会有一些简单的代码用以测试目标板硬件的好坏）。

7.2.2 U-BOOT 的移植

综合考虑以上各种版本的 boot loader，本次实验采用源码开放的 U-Boot 1.2.0 进行开发。U-Boot 源代码结构如表 7-3 所示。

表 7-3 U-Boot 源代码结构表

目录	特性	说明
board	平台依赖	存放电路板相关的目录文件，例如：RPXlite(mpc8xx)、smdk2410(arm920t)、sc520_cdp(x86)等目录
cpu	平台依赖	存放 CPU 相关的目录文件，例如：mpc8xx、ppc4xx、arm720t、arm920t、xscale、i386 等目录
lib_ppc	平台依赖	存放对 PowerPC 体系结构通用的文件，主要用于实现 PowerPC 平台通用的函数
lib_arm	平台依赖	存放对 ARM 体系结构通用的文件，主要用于实现 ARM 平台通用的函数
lib_i386	平台依赖	存放对 x86 体系结构通用的文件，主要用于实现 x86 平台通用的函数
include	通用	头文件和开发板配置文件，所有开发板的配置文件都在 configs 目录下
common	通用	通用的多功能函数实现
lib_generic	通用	通用库函数的实现
Net	通用	存放网络的程序

续表

目　录	特　性	说　　明
Fs	通用	存放文件系统的程序
Post	通用	存放加电自检程序
drivers	通用	通用的设备驱动程序，主要有以太网接口的驱动
Disk	通用	硬盘接口程序
Rtc	通用	RTC的驱动程序
Dtt	通用	数字温度测量器或者传感器的驱动
examples	应用例程	一些独立运行的应用程序的例子，例如helloworld
tools	工具	存放制作S-Record或者U-Boot格式的映像等工具，例如mkimage
Doc	文档	开发使用文档

整个U-Boot文件夹下所包含的文件非常多，支持多种处理器和开发板。用户对U-Boot进行修改的时候，只要针对自己使用的CPU和开发板进行特定修改就可以了。具体到本次实验，由于使用的是PXA255实验箱，而U-Boot下已有的其他开发者提供的实验平台lubbock也是采用此款芯片，我们可以借鉴这个平台的设计，针对自己的实验平台特征进行相应修改。本次实验具体需要使用的文件夹包括/cpu/pxa/、/board/Lubbock/等。这些代码由C语言和汇编组成，其中汇编程序集中在启动代码部分，其他部分都是使用C语言编写。汇编对于嵌入式系统初学者比较陌生，而其对于理解系统的整体构架和原理却非常重要。本章首先对汇编部分的启动代码进行详细分析，然后简单介绍移植的整体流程，最后将编译好的U-Boot烧入实验平台。

1. 启动过程汇编代码分析

实验平台加电之后，首先执行的是U-Boot，而U-Boot又是从cpu/pxa/文件夹下的start.S程序中开始执行它的第一条语句。在本节中，跟踪实验平台的启动过程，按照它的执行顺序对启动代码进行修改分析。首先要分析start.S程序，U-Boot中所有的PXA系列处理器都是从它开始执行的，系统一启动就进入_start位置。代码如下：

```
.globl _start
_start: b reset
ldr pc, _undefined_instruction
ldr pc, _software_interrupt
ldr pc, _prefetch_abort
ldr pc, _data_abort
ldr pc, _not_used
ldr pc, _irq
ldr pc, _fiq
```

0x0地址开始是ARM异常向量表，发生异常情况时从这里跳转到相应的位置。加电的第一条指令是跳转到reset复位处理程序：

```
reset:
/* 进入SVC模式 */
#ifndef CONFIG_SKIP_LOWLEVEL_INIT
bl cpu_init_crit /* we do sys-critical inits */
#endif
#ifndef CONFIG_SKIP_RELOCATE_UBOOT
```

```
relocate:
⋮
```

一般 CONFIG_SKIP_LOWLEVEL_INIT 是未定义的，因此，接下来跳转到 cpu_init_crit 处开始执行：

```
cpu_init_crit:
/* 屏蔽所有中断 */
/* 设置时钟源，关闭除 FFUART,SRAM,SDRAM,flash 以外的外设时钟 */
⋮

#ifdef CFG_CPUSPEED
ldr r0, CC_BASE /* 时钟控制寄存器基址 */
ldr r1, cpuspeed
/* cpuspeed: .word CFG_CPUSPEED */
str r1, [r0, #CCCR]
mov r0, #2
mcr p14, 0, r0, c6, c0, 0

setspeed_done:
#endif /* CFG_CPUSPEED */
/* 跳转到 lowlevel_init，这里 ip 即 r12，用做暂存寄存器 */
mov ip, lr
bl lowlevel_init
mov lr, ip
/* memory interfaces are working. Disable MMU and enable I-Cache. */
ldr r0, =0x2001
⋮
/* 关闭 MMU，使能 I-Cache(可选) */
mov pc, lr /* 这里是从 cpu_init_crit 返回到 relocate 标号 */
```

本段代码的主要工作是设置 CCCR 寄存器，配置处理器主频（这时 CPU 的工作频率还没有改变），调用 lowlevel_init 函数进行底层初始化，随后关闭 MMU 并使 I-Cache 工作，再返回。

lowlevel_init 函数在 board/lubbock/lowlevel_init.S 中定义，其主要目的包括调整处理器工作频率、系统总线频率、存储器时钟频率以及存储系统的初始化等。它首先设置 GPIO 引脚，设置 GPSR、GPCR、GPDR、GAFR、PSSR 等寄存器。然后分 4 个步骤进行，分别是设置内部时钟、初始化存储控制器、初始化 flash 及外围设备、初始化 SDRAM。最后初始化时钟并跳回。这里面有些步骤还分许多小步骤，在这也不详细说明的，需要清楚的是，本文件中使用的寄存器在 include/asm-arm/arch-pxa/pxa-regs.h 头文件中定义，寄存器初始化值在 include/configs/lubbock.h 中定义。

从 cpu_init_crit 返回后就开始 relocate（重定位），即将 U-Boot 从 flash 存储器搬运到 SDRAM 中 TEXT_BASE 开始的存储空间（TEXT_BASE 在 board/lubbock/config.mk 中定义），并初始化堆栈（清零.bss 段），以在 SDRAM 中开始进入到 boot loader 第二阶段的 C 程序入口。Relocate 部分开始的代码如下：

```
relocate: /* 将 U-Boot 重定位到 RAM */
adr r0, _start                     /*读入 _start 到 r0*/
ldr r1, _TEXT_BASE                 /*读入_TEXT_BASE 到 r1*/
```

```
cmp r0, r1                        /*测试是在flash还是RAM中运行*/
beq stack_setup

ldr r2, _armboot_start            /* 读入_armboot _start到r2 */
ldr r3, _bss_start                /* 读入__bss_start到r3 */
sub r2, r3, r2                    /* 将armboot的大小(即r3-r2的值)存入 r2 */
add r2, r0, r2                    /* 将代码的结束地址(即r0+r2)的值存入r2 */

copy_loop:
ldmia r0!, {r3-r10}               /*从 [r0]处取源数据 */
stmia r1!, {r3-r10}               /* 存到目标地址[r1]中 */
cmp r0, r2                        /* 判断是否达到结束地址r2 */
ble copy_loop

/* 设置堆栈 */
stack_setup:
ldr r0, _TEXT_BASE                /* 将_TEXT_BASE装入到r0,从此开始设置堆栈 */
sub r0, r0, #CFG_MALLOC_LEN       /*为malloc()函数保留的内存区域*/
sub r0, r0, #CFG_GBL_DATA_SIZE    /*数据结构存储区域*/
#ifdef CONFIG_USE_IRQ
sub r0, r0, #(CONFIG_STACKSIZE_IRQ+CONFIG_STACKSIZE_FIQ)
#endif
sub sp, r0, #12                   /*保留3个字的空间,用于中止堆栈*/

clear_bss:
ldr r0, _bss_start                /* 将_bss_start装入到r0中 */
ldr r1, _bss_end                  /*将_bss_end装入到r1中*/
mov r2, #0x00000000               /* r2清零 */

clbss_l:str r2, [r0]              /* 循环清零,将[r0]到[r1]的数据全部清零*/
add r0, r0, #4
cmp r0, r1
ble clbss_l

ldr pc, _start_armboot

_start_armboot: .word start_armboot
```

将boot loader程序从flash复制到SDRAM是因为SDRAM的运行速度要远远高于flash,因此加快了boot loader的运行速度。通过U-Boot的一个存储器映射图(见图7-4)可以更好地理解以上代码,并可以帮助读者更好地理解后续的C语言代码以及U-Boot对内存的分配与使用情况。

接下来进入到boot loader的step2阶段,即C语言代码部分。由于C语言代码相对来说容易理解些,在这就不再详细解释了,感兴趣的读者可以查阅相关资料。

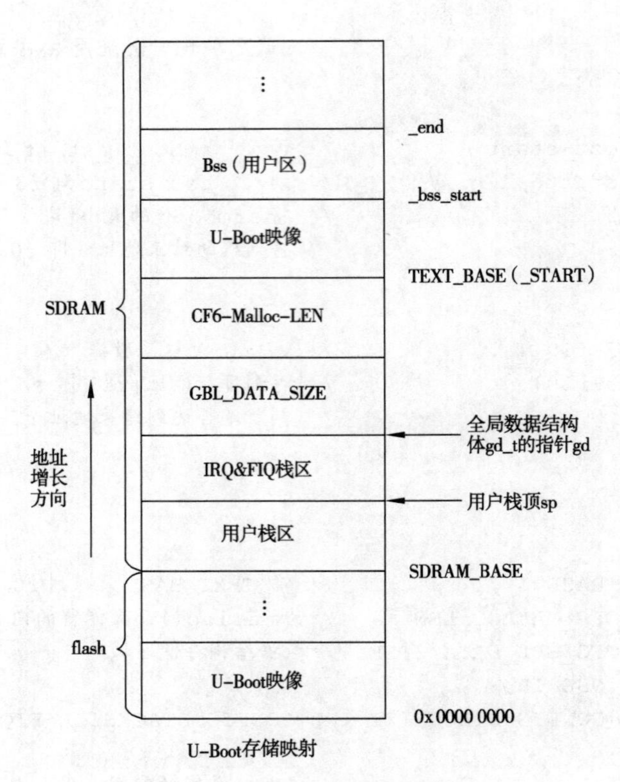

图 7-4　U-Boot 存储器映射图

2. U-Boot 移植过程

在对 U-Boot 启动过程的汇编代码进行详细分析之后，接下来本节将从整体上介绍 U-Boot 的移植过程，它主要包括以下步骤：

① 配置 include/configs 目录下的 lubbock.h 头文件。lubbock.h 这是一个配置文件，它包括开发板的 CPU、系统时钟、RAM、flash 类型、网卡类型及其他相关的配置，对与 CPU 相关的寄存器进行了定义。

② 修改 board/lubbock 目录下的文件：

- Flash.c：U-Boot 读、写和删除 flash 设备的源代码文件。
- lowlevel_init.S：初始化时钟、SMC 控制器和 SDRAM 控制器。
- lubbock.c：对开发板和 dram 进行初始化。
- Makefile：自动编译和链接的规则。
- u-boot.lds：设置 U-Boot 中各个目标文件的连接地址。

③ 添加网口设备控制程序。由于平台使用的是 CS8900 网卡，所以需要使用/drive/文件夹下的网口设备的控制程序 CS8900.c 和 CS8900.h，同时，还需要对 include/configs /lubbock.h 中的相应代码进行修改，将

```
#define CONFIG_DRIVER_LAN91C96
#define CONFIG_LAN91C96_BASE 0x0C000000
```

修改为 CS8900 相关参数

```
#define CONFIG_DRIVER_CS8900
#define CONFIG_ CS8900_BASE  0x0C000000
```

④ 生成目标文件。命令如下：

```
make clean
make xsbase_config
make all
```

最终将生成3个文件：

- u-boot：ELF格式的文件，可以被大多数Debug程序识别。
- u-boot.bin：二进制bin文件，这个文件一般用于烧录到用户开发板中。
- u-boot.srec：Motorola S-Record格式，可以通过串行口下载到开发板中。

至此，U-Boot的编译过程已经结束，接下来就要进行烧写操作了。

3. U-Boot的烧写

U-Boot的烧写一般通过JTAG接口把u-boot.bin下载到目标板中，而这个过程需要用到仿真器，因此首先对JTAG接口和仿真器这两个嵌入式系统开发中必须了解的名词进行介绍。

1）JTAG接口

（1）JTAG简介

联合测试行动小组（Joint Test Action Group，JTAG）是一种国际标准测试协议（IEEE 1149.1），主要用于芯片内部测试。目前大多数的高级器件都支持JTAG协议，例如ARM，DSP、FPGA器件等。标准的JTAG接口是4线：TMS、TCK、TDI、TDO，分别为模式选择、时钟、数据输入和数据输出线。

JTAG最初是用来对芯片进行测试的，JTAG是一种嵌入式调试技术，它的基本原理是在芯片内部封装了一个专门的测试电路测试访问口（test access port，TAP），通过专用的JTAG测试工具对硬件内部结点进行测试。JTAG测试允许多个器件通过JTAG接口串联在一起，形成一个JTAG链，能实现对各个器件分别测试。现在JTAG接口还常用于实现在线编程（in-system programmable，ISP），对flash等器件进行编程。

通过JTAG接口，可对芯片内部的所有部件进行访问，这是一种开发调试嵌入式系统的一种简洁高效的手段。

具有JTAG口的芯片都有如下JTAG引脚定义：

① TCK——测试时钟输入。

② TDI——测试数据输入，数据通过TDI输入JTAG口。

③ TDO——测试数据输出，数据通过TDO从JTAG口输出。

④ TMS——测试模式选择，TMS用来设置JTAG口处于某种特定的测试模式。

⑤ 可选引脚TRST——测试复位，输入引脚，低电平有效。

JTAG内部有一个状态机，称为TAP控制器。TAP控制器的状态机通过TCK和TMS进行状态的改变，实现数据和指令的输入。

（2）JTAG芯片的边界扫描

所谓边界扫描就是将芯片内部所有的引脚通过边界扫描单元（BSC）串接起来，从JTAG的TDI引入，TDO引出。芯片内的边界扫描链由许多的BSC组成，通过这些扫描单元，可以实现许多在线仿真器的功能。JTAG标准定义了一个串行的移位寄存器。寄存器的每一个单元分配给芯片的相应引脚，每一个独立的单元称为边界扫描单元（boundary-scan cell，BSC）。这个串联的BSC在芯片内部构成JTAG回路，所有的边界扫描寄存器（boundary-scan register，BSR）通过JTAG测试激活，平时这些引脚保持正常的功能。在正常模式下，这些测试单元（BSC）

是不可见的。一旦进入调试状态，调试指令和数据从 TDI 进入，沿着测试链通过测试单元送到芯片的各个引脚和测试寄存器中，通过不同的测试指令来完成不同的测试功能。包括用于测试外部电气连接和外围芯片功能的外部模式以及用于芯片内部功能测试（对芯片生产商）的内部模式，还可以访问和修改 CPU 寄存器和存储器，设置软件断点，单步执行，下载程序等。

（3）JTAG 接口与 PC 的连接

以含 JTAG 接口的 PXA255 为例，PXA255 的 JTAG 接口通过一根并口线与 PC 并口相连接，通过程序将对 JTAG 口的控制指令和目标代码从 PC 的并口写入 JTAG 的 BSR 中。在设计 PCB 时，必须将 PXA255 的数据线和地址线及控制线与 flash 的地址线、数据线和控制线相连。因 PXA255 的数据线、地址线及控制线的引脚上都有其相应 BSC，只要用 JTAG 指令将数据、地址及控制信号送到其 BSC 中，就可通过 BSC 对应的引脚将信号送给 flash，实现对 flash 的操作。

（4）通过使用 TAP 状态机的指令实行对 flash 的操作

通过 TCK、TMS 的设置，可将 JTAG 设置为接收指令或数据状态。JTAG 常用指令如下：

① SAMPLE/PRELOAD：用此指令采样 BSC 内容或将数据写入 BSC 单元。

② EXTEST：当执行此指令时，BSC 的内容通过引脚送到其连接的相应芯片的引脚，这里就是通过这种指令实现在线写 flash 的。

③ BYPASS：此指令将一个一位寄存器置于 BSC 的移位回路中，即仅有一个一位寄存器处于 TDI 和 TDO 之间。

在 PCB 电路设计好后，即可用程序先将对 JTAG 的控制指令，通过 TDI 送入 JTAG 控制器的指令寄存器中。再通过 TDI 将要写 flash 的地址、数据及控制线信号入 BSR 中，并将数据锁存到 BSC 中，用 EXTEST 指令通过 BSC 将写入 flash。

（5）软件编程

在线写 flash 的程序用 C 编写。程序使用 PC 的并行口，将程序通过含有 JTAG 的芯片写入 flash 芯片。程序先对 PC 的并口初始化，对 JTAG 口复位和测试，并读 flash，判断是否加锁。如加锁，必须先解锁，方可进行操作。写 flash 之前，必须将其擦除。将 JTAG 芯片设置在 EXTEST 模式，通过 PC 的并口，将目标文件通过 JTAG 写入 flash，并在烧写完成后进行校验。

2）仿真器

仿真的概念其实使用非常广，最终的含义就是使用可控的手段来模仿真实的情况。在嵌入式系统的设计中，仿真应用的范围主要集中在对程序的仿真上。例如，在嵌入式产品的开发过程中，程序的设计是最为重要的同时也是难度最大的。

一种最简单和原始的开发流程是：编写程序——烧写芯片——验证功能。这种方法对于简单的小系统是可以对付的，但在大系统中使用这种方法则是完全不可能的。仿真分为软件仿真和硬件仿真，软件仿真是使用计算机软件来模拟运行实际的硬件的运行。因此仿真与硬件无关的系统具有一定的优点。用户不需要搭建硬件电路就可以对程序进行验证，特别适合于偏重算法的程序。其缺点是无法完全仿真与硬件相关的部分，因此最终还要通过硬件仿真来完成最终的设计。硬件仿真是用附加的硬件来替代用户系统的硬件并完成用户系统硬件全部或大部分的功能，使用了附加硬件后用户就可以对程序的运行进行控制，例如单步，全速，查看资源，断点等。硬件仿真是嵌入式开发过程中必需的。

在没有仿真器的情况下，工程师在开发嵌入式的产品的过程中如果遇到问题，只能是按照以下过程进行解决：

① 根据产品的需求，设计建立一个符合要求的硬件平台，如果该平台涉及的程序比较复杂，还要搭建一个人机交流的通道。人机交流通道可能是一个简单的发光二极管，蜂鸣器，复杂的可能是串口通信口，LCD。

② 写一个最简单的程序，例如只是使发光二极管连续闪烁。程序编译后烧写到硬件中，验证硬件平台是否工作正常。

③ 硬件平台正常工作后编写系统底层的驱动程序，每次程序更改后都需要重新烧写到硬件平台进行验证。如果在程序验证中遇到问题，则可能在程序中加入一些调试手段，例如通过串口发送一些信息到PC端的超级终端上，用于了解程序的运行情况。

④ 系统底层驱动程序编写完成后再编写用户框架程序，由于这部分已经不涉及硬件部分，所以程序中的问题用户一般能够发现。

使用以上方法只能设计不是很庞大或很复杂的程序。因为在做简单的项目时，通过一个发光二极管就可以表达出硬件内部的信息。如果程序复杂，可能需要更多的信息来表示硬件内部的状态，这样可能需要串口协助调试。如果程序十分复杂，硬件很多，实时性很强，那么工程师就需要进一步增强调试手段，串口可能就不能满足了，需要类似于断点的功能。因为我们想知道在某一个时刻硬件内部的状态究竟是怎样的。同时如果用户程序的修改非常频繁，可能一次又一次地烧写硬件，花费的时间就很多，这时工程师就会希望有一个能下载程序并运行的装置，这就是仿真器出现的原因。

仿真器是嵌入式系统设计的需要使用的一个重要工具，它连接在宿主机和目标板之间，通过它来实现两者之间数据的传递。它与宿主机（PC）相连的接口是并口或USB接口，与目标板相连的接口就是上面所介绍的JTAG接口。

当然，要正常使用仿真器，首先需要安装驱动程序，一切准备就绪之后，使用Linux下的flash烧写工具JFlash，使用JTAG协议，就可实现宿主机到目标板的下载了。通常将u-boot.bin下载到flash地址0x0。

烧写完毕之后，连接上串口，在宿主机上打开MINICOM串口查看软件，应该可以看到U-Boot反馈回来的信息，这样，U-Boot的移植过程结束。

7.3　Linux内核移植

嵌入式Linux（Embeded Linux:E-Linux）是指对Linux经过小型化裁剪后，能够固化在容量只有几千字节或几十千字节的存储器芯片或单片机中,应用于特定嵌入式场合的专用Linux操作系统。

一个嵌入式Linux系统并不意味着该内核使用了任何特定的链接库或用户工具。Linus并未发行过嵌入式版本的内核，这意味着建立嵌入式系统并不需要特别的内核。嵌入式系统中使用的内核与工作站或服务器上使用的内核主要的不同在于内核的配置方面。

Linux内核移植是在Linux内核基础上,通过对平台的选择设计来实现针对特定系统的内核版本。本实验中使用的Linux内核版本号是2.6.10,它可以从网上直接下载,下面介绍Linux内核的移植过程。移植过程包括内核的定制和烧写，以下分别进行介绍。

7.3.1 Linux 内核定制

首先要下载一个干净的内核源代码树，这里下载的内核源代码版本为 Linux 2.6.10，解压后，先来看看 Linux 内核源代码目录树结构。

arch：存放各种与硬件体系结构相关的代码，每种体系结构一个相应的目录，每个目录下都包括了该体系结构相关的代码，包括内存管理、启动代码、浮点数仿真等。

block：部分块设备驱动程序。

crypto：常用加密和散列算法（例如 AES、SHA 等），还有一些压缩和 CRC 检验算法。

Documentation：关于内核各部分的通用解释和注释。

drivers：设备驱动程序，每个不同的驱动程序占用一个子目录。

fs：提供对各种文件系统的支持。

include：内核相关的头文件，以及与各体系结构相关的头文件也都放在这个目录下的各个体系结构目录中。

init：内核初始化代码，包括 main()函数也是在这个目录下实现的。

ipc：进程间通信的代码。

kernel：内核的核心部分，包括进程调度、定时器等，和平台相关的一部分代码放在 arch/*/kernel 目录下。

lib：库文件代码。

mm：内存管理代码，和平台相关的一部分代码放在 arch/*/mm 目录下。

net：网络相关代码，实现了各种常见的网络协议。

scripts：用于配置内核文件的脚本文件。

security：主要是一个 SELinux 的模块。

sound：常用音频设备的驱动程序等。

usr：实现了一个 cpio。

以上布局主要分为特定于体系结构的部分和与体系结构无关的部分。内核中特定于体系结构的部分首先执行，在这部分它要做的工作有:内核解压缩，解压缩内核重定位；内存硬件初始化检测；参数表的分析；初始化页表目录的制作等工作，然后将控制转给内核中与体系结构无关的部分。所以，操作系统内核移植的核心部分是启动初始化部分。

分析目录结构可知，如果要添加新的开发板或者寻找体系结构相关的文件首先就是到 arch 目录下去寻找。这里由于移植的是 Xscale 系列中的 PXA255 处理器，在 arch 目录下的 ARM 体系结构目录下已经存在 mach-pxa 目录了，说明 Linux 2.6.10 内核已经提供了对 PXA 系列 CPU 的支持。用户只需要在 mach-pxa 这个目录下新建自己的开发板文件，然后根据需要加入相关源代码即可。这里可以参考 mach-PXA 目录下其他开发板文件中的内容，然后根据需要修改即可。可以选择 lubbock 或者 mainstone 开发板，Linux2.6.10 内核已经提供了对他们的支持。这里为了添加对本实验中开发板的支持，需添加 xhyper255.c 文件。同样，用户需要在 include/asm-arm/mach-pxa/目录下添加相关的头文件 xhyper255.h，在里面定义所需要的常量或者函数原型或者宏等。

其次，用户需要的就是在 xhyper255.c 文件和 xhyper255.h 文件中添加支持开发板的相关代码。重点需要添加的内容就是 machine_desc 结构体的初始化，这就需要对该结构体中函数和变量进行必要的初始化。下面简单描述初始化的几个重要部分。

首先是结构体中的 nr，这个代码是开发板特有的号码，必须与 boot loader 中定义的一致，内核启动过程中会通过 lookup_machine_type 来查找 nr 对应的 machine_desc 结构体，以便调用其中的函数进行必要的初始化。这个 nr 必须在 arch/arm/tools/下的 mach - types 文件中进行定义，而且定义的 ID 号必须与 boot loader 中传递的一致。

其次是 map_io 函数，在这个函数中，需使用 pxa_map_io 函数初始化处理器的默认 I/O 映射，也可以将定义的外设 I/O 映射部分的代码都添加到这个函数中。Linux 内核提供了一个结构体 map_desc（在后面的驱动移植中将会被用到），专门用于用户自己定义开发板 I/O 的映射情况。然后在 map_io 函数中通过外部接口 iotable_init 将该结构体中的映射加入到内核中。

再次是 init_irq 函数，在这个函数中可以进行外设 irq 相关的一些操作，包括定义外设中断触发沿等。

然后是 boot_params 和 phys_io，它们分别定义了启动参数的存放地址以及物理 I/O 的起始地址。

最后是 init_machine,这个函数中可以进行 gpio 初始化、设备的添加等。

设置好板级支持之后，就要对内核进行配置，首先需要修改 Linux 2.6.10/Makefile 文件，将文件中的编译器改为交叉编译器 arm-linux-gcc，体系结构改为 ARM，如下所示：

```
SUBARCH :=(shell uname  m | sed  e s/i.86/i386/ -es/sun4u/sparc64/ -e
s/arm. */arm/ -e  s/sa110/arm/)
```

改成

```
SUBARCH : =arm
CROSS_COMPILE =arm-Linux-
```

接下来使用 make menuconfig 配置内核，在 SYSTEM TYPE 目录中进入 ARM system type (RiscPC) 菜单，然后选择 PXA2XX-based 选项，如图 7-5 所示。

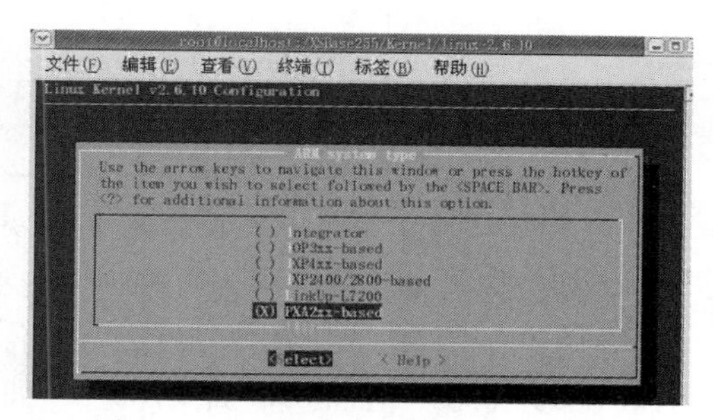

图 7-5　ARM SYSTEM TYPE 对话框

然后，选择顶层目录的 Character Devices 菜单，并进入 Serial drivers 菜单，选择 PXA Serial Port Support 选项和 Console on PXA serial port 选项，表示通过串口提供字符输出功能，如图 7-6 所示。

选择串口之后，选择顶层目录的 General Setup 进入 Default Kernel command string 选项，并填入正确启动信息，包括根文件系统所在位置：串口名、波特率和初始化文件等，在本实验中，根文件系统在磁盘的第三个分区，串口是 ttyS0，波特率为 115200，初始化文件为根目录下的 linuxre 文件，因此所输入的启动信息，如图 7-7 所示。

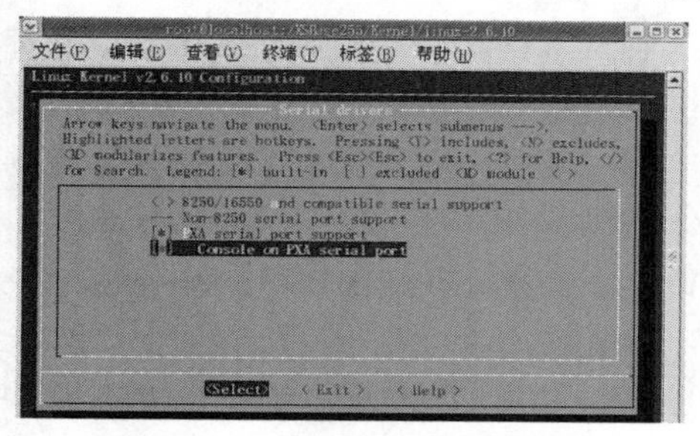

图 7-6　Serial drivers 对话框

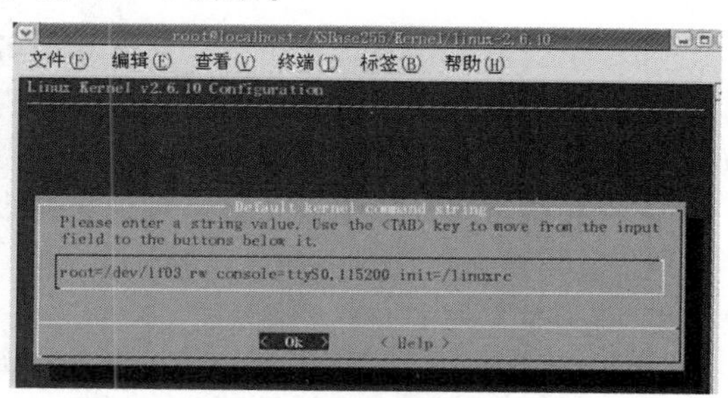

图 7-7　Default Kernel command string 对话框

最后使用 make zImage 命令来编译内核，编译好的二进制的文件 zImage 位于 /Linux-2.6.10/arch/arm/boot 目录下。

7.3.2 内核烧写

内核烧写是在 U-Boot 烧写成功之后进行的，U-Boot 很重要的一个功能就是实现网卡驱动，从而使得内核可以通过 tftp 方式下载到目标板中，加快下载速度。重启已经带有 U-Boot 的实验平台，出现提示信息时按下 Space 键，就可以看到 boot loader 的命令行环境，输入 help 可以查看 boot loader 下可使用的命令。下载内核使用的是 tftp 命令，其格式是“tftp 内核名 kernel”，如图 7-8 所示。

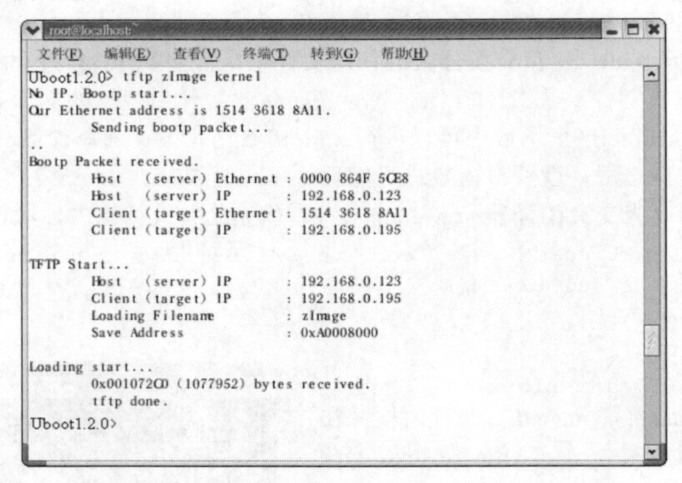

图 7-8 下载并烧写 Linux 内核的过程

需要注意的是，以上过程只是把内核下载到了内存当中，掉电后将消失。要想在开发板下保存内核，还需要进行烧写操作，烧写内核的命令是 Flash kernel，其作用是把 SDRAM 中的内核部分复制到 flash 中指定的位置，即图 7-2 所示的位于 boot loader 后面的位置。这样，一个完整的内核就移植完毕。

7.4 Linux 根文件系统移植

7.4.1 Linux 系统简介

文件系统是操作系统中组织、存储和命名文件的一种基本结构，是操作系统中统一管理信息资源的一种方式，可以管理文件的存储、检索、更新，提供安全可靠的共享和保护手段，方便用户使用。它的存储介质包括磁盘、光盘、闪存盘等。FAT（文件分配表）是最常用的一种文件系统格式，其主要优点是可以允许多种操作系统访问。

Linux 支持多种文件系统，包括 ext2/ext3、FAT、VFAT、ISO9660、UMDOS、Minix 和 NFS 等，下面是对它们的一些介绍：

① ext2：这是 Linux 中使用得最多的文件系统，因为它是专门为 Linux 设计，拥有最快的速度和最小的 CPU 占用率。ext2 既可以用于标准的块设备（如硬盘），也被应用在软盘等移动存储设备上。它可以支持 256B 的长文件名，其单一文件大小和文件系统本身的容量上

限与文件系统本身的簇大小有关。在常见的Intel x86兼容处理器的系统中，簇最大为4 KB，单一文件大小上限为2048 GB，而文件系统的容量上限为6384 GB。

② FAT：常用的文件系统，DOS、Windows和OS/2使用该文件系统，它使用标准的DOS文件名格式，不支持长文件名。

③ VFAT：扩展的DOS文件系统，支持长文件名，被Windows 9x/NT等所采用。

④ UMDOS：Linux所使用的扩展DOS文件系统，不仅支持长文件名，还保持了对UID/GID、SIX权限和特殊文件（如设备、管道等）的兼容。

⑤ ISO 9660：CD-ROM的标准文件系统。

⑥ Minix：这是Linux采用的文件系统，但其有一个致命的弱点：分区不大于64 MB，因此一般只用于软盘或RAM Disk。

⑦ SWAP：用于Linux磁盘交换分区的特殊文件系统。在内核引导过程中，它首先从LILO指定的设备上安装根文件系统，随后将加载/etc/fstab此文件中列出的文件系统。/etc/fstab指定了该系统中的文件系统的类型、安装位置及可选参数。

⑧ NFS：网络文件系统（network file system）的简称，是分布式计算系统的一个组成部分，实现在异种网络上共享和装配远程文件系统。从用户角度看来，在这些远程的文件系统操作和本地的文件系统上操作并没有什么不同。

Linux启动时，第一个必须挂载的是根文件系统；若系统不能从指定设备上挂载根文件系统，则系统会出错而退出启动。之后可以自动或手动挂载其他的文件系统。因此，一个系统中可以同时存在不同的文件系统。

每台机器都有根文件系统，它包含系统引导和使其他文件系统得以mount所必要的文件。根文件系统应该有单用户状态所必需的足够的内容，还应该包括修复损坏系统、恢复备份等工具。下面简单分析一下根文件系统的目录结构：

① /bin：引导启动所需的命令或普通用户可能用的命令（可能在引导启动后）。

② /sbin：类似/bin，但不给普通用户使用，只有在必要且允许时才可以使用。

③ /etc：特定机器的配置文件。

④ /root：root用户的根目录。

⑤ /lib：根文件系统上的程序所需的共享库。

⑥ /lib/modules：核心可加载模块，特别是那些恢复损坏系统时引导所需的（例如网络和文件系统驱动程序）。

⑦ /dev：设备文件。

⑧ /tmp：临时文件。引导启动后运行的程序应该使用/var/tmp，而不是/tmp，因为前者可能在一个拥有更多空间的磁盘上。

⑨ /boot：引导载入程序（bootstrap loader）使用的文件，例如LILO。核心映像也经常在这里，而不是在根目录。如果有许多核心映像，这个目录可能变得很大，这时使用单独的文件系统更好。另一个理由是要确保核心映像必须在IDE硬盘的前1024个柱面内。

⑩ /mnt：系统管理员临时mount的安装点，程序并不自动支持安装到/mnt。/mnt可以分为多个子目录。（例如/mnt/dosa可能是使用MSDOS文件系统的软驱，而/mnt/exta可能是使用ext2文件系统的软驱。）

⑪ /proc、/usr、/var、/home：其他文件系统的安装点。

为了对各类文件系统进行统一管理，Linux引入了虚拟文件系统VFS（virtual file system），为各类文件系统提供一个统一的操作界面和应用编程接口。Linux 下的文件系统结构如图 7-9 所示。

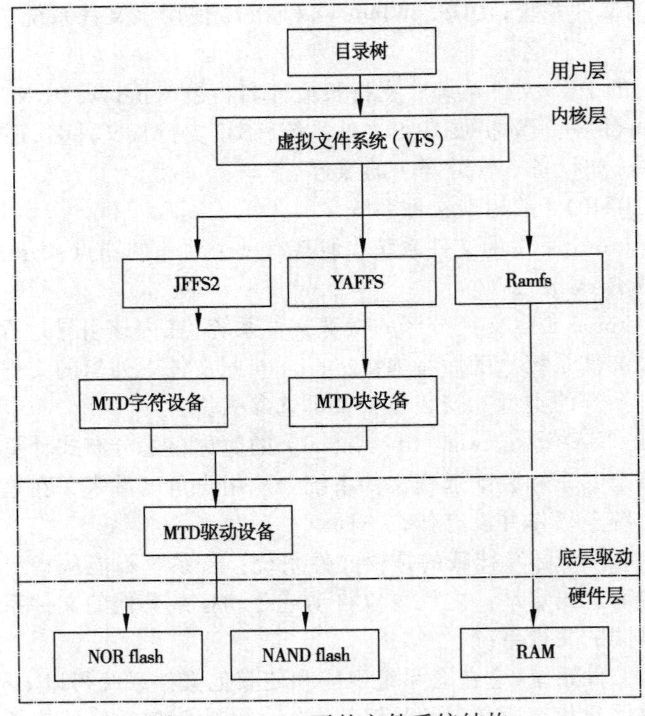

图 7-9　Linux 下的文件系统结构

7.4.2　Linux 根文件系统构建

1. 构造目标板的根目录及文件系统

① 建立一个目标板的空根目录。下面将在这里构建根文件系统，创建基础目录结构。存放交叉编译后生成的目标应用程序（BusyBox，TinyLogin）和库文件等。其命令如下：

```
[arm@localhost rootfs]# mkdir my_rootfs
[arm@localhost rootfs]# pwd
/home/arm/dev_home/rootfs/my_rootfs
[arm@localhost rootfs]# cd my_rootfs
[arm@localhost my_rootfs]#
```

② 在 my_rootfs 中建立 Linux 目录树：

```
[arm@localhost my_rootfs]#mkdir bin dev etc home lib mnt proc sbin sys tmp
root usr
[arm@localhost my_rootfs]#mkdir mnt/etc
[arm@localhost my_rootfs]#mkdir usr/bin usr/lib usr/sbin
[arm@localhost my_rootfs]#touch Linuxrc
[arm@localhost my_rootfs]#tree
|-- bin
|-- dev
|-- etc
|-- home
|-- lib
```

```
|-- Linuxrc /* 此文件为启动脚本，是一个 shell 脚本文件，后面有专门介绍 */
|-- mnt
|  `-- etc
|-- proc
|-- sbin
|-- sys
|-- tmp
|-- root
`-- usr
    |-- bin
    |-- lib
    `-- sbin
```

需要说明的是，etc 目录存放配置文件，这个目录通常是需要修改的，所以在 Linuxrc 脚本当中将 etc 目录挂载为 ramfs 文件系统，然后将 mnt/etc 目录中的所有配置文件复制到 etc 目录当中，这在下面的 Linuxrc 脚本文件当中会有体现。

③ 创建 Linuxrc 文件，加入如下内容：

```
[arm@localhost my_rootfs]#vi Linuxrc
#!/bin/sh
#挂载/etc 为 ramfs, 并从/mnt/etc 下复制文件到/etc 目录当中
echo "mount /etc as ramfs"
/bin/mount -n -t ramfs ramfs /etc
/bin/cp -a /mnt/etc/* /etc

echo "re-create the /etc/mtab entries"
# re-create the /etc/mtab entries
/bin/mount -f -t cramfs -o remount,ro /dev/mtdblock/2 /

#mount some file system
echo "------------mount /dev/shm as tmpfs"
/bin/mount -n -t tmpfs tmpfs /dev/shm

#挂载/proc 为 proc 文件系统
echo "------------mount /proc as proc"
/bin/mount -n -t proc none /proc

#挂载/sys 为 sysfs 文件系统
echo "------------mount /sys as sysfs"
/bin/mount -n -t sysfs none /sys

exec /sbin/init
```

修改权限：

```
[arm@localhost my_rootfs]#chmod 775 Linuxrc
[arm@localhost my_rootfs]#ls Linuxrc -al
-rwxrwxr-x   1 root root  533 Jun 4 11:19 Linuxrc
```

当编译内核时，指定命令行参数如下：

```
Boot options  ---> Default kernel command string:
       noinitrd root=/dev/mtdblock2 init=/Linuxrc console=ttyS0,115200
```

其中的 init 指明 kernel 执行后要加载的第一个应用程序，默认为/sbin/init，此处指定为/Linuxrc。

2. 移植 BusyBox

BusyBox 包含了一些简单的工具，例如 cat 和 echo；还包含了一些更大、更复杂的工具，例如 grep、find、mount 以及 telnet（不过它的选项比传统的版本要少）。本文将探索 BusyBox 的目标，它是如何工作的，以及为什么它对于内存有限的环境来说如此重要。

BusyBox 最初是由 Bruce Perens 在 1996 年为 Debian GNU/Linux 安装盘编写的。其目标是在一张软盘上创建一个可引导的 GNU/Linux 系统，这可以用做安装盘和急救盘。一张软盘大约可以保存 1.4 MB 的内容，因此这里没有多少空间留给 Linux 内核以及相关的用户应用程序使用。

BusyBox 揭露了这样一个事实：很多标准 Linux 工具都可以共享很多共同的元素。例如，很多基于文件的工具（例如 grep 和 find）都需要在目录中搜索文件的代码。当这些工具被合并到一个可执行程序中时，它们就可以共享这些相同的元素，这样可以产生更小的可执行程序。实际上，BusyBox 可以将 3.6 MB 的工具包装成大约 200 KB 大小。这就为可引导的磁盘和使用 Linux 的嵌入式设备提供了更多功能。在此使用 BusyBox 来构建根文件系统，具体操作如下：

① 下载 BusyBox 并解压。

从 http://www.busybox.net/downloads/busybox-1.1.3.tar.gz/下载 busybox-1.1.3 到/tmp 目录当中，并解压。

② 进入解压后的目录，配置 BusyBox：

```
[arm@localhost busybox-1.1.3]$ make menuconfig
Busybox Settings  --->
                  General Configuration   --->
                            [*] Support for devfs
                  Build Options  --->
[*] Build BusyBox as a static binary (no shared libs)
/* 将busybox 编译为静态链接，少了启动时寻找动态库的麻烦 */
[*] Do you want to build BusyBox with a Cross Compiler?
   (/usr/local/arm/3.3.2/bin/arm-Linux-) Cross Compiler prefix
                                        /* 指定交叉编译工具路径 */
Init Utilities  --->
              [*] init
              [*] Support reading an inittab file
/* 支持init 读取/etc/inittab 配置文件，一定要选上 */
                  Shells  --->
                  Choose your default shell (ash)  --->
                                                [*] ash
/* (X) ash 选中ash ，这样生成的时候才会生成bin/sh 文件
 * 看看前面的Linuxrc 脚本的头一句:
  * #!/bin/sh 是由bin/sh 来解释执行的
*/
Coreutils  --->
                 [*] cp
                 [*] cat
                 [*] ls
```

```
                [*] mkdir
                [*] echo (basic SuSv3 version taking no options)
                [*] env
                [*] mv
                [*] pwd
                [*] rm
                [*] touch
Editors  --->     [*] vi
Linux System Utilities  --->
                       [*] mount
                       [*] umount
                       [*] Support loopback mounts
                       [*] Support for the old /etc/mtab file
Networking Utilities  --->
                       [*] inetd
 /*
* 支持inetd 超级服务器
* inetd 的配置文件为/etc/inetd.conf 文件，
* "在该部分的 4. 创建相关配置文件"一节会有说明
*/
```

③ 编译并安装 Busybox：

```
[arm@localhost busybox-1.1.3]$ make TARGET_ARCH=arm CROSS=arm-Linux- \
PREFIX=/home/arm/dev_home/rootfs/my_rootfs/ all install
```

PREFIX 指明安装路径：就是用户根文件系统所在路径。

这里需要注意，只要安装 BusyBox，根文件系统下先前建好的 Linuxrc 就会被一同名的二进制文件覆盖。所以，要事先对 Linuxrc 进行备份，在安装完 BusyBox 后，将 Linuxrc 复制回去就可以了。

3．移植 TinyLogin

TinyLogin 是一套 tiny UNIX 实用程序，它用于登录嵌入式系统、接受其验证身份、为其修改密码，并能维护其用户和用户组。为了增强系统安全性它还支持影子密码。TinyLogin 非常小，对嵌入式系统上的 BusyBox 是极好的补充。用户可以从网站 http://tinylogin.busybox.net/downloads/tinylogin-1.4.tar.bz2 下载 tinylogin-1.4 到/tmp 目录当中，并解压。

然后修改 tinyLogin 的 Makefile：

```
[arm@localhost tinylogin-1.4]$ vi Makefile
```

修改记录如下：

指明静态编译，不连接动态库：

```
DOSTATIC=true
```

指明 tinyLogin 使用自己的算法来处理用户密码：

```
USE_SYSTEM_PWD_GRP=false
USE_SYSTEM_SHADOW=false
```

编译并安装，PREFIX 指明根文件路径：

```
[root@localhost tinylogin-1.4]# make CROSS=arm-Linux- PREFIX=/home/
arm/dev_home /rootfs/my_rootfs all install
```

4．创建相关配置文件

进入 mnt/etc 中，这里是用户存放配置文件的路径，创建账号及密码文件。其过程如下：

```
[arm@localhost my_rootfs]$ cd mnt/etc
```

```
[arm@localhost etc]$ cp /etc/passwd
[arm@localhost etc]$ cp /etc/shadow
[arm@localhost etc]$ cp /etc/group
```

这三个文件是从宿主机中复制过来的，删除其中绝大部分不需要的用户得到需要的文件。那么现在 root 的登录密码和工作站上的登录密码一致。修改后的文件通过 cat 命令查看如下：

```
[arm@localhost etc]$ cat passwd
root:x:0:0:root:/root:/bin/sh /* 改为/bin/sh */
bin:x:1:1:bin:/bin:/sbin/nologin
daemon:x:2:2:daemon:/sbin:/sbin/nologin

[arm@localhost etc]$ cat shadow
root:$1$2LG20u89$UCEEUzBhElYpKMNZQPU.e1:13303:0:99999:7:::
bin:*:13283:0:99999:7:::
daemon:*:13283:0:99999:7:::
[arm@localhost etc]$ cat group
root:x:0:root
bin:x:1:root,bin,daemon
daemon:x:2:root,bin,daemon
```

接下来按照如下过程创建 profile 文件。

```
[arm@localhost etc]$ vi profile
# Set search library path
#这条语句设置动态库的搜索路径，极其重要！！！
echo "Set search library path int /etc/profile"
export LD_LIBRARY_PATH=/lib:/usr/lib
# Set user path
echo "Set user path in /etc/profile"
PATH=/bin:/sbin:/usr/bin:/usr/sbin
export PATH
```

跟着创建 fstab 文件如下：

```
[arm@localhost etc]$ vi fstab
none      /proc      proc    defaults       0 0
none      /dev/pts    devpts  mode=0622      0 0
tmpfs     /dev/shm     tmpfs  defaults      0 0
```

5．建立根目录文件系统包

1）建立 cramfs 包

cramfs 是一个压缩式的文件系统，它并不需要一次性地将文件系统中的所有内容都解压缩到内存之中，而只是在系统需要访问某个位置的数据时，马上计算出该数据在 cramfs 中的位置，将其实时地解压缩到内存之中，然后通过对内存的访问来获取文件系统中需要读取的数据。cramfs 中的解压缩以及解压缩之后的内存中数据存放位置都是由 cramfs 文件系统本身进行维护的，用户并不需要了解具体的实现过程，因此这种方式增强了透明度，对开发人员来说，既方便，又节省了存储空间。用户可以从网站 http://prdownloads. sourceforge.net/ cramfs/ cramfs-1.1.tar.gz 上下载源代码包，把下载的源代码包复制到 dev_home/tools 下。其操作如下：

```
[arm@localhost tools]$tar -xzvf cramfs-1.1.tar.gz
[arm@localhost tools]$cd cramfs-1.1
[arm@localhost tools]$make
[arm@localhost tools]$su root
[root@localhost tools]$cp mkcramfs /usr/bin
[arm@localhost tools]$exit
```

注意： 如果系统中已经安装了 mkcramfs 工具，则在/usr/bin 目录下有一个软 link，请先删除该文件之后，再复制该 mkcramfs 到/usr/bin 下。

2）制作 cramfs 包

其操作如下：

```
[arm@localhost tools]$mkcramfs my_rootfs my_rootfs.cramfs
```

至此，文件系统配置过程完成。

7.4.3　下载并烧写根文件系统

与 Linux 内核类似，下载根文件系统的命令是"tftp 文件系统名 root"，其过程如图 7-10 所示。

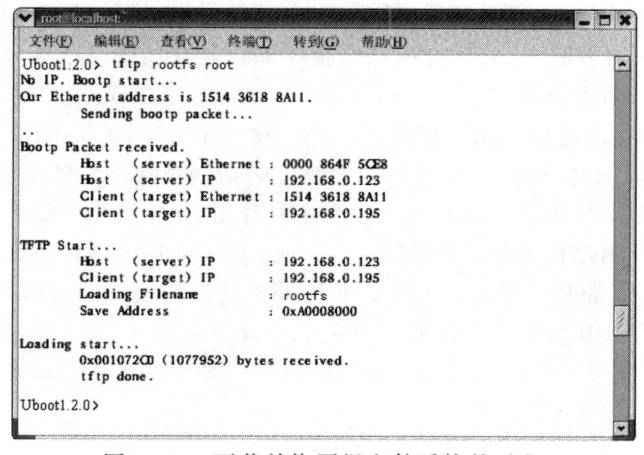

图 7-10　下载并烧写根文件系统的过程

以上过程也只是把文件系统下载到了内存当中，掉电后就消失。要想在开发板下保存文件系统，还需要进行烧写操作，烧写根文件系统的命令是 Flash root，它把内存中的文件系统复制到 flash 中指定的位置，即前面图 7-2 所示的位于内核后面的位置。至此，一个完整的文件系统移植完毕。

7.5　应用程序开发

下载并烧写 Linux 内核和根文件系统成功之后，重启目标板，就可以进入定制的嵌入式 Linux 系统。图 7-11 所示为启动时的部分启动信息。

```
Uncompressing Linux.....................................................
...................................... done, booting the kernel.
Linux version 2.6.21 (ld@ld) (gcc version 4.1.1) #143 Wed Nov 4 15:25:30
9
CPU: XScale-PXA255 [69052d06] revision 6 (ARMv5TE), cr=0000397f
Machine: RONGTIAN XSCALE PXA255
Ignoring unrecognised tag 0x00000000
Ignoring unrecognised tag 0x00000000
Ignoring unrecognised tag 0x00000000
Ignoring unrecognised tag 0x00000000
Memory policy: ECC disabled, Data cache writeback
Memory clock: 99.53MHz (*27)
Run Mode clock: 398.13MHz (*4)
Turbo Mode clock: 398.13MHz (*1.0, inactive)
MCS0 = 0x7ff87ff0
MCS1 = 0x5aa85aa8
MCS2 = 0x24482448
CPU0: D VIVT undefined 5 cache
CPU0: I cache: 32768 bytes, associativity 32, 32 byte lines, 32 sets
CPU0: D cache: 32768 bytes, associativity 32, 32 byte lines, 32 sets
Built 1 zonelists.  Total pages: 16256
```

图 7-11　启动定制的嵌入式 Linux 系统

Linux 启动成功之后，就可以进行嵌入式应用程序开发了。本实例要开发的是一个嵌入式多媒体播放系统。系统通过 USB 接口或 CF 卡接口读取视频数据，通过视频解码，在 LCD 上显示，实现一个多媒体播放功能。

由于应用中需要使用 LCD 和 CF 卡接口，所以必须先安装这两个部分的驱动程序。驱动程序是操作系统与硬件设备的接口，操作系统通过它识别硬件，硬件按照操作系统给出的指令进行具体的操作。每一种硬件都有其自身独特的语言，操作系统本身并不能识别，这就需要一个双方都能理解的“桥梁”，而这个“桥梁”就是驱动程序。下面首先介绍 LCD 和 CF 卡的驱动过程。

7.5.1 LCD 驱动移植

本实验中所采用的 PXA255 开发板使用的 LCD 屏幕是 640×480 像素的 TFT 显示屏，Linux 内核已经提供了 PXA LCD 驱动，只需在内核配置时配置该选项就可以了，该选项在 drivers --> graphic support 下。然后需要在 xhyper255.c 中定义 LCD 的工作模式。Linux 2.6 内核中专门为基于 PXA 处理器的 LCD 的显示属性提供了一个结构体 pxafb_mode_info。在这个结构体中用户可以根据 LCD 的类型初始化 LCD 的显示属性，包括颜色深度、像素等。初始化这个结构体将会被 LCD 驱动程序所调用。这些都需要参考具体 LCD 的用户手册。

另外一个与 LCD 驱动相关的结构体是 pxafb_mach_info 这个结构体即把 LCD 抽象为一个对象，里面包括了前面提到的显示屏属性，对应的寄存器的设置，电源开关的动作，还有背景灯的设置。本节以 LCD 为例进行讲解，其初始化如下：

```
static struct pxafb_mach_info xhyper255_pxafb_mach_info = {
        .num_modes     = 1,
        .modes         = &xhyper255_pxafb_mode_info,
        .lccr0         = LCD_LCCR0,
        .lccr3         = LCD_LCCR3,
        .pxafb_lcd_power = &xhyper255_lcd_power,
        .pxafb_backlight_power = &xhyper255_pxafb_backlight_on
};
```

其中.modes 即初始化为该 LCD 的 pxafb_mode_info 结构，LCCR0 和 LCCR3 即为 PXA 处理器中 LCD 所对应的寄存器，通过设置它们可以设置 LCD 的工作方式。而 pxafb_lcd_power 和 pxafb_backlight_power 则是电源与背景灯操作函数，根据硬件所连接的针脚由自己来定义其行为。

添加好这些后，则需要在 init_machine()函数中使用 Linux 内核提供的外部接口 set_pxa_fb_info 将 pxafb_mach_info 结构体设置为该开发板 LCD 的工作模式。

接下来需要在内核配置菜单的 device drivers-->graphic support 中选择 PXA FRAMEBUFFER SOPPORT 来支持 PXA 的 LCD。

通过以上的步骤，就完成了 LCD 的移植。

7.5.2 CF 卡的驱动移植

CF（compact flash）接口是一种标准的扩展接口，主要用于扩展存储空间。例如，本实验所使用的 512 MB CF 存储卡，也可以外接其他设备，如 CF 接口的 Modem、无线网卡等。CF 卡的读/写是以一个扇区为基本单位的。在读/写一个扇区之前必须先指明当前需要读/写的柱面、栓头和扇区或LBA地址，然后发送读/写命令。一个扇区的512B需要一次性连续读出或者写入。主机读/写CF卡上一个文件的过程如下：

① CF卡初始化。CF卡上电复位和统计剩余空间的大小。

② CF卡内部控制器向CF卡某些寄存器填写必要的信息。例如，向扇区号寄存器填写读/写数据的起始扇区号或LBA地址，向扇区数寄存器填写读/写数据所占的扇区个数，设置CF卡的扇区寻址方式等。

③ 向CF卡的命令寄存器写入操作CF卡的命令。例如，写操作向CF卡的命令寄存器写入30H，读操作向CF卡的命令寄存器写入20H。

④ CF卡有数据传输请求之后，主机读/写CF卡的数据寄存器，从而实现从CF卡数据缓冲读出数据或向CF卡数据缓冲写入数据。

⑤ 在执行以上操作的过程中，每执行一步，都应该检测状态寄存器，确定CF卡的当前状态，从而确定下一步应该执行什么操作（参考状态寄存器的BIT位的意义，编写检测代码）。

在Linux系统下，由于CF卡与PCMCIA设备控制器兼容，通常把CF卡当做PC Card设备进行驱动和管理。PCMCIA的插槽驱动和PC卡驱动与硬件直接相关，是驱动移植中需要重新实现的部分。CF存储卡的驱动可以直接使用标准的ATA/IDE设备驱动ide-cs模块，因此在CSB226平台上驱动CF存储卡，只需要编写PCMCIA控制器的驱动。

PXA225片上的PCMCIA控制器驱动的初始化函数为pxa_pcmcia_driver_init()，它调用底层PCMCIA接口函数初始化具体平台上的插槽接口设备。这些底层函数是板级驱动与插槽驱动之间的标准接口，定义在结构体pcmcia_low_level中。CF卡驱动移植的主要工作就是实现pcmcia_low_level结构体中底层平台相关的5个接口函数。pcmcia_low_level数据结构如下：

```
struct pcmcia_low_level {
int (*init)(struct pcmcia_init *);
int (*shutdown)(void);
int (*socket_state)(struct pcmcia_state_array *);
int (*get_irq_info)(struct pcmcia_irq_info *);
int (*configure_socket)(unsigned int, socket_state_t *);
};
```

分别对其进行简单的介绍：

init函数，主要完成3个工作：执行平台相关的初始化任务；设置所需要中断信号的方向和边缘触发方式；注册设备发现中断与对应的中断处理函数。

Shutdown()函数，在卸载驱动时使用，用来释放所申请的资源。

socket_state()函数，设置插槽的初始化状态信息，完成对输入参数所包含的数据结构pcmcia_state_array赋值，需要根据实际插槽的状态信息正确设置此数据结构。

get_irq_info()函数，用来获得每个插槽接口设备上的Ready中断信号。

configure_socket()函数，由上层驱动调用，用来动态改变插槽的状态，例如工作电压V_{CC}、可编程电压V_{PP}等。

将PCMCIA驱动程序成功编译进内核后，还需要使用卡管理工具cardmgr监测CF卡设备，当CF存储卡插入到开发板的插槽时，cardmgr会发现该设备并完成设备的加载。

7.5.3 USB 主控接口的驱动移植

本实验平台所采取 USB 设计方案是基于 Cypress 公司的 USBOTG 控制芯片 CY7C67300。CY7C67300 是 Cypress 半导体公司推出的最新双模式 USB OTG 控制器。利用该器件既能实现主设备，又能实现外围设备的功能。这种控制器内置有 RISC CPU、内存和控制防火墙等，因而采用这种控制器实现的移动电话、PDA、打印机、摄像机、音乐播放器等能够直接连接进行通信。CY7C67300 有 2 个内嵌的主机/外围设备串行接口引擎(SIE)和 4 个 USB 2.0 收发器。CY7C67300 支持全速和低速传输。在主机模式中，CY7C67300 支持 4 个下游端口，每个端口支持 4 种传输方式：控制传输、同步传输、块传输和中断传输。在设备模式中，CY7C67300 的两个串行接口引擎支持的设备端口，每个设备端口有 8 个端点。端点 0 是一个控制端点，只支持控制传输。端点 1 到端点 7 支持中断传输、块传输和同步传输。这些功能可以很好地满足本实验的需求。

在 Linux 系统中存在一个称做 USB Core 的子系统， USB Core 中包括支持 USB 设备和主控制器的各种 API 接口函数。通过 API 接口函数中数据结构，宏以及函数的定义，使得与硬件或设备相依赖的部分抽象出来。USB Core 中包括了适用于所有 USB 设备驱动程序和主控制器驱动程序的例程函数，这些函数被分配为上层 API 和下层 API。USB 设备驱动程序都是在上述的子系统中进行注册和注销的。在 Linux kernel 源码目录中，driver/usb/usb-skeleton 为用户提供了一个最基础的 USB 设备驱动程序，称为 USB 框架。通过它，用户仅需要修改极少的部分，就可以完成一个 USB 设备的驱动，那些 Linux 下不支持的 USB 设备几乎都是生产厂商特定的产品，如果生产厂商在他们的产品中使用自己定义的协议，他们就需要为此设备创建特定的驱动程序。有些生产厂商公开他们的 USB 协议，并帮助 Linux 驱动程序的开发，而有些生产厂商却根本不公开他们的 USB 协议。因为每一个不同的协议都会产生一个新的驱动程序，所以就有了这个通用的 USB 驱动骨架程序，它是以 PCI 骨架为模板的。

Linux USB 驱动程序需要做的第一件事情就是在 Linux USB 子系统里注册，并提供一些相关信息，例如这个驱动程序支持哪种设备，当被支持的设备从系统插入或拔出时，会有哪些动作。所有这些信息都传送到 USB 子系统中，在 USB 骨架驱动程序中表示如下：

```
static struct usb_driver sekl_driver={
  name:"skeleton",
  probe:skel_probe,
  disconnect:skel_disconnect,
  fops:&skel_fops,
  minor:USB_SKEL_MINOR_BASE,
  id_table:skel_table,
};
```

变量 name 是一个字符串，它对驱动程序进行描述。probe 和 disconnect 是函数指针，当设备与在 id_table 中变量信息匹配时，此函数被调用。fops 和 minor 变量是可选的。大多 USB 驱动程序连接在另外一个驱动系统上，例如 SCSI，网络或者 tty 子系统。这些驱动程序在其他驱动系统中注册，同时任何用户空间的交互操作通过那些接口提供，例如用户把 SCSI 设备驱动作为自己 USB 驱动所钩住的另外一个驱动系统，那么对此 USB 设备的 read、write 等操作，就按相应 SCSI 设备的 read()、write()函数进行访问。但是对于扫描仪等驱动程序来说，并没有一个匹配的驱动系统可以使用，那就要自己处理与用户空间的 read()、write()等交互函数。USB 子系统提供一种方法去注册一个次设备号和 file_operations 函数指针，这样就可以与用户空间实现方便的交互。

在这主要描述 USBD（USB 主驱动器）的典型应用，包括 USBD 的初始化、HCD（USB 主控制器驱动器）的连接、USB 客户软件的连接、回调任务和数据传输预处理等功能，这些是 USB 驱动的核心。其具体内容如下：

① 初始化 USBD。系统调用 usbdInitialize()函数初始化 USBD 数据结构，该函数依次调用其他 USB 驱动栈模块的入口。usbdInitialize()可在启动时调用一次，也可对每个设备各调用一次。初始化之后调用 USBD 的 usbdHcdAttach()函数把至少一个 HCD 连接到 USBD 上。

② HCD 的连接。当 HCD 连接到 USBD 时，调用者为 usbdHcdAttach()函数传递 HCD 执行入口（表 HCD—EXEC—FUNC）和 HCD 连接参数。USBD 用 HCD_FNC_AITACH 服务请求依次激活 HCD 的执行，传递 HCD attach 参数。HCD attach 参数是一个指向 PCI_CFG_HEADER 结构（定义在 pciConstants.h）的指针。该结构用 UHCI 和 OHCI 主控制器的 PCI 配置头来初始化，而 HCD 用这个结构中的消息来定位、管理特定的主控制器。典型的应用为，如果有 UHCI 或 OHCI 要连接到 USBD，调用者用 usbPeiClassFind()和 usbPeiConfigHeaderGet()来得到想要的主控制器 PCI 配置头，并调用 usbdHcdAttach()来激活已鉴别出的主控制器。

③ USB 客户软件的连接。客户软件用以在 USBD 和 USB 设备之间进行通信，必须调用 usbdClientRegister()使其在 USBD 注册。当客户软件注册到 USBD 时，USBD 把每个以后要用到的客户软件的数据结构定位，并跟踪那个客户软件的请求。同时，USBD 返回一个 USBD—CLIENT_HANDLE 句柄，以标识一个已经注册的客户软件。

④ 回调任务。USBD 用回调任务来处理 USB 事件，以满足 USB 操作严格的时序要求。典型的，当 USBD 识别出一个动态连接事件后，会激活 attach callback 操作，该操作主要负责通知客户软件一个特定类型设备的插入或拔出。

⑤ 数据传输预处理。第一次初始化 USBD 时，USBD 注册一个内部 Client 以跟踪 USB 请求，USB 客户软件通过该内部 Client 完成对连接到 HC 上设备的配置过程。一旦配置完成客户软件就可以调用 usbdPipeCreate()创建一个与设备端通话的管道，实现与设备进行数据交换。

7.5.4 应用程序开发实例

前面所做的一切工作，包括 Boot Loader、Linux 内核、文件系统和设备驱动程序开发，目的都是为了最终在开发板上运行自己开发的应用程序。嵌入式应用程序是整个嵌入式系统开发的最后一步，也是最重要的一步。

一个嵌入式应用程序的开发流程大致可分为 5 个步骤：

① 熟悉可视化开发工具。

② 熟悉图形库功能函数。

③ 了解应用需求。

④ 编写调试。

⑤ 测试运行。

以下按此流程选择其中的重要步骤对应用程序开发过程进行介绍。

1．可视化开发工具安装

从用户的观点来看，图形用户界面（GUI）是系统的一个最关键的方面：用户通过 GUI 与系统进行交互。所以，GUI 应该易于使用并且非常可靠。同时它还需要是精简和高效的，以便在内存受限的、微型嵌入式设备上可以无缝执行。所以，它应该是轻量级的，并且能够快速装入。在本实验中使用流行的图形开发工具 Qt 对其进行设计。Qt 是一个跨平台的 C++ 图形用户界面库，由挪威 TrollTech 公司出品，目前包括 Qt，基于 Framebuffer 的 Qt Embedded、快速开发工具 Qt Designer、国际化工具 Qt Linguist 等部分。Qt 支持所有 UNIX 系统，当然也包括 Linux，还支持 Windows NT/2000 平台。

Qt/Embedded 是 Trolltech 新开发的用于嵌入式 Linux 的图形用户界面系统。Qt/Embedded 以原始 Qt 为基础，并做了许多出色的调整以适用于嵌入式环境。Qt Embedded 通过 Qt API 与 Linux I/O 设施直接交互。那些熟悉并已适应了面向对象编程的人员将发现他是一个理想环境。而且，面向对象的体系结构使代码结构化、可重用并且快速运行。与其他 GUI 相比，Qt GUI 速度较快，并且它没有分层，这使得 Qt/Embedded 成为用于运行基于 Qt 的程序的最紧凑环境。使用 Qt/Embedded 进行图形界面的开发，具体使用的软件如下：

- qt-embedded-linux-opensource-src-4.4.3（Qt/Embedded 安装包）。
- qt-x11-opensource-src-4.4.3（Qt 的 x11 版的安装包，它将产生 x11 开发环境所需要的两个工具）。

这些软件可以免费从 trolltech 的 Web 或 FTP 服务器上下载，下面介绍下 Qt/Embedded 开发环境建立的过程：

1）安装 Qt/Embedded 4.4.3

其命令如下：

```
tar xfz qt-embedded-4.4.3.tar.gz
cd qt-4.4.3
./configure -qconfig -qvfb -depths 4,8,16,32
make
make install
```

上述命令“./configure –qconfig –qvfb –depths 4,8,16,32”指定 Qt 嵌入式开发包生成虚拟缓冲帧工具 qvfb，并支持 4、8、16、32 位的显示颜色深度。另外，用户也可以在 configure 的参数中添加 – system – jpeg 和 gif，使 Qt/Embedded 平台能支持 jpeg、gif 格式的图形。Qt 嵌入式开发包有 5 种编译范围的选项，使用这些选项，可控制 Qt 生成的库文件的大小，但是在用户的应用中，所使用到的一些 Qt 类将可能因此在 Qt 的库中找不到链接。编译选项的具体用法可运行./configure – help 命令查看。命令“make”编译开发包，这个过程一般时间比较长，需要耐心等待，命令 make install 用于安装。

2）设置设定环境变量

具体实现：在用户目录下（若为管理员账户，则为/root；若为普通用户，则为/home/用户名），修改 .bashrc 文件。打开 .bashrc 文件，在文件末尾添加如下几行代码：

```
export QTDIR  = /opt/ qte-4.4.3
export QTEDIR  = $QTDIR
export  PATH  = /opt/ qte-4.4.3/bin:$PATH
export LD_LIBRARY_PATH = opt/qte-4.4.3/lib:$LD_LIBRARY_PATH
```

保存退出。这样，以后只要在终端输入 qmake 或 make 或 designer 等指令就可以直接使用 qmake 等工具。

3）安装 Qt/X11 4.4.3

首先将下载的 Qt 源码包解压缩到本机，命令如下：

```
#tar zxvf qt-x11-opensource-src-4.4.3.tar.gz -C /usr/local
```

```
//将qt-x11-opensource-src-4.4.3.tar.gz源码包解压缩到/usr/local目录
```

打开用户目录下的.bash_profile文件：

```
#vi /root/.bash_profile //打开root用户.bash_profile文件
```

.bash_profile文件中设置环境变量，在此文件里面添加如下内容：

```
QTDIR=/usr/local/qt-x11-opensource-src-4.4.3.tar.gz
PATH=$QTDIR/bin:$PATH
MANPATH=$QTDIR/doc/man:$MANPATH
LD_LIBRARY_PATH=$QTDIR/lib:$LD_LIBRARY_PATH
export QTDIR PATH MANPATHLD_LIBRARY_PATH
```

添加完后将文件保存退出。

添加完环境变量后，使环境变量立即生效：

```
#source /root/.bash_profile
```

进入Qt解压缩的目录，可以#cd $QTDIR或#cd/usr/local/qt-x11-opensource-src-4.4.3.tar.gz，因为在/root/.bash_profile 文件已经定义了环境变量 QTDIR=/usr/local/qt-x11-opensource-src-4.4.3.tar.gz和export QTDIR 。

使用configure工具来构建Qt库和它提供的工具：

```
./configure -prefix /opt/qt4.4.3
```

接下来就是Qt安装编译，这个过程时间比较长，其命令是：

```
make
make install
```

进入到解压缩文件夹qt4.4.3里的tool/qvfb目录，输入make命令，然后将qt4.4.3文件夹里的bin/qvfb复制到/opt/ qte4.4.3/bin目录下。

最后两个步骤是为了生成qvfb，用于调试程序。可进入到qte/demos/chip下，调试一个例程看看qvfb是否已经安装成功。其命令如下：

```
#qvfb &
# ./chip -qws
```

从中可以看到 qvfb上显示了相关例程的图像了。到此，安装过程全部结束，

2. 应用程序实现

本实验要实现一个嵌入式多媒体播放器，前面的工作为其打下了良好的编程环境，接下来就是对应用程序的开发了。

首先是设备检测程序，它用来检测是否有可移动设备如USB存储设备和CF卡设备连接，它是通过CiDeviceDetect类来实现的，其关键代码如下：

```
void CiDeviceDetect::disconnect(int i)      //断开第i个设备
{
    if(i>=mountPathList.count()||i<0||stateList[i]==0 )
    return;
    QString cmd=mountPathList[i];
    cmd.prepend("umount  ");
    QProcess::execute(cmd);
    stateList[i]=0;
}

void CiDeviceDetect::mountAllDevice()       //装载所有设备
{
```

```
    qDebug()<<"Mount all device."<<endl;
    for(int i=0;i<deviceList.count();i++)
    {
      QString cmd=deviceList[i]+" "+mountPathList[i]+" ";
      cmd.prepend("mount -o iocharset=utf8  ");
      if(QProcess::execute(cmd)!=1)
      {
        stateList[i]=1;                                 //设置设备状态标志
        emit findDevice(mountPathList[i]);              //发送成功信号
      }

    }
}

void CiDeviceDetect::unmountAllDevice()                 //卸载所有设备
{
    for(int i=0;i<mountPathList.count();i++)
    emit DeviceOff(mountPathList[i],i);
}

void CiDeviceDetect::deleteDevice()                     //删除设备
{
    for(int i=0;i<mountPathList.count();i++)
    {
      if(stateList[i]>0 )
      {
        QString cmd=mountPathList[i];
        cmd.prepend("umount  ");
        QProcess::execute(cmd);
        stateList[i]=0;

      }

    }
}
void CiDeviceDetect::run()                              //检测设备
{
    while(1)
    {
      // bufp[0]='\0';
      QProcess::execute("./AutoCreateLog.sh");          //创建最新的设备日志

      QFile devicelog("/tmp/myDeviceLog");              //打开文件
      if(!devicelog.open(QIODevice::ReadOnly | QIODevice::Text))
      {
        //qDebug()<<"can't find log"<<endl;
        devicelog.close();
      }
      else                                              //日志打开成功
      {

            QString log=devicelog.readAll();
```

```
            for(int i=0;i<deviceList.count();i++ )          //监测各设备状态
            {
                if(log.lastIndexOf(deviceList[i])!=-1)  //发现设备信息
                {
                    if(!stateList[i])                   //设备未挂载
                    {
                        QString cmd=deviceList[i]+" "+mountPathList[i]+" ";
                        cmd.prepend("mount -t vfat -o utf8  ");
                        if(QProcess::execute(cmd)!=1)
                        {
                            stateList[i]=1;                 //设置设备状态标志
                            emit findDevice(mountPathList[i]); //发送成功信号

                        }
                    }

                }
                else                                    //不存在该设备
                {
                    if(stateList[i]!=0)
                        //设备挂载过，说明是非法断开
                        emit DeviceOff(mountPathList[i],i);
                    //通知设备 i 断开()，先结束播放才能卸载
                    else
                        stateList[i]=0;
                        //设置状态位为非挂载状态
                }

        }
        devicelog.close();

    }
    msleep(2000);                                       //暂停 2s
  }
}
```

这段程序实现的是检测是否有外部移动存储设备连接，如果检测到有连接设备，则对其进行加载，检测到移动设备之后，就要对移动设备内的文件进行扫描，看是否存在多媒体文件，此部分由 CiFileFindThread 类来实现，其关键代码如下：

```
CiFileFindThread::CiFileFindThread(QObject *parent):QThread(parent)
{
   direction="";
}

void CiFileFindThread::setPath(QString path)
{
   direction=path;
}

void CiFileFindThread::setList(QList<QString> *music,QList<QString>
 *film)
```

```
{
  musicList=music;
  filmList=film;
}

void CiFileFindThread::run()
{
  addFile(direction);

  if(musicList && musicList->count())
    emit sendMusic();
  if(filmList &&filmList->count())
    emit sendFilm();
}

void CiFileFindThread::addFile(QString path)
{
  QStringList filter;
  filter << "*.mp3 *.wma *.avi *.mpg *.mpeg *.asx *.wmv *.asx *.asf *.mov
  *.qt *.ogg *.ogm";
  // 过滤的文件类型

  QDir dir(path);
  QFileInfoList list=dir.entryInfoList();

  for(int i=0;i<list.size();i++)
  {
    QFileInfo fi=list.at(i);
    if(fi.isDir()&&!fi.isHidden())
    {
      //cout << " =============================== " << endl;
      //cout << "    " << fi.filePath().toStdString().c_str() << endl;
      //cout << " =============================== " << endl;
      addFile(fi.filePath());   // 递归 called itself
    }
    else if (fi.isFile())
    {
      if(fi.suffix()=="mp3"||fi.suffix()=="wma")
      {
        //cout<<"hasfile"<<endl;
        //emit sendMusic(fi.filePath());
                musicList->append(fi.filePath());
      }
      else if (fi.suffix()=="avi" ||
      fi.suffix()=="wmv"||
      fi.suffix()=="asf"||
      fi.suffix()=="mpeg")
      {
        //emit sendFilm(fi.filePath());
        filmList->append(fi.filePath());
```

```
            }

        }
    }
}
```

此部分代码检查*.mp3、*.wma、*.avi、*.mpg、*.mpeg、*.asx、*.wmv、*.asx、*.asf、*.mov、*.qt、*.ogg 和*.ogm 类型的多媒体文件,如果还需要加入其他文件则可以在此行内添加。addFile 函数把找到的文件添加一个文件列表当中，以备后续使用。

对于查找到的多媒体文件，要进行播放，在这里采用 Linux 下著名的 MediaPlayer 播放工具，在此基础上编写 CiMediaPlayer 类，其关键代码如下：

```
CiMediaPlayer::CiMediaPlayer(QWidget *parent)
: QWidget(parent)
{
   deviceThread=new CiDeviceDetect ();      //调用设备检测线程
   connect(deviceThread,SIGNAL(findDevice(QString)),this,
   SLOT(reload(QString)));
   connect(deviceThread,SIGNAL(DeviceOff(QString,int)), this,
                      SLOT(delInvalidFile(QString,int)));
   mediaProcess=new QProcess();
}
void CiMediaPlayer::musicAdd()      //在列表中增加音乐文件
{
   emit listChanged(true);          //列表一定发生变化
}
void CiMediaPlayer::filmAdd()       //在列表中增加电影文件
{
   emit listChanged(true);
}
void CiMediaPlayer::loadDevice()    //调用 CiDeviceDetect 类装载所有设备
{
   deviceThread->mountAllDevice();
}

void CiMediaPlayer::unloadDevice() //调用 CiDeviceDetect 类卸载所有设备
{
   deviceThread->unmountAllDevice();
}
void CiMediaPlayer::reload(QString dest)  //设备接入时开始读取该设备的列表
{
   if(!stateType&&!playEnd())                  //正在播放电影
   playQuit();
   else
   mediaProcess->kill();
   thread=new CiFileFindThread();
   connect(thread,SIGNAL(sendMusic()),this,SLOT(musicAdd()));
   connect(thread,SIGNAL(sendFilm()),this,SLOT(filmAdd()));
   //considering...
   thread->setPath(dest);
   thread->setList( &musicFileList , &filmFileList );
```

```
    thread->start();
}
void  CiMediaPlayer::delInvalidFile(QString deviceDest,int index)
//设备非法断开时，删除无效文件
{
    bool changed=false;
    for(int i=0;i<musicFileList.count();i++)                    //删除无效音乐文件
    {
        if(musicFileList.value(i).contains(deviceDest))
        {
            musicFileList.removeAt(i);
            changed=true;
            i--;
        }
    }
    for(int i=0;filmFileList.count();i++)                       //删除无效电影文件
    {
        if(filmFileList.value(i).contains(deviceDest))
        {
            filmFileList.removeAt(i);
            changed=true;
            i--;
        }
    }
    if(!stateType&&!playEnd())                                  //正在播放电影
    playQuit();
    else
    mediaProcess->kill();                                       //播放音乐
    if(deviceThread!=NULL && deviceThread->isRunning())
    {
        deviceThread->terminate();                              //先结束线程，以便卸载
        deviceThread->wait();
        deviceThread->disconnect(index);
        deviceThread->start();                                  //重新启动，进行监测
    }
    //文件列表是否有变化
    emit listChanged(changed);
}
void CiMediaPlayer::play(QString file,bool needLrc,int winId) //播放程序
{
    // kill the process and restart
    if(mediaProcess)   mediaProcess->kill();

    mediaProcess=new QProcess();
    QStringList list;
    QString idStr;
    idStr.setNum(winId);
    if(!needLrc)
    {
        if(file=="[Vcd][Dvd]")
        {
```

```
            list << "/lib/mplayer"<<"-fs"<<"-vo"<<"fbdev"<< "-slave"
                 << "-really-quiet"
                 << "-geometry 10:10 -x 800 -y 600"
                 << "osd 1" << "vcd://2"  << "-wid" <<  idStr
                 << "\n/lib/mplayer" << "-slave" << "-really-quiet"
                 << "-geometry 10:10 -x 800 -y 600"
                 << "osd 1" << "dvd://1"  << "-wid" <<  idStr;
            QString  vcdCmd=list.join(" ");
            mediaProcess->start(vcdCmd,QIODevice::WriteOnly);
            return;
        }
        else
        list << "/lib/mplayer"<<"-fs"<<"-vo"<<"fbdev"<<"-slave"
             <<"-really-quiet"<<"-wid"<<idStr;

    }
    else
    list<<"/lib/mplayer"<<"-really-quiet"<<"-slave";
    QString temp=file;
    temp.prepend("\"");
    temp.append("\"");
    list<<temp;
    QString str = list.join(" ");
    //qDebug()<<"cmd:"<<str<<endl;
    if(mediaProcess)
      mediaProcess->write("volume -5\n");
    if(needLrc)             //根据音乐名获得歌词文件名
    {
      lrcCntList.clear();
      ClearLrcInfo();
      QFileInfo musicFile(file);
      QString lrcPath=musicFile.path()+"/"
                    +musicFile.baseName()+".lrc";
      QFileInfo lrcFile(lrcPath);
      if( lrcFile.exists() ){
           readLrcContent(lrcPath);
           getLrcInfo(); //提取歌词中的信息
      }
    }
    if(mediaProcess)
      mediaProcess->start(str,QIODevice::WriteOnly);
}
void CiMediaPlayer::readLrcContent(QString filename) //读取歌词文件
{
   QFile file(filename);
   if(!file.open(QIODevice::ReadOnly | QIODevice::Text))
   {
     // cout<<"not file";
     file.close();
     return;
   }
   QTextCodec* pcodec=QTextCodec::codecForName("gb2312") ;
```

```
    QTextStream in(&file);
    in.setCodec(pcodec);
    while (!in.atEnd()) {
      QString line=in.readLine();
      lrcCntList.append(line);

    }

    file.close();
}
void CiMediaPlayer::getLrcInfo()            //获得字幕信息
{
    bool flag[5];
    for(int i=0;i<5;i++) flag[i]=false;
    for(int i=0;i<lrcCntList.count();i++)
    {
      QString temp=lrcCntList.value(i);
      int pos=-1;
      int endpos=-1;
      if(!flag[0]&&(pos=temp.indexOf("[ar:",0))!=-1)
      {
        lrcCntList.removeAt(i);
        i--;
        if((endpos=temp.indexOf("]",pos))!=-1)
          lrcInfo.ar=temp.mid(4,endpos-pos-4);
        flag[0]=true;
      }
      else if(!flag[1]&&(pos=temp.indexOf("[ti:",0])!=-1)
      {
        lrcCntList.removeAt(i);
        i--;
        if((endpos=temp.indexOf("]",pos))!=-1)
          lrcInfo.ti=temp.mid(4,endpos-pos-4);
        flag[1]=true;
      }
      else if(!flag[2]&&(pos=temp.indexOf("[al:",0])!=-1)
      {
        lrcCntList.removeAt(i);
        i--;
        if((endpos=temp.indexOf("]"))!=-1)
          lrcInfo.al=temp.mid(4,endpos-pos-4);
        flag[2]=true;
      }
      else if(!flag[3]&&(pos=temp.indexOf("[by:",0])!=-1)
      {
        lrcCntList.removeAt(i);
        i--;
        if((endpos=temp.indexOf("]"))!=-1)
```

```
            lrcInfo.by=temp.mid(4,endpos-pos-4);
          flag[3]=true;
        }
        else if(!flag[4]&&(pos=temp.indexOf("[offset:",0])!=-1)
        {
          lrcCntList.removeAt(i);
          i--;
          if((endpos=temp.indexOf("]"))!=-1){
            QString off=temp.mid(4,endpos-pos-8);
            bool ok;
            lrcInfo.offset=off.toInt(&ok,10);
            if(!ok) lrcInfo.offset=0;
          }
          flag[4]=true;
        }
    }
}
void CiMediaPlayer::resetVolume()        //重置音量
{
   volume=50;
   if(!setVolumeLog(volume)) return;
   emit volumeChanged(volume);
}
void CiMediaPlayer::volumeDown()         //降低音量
{
   if(volume>=5)
      volume=volume-5;
   else
      return;
   if(!setVolumeLog(volume)) return;
      emit volumeChanged(volume);
}
void CiMediaPlayer::volumeUp()           //增加音量
{
   if(volume<=95)
      volume=volume+5;
   else
      return;
   if(!setVolumeLog(volume)) return;
   emit volumeChanged(volume);
}
void CiMediaPlayer::pause()              //暂停
{
   if(mediaProcess)
      mediaProcess->write("pause\n");
}
void CiMediaPlayer::playQuit()           //退出播放
{
```

```
    if(mediaProcess)
      mediaProcess->write("quit\n");
}
```

CiMovieWidget类用于实现常用快捷键，其关键代码如下：

```
void CiMovieWidget::keyPressEvent(QKeyEvent *e)
{
  switch(e->key())
  {
    case Qt::Key_Escape:
      emit keyEscape();
      break;
    case Qt::Key_P:
      emit keyP();
      break;
    case Qt::Key_S:
      emit keyS();
      break;
    case Qt::Key_Asterisk:
      emit keyAsterisk();
      break;
    case Qt::Key_Slash:
      emit keySlash();
      break;
    case Qt::Key_Up:
      emit keyUp();
      break;
    case Qt::Key_Down:
      emit keyDown();
      break;
    case Qt::Key_Left:
      emit keyLeft();
      break;
    case Qt::Key_Right:
      emit keyRight();
      break;
  }
}
```

MListWindow类用于实现播放界面，它把所有的多媒体文件全部以列表方式列出，用户可以对其选择播放。其关键代码如下：

```
CiMListWindow::CiMListWindow(QWidget *parent)
           :QWidget(parent)
{
  //////窗口设置///////////////////////////////////////////////////////////
  setGeometry(0,0,800,600);
  movieWidget=new CiMovieWidget(this);
  movieWidget->setWindowFlags(Qt::Window);
  QColor backColor(0,0,0);
  QPalette plt=movieWidget->palette();
  plt.setColor(QPalette::Background,backColor);
  movieWidget->setPalette(plt);
```

```
    movieWidget->setUpdatesEnabled(false);
    movieWidget->setEnabled(true);
    movieWidget->setGeometry(0,0,800,600);
    setStyle();                                  //设置窗体风格
    createWinTitle();
    createListBox();
    createInfoBar();
    //////播放器初始化//////////////////////////////////////////////////
    InitState();
    showAllItems();                              //显示当前页所有条目
    timer=new QTimer(this);                      //定时器,监测音乐播放状态
    lrcTimer=new QTimer(this);                   //定时器,显示歌词,播放时同时启动
    closeTimer = new QTimer(this);
    connect(timer,SIGNAL(timeout()),this,SLOT(playNext()));
    connect(lrcTimer,SIGNAL(timeout()),this,SLOT(showLrc()));
    connect(closeTimer,SIGNAL(timeout()),this,SLOT(closeDelay()));
    timer->start(4000);                          //启动状态定时器
}
void  CiMListWindow::reset(bool isMusic)   //播放状态复位
{
    curPlayId=-1 ;
    curListPage=0 ;
    player->resetVolume();

    if(stateMusic) stop();
       stateMusic=isMusic;

    if(stateMusic)
    {
      player->setStateType(true);
      fileList.clear();
      fileList=player->getMusicFileList();
      listGroupBox->setTitle(tr("音乐列表"));
      lrcBar[0]->setText(tr("欢迎进入音乐天地, 按S键切换到电影世界"));
      lrcBar[1]->setText(tr("上下左右: 选音乐   P: 翻页   A: 播放   (*,/)
      音量  ESC: 退出"));
    }
    else
    {
      player->setStateType(false);
      fileList.clear();
      fileList=player->getFilmFileList();
      fileList+="[Vcd][Dvd]";
      listGroupBox->setTitle(tr("电影列表"));
      lrcBar[0]->setText(tr("欢迎进入电影世界, 按S键切换到音乐天地"));
      lrcBar[1]->setText(tr("上下左右:选节目,快进/退  P:翻页   A: 播放   (*,/)
      音量  ESC: 退出"));
    }
    showAllItems();
}
```

通过以上的设计，使用交叉编译器编译成功后，就可以将该应用程序的可执行文件下载到目标板上执行了。在此选择通过 FTP 下载的方式，将多媒体播放复制到/mnt/nfs 目录下，执行此程序即可看到运行结果，系统重启之后仍然可以到此目录下执行多媒体播放程序。至此，整个嵌入式多媒体播放器设计完成。

7.6 PXA 系列典型嵌入式系统

PXA255 采用了使用 0.18μm 制造工艺、32 位“超管线”（superpipelined）RISC 结构，并且对性能和节电方面进行优化，更适合使用在 Pocket PC 上，使之得到了众多厂商的青睐。Pocket PC 生产商，例如东芝（Toshiba）和宏碁（Acer）、神达（MITAC）、富士通（Fujitsu）等公司都宣布推出采用 PXA255 处理器的 Pocket PC 掌上计算机，东芝 E755 Pocket PC 就是其中的代表，其外形如图 7-12 所示，下面对其进行简单介绍。

图 7-12　东芝 E755 外形图

东芝 E755 内部采用的是 400 MHz PXA255 处理器，为了增强其图像处理能力，E755 还采用了 ATI Imageon 图形芯片，为系统提供 384 KB 显存，使其在应付平面甚至立体画面处理方面的能力都有了大幅度的提升。

E755 的显示部分使用了半穿透半反射式 TFT 液晶显示屏，它是穿透式液晶屏和反射式液晶屏的折中，此装置以反射镜（reflector）来取代反射板除了可以透过背光以外也可以利用外部光源的反射，以达到省电、提高亮度与减轻重量的效果。显示屏的尺寸为 3.8 英寸，使用户看起来比较舒服，方便上网浏览。

E755 使用了多种存储部分设备，包括 64 MB 的 SDRAM、32 MB CMOS flash ROM、32 MB NAND flash disk。用户可以将重要文件复制到 NAND flash disk 中，或将 NAND flash disk 设定为内置备份软件的备份文件存放处。NAND flash disk 就是平时使用的闪存盘所采用的存储介质，它具有断电后资料仍然保留的特点，就算掌上计算机因电源耗尽而损失储存在主内存中的资料，储存于 NAND flash disk 中的文件也仍然存在。这样，用户可将重要文件存放到 NAND flash disk，而无须担心这些文件会被丢失。

E755 内置 IEEE 802.11b 标准的无线模块，只要用户处身于有 Wi-Fi 网络的地方，就可以利用 E755 传送或接收资料。其他的接口还包括设置在机身顶部的 CF 卡和 SD 卡插口，设置在机身旁边的耳机/麦克风的插口，还包括内置的传声器、位于底部的 USB 接口及电源接口等，这些常用的接口在本书前面都进行了详细的介绍，在这就不进行详细介绍下，由于这些丰富的外设接口，给使用带来了很大的方便。

其他很多厂商也争先采用 PXA255 处理器来设计自己的掌上计算机，在这就不一一进行详细介绍，对其中一些产品参数列举如表 7-4 所示。

表 7-4　采用 PXA255 处理器的一些产品

外　形　图	主要性能参数
	华硕(ASUS)掌上计算机 A620 BT
	CPU 类型：Intel PXA255；主频：400 MHz；内存 RAM：64 MB；内存 ROM：64 MB；操作系统：Pocket PC；显示屏分辨率：240×320 像素；　部分接口：蓝牙、CF、FIR 红外、USB 等

续表

外　形　图	主要性能参数
	华硕 MyPal A716 中文版 CPU 类型：Intel PXA255；主频：400 MHz；内存 RAM：64 MB；内存 ROM：32 MB；操作系统：Pocket PC；显示屏分辨率：240×320 像素
	三星 I519 掌上计算机 CPU 类型：Intel PXA255；主频：400 MHz；内存 RAM：64 MB；显示屏类型：半穿透半反射式 TFT 液晶显示屏；显示屏分辨率：240×320 像素
	戴尔 Axim X5 掌上计算机 CPU 类型：Intel PXA255；主频：300 MHz；内存 RAM：32 MB；内存 ROM：32 MB；操作系统：Windows CE；显示屏类型：半穿透半反射式 TFT 液晶显示屏
	华硕 MyPal A620+ CPU 类型：Intel PXA255；主频：400 MHz；内存 RAM：64 MB；内存 ROM：32 MB；操作系统：Pocket PC；显示屏分辨率：240×320 像素
	神达 Mio336 CPU 类型：Intel PXA255；主频：300 MHz；内存 RAM：64 MB；内存 ROM：32 MB；操作系统：Pocket PC；显示屏类型：半穿透半反射式 TFT 液晶显示屏；显示屏分辨率：240×320 像素；常用接口：SD、USB，音频
	神达 Mio339 CPU 类型：Intel PXA255；主频：400 MHz；内存 RAM：64 MB；内存 ROM：32 MB；操作系统：Pocket PC；显示屏类型：半穿透半反射式 TFT 液晶显示屏；显示屏分辨率：240×320 像素；其他：内置摄像头，拥有 MP3 线控耳机
	Palm Tungsten C CPU 类型：Intel PXA255；主频：400 MHz；内存 RAM：64 MB；内存 ROM：16 MB；操作系统：Palm；显示屏类型：半穿透半反射式 TFT 液晶显示屏显示屏；显示屏分辨率：320×320 像素
	宏碁掌上计算机 Acer n10 CPU 类型：Intel PXA255；主频：300 MHz；内存 RAM：64 MB；显示屏分辨率：240×320 像素

PXA255 是一款非常知名的产品，在推出的开始就获得了很大的成功，在当时就已经有厂商试探性地推出了基于 PXA 255 处理器的智能手机产品，不过对于智能手机来说 PXA255 还远不能满足它们的需要，因为 PXA25x 要实现通信网络的支持还需要众多的其他芯片，同时不整合 flash 芯片让其无法勾起主流手机厂商很大的兴趣。采用 PXA255 设计的智能手机有神达的 8380 智能手机，它的整机如图 7-13 所示。

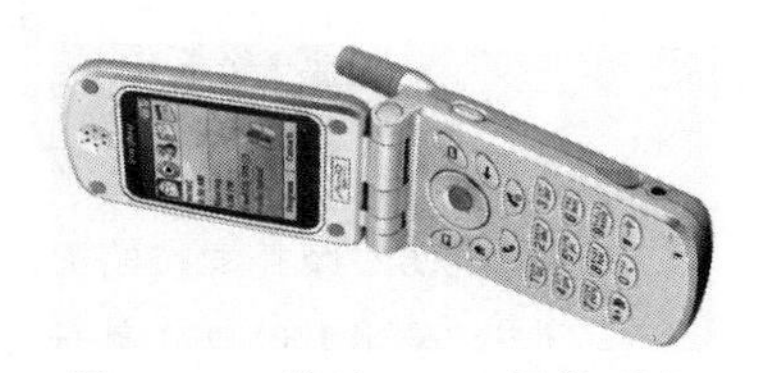

图 7-13　神达 8380 智能手机

神达 8380 是国内第一台正式上市的 SmartPhone2002 的智能手机，也是第一台上市的折叠型 Smartphone，外观上与三星的双屏折叠机相似，但体积稍大。8380 采用 Intel XScale PXA255 处理器，内置 16 MB 的 SDRAM 和 32 MB 的 flash，具有 SD/MMC 接口，具有红外和内置的 11 万像素摄像头，支持 SB 口传输，屏幕是 65536 色半穿透半反射式 TFT 屏，色彩显示效果较好。

为了改进 PXA255 在手机应用中的不足，Intel 对 PXA25x 芯片进行改进，希望发布一款更加适合于小型设备且效率更高的处理芯片，并且这种芯片将在很长一段时间内保持技术的领先，因此诞生了 PXA27x 处理器。相比原来的 Xscale 芯片，PXA27x 处理器提高了处理媒体处理的效率，同时优化和处理器的功耗，此外添加了众多针对移动终端设备所设计的功能。在此系统处理器中最重要的 3 个技术特点就是：Quick Capture（快速拍摄）、wireless speed step（无线动态节能）和 wireless MMX（无线 MMX 指令）。

PXA 27x 在正式发布之后，立即受到了众多厂商的好评和支持，ASUS（华硕）、Mitac（神达）、DELL、HP、BenQ、多普达等公司对这种产品表示支持。已采用这种高效的处理器推出了不少款产品，其中包括联想 ET960、ET980，夏新 E850，宇达电通 Mio A700，多普达 818、828+、900，三星 SGH-i718，明基 P50 等，对其中一些具有代表意义的智能手机如图 7-14～图 7-17 所示。

图 7-14　华硕 P505 智能手机，采用 PXA270 处理器

图 7-15　明基 P50 智能手机，采用 PXA 271 处理器

图 7-16　摩托罗拉的 E680 手机，采用 PXA 271 处理器

图 7-17　多普达 818 智能手机，采用 PXA 272 处理器

以下就多普达 828+对 PXA27x 在智能手机中的应用进行简单介绍。

多普达 828+整机如图 7-18 所示，它配备了 Intel XScale PXA272 416MHz 处理器，屏幕尺寸为 2.8 英寸，分辨率为 240×320 像素；具有无线蓝牙传输、百万像素摄像头等功能；内存容量是 128 MB，使得整机运行时整体性能得到很大提升，程序运行更加流畅，没有停滞感，音视频媒体播放更加流畅、游戏速度更快，特别是对于动态图像的处理功能更是实现了智能手机图形处理上质的飞跃；提供 SD/MMC 卡的接口，并支持热插拔，方便随时更换存储卡；具有 Mini USB 接口，可以实现与 PC 直接相连，实现快速同步传输，便于大量的数据传输；实现了触摸屏功能，便于快捷输入，并且具有红外接口，方便手机之间的数据交换。

图 7-18　多普达 828+实物图

小　　结

本章根据一个嵌入式多媒体播放的实例，按照常用的嵌入式系统的的开发流程，通过设计 boot loader、编译 Linux 内核、配置文件系统、加载驱动程序、编写应用程序代码来完成整个嵌入式应用系统的开发。在介绍开始过程的同时对嵌入式系统开发中常用的开发工具和方法进行了简单介绍，希望通过本实例开发介绍，对嵌入式系统应用程序的整体设计过程有一个全面的掌握。本章最后对 PXA 系列的典型嵌入式系统进行了介绍。

习　　题

1. 为什么要建立交叉编译环境？
2. 简述 boot loader 的功能。
3. 简述常用的几种 boot loader。
4. 简述嵌入式系统仿真的作用和方法。
5. 什么是嵌入式 Linux。
6. 常见的嵌入式设备驱动程序有哪些？简述其特点。
7. 嵌入式文件系统有哪些？它们有哪些特点？
8. 仿真有哪些种类？它们都有什么特点？
9. 在 PXA255 上搭建交叉编译环境。
10. 在 PXA255 上烧写内核文件。

参 考 文 献

[1] 李伯成. 微型计算机嵌入式系统设计[M]. 西安：西安电子科技大学出版社，2004.

[2] 贾智平，张瑞华. 嵌入式系统原理与接口技术[M]. 北京：清华大学出版社，2005.

[3] 张大波. 嵌入式系统原理、设计与应用[M]. 北京：机械工业出版社，2005.

[4] 吕骏译. 嵌入式系统设计[M]. 北京：电子工业出版社，2002.

[5] 康一梅，等. 嵌入式软件设计[M]. 北京：机械工业出版社，2007.

[6] 王少平，等. 嵌入式系统的软/硬件协同设计[J]. 现代电子技术，2005，28（2）：83-84.

[7] CATSOULIS JOHN. 嵌入式硬件设计[M]. 徐君明，等，译. 北京：中国电力出版社，2004.

[8] 张晨曦，王志英，张春元，等. 计算机体系结构[M]. 北京：高等教育出版社，2000.

[9] 杜春雷. ARM 体系结构与编程[M]. 北京：清华大学出版社，2003.

[10] 马忠梅. ARM 嵌入式处理器结构与应用基础[M]. 北京：北京航空航天大学出版社，2002.

[11] 夏靖波. 嵌入式系统原理与开发[M]. 成都：电子科技大学出版社，2006.

[12] 张丽杰，吕少中. 方舟 CPU 体系结构及其嵌入式 SOC[J]. 现代电子技术，2005，6：54-56.

[13] 胥静. 嵌入式系统设计与开发实例详解：基于 ARM 的应用[M]. 北京：北京航空航天大学出版社，2005.

[14] 桑野雅彦. 存储器 IC 的应用技巧[M]. 王庆，译. 北京：科学出版社，2006.

[15] 符意德，等. 嵌入式系统设计原理及应用[M]. 北京：清华大学出版社，2004.

[16] 傅曦，等. WindowsCE 嵌入式开发入门：基于 Xscale 架构[M]. 北京：人民邮电出版社，2006.

[17] WOLF W.Computers as Components:principles of Embedded Computing System Design[M]. Morgant Kaufmann，2001.

[18] YAGHMOUR K. 构建嵌入式 Linux 系统[M]. 北京：中国电力出版社，2004.

[19] 孙纪坤，张小全，等. 嵌入式 Linux 系统开发技术详解：基于 ARM[M]. 北京：人民邮电出版社，2006.

[20] SILBERSCHATZ A，BAER P，GALVIN，等. 操作系统概念[M]. 北京：高等教育出版社，2004.

[21] 张晓林. 嵌入式系统设计与实践[M]. 北京：北京航空航天大学出版社，2006.

[22] 何宗键. Windows CE 嵌入式系统[M]. 北京：北京航空航天大学出版社，2006.

[23] 薛大龙，陈世帝，王韵. Windows CE 嵌入式系统开发从基础到实践[M]. 北京：电子工业出版社，2008.

[24] 张冬泉，谭南林，王雪梅，焦风川. Windows CE 实用开发技术[M]. 北京：电子工业出版社，2006.

[25] YAGHMOUR K. 构建嵌入式 LINUX 系统[M]. 北京：中国电力出版社，2004.

[26] 陈文智，等. 嵌入式系统开发原理与实践[M]. 北京：清华大学出版社，2005.

[27] 肖文鹏. 走进嵌入式 Linux 的世界[OL]. http://www.ibm.com/developerworks/cn/Linux/l-embed/part1/index.html.

[28] 詹荣开. 嵌入式系统 Boot Loader 技术内幕[OL]. http://www.ibm.com/developerworks/cn/Linux/l-btloader/index.html.

[29] SANTHANAM A K. 嵌入式设备上的Linux系统开发[OL]. http://www.ibm.com/ developerworks/cn/Linux/embed/embdev/.

[30] 王利明,宋振宇. Arm Linux 启动分析[OL]. http://www.embed.com.cn/downcenter/ download.asp?id=1272&downid=0.

[31] TIM J M. Linux 内核剖析[OL]. http://www.ibm.com/developerworks/cn/Linux/l-Linux-kernel/.

[32] JONES M TIM. BusyBox 简化嵌入式 Linux 系统[OL]. http://www.ibm.com/developerworks/cn/Linux/l-busybox/index.html.

[33] DOZEC. 基于 S3C2410 的 Linux 全线移植文档[OL]. http://www.hhcn.com/chinese/files/Linux_mig_release.pdf.